FINE WINE シリーズ

A Regional Guide to the Best Producers and Their Wines

シュテファン・ラインハルト 著

江戸 西音／山本 博 監修

序文 ヒュー・ジョンソン
写真 ジョン・ワイアンド
翻訳 大滝 恭子／大野 尚江／寺尾 佐樹子／安田 まり

監修者まえがき

　本書は、ドイツワインに関する書籍として大変意義深いもので、最新の情報を提供しています。

　著者は、ブルゴーニュ方式に近い、ドイツ優良ワイン生産者協会（VDP）の新しい格付けを評価し、そのテロワール重視の観点から、ドイツ各生産地の生産者とそのワインについて解説しています。葡萄品種名、畑の格、栽培方法、醸造技術など、ドイツ語とフランス語が交錯して使用されていますが、これは統一せず、そのまま訳しています。翻訳に際しては、英語版の原書を分割して、4人の翻訳者の方々にお願いしたため、訳文の用語や表現に多少の差異があります。また、ページ対応形式の翻訳のため、日本語に訳す際、納まり切れなくなり、内容の一部を簡略あるいは省略せざるを得なかった箇所もあります。地名・畑名・人名なども、日本語と原語の併記ができませんでしたので、巻末にできる限り対照表として掲載しました。以上の諸点については、読者の皆様に、ご了承をお願いする次第です。

　葡萄品種名については、Silvanerは、ドイツではジルヴァーナーと発音するのが一般的です。同様にGewürztraminerはゲヴュルツトラミナー、Bacchusはバッフスです。Rieslingについては、日本のみならず英語圏でもリースリングが定着していると思われますので、そのままにしましたが、ドイツではリースリンク（末尾がグではなくク）が普通であることを付け加えておきます。

　訳文中に、「還元的」という語（原語はreductive）が頻出します。文字通りに、酸化と還元のイメージから想像すると意味が解りにくいかもしれません。他に適当な訳語がないのですが、本書掲載の数名の生産者に尋ねたところ、時間をかけて醸造し、しっかり熟成する長命のワインに仕上げることだという説明でしたので、そうご理解下さい。

　本書の出版は、山本博先生の多大なご尽力と4人の翻訳者の方々のご協力があって初めて実現したもので、これらの皆様には、心より感謝申し上げます

江戸 西音

Contents

監修者まえがき　江戸西音 2
序文　ヒュー・ジョンソン 4
まえがき　シュテファン・ラインハルト 5

序　説

1　ドイツワイン探訪：冷涼の定義 6
2　歴史・文化・市場：糖度からテロワールへ 14
3　格付け・スタイル・味わい：ドイツワインを知る 20
4　地理・気候・土壌・品種：地勢 26
5　葡萄栽培・ワイン造り：完璧な葡萄と極めて純なワイン 32

優れた生産者とそのワイン　※ワインの生産者で引く場合はp.266をご参照ください。

6　ザクセンとザーレ＝ウンシュトルート 36
7　フランケン 44
8　ヴュルテンベルク 74
9　バーデン 86
10　プファルツ 106
11　ラインヘッセン 138
12　ラインガウ 162
13　ナーエ 198
14　モーゼル 216
15　アール 260

掲載生産者一覧 266
用語解説 267
日独用語対照表 269
参考図書 271

序　文

ヒュー・ジョンソン

　優れたワインが、自らを他の平凡なワインから峻別させるのは、気取った見せかけではなく、「会話」によってである——そう、それは、飲み手達がどうしても話したくなり、話し出しては興奮させられ、そしてときにはワイン自身もそれに参加する会話。

　この考えは、超現実主義的すぎるだろうか？　真に創造的で、まぎれもなく本物のワインに出会ったとき、読者はそのボトルと会話を始めていないだろうか？　いま、デカンターを2度もテーブルに置いたところだ。あなたはその色を愛で、今は少し後景に退いた新オークの香りと、それに代わって刻々と広がっていく熟したブラックカラントの甘い香りについて語っている。すると、ヨードの刺激的な強い香りがそれをさえぎる。それは海からの声で、浜辺に車を止め、ドアを開けたばかりのときのようにはっきりと聞こえてくる。「ジロンド河が見えますか？」とワインが囁きかけてくる。「白い石ころで覆われた灰色の長い斜面が見えるでしょ。私はラトゥール。しばらく私を舌の上で含んで。その間に私の秘密をすべてお話しします。私を生み出した葡萄たち、8月にほんの少ししか会えなかった陽光、そして摘果の日まで続いた9月の灼熱の日々。私の力が衰えたって？　そう、確かに歳を取ったわ。でもそのぶん雄弁になったわ。私の弱みを握った気でいるの？　でも私は今まで以上に性格がはっきりでたでしょ。」

　聴く耳を持っている人には聞こえるはずだ。世界のワインの大半は、フランスの漫画サン・パロール（言葉のない漫画）のようなものだが、良いワインは、美しい肢体とみなぎる気迫を持った——トラックを走っているときも、厩舎で休んでいるときでさえも——サラブレッドのようなものだ。不釣り合いなほどに多くの言葉と、当然多くのお金が注がれるが、それはいつも先頭を走っているからだ。理想とするものがなくて、何を熱望できるというのか？　熱望はけっして無益なものではない。われわれにさらに多くのサラブレッドを、さらに多くの会話を、そしてわれわれを誘惑するさらに多くの官能的な声をもたらしてきたし、これからももたらし続ける。

　今からほんの20−30年ほど前、ワインの世界はいくつかの孤峰をのぞいて平坦なものだった。もちろん深い裂け目もあれば、奈落さえもあったが、われわれはそれを避けるために最善を尽くした。大陸の衝突は新たな山脈を生み出し、浸食は新しい不毛の岩石を肥沃な土地に変えた。ここで、当時としては無謀に思えた熱望を抱き、崖をよじ登るようにして標高の高い場所に葡萄苗を植えた少数の開拓者について言及する必要があるだろうか？　彼らは最初語るべきものをほとんど持たないワインから始めたが、苦境に耐えた者たちは新しい文法と新しい語彙を獲得し、その声は会話に加わり、やがて世界的な言語となっていった。

　もちろん、すでにそのスタイルを確立していた者たちの間でも、絶えざる変化があった。彼らの言語は独自の文学世界を築いていたが、そこでも新しい傑作が次々と生み出された。ワイン世界の古典的地域というものは、すべてが発見されつくし、すべてが語りつくされ、あらゆる手段が用いられた、そんな枯渇した場所ではない。最も優れた転換・変化が起こりえるところなのである。そして大地と人の技が融合して生み出される精妙の極みを追究するために最大の努力を払うことが経済的に報われる場所である。

　偉大なワイン産地であれば、多少の浮き沈みはあるにしても、おおむね着実な歩みを続けているものだが、ドイツの場合は事情が異なっている。というのも、世界でもっとも偉大な白ワインの源として賞賛されてきたドイツの澄んだ泉に、突然にごりが生じてしまったのだから。その原因は、大衆迎合的な考えにとりつかれた政府が主導した、驚きの自傷行為だった。何世紀もかけて作り上げられ、最良の葡萄畑を選別していた差別化のシステム全体が、"エリート主義"として公的に糾弾されてしまったのである。品質を基準とした考え方は廃止され、モスト量、つまり糖度がそれに取って代わった。いってみれば、村名ワイン、プルミエ・クリュ、グラン・クリュの区別のないコート・ドールのようなものだ。

　1972年以降のほぼ30年間、かつての熱烈なファンですら離れていくほどに、ドイツの基準はあまりに甘く、味気ないものになってしまった。もちろん例外はあった。あたりまえの誇りを胸に、先祖伝来のワインを造る独立自尊の造り手もいたが、その道は険しかった。本書が取り上げるのは、そんな造り手とその後継者たちである。過去は忘れて、シュテファン・ラインハルトの言葉に耳を傾けてみよう。昔と同じ、リースリングとピノ・ノワール、そして冷涼な気候に根ざした実に多種多様な土壌という素材を手に、また一からやり直してみよう。しかしそうするに当たっては、新たな市場に向けたワイン造りを支えている、まったく新しい考え方、まったく新しい品質の定義を取り入れていくのだ。私のセラーには、いまだに1971年のアウスレーゼが残されている。40年の齢を経た、私にとってもっとも大切な白ワインたち。これこそが、後継者たちが求めるべきワインの姿なのである。

まえがき

シュテファン・ラインハルト

本書は、ドイツワインの品質と多様性、さらにはその手造りの技に光を当てるものである。畑がどんな急斜面にあろうと、葡萄と天候がどんなに気まぐれだろうと、本書で取り上げた70の造り手たちは、取り上げられなかった他の造り手たちと同様に、受け継いだ遺産に献身、知識、情熱、誇りを注ぎ込みながら、その持てる技を駆使している。

古代ローマ時代と中世初期にまで遡る文化を持つドイツワインは、何世紀もの間、名声を欲しいままにしてきた。19世紀末、ライン、モーゼル、ザールを産地とするリースリングは、世界でもっとも人気のある高価なワインのひとつに数えられていた。それから100余年が過ぎた今、ドイツ最高の造り手たちは、ドイツワインの新たなる「黄金時代」を切り開こうとしている。その担い手は主にリースリングであるが、徐々に頭角を現しつつあるシュペートブルグンダー(ピノ・ノワール)もまた、ワールドクラスのワインを生んでおり、21世紀最初の10年における急速な革新を推進した第2の原動力となっている。本書でもこの2品種が中心となるが、ジルヴァーナー、ヴァイスブルグンダー(ピノ・ブラン)、グラウブルグンダー(ピノ・グリ)にも言及されている。

スティーヴン・ブルックが、その著書『ドイツワイン』(2003)の中で書いたように、ドイツワインに関しては、「専門家と一般の人々の考え方の間に、いまだに大きな隔たりがある」ものの、そのギャップは狭まりつつある。1971年制定の反エリート主義的ワイン法は、ワインの品質の基準を産地、葡萄品種、収量、醸造技術ではなく糖度に置いた結果、「甘くて安い」という海外でのドイツワインのイメージを定着させる要因となったものだが、VDP (Verband Deutscher Prädikatsweingüterドイツ優良ワイン生産者協会)——200ほどの国内有数の造り手からなる野心的な協会組織——は、このワイン法を無視してかかっている。ドイツのような冷涼なワイン産地では、テロワールの持つあらゆる側面が、ワインの独自性、個性、品質に影響を及ぼすとの認識に至ったVDPは、ワイン法に反旗を翻し、「糖度からテロワール」への回帰を提案した。協会はその会員のワインを市場に売り込むために、協会独自の畑の格付けを行い、グローセス・ゲヴェクス(エアステス・ゲヴェクス)というカテゴリーを立ち上げた。グラン・クリュに相当するこのコンセプトは、葡萄栽培と醸造のスタンダードをかつてないほどに高め、ワイン自体も向上を続けるようになった。

現在ドイツには約24000もの生産者が存在するため、ドイツ最高峰のワインを扱う本ならば、きわめて厳しい選択基準が課せられてしかるべきである。本書の中心となる70の造り手に関しては、どうしても私個人の主観が入るため、ドイツのトップ70とイコールにはならない。私が選んだのは、その個性、哲学、本物の手造りワインが、エキサイティングな今日のドイツワイン界について正確な印象を与えてくれる、継続性のある造り手たちである。取り上げたほとんどは名の通った造り手だが、さほど興味を引かない有名畑のワインを造る有名生産者よりも、無名の畑について教えてくれる知名度の低い造り手のほうに、私は光を当ててみた。

同じ理由から、13あるドイツの産地すべてを本書に収めることはできなかった。ザーレ=ウンストルート、ヘッシッシェ=ベルクシュトラーセ、ミッテルラインでも、きわめて良質なワインが造られているのだが、掲載に値するほど興味をそそられるワインを一貫して造っている造り手は見あたらなかった。

2010年8月から2012年1月にかけて、少なくとも一度は本書に掲載したすべてのワイナリーを再訪しているため、すべてのテイスティング・コメントは、より成熟したワインも含めて最新のものに更新されている。驚異的に長命であることが、ドイツ産リースリングのもっとも心打たれる資質のひとつである。

複雑かつ多様なドイツワインではあるが、単なる果実味にとどまらない、ひとつの卓越した、そして実にユニークなスタイルを共有している。美味しく飲めるだけが、素晴らしいドイツワインではない。飲む人を驚きで満たすような美を備えているのである。それでは、最良のドイツワイン探訪のために私が魔法のワインを開けていく間、グラスを片手に心と精神を解放してみよう。「語るに値するワイン」なのだから。

1 | ドイツワイン探訪

冷涼の定義 The Definition of Cool

ドイツワイン、中でもリースリングには強い独自性がある。リースリングは、クラシックなヨーロッパのワイン生産国の中では、もっとも冷涼な最北の地で造られている。そしてその国では、11月末まで続く長い生育期間をかけて葡萄がゆっくりと熟し、ごくわずかな気候や地理的差異すらも、ワインのスタイルに決定的なインパクトをもたらすのである。

果実味を超えて

「私はそれまで、"フルーティー"とは異質の風味をこんなにも感じさせてくれるワインを味わったことがなかった」とは、テリー・タイスがその楽しい自著、『ワインの行間を読む』(2010) の中で、初めて飲んだリースリングを思い出して書いた一節である。「それはまるで、水ではなくてワインから造られた、ミネラル・ウォーターさながらの味わいだった」。この最初のひと口から何が生まれたかを考えてみれば、ドイツのリースリングがとてつもない影響力を秘めているのがわかるだろう——タイスは世界でも有数のリースリング愛好家の一人となり、熱意あふれるワインライターであるとともに、ドイツ、オーストリア、シャンパーニュなどの冷涼な産地のブティック・ワインのインポーターとして高い評価を受けている。ヒュー・ジョンソンがいみじくも指摘したように、「歓喜と驚嘆」を呼び起こすだけでなく、人の人生を変えてしまうといっても決して大げさではないワインなのである。

スチュワート・ピゴットも、リースリングと出会って人生を根底から変えられてしまった一人である。リースリング愛好家にして人材発掘の名手でもある、ベルリンを拠点に活躍するこの著名な英国人ワインライターは、1981年、ウェイターとして働いていたロンドンのテート・ギャラリーで、一人の「情け深い客」からほんのひと口の1971年のクロスター・エーバーバッハ・シュタインベルガー・リースリング・シュペートレーゼのお裾分けに預かった結果、仕事(と住む家)を変えることになってしまった。ワインの風味はピゴットに岩場の渓流を想起させ、地層を通り抜けて未知の領域へと錐もみ状に意識が落ちていったかと思ったら、ピンや針を思わせるスリリングな感覚が、いつまでも消えずに口中に残されたという。

パイナップルやパッションフルーツではなく、ましてやワインそのものでもなく、むしろピンや針、岩や鉱物を感じさせる。リースリングとは、実に不思議な品種である。その用途の広さと、辛口から高貴な甘口まで無限に姿を変える品種独特の多様性のために、シャルドネ、ソーヴィニョン・ブラン、カベルネ・ソーヴィニョンと同じ方法で分類整理するのは、リースリングの場合簡単なことではない。ドイツでよく言われているように、「リースリングはリースリングであると言うのは無意味」なのだ。葡萄の完熟に時間がかかるため、リースリングにはどこかカメレオンのようなところがある。「リースリングはピノ・ノワールと同じように、自身が持つ特殊なスタイルを、そこのミクロ・クリマに適応させているようだ」と、醸造家のオーウェン・バードはその著書『ラインの黄金：ドイツワイン・ルネサンス』(2005) の中で記している。確かにこの品種は、どんなに異なる土壌にあっても独自かつ多面的という特徴を維持し、洗練された直線的なワインのスタイルを損なうことなく、驚くほど多様な気候条件の下で栽培が可能である。産地、栽培方法、醸造技術によってそのアロマは大きく姿を変えるが、良質なドイツ産リースリングであるならば、それは常に刺激的なくらい繊細で果実味にあふれ、優美にして気品高く、洗練されて重層的で、大いに飲む喜びを提供してくれる。

無知と経験

ところが悲しいかな、ボトルの中身が果たして良質なドイツ産リースリングかどうかをラベルだけで判断するのは、相変わらず簡単なことではない。私が初めて飲んだリースリングは——1980年代の前半、まだ若かった頃に試しに飲んでみたもの——、ナーエで造られたとびきりの辛口で、痛いくらいに酸がきついワインだった。古風なデザインのラベルによると、それは「糖尿病患者向け」だそうで、つまりヘルシーなのは間違いないにせよ、美味しいというよりは医薬品に近いものだった。「品質は確かだから」と父は言い、辛口で酸が強く痩せたワインだけが美味しいワインだと確信してからというもの、毎年この特異体質用ワインをケースで買い、レストランで豚肉のロースト玉ネギ添えやビーフストロガノフに合わせて注文するのは、決まってトロッケン、つまり辛口だった。父にとってトロッケンとは高品質の証であり、ワインの産地、品種、色よりも重要なことだった。赤ワインを頼む時も、父はやはりトロッケン

シャルツホーフベルク(モーゼル)の冷涼な粘板岩の土壌。そこのワインは、果実味よりも、液体と化した岩や鉱物を想起させることが多い。

を注文した。詳しい説明を求められると、「できればフランスのヴァン・ド・ペイ」と答えていた。彼のグラスに注がれたのは、たいていの場合、ボルドーかコート・デュ・ローヌの広域産地名ワインで、大抵そのどちらも青臭く田舎風なワインだった。

この最初のワイン体験が災いして、何年かの間、私がこの奇妙な刺激物から遠ざかってしまったのも不思議ではない。私がワインとよりを戻したのは、ミュンヘンでの学生時代、フランスやイタリアのワインの中でも、きわめてアロマ豊かでキリッとさわやかな白ワイン、1990年産のベルジュラック・セック（4ユーロ）のおかげである。その後ドイツのリースリングに回帰したのは、1990年代の半ばになってからのことだった。

なぜこんな話をするのかと思われるかもしれない。それはひとえに、ドイツワインに対する読者の第一印象がどうであれ、またそれが他のワインとどんなに違ったものだったとしても、ドイツのワインはこだわってみるだけの価値がある、そして私がそうだったように、読者もそれを愛することが可能であると、読者を説き伏せたいからに違いない。ドイツワインが1980年代初頭のどん底から格段の進歩を遂げた今だからこそ、その思いはなおのこと強い。ちょうどその時代、海外市場ばかりか国内市場でも、ドイツワインは往年の名声を次第に失っていった（その当時はリースリングというよりも、むしろミュラー・トゥルガウ、ケルナー、そしてオルテガ、フクセルレーベ、ジーガーレーベ、ドミナのような奇妙な交配種のほうが大きな問題になっていた）。収量はあまりに高く、残糖があったとしてもズースレゼルヴ（訳注：ワインの甘さを増やすために、発酵終了後に加える未発酵果汁）を施したとしても、生気のないワインがよみがえることはなく、かつてのドイツワインについていた高値も史上最低まで落ち込み、また生産者のワインの品質向上への意欲も、かつてないほど低かった。

1980年代の甘口からトロッケンへの方向転換にしたところで、それは品質ではなくスタイルの変化であって、ワインは相変わらず薄っぺらだった。たとえば私の父などは、1950年代の高度経済成長期（ドイツ経済の奇跡と呼ばれる時代）に電気技師として働き始め、安価で甘口のドイツワインとゼクトを愛する忠実なドイツ人だったが、健康上の理由で突然トロッケンに乗り換えた。ところが他の多くのドイツ人は父ほどの忠誠心は持ち合わせず、フランス、イタリア、またもっと後になると、安くて辛口なのに大部分のドイツワインよりも美味しい、ニューワールドのワインへと移っていったのである。

1990年代の中頃、私のかねてからのトラウマを払拭する手助けをしてくれたのが、ヒュー・ジョンソンと、彼の最高峰のドイツ産リースリングへの変わらぬ愛である。現在、酒齢100年以上のものも含むリースリングを数限りなくテイスティングしてきた経験から私が言えるのは、たとえ最上級のシャンパーニュでさえも、酒齢のいかんを問わず良質なリースリングのカビネット、シュペートレーゼ、アウスレーゼが与えてくれるもの、つまり快活さと穏やかな心持ちを、決して与えてはくれないということである。「瞬間」を求めてやまないファウスト博士よろしく、「時よ、とまれ！世界よ、おまえは美しい」と言ったら、それは言い過ぎになるだろうか。他のすべてのワインとは異なり、7－9%のアルコール度数と美味な残糖を備えたドイツのリースリングなら、ボトル1本を開けてもベッドに直行という具合にはならない。翌朝の目覚めにしても、思ったより多少早めかもしれないが、ビタミンCの錠剤を服用せずとも何とか乗り切れる。

これこそが最上級のリースリングに完璧に体現された、ドイツワインの奇跡のひとつであり、そこでは軽妙と複雑、持続性と優美、繊細さと強さ、芳醇と純粋、力と優雅、鋼の強さと甘さ、熟成と爽やかさ、真剣と安らぎなどの相反する特徴が、ひとつにまとめ上げられている。実際良質なリースリングなら、常に結晶のように純粋で繊細、そして美しくバランスがとれていて、果実味だけでなく刺激的なミネラル感と塩気も感じさせる。

このユニークでパラドックスに満ちた完成度を説明してくれる理由は数多く、化学、気候、地理、土壌などの側面とならんで、葡萄栽培、醸造、特にドイツの飲酒文化も挙げられる。Dr. マンフレート・プリュムにしてもエゴン・ミュラーにしても、1本目のワイン（常に熟成したワイン）が空になる前に2本目を開けようとするその姿には、けちくさいところなどみじんも感じられない。それはむしろドイツの飲酒文化のひとつの形であり、ドイツではワインは食事と一緒に楽しまれるだけでなく、特にモーゼル渓谷とラインガウでは、午後のお茶として、食前酒として、また食後酒としても楽しまれている。

プリュム、ミュラー両家の作法は、リースリングの持つもっとも印象的な資質のうちのふたつの要素、つまり健康的であるということと、また長命であるということも教えて

くれる。彼らのワインをブラインドで供されると、実際よりも20年から30年、さらにそれよりも数10年若いのではないかという印象を持つこともしばしばである。

クール復興

慢性的な嫌悪感から本格的な愛に至るというドイツワインを巡る私の旅は、決して珍しいことではない。近年ドイツワインの運命は、ドイツのみならず世界中で劇的に好転している。世界の高級ワインのオークションにおけるドイツワインの実績を例にとってみよう。1世紀ほど前、ラインとモーゼルのリースリングは世界中でもっとも人気の高いワインのひとつであり、値段もそれに見合ったものだった。1923年、ルーヴァー地方のマキシミン・グリューンホイザー・ヘレンベルク・トロッケンベーレンアウスレーゼの伝説の1921年のフーダー樽が、10万金マルク（今日の250万ユーロに相当）という世界新記録でオークションにかけられ、ニューヨークのウォルドルフ＝アストリア・ホテルに落札されている。しかしながらドイツワインの品質とイメージは、1960年代になると最悪の状態まで落ち込み、高級ワイン地図に掲載されることもほとんどなくなった。

1990年代初頭、中でもリースリングが劇的に向上を始めた時期に、変化の兆しは現れ、最良のワイン（そのうちいくつかはトロッケン、つまり辛口）がマスター・オブ・ワインの称号を持つジャンシス・ロビンソン、ミシェル・ベタンヌ、デイヴィッド・シルトクネヒトなど、超一流のワイン評論家から高い評価を受け始めたのである。現在のドイツ産リースリングのほとんどは辛口で、そのうちの何点かは、1本40－80ユーロという高値で販売されている――大抵はドイツ優良ワイン生産者協会（VDP）の指導的メンバーが造るグローセス・ゲヴェクスのワイン。2010年9月には、ケラー社のG-マックス・リースリング2009のマグナム・ボトル（1.5リットル）が、1本4,000ユーロでオークションにかけられた。

それには及ばないものの、ユニークでアルコール度が低く、自然の製法で造られた甘口ドイツワインのパフォーマンスも同じくらい印象的である。これらのワインは繊

エゴン・ミュラーのシャルツホーフベルガーは、数10年にわたって向上を続けるという、ドイツのリースリングが持つ驚異的な能力を示す典型例。

細、精緻、優れたバランスにかけては比類なく、エゴン・ミュラー＝シャルツホーフ、JJ・プリュム、マルクス・モリトーア、ロベルト・ヴァイルなどのワールドクラスの造り手の高貴な甘口ワインをはじめとして、いまだに驚異的な品質を誇っており、750mℓ瓶で6000ユーロというオークション価格をつけている。

輸出ブーム

いわゆるリースリング・ルネサンスを示すもうひとつの証拠は、近年の輸出額にもあらわれている。ドイツワイン最大の輸出市場であるアメリカの場合、2010年には売上高、売上量ともに21％の伸びを見せるなど、販売はきわめて好調に推移している。スカンジナヴィアでの販売も好調で、ノルウェーでは白ワイン市場の33％を占めてドイツが首位に立ち、ドイツの白ワインはスウェーデンでは2番目、フィンランドでは3番目に人気がある。中国（2010年には60％超）、カナダ（＋15％）、ロシア（＋11％）、日本（＋5％）、スイス（＋29％）でも販売は増加している。世界中のワインのプロたちの間でドイツワインの高い品質が認知されるに従って、メディアが好意的に取り上げる機会が増え、そのため今後高品質のワインの輸出はますます伸びていくだろう。

ドイツのシュペートブルグンダー

ところが、人気の高まりを見せているのはドイツのリースリングにとどまらない。ドイツのシュペートブルグンダー（ピノ・ノワール）もまたクールな品種である。これはさほど驚くことではない。世界最大のリースリング産地であるとともに、ドイツはピノ・ノワールに関しても、ほぼ79000ヘクタールという世界の栽培総面積の14.3％を占め、フランスとアメリカに続く世界第3位の産地になっている。2011年、ティム・アトキンとハミッシュ・アンダーソンがロンドンで開催したブラインド・テイスティングで、ドイツのシュペートブルグンダーは驚異のパフォーマンスを披露した。二人は世界中から20点の高級ピノ・ノワールを厳選し（ブルゴーニュのプルミエ・クリュ3点を含む）、これらのワインを最良のシュペートブルグンダー 19点と競わせた。その結果、少なくとも7点のドイツワインがトップ10入りを果たしたのである。"ワールドクラス"とは使い古された言い回しだ。しかしこれらのピノは、それ以外の言葉では表現できない」とアトキンは語っている。ブルゴーニュ愛好家として知られるジャンシス・ロビンソンはそれよりも若干控えめな表現ながらも、「ドイツが現在、ブルゴーニュの中堅クラスの最上ワインにも引けをとらない、真に良質なピノ・ノワールを造っていることに、疑いの余地はない」と語った。ドイツ最良のワインをブルゴーニュのそれとブラインドで比較させるという彼女の望みはいまだ実現していないものの、このテイスティングが巻き起こした関心は、現在ドイツ最高峰のピノが持つ野心と品格を証明しているのである。

踊る熊

しかしながら、採点、勝利、輸出額の上昇にも増して興味深いのは、ドイツワインの持つ特徴的なスタイルと、それがドイツの伝統的なものの考え方に突きつけた挑戦である。『やわらかなドイツ』とは、スイス人ライターのトム・ヘルトが、数年前に書いたドイツワインの記事につけたタイトルである。ドイツのリースリングの特徴が（彼はそれを"踊る熊"と呼ぶ）、ドイツとドイツ人に対する型にはまった見方とは正反対であることに、ヘルトは興味をそそられる。「力強く、いかめしく、意思堅固。それがドイツである」と彼は記す。ところがことリースリングとなると、そんな決まり切った見方は吹っ飛んでしまうのだ。やわらかなドイツは、他のどこ（のワイン）にもないほど、不思議なくらい精巧で繊細なのだから。事実、伝統的に高級ボルドーとバローロの一大消費地であったスイスは、ドイツのリースリング愛好家として頭角を現してきた。

しかし今では、リースリングを造るフランスの造り手でさえ、アルザスではなかなか出せない軽やかさ、フィネス、純粋さを求めてライン川を越えてくるのである。まるで1世代前のドイツのリースリングの造り手たちが、トリムバッハのクロ・サン・テューヌといったアルザスを代表するワインの秘密を解き明かすべく、対岸からやってきたように。こうしたドイツの造り手たちは1990年代、プラーガー、ピヒラー、クノル、ヒルツベルガーなどの造り手のスマラクト・リースリングが非常に高い評価を受けていたヴァッハウまで、ドナウ川を遡ったこともある。

彼らは持ち前の好奇心で、葡萄畑の仕事には別のやり方があり得ること、収量を減らすこと、ワイナリーでは可能な限り手をかけないほど見返りが大きいことを、熱心に学んでいった。その後ライン、ネッカー、ナーエ、モーゼル川を下って戻ってきた彼らは、自分たちの土地が美しく豊

かな伝統に恵まれているばかりか、きわめて冷涼であることに気がつく。ドイツワインは新顔ではない。しかし、より本格的、純粋、さわやか、低アルコールを追求していくのなら、ドイツワインはまさにそれにうってつけだった——ところがアメリカでは、「シャルドネがすべて」という風潮が定着していた。ロバート・パーカーが主宰する『ワイン・アドヴォケート』誌で、ピエール＝アントワーヌ・ロヴァニが、ドイツの2001年をリースリングにとって卓越したヴィンテージと賞賛した。この評価とその広まりこそが、国外におけるリースリング・ルネサンスのはじまりだとドイツでは考えられている。

ジェネレーション・リースリング

事実、高級ワインの世界では、10年ほど前からドイツ産リースリングの人気が高まっていたが、それと同時進行したのが、ますます多くの野心的な造り手によって瓶詰めされた、トップクラスのリースリングの増加である。その多くが30歳以下であるものの、彼らには本格的なリースリングをひっさげて、世界に打って出るだけの気概がある。「リースリングがもっとも力を発揮するのは、この国の冷涼な気候であり、ここなら、世界中どんな場所でも真似のできない特徴を生み出します」と彼らは言う。彼らはまた自分たちの成功が、それぞれの原産地を反映させ、食事との相性も完璧な、最高品質の辛口リースリングをすでにものにしてきたヘルムート・デンホーフ、ベルンハルト・ブロイアー（ゲオルク・ブロイアー）、ベルント・フィリッピ（ケーラー＝ルプレヒト）、ビュルクリン＝ヴォルフ、フリッツとアグネス・ハッセルバッハ（グンダーロッホ）ロベルト・ヴァイル、ハイマン＝レーヴェンシュタインなど、前衛的な造り手たちの業績の上に築かれたものであることを、十分に理解している。

今の時代、野心的な造り手たちにとってのワイン造りとは、自己実現、文化と歴史に対する責任、そして会話戦略に他ならない。またリースリングがその代表格であるものの、彼らの世界観に一致するのは何もこの品種だけではない。この10年の間、ドイツのクラシック・ワインへの新たな愛が高まっている。ジルヴァーナー（80年代以降、栽培面積は劇的に減少したものの）とグラウブルグンダー（ピノ・グリ）だけでなく、ヴァイスブルグンダー（ピノ・ブラン）とシュペートブルグンダーもまた、ダイナミックな新生ドイツの主役となった。また1970年代、80年代に主役を張っていたミュラー・トゥルガウやケルナーなどの交配種の畑が縮小していく一方で、こうした交配種のワインが今ほど美味しかったことはかつてない。若々しくさわやかで明快だが、アルコール度数の低い上品でアロマティックな白ワインに仕立てられたミュラー・トゥルガウは、今日の新しく若いドイツを代表するワインとなり、新たなジャーマン・クラシックへと変貌を遂げた。

とはいえ、ドイツのすべてがこのようにクラシカルなスタイルに変わったわけではない。ソーヴィニヨン・ブラン、在来種と国際品種をブレンドした赤ワイン、ブラン・ド・ノワールなども見受けられる。しかし、ドイツのクラシック再生を、単なる一時的な流行と捉えている造り手はどこにもいない。「情熱と細心の職人技がワインを造るのだとすれば、ボルドーやブルゴーニュのワインがそうであるように、ドイツのワインもクラシックであり続けるでしょう」と、ラインヘッセンでもっとも優れた造り手の一人であるフィリップ・ヴィットマンは語る。

別の言い方をすると、ワインのスタイルに関するなら、特徴を明確にしていく上でもっとも重要なのは、国際的な市場における需要ではなく、その産地が元来持っている質的潜在能力である。ユニークな文化的風景と遺産だけでなく、リースリング（あるいは他のどの高貴種にしても）の秀でた特色を強調するためには、その産地は単一畑の小さな区画にまで明示されなければならない。産地、造り手、そしてヴィンテージ。今日では、テロワールを決定づけるこれらの三要素が表ラベルに表記されていることは多く、一方で法律によって義務づけられている、それほど重要性のない（そしてややこしい）記述は、裏ラベルに記載されている。

モスト量（葡萄果汁の濃度＝比重、単位°Oe）からテロワールへと回帰するドイツのワイン産業の旅は、第3章で触れる葡萄畑の格付で頂点に達した。なるべく手をかけないワインメーキングと並んで、第4章で説明する有機農法の原理に則ったきめ細かな畑仕事を基本にして、その旅は進んでいかなければならない。今日ドイツが産する最高峰の辛口ワインは、従来にない凝縮感と力強い深みを備えた卓越した品質にもなりうる。しかしながら、中には行き過ぎてしまったワインもあったため、ここ5年ほどの新しいトレンドは、より軽やかで凝縮感と抽出感は控えだが、より楽しめるワインへと回帰している。リースリングの造り手の中には、残糖がアルコールを最小限に抑えて

バランスをとってくれることから、残糖に関してより寛容になってきた者もいる。

リースリングをマーケティングする

　ドイツのリースリングを特集した『トングTong』誌の記事の中で、リースリングのマーケティングはタフなビジネスであると書いたのは、編集者のフィリップ・ヴェルヘイデンである。なぜならば、「複雑な概念を売り込むための、簡便なマーケティング手段を見つけなければならないからである」。しかしそれは実際、どれほど大変なことだというのだろうか。ナーエ地方の造り手であるマルティン・テッシュは、そのマーケティングを簡潔かつシンプル、そしてほとんど文字を使わずに行っている。彼は辛口リースリング以外のワインはほとんど造らず、5カ所ある単一畑のワインには、それぞれ別の色のカプセルがかぶせられ、別のデザインのラベルが貼られている。こうしておけば、お気に入りのワインを見つけるためにラベルを読む必要はなく、事は簡単である。テッシュは、もっとも優れたヴィジュアル・コミュニケーションに対して送られるレッド・ドット・デザイン大賞を受賞した、最初のドイツ人ワイン生産者となった。その数年後、ワインを楽しむ人々を撮った、文章抜きの白黒写真集、『リースリング・ピープルVol. I』を出版し、2011年にはそれに続く2作目が出版され、ソムリエによるワインの説明、音楽とワイン・ジャーナリストによるアンプラグド（訳注：電気を使わない）の音楽とアンプラグドのリースリングの関係についての考察、『リースリングはクール、シャルドネはF*ck』を含む数曲が収録されたCDが添付されている。

　他の造り手たちは、もっと複雑なルートを辿っている。ラインハルト・ハイマン＝レーヴェンシュタインやクレメンス・ブッシュのようなモーゼルの造り手たちは、伝統的な単一畑であるアインツェラーラゲを、粘板岩の色に従っていくつかの小区画（sub-appellations）に分割している。こんな風にして、かつてはヴィニンガー・ウーレンと表示されていたものが、今ではブラウフュッサー・ライ、ラウバッハ、ロート・ライと特定の区画ごとに瓶詰めされ、プンデリッヒャー・マリエンライは、ファールライ、ファルケンライ、ローテンプファートに変わっていった。

　分かりやすく直截なテッシュのコミュニケーションと、それを裏切らない辛口で純粋なワインは、従来ワインに興味を示したことのないあらゆる年齢層の飲み手を、リースリングとドイツのワインシーンに引きつける一助となった。以前はビールとウイスキー以外は置いていなかったバーやクラブでも、今ではドイツワインを見かけるようになった。ロック・フェスティバルですらドイツワインが酌み交わされ、ロックやパンクのバンドがドイツのリースリングに捧げる歌を作り始めた。

　ドイツの首都ベルリンは、葡萄栽培こそ行われていないものの、ドイツワインの首都となった。超一流ホテル、ブランデンブルガー・ホーフ内のレストラン、カドリガにはドイツワインだけで構成されたワインリストがあり、膨大なドイツワインの品揃えを誇るワインショップも数多く存在する。10年前には考えられないことである。週末ともなると、ドイツワインの発表会やドイツのリースリングを特集したパーティーなども催されている。ベルリンにあるリッツ・ワイン・バーは、ドイツワインが飲める人気の場所になっているし、ほとんどが熟成したモーゼルから構成されているドイツワインを、伝統的な中華料理と一緒に供する中国レストランのHot Spotもまた同様である。VDPは9月の2日間、古い西洋絵画の傑作の収集で知られるゲメルデガレリー、つまりベルリン国立絵画館で、100以上の造り手を集めたワインの発表会を行っている。またベルリンでは、ザクセンとザーレ＝ウンストルートを代表するワインも手に入る。これらのワインはきわめて希少なため、現地やドレスデンよりもむしろベルリンのほうが簡単に見つかる。今では、多くの道がリースリングとドイツワインに通じ、もはや後戻りは難しい。

2 | 歴史・文化・市場

糖度からテロワールへ From Sugar to Terroir

ドイツワインの歴史については、ヒュー・ジョンソンの『ワインの歴史』をはじめとして、優れた文献が簡単に入手できるのはうれしいことである。優れたワインをめぐる文化を論じる本章では、今日のドイツにおけるワイン造りの技法に、きわめて大きな影響を与えた出来事と潮流に絞って光を当てることにする。こうした出来事と潮流こそが、いまだ折り合いを見つけられずに苦しんでいるスタイルとテロワールの、驚異的な多様性に結びついているのである。

はじまり：3万5千人の呑兵衛な兵士たち

ドイツの葡萄栽培は、古代ローマ人のアルプス越えとともに始まった。ローマ帝国の拡大によってライン左岸地方が制圧され、アウグスタ・トレヴェロールム（トリーア、紀元前16年）、コロニア・アグリッピネンシス（ケルン、紀元後50年）、その他の町が建設された。ところがしばらくすると、深刻な問題が発生する。毎日ワインを飲みたがる35000人の兵士の乾きを、どうやって癒やすのかということである。もっとも現実的な解決法は、地元で葡萄を栽培するものだった。中でもライン、モーゼル両河岸の急峻な斜面と粘板岩の土壌が、このような北限の産地での葡萄栽培にきわめて適していると考えられた。しかし紀元1世紀も終わろうとする頃、本国から輸出を保護するため、ドミティアヌス帝はアルプス以北の属州における葡萄栽培の拡大を禁止した。ドイツでの葡萄栽培が軌道に乗るようになったのは、280年にプロブス帝がこの勅令を廃止して以降のことである。

ライン、モーゼル、アール、ネッカー、マイン川沿いに葡萄畑が広がる風景は、ゲルマン民族による襲撃、ローマ帝国の滅亡、5世紀の民族大移動期における大混乱を生き抜いた。ゲルマンの諸族ですら、3世紀から5世紀の間に葡萄栽培を始めている。ライン右岸に葡萄栽培を広めたのはフランク人であるが、その後ライン右岸では、フルダのベネディクト会修道院がその後何世紀もの間、最大のワイン生産者のひとつであった。

シャルルマーニュ、修道士、癒やされることのない乾き

シャルルマーニュ（748–814）のもと、葡萄栽培はピレネーとカルパチア山脈に挟まれたフランク王国の経済を支える柱のひとつとなった。フランク人の王であり神聖ローマ帝国の皇帝だった彼は、その先見の明をもって、葡萄栽培拡大への道筋をつけたのである。彼は葡萄栽培とワイン販売のみならず、ワイン造りも法律で規制した。彼の勅令の痕跡が、現在のEUによる規制の中にいまだに見て取れる。

その後中世を通じて、ワイン造りの技法にとって最大の原動力になったのは修道士たちだった。ベネディクト会士は、ヨーロッパ中で葡萄栽培とワイン造りを改善し、その結果、ワインはヨーロッパの基本的な食品であるばかりか、哲学的そして宗教的側面をも獲得していった。ドイツをヨーロッパの主要ワイン産地のひとつに押し上げたの

14

はシトー会士で、自分たちで飲む以上のワインを生産していたことから、余剰分を販売に回していた。

ライン川があるため、ケルンはハンザ同盟の中でもっとも重要なワイン市場となり、ハンザ同盟を通じてライン・ワインは北ヨーロッパへと販売されていった。17世紀までに、ワインはドイツ人の国民的飲み物になっていったのである。

葡萄栽培の衰退

それでもなお14世紀から17世紀にかけては、葡萄栽培にとって苦難の時代であった。1348年前後のペスト襲来以前だけを見ても、悪天候、不作、飢饉を含む天災が死者の増加と荒廃をもたらし、ヨーロッパはその人口の3分の1から3分の2を失っている。宗教、社会、経済の大混乱がそれに続いた。明るい側面のひとつとしては、ヴュルツブルク司教でフランケン公のユリウス・エヒター・フォン・メスペルブルンによって、1579年にユリウスシュピタールが設立されたことである。彼は反宗教改革の急先鋒にして無慈悲な異端審問官でもあったが、イプホーフェンにあるユリウス＝エヒター＝ベルクは、今日でも常にドイツでも最上級のリースリングとジルヴァーナーを造っている、フランケンでもっとも高名なグラン・クリュのひとつである（p.66－67参照）。

16世紀後半に始まった寒冷期の間、葡萄栽培の北限は南下していった。ワイン用葡萄の熟成期間があまりに短いため、ワインは酸味の強い痩せたワインになった。モーゼルとラインの立地の良い畑から造られたワインでさえ、美味しく飲むには何年もの時間がかかったのである。

1600年前後には、ドイツの葡萄栽培面積は少なくとも30万ヘクタール（74万エーカー）におよび、これは今日の3倍に相当する。しかし、30年戦争（1618－48）とプファルツ継承戦争（1688－1697）が、人命のみならず景観をも荒廃させ、ドイツを数10年単位で後退させた。葡萄栽培の規模はどんどん縮小し、バイエルンとドイツ北部、東部、中部からは姿を消してしまった。

新しい夜明け：リースリング探訪

18世紀になると、ワインはもはや国民的飲み物ではなく、金持ちだけのものになっていたが、葡萄栽培はライン川とその支流域の地方で再興された。ここでもまた、聖俗の貴族階級が葡萄栽培の担い手となり、トリーア、コブレンツ、マインツ、ヴォルムス、シュパイアー、マンハイム、ヴュルツブルク、バンベルク、ドレスデンがその拠点だった。ワインはミサ用や輸出用のみならず、バロック時代の宮廷文化に欠かせない要素としても重要なものだった。

諸侯は自分たちが造るワインの品質を高めようと、品質を保証する厳格な手法を導入した。中でも重要なのは、葡萄畑が丘陵地へと再び押し戻されたことであり、そ

ヴュルツブルクのヴァイングート・ユリウスシュピタールにある古い石刻（1579）は、ドイツの葡萄栽培の長い歴史を物語っている。

15

シュロス・ヨハニスベルクの石像。1775年に過熟または貴腐葡萄から初めてのシュペートレーゼが造られたのを記念して造られた。

こで葡萄樹は痩せた石だらけの土壌と戦うことを強いられ、平坦で肥沃な土地は食用作物用に転換されていった。

エバーバッハ修道院(ラインガウ)のシトー会士たちは、15世紀初頭という早い時期、すでにリースリングが急峻な斜面とドイツの長くゆっくりとした生育期に理想的な品種だということを発見していた。この晩熟型の品種はとりわけ頑丈で、他のどの品種にもまして、予測不可能な気候の変化によく耐える。そのため16世紀の終わりから、徐々にライン、モーゼル全域とヴォルムス近辺で栽培されるようになっていった。1672年、マインツの聖クララ修道院長は、当時ラインガウにある(主に赤)品種は、すべて"リッスリンク"に植え替えられねばならないという通達を出した。それから1世紀後、シュロス・ヨハニスベルクの南斜面に、500万本以上のリースリングが植えられている。エバーバッハ修道院はリースリングへの回帰を続け、1760年、シュタインベルクの畑をブルゴーニュのクロ・ド・ヴージョのように壁で囲って、そこの葡萄樹を保護したりもした。

リースリングの代名詞はラインガウだったが、17、18世紀になると、それはドイツ全域に広く植えられるように

なった。そこまで普及していなかった地域としては、ジルヴァーナーがそれ以上の結果を生んでいたヴュルツブルク、グートエーデル(シャスラ)に牛耳られていたマルクグレーフラーラント、そしてブラウアー・シュペートブルグンダー(ピノ・ノワール)でドイツ初の認定登録をしたバーデンが挙げられる。リースリングが異なる産地に定着し、独特の優れた表現を見いだしたからこそ、それはドイツの多様性と個性の原始細胞となり、1971年には、分かっているだけでも3万の畑を数えるまでに増大していったのである。

村、あるいは時として畑ごとにワインの品質を区別しようという試みは、18世紀後半になって初めて行われた。すでにその当時、ワインを格付けするものひとつの選択肢である「セレクション」が存在していた。

違いを生み出す：シュペートレーゼ、アウスレーゼ、アイスヴァイン

リースリングのように涼しい10月の間に晩熟する高貴品種では、冷涼で湿気の多い醸造所内の条件が重なった場合、葡萄果汁の有する自然の糖分が完全にアルコールに転換されるとは限らず、従ってワインにはいくらかの

残糖が存在することになる。そうしたワインの中には、翌年の春か夏にはみずみずしく素敵な味わいになっているものもあり、それらはかなりの量の、しかし歓迎すべき甘みを備えていた。スイートでスムースとは、当時はセクシーと同じ意味であった。もっともセクシーなワインは飾り戸棚、つまりカビネットの中に納められ、1825年以来、カビネット・ワインとして知られるようになった（今日われわれが"レゼルヴ"と呼ぶものに相当していたようである）。

「10月まで収穫を遅らせることで、収穫された葡萄にボトリティス・シネレア菌がついたのだろう」と、オーウェン・バードはその著書『ラインの黄金』の中で推測している。そして実際18世紀中盤のラインガウでは、過熟葡萄と腐敗葡萄のみからワインが造られていた。しかしそれをさらに洗練させたのがシュペートレーゼ、つまり最高品質の遅摘みワインで、腐敗果の有無にかかわらず完熟葡萄に由来する残糖をしばしば備えていた。シュペートレーゼが造られた最初のヴィンテージは、シュロス・ヨハニスベルクで収穫が遅れた1775年だと考えられている。（貴腐であろうとなかろうと）腐敗葡萄から造られたにもかかわらず、できたワインのあまりの素晴らしさのため、シュペートレーゼは瞬く間に正当なスタイルとして認識されるようになった。

19世紀はさらなる洗練をもたらした。健全な葡萄から腐敗葡萄を選り分けるだけでなく、腐敗または貴腐葡萄を一粒ずつ房から摘み取ることで、今日のアウスレーゼ、ベーレンアウスレーゼ、トロッケンベーレンアウスレーゼに通じるカテゴリーが生み出されたのである。シュロス・ヨハニスベルクでは1820年以降、スタイルごとに異なる色の封蝋をかぶせることで差別化が計られた。ラベルに書かれた醸造長のサインが、1830年からはワインの真贋を証明するようになった。1858年には、新しいカテゴリーが追加された。凍った葡萄果から造られるアイスヴァインである。ヨハニスベルガーのスタイル別カテゴリーは、その後120年以上にわたるドイツワイン法の原型になっていった。

関税同盟：競争と向上

17－18世紀には関税および税金がワインの品質を大いに向上させたが、19世紀、1834年のドイツ関税同盟の成立によって課税が均等化し、最高峰のワインが域内で自由に移動するようになってからは、それにますます拍車がかかった。これがワイン産地間に競争を生み、より良質なワインはより高い価格をつけるようになった。ラインガウ、ラインヘッセン、プファルツ、そして（19世紀後半からは）モーゼルの間のライバル関係が、卓越して素晴らしいワインを生み出した。19世紀中頃、ドイツワインはヨーロッパの宮廷のお気に入りの白ワインだった。1920年代が終わる頃まで、ドイツのリースリングは世界的名声を博し、最高級のシャンパーニュやボルドーと同様に高価であった。

多様性を称える：19世紀の格付け

畑の区画が意味を持つようになったのは、19世紀後半のことである。ほとんどのワインが村名または産地名で売られてはいたものの、消費者がある種のワインの特徴と品質を、名前がついた区画に結びつけて考えていたのは明らかだった。ラベルに掲載されていたのは、シュタインベルガー（ラインガウ）、キルヒェンシュテュック（プファルツ）、シャルツベルク／シャルツホーフベルク（ザール）、あるいはシュタインヴァイン（ヴュルツブルク）などの、高名で歴史ある葡萄畑に限られていた。それでも1909年になるまで、明確に区画が確定されることはなかった。

課税台帳の記録をもとにテロワールが評価され、最初の葡萄畑の格付けが作成された。畑の見込み収益をもとに作られた最初の地図が、1867年にラインガウで作成されたのである。その後、モーゼルとザールの葡萄畑地図（1868年、トリーア地区）、モーゼル地区コーブレンツ（1898年）、ナーエ（1900年）、アールを含むビンガーブリュックとボンの間のライン地方（1902年と1904年）について作成されている。これらすべての歴史的地図は、現在進行中のVDPによる畑の格付け作業に際して、1998年のミッテルハールト（プファルツ）の格付け（1828年の土壌鑑定と格付け案を元にしたもの）とともに重要な役割を果たしている。

ナトゥーアライナー・ヴァイン：VDPのはじまり

19世紀後半以降、最上級のモーゼル、プファルツ、ラインガウのワインがオークションにかけられるようになり、桁外れの値段をつけることも多かった。オークションにふさわしいワインを生産するワイナリーの数が増えれば増えるほど競争は激化し、品質追求への欲求は高まっていった。

糖度からテロワールへ

その当時高品質であることは、すなわちナトゥーアヴァイン（ナチュラル・ワイン、天然ワイン）を意味し、つまり特定の畑で育てられ、シャプタリゼーション、酒精強化、甘味添加、他のワインとはブレンドせずに造られたワインを指している。今もってドイツワインのイデオロギーは、ワインの品質にとっては、自然の葡萄糖の発酵が何にも増して決め手になるという推測の元に成り立っている。ナトゥーアヴァインとは、クンストヴァイン（人工的なワイン）に対峙する旗印であり、1910年、VDPの前身である「ナチュラルワイン・オークション協会」の設立に結びついている。毎年卓越した品質のナチュラルワインを生産できる畑を所有する、ドイツ最高峰のワイナリーの団結を呼びかけるのが、その考え方であった。

初めのうち、シャプタリゼーションは禁止されていた。1990年から2007年までVDPの会長を勤めたミヒャエル・プリンツ・ツー・ザルム＝ザルム氏によると、第二次世界大戦後、甘口ワインの流行を受けてVDPがシャプタリゼーションを認可した時に、VDPはその存在意義を失い、そして1971年のワイン法は数多くの伝統的な畑名を抹殺した。そのためにVDPは、クヴァリテーツヴァイン（上質ワイン）とクヴァリテーツヴァイン・ミット・プレディカート（肩書付上質ワイン）を造るという選択に至り、後者はシャプタリゼーションをしないワインを意味する、新しい専門用語になっていったのである。

エリートたちの絶滅：ドイツのワイン法

ワインの生産地、使われた葡萄品種、あるいは造り方のいかんにかかわらず、ドイツではすべての生産者が、法律で最高峰と認められる品質のワインを生産し、そのことをラベルに表示することができる。「ドイツでは、信頼できる畑で造られたとか、著名な造り手が瓶詰したという理由だけで、最高峰のワインとして認められることはない」と、ドイツワイン協会（DWI）のホームページは高らかに謳っている。「高品質ワインを造るのは、特定の名前や葡萄畑だけに許された排他的な特権ではない。グラスの中のワインの持つ、証明された品質がすべてなのである」。

1971年から施行されている第5次ドイツワイン法は、主に葡萄果汁の潜在アルコール度に従って、ドイツワインを4種類、のちには9種類の品質カテゴリーに分類している（pp.21–24参照）。そのため収穫時の葡萄の糖度が、

200ほどのドイツ最高のワイナリーが集って結成されたVDPの輝かしいマーク。ラベルにも記載されている。

法的な品質基準の鍵になってくる（高ければ高いほど良質ということ）。原産地、収量、品種、葡萄栽培とワイン醸造技術についての言及は何もない。

すべてのクヴァリテーツヴァイン候補が化学検査とブラインド・テイスティングによる官能検査の対象になっているにせよ、生産されるすべてのワインの98％がクヴァリテーツヴァイン、さらにはより格上の肩書付ワインに格付けされている。これぞまさに、1971年のドイツワイン法が意図したところである。つまり他国産のワインと比較することで、ドイツワインの卓越した品質に光を当て、ひいては販売を保証しようというのである。さらにドイツワイン法が目指したのは、採算性の低いワイン産地の立て直しを計ることにあった。

その結果、品質は偶然に左右されるようになった。技術的不備がなければよいというレベルにまで落とされ、大目に見られたのである。ワインに地理的表示はあっても、原産地と品質の間に公的に認められた関係は存在しない。保護された原産地表示も存在しない。実際にドイツワイン法のもとでは、何の関連もないのである。

ドイツワイン法は、原産地、個性、競争を否定する。

1971年、それ以前単独畑として認められていた3万カ所の畑は、現在でも使用されている約2700カ所のアインツェルラーゲ、つまり単一畑と、1300カ所のグロースラーゲ、つまり総合畑に集約された。由緒ある畑の中には、廃止された上で、広大な総合畑を組織するために格下の畑名を押しつけられた区画がある一方で、法外に拡大されたこれら最高ランクの単一畑の中に組み込まれた、格下の畑もある。エリート的なアインツェルラーゲと同じくらい印象的な、グロースラーゲという名前の響きにもかかわらず、実態はその正反対であること、そしてほとんどのドイツワインがクヴァリテーツヴァインに格付けされているという事実からしても、消費者にとってラベルからワインの真の品質を推論するすべはない。驚いたことに、多くの人によって合法的な詐欺行為に等しいと見なされているこの混乱状態は、ドイツの当局によって、憲法で保障された民主的な平等主義の原則に則っていると考えら、いまだにその状態は続いている。ドイツのワイン法によると、歴史的に評価の高い急斜面で手摘みされたリースリングにも、ジャガイモ畑で機械摘みされたフクセルレーベ（訳注：量産型のワインに使われることの多い交配種）にも、機会の平等が保証されている。しかしそこに消費者の姿はない。政治的には正しのかもしれないが、ワイン愛好家にとっては不幸なことである。

モスト量からテロワールへ：VDPによる格付け

オーウェン・バードがいみじくも「ソーセージ法」と揶揄した1971年のワイン法の負の影響を打ち消そうと、1980年代の半ば以降、VDPの指導的メンバーの一部は努力を重ねてきた。彼らには三つの目的があった。ドイツでもっとも優れた葡萄畑に、それに値するだけの名声を取り戻すこと、品質向上と偉大なドイツ産辛口ワインの名声回復、自然の残糖を保持したワインのために、伝統的な品質等級システムを再定義することである。品質を定義する際のもっとも重要な要素は、テロワールへと移っていった。「葡萄畑との調和のもとに育った葡萄樹だけが、土壌と気候を明確に反映した、真に偉大で個性豊かなワインのための葡萄を生み出すことができる」と、VDPの現会長であるシュテファン・クリストマンは主張する。

1993年、VDPは初めて独自の「格付け」を検討した。VDP内部での進展と並行して、ラインガウ・カルタ・ワイン・エステート——ラインガウのVDPメンバーのいくつかを含む生産者達が独自に結成した協会——は、すでに自分たちだけの格付けに着手していて、こちらは1991年にヘッセン州で法制化されているが、他の州および国のレベルでこれが採用されることはなかった。エアステス・ゲヴェクスという用語は、いまだにラインガウだけに使われる地域限定の用語のままである。

2001年、VDPはついにその格付けに関する合意に至った。本書25ページに書かれているように、2012年からはブルゴーニュ方式の4段階モデルに変更されている。高品質の辛口ワインにグローセ・ラーゲ、エアステ・ラーゲ、グローセス・ゲヴェクスを導入することで、ドイツのエリートワイン生産者はドイツワインの名声の再興を果たすことになったが、何と言ってもそれはやはり、ドイツの実に多様な土壌と立地条件の恩恵にあずかるリースリングによることが大きい。2006年からは、甘口のモーゼル・ワインにもクリュ（将来のエアステ・ラーゲあるいはグローセ・ラーゲ）のラベル表示が可能になったが、元々VDPの格付けの第一の目的は畑の格付けではなく、グローセス・ゲヴェクスという辛口ドイツワインのための名声を確立しようという試みであった。それ以来グローセス・ゲヴェクスは、モーゼルでも卓越したカテゴリーになっている。いまだに無類にチャーミングで軽やかな、花を思わせるワインで知られるモーゼルではあるが、最高峰の区画から造られたあらゆる種類のワインを提供することで、あらゆる人々に向けて、あらゆることをやってみようという造り手の数が、ますます増えているのがその理由だ。

ドイツの当局は、ワインの原産地が小さければ小さいほど高品質が期待できるという推論のもとに、また別の用語法の導入を試みている最中である。もっともらしい「ドイツ固有の道」（訳注：ドイツの有名な歴史論争の用語で、ドイツ史の特殊性を指す）ワイン版と、キッパリと決別する時がやってきたのである。

3 | 格付け・スタイル・味わい

ドイツワインを知る Understanding German Wine

ドイツワインを理解することは、消費者、専門家、ひょっとすると生産者自身にとっても、決して簡単なことではない。とはいえ、ひとつの問題だけを説明することは、ゲーテの『ファウスト』を6ページで説明するほど複雑ではない。しかしそのどちらも可能なことだし、やってみるだけの価値はある。ドイツワインを愛でるためには、ここで学ぶ以上のことを知る必要はない。また、たとえこの章をこれ以上読み進めなくても、良質なドイツワインを買うための極めてシンプルな三つのルールさえ押さえておけば、かなり上手くやっていけるだろう。その三つとは、（最高の畑であろうとなかろうと）リースリングであること、最高の造り手が瓶詰めしたワインであること、世界中で増殖するドイツワインマニアが経営するワインショップで提供されるワインであること。以上の3点である。

辛口、やや甘口、それとも甘口？

この質問は、高い酸と高いレベルの熟度が組み合わさった、リースリングのような品種とワインのスタイルについてのみ可能である。良質なドイツ産ジルヴァーナー、ヴァイスブルグンダー、グラウブルグンダー、赤ワインには当てはまらない。現在ドイツで生産されているワインのほとんどは辛口で、今やリースリングですらその例外ではない。輸出市場でドイツの辛口リースリングを見かけることはまれだが、プレディカーツヴァインの持つ自然の甘みは、酸とミネラルまたは塩気がもたらすピリッとした刺激によって上手にバランスがとられている。残糖があるため、カビネットとシュペートレーゼのワインはしばしば甘さよりも風味の良さが際立ち、うれしいことにアルコール度も低い。

EUのラベル表示に関する規制に従うなら、ワインの味わいを示すために以下の用語の使用が可能である。

- トロッケン Trocken（辛口）：
  残糖が4g/ℓ以下、または総酸量より2g/ℓを越えない条件で最大9g/ℓまで。
- ハルプトロッケン Halbtrocken（中辛口）：
  残糖が9g/ℓ以下、または総酸量より10g/ℓを越えない条件で最大18g/ℓまで。
- リーブリッヒ Lieblich（やや甘口）：残糖18g/ℓから45g/ℓ。
- ズュース Süss（甘口）：残糖45g/ℓ以上。

2009年8月以降、残糖1g/ℓの幅が許容されるようになった。

文章なしで分析データだけを羅列するのは、ドイツ人の得意とするところである。しかしデータを文章に入れ込んだとしても、私たちがワインの味わいを予想する助けになってはくれない。残糖、酸、アルコール度の数字を知ろうという欲求は、通常ドイツワインのラベルには「トロッケン」としか書かれていないという事実から生まれている。リーブリッヒとズュースのワインについては、辛口ワインよりも品質的に劣ると消費者に思われているため、どちらの用語もあまり使われることはない。ハルプトロッケンもまた使われることがまれで、むしろ非公式だがよく知られている用語、ファインヘルプ（直訳するとファイン・ドライ）のほうを好む造り手がますます増えている。これは分析的にやや辛口のワイン、あるいは分析的にはやや辛口ではあるが、その味わいはドライというよりやや甘口に傾いたワインを意味する。

経験的、あるいはエミール・ペイノー教授の古典的著作『ワインの味』を読めば分かることだが、ワインの味わいに影響を与えるのは糖ばかりではない。ワインの味がどれほど甘いかは、特に酸とアルコール度数など他の要因によっても左右される。モーゼルまたはラインガウの甘口ワインなら、高い酸あるいは10年以上の熟成により辛口に感じられることもある。それとは対照的に、アルコール度数が高いと辛口ワインでも甘く感じられることもある。残糖45g/ℓ以上のワインなら、どれも甘口ワインと見なされるだろう。しかしながらBA、TBA、アイスワイン、ソーテルヌなど多くの偉大な甘口ワインの残糖は、これとは比較にならないほど高いレベルでも、酸が上手にバランスをとっている。モーゼル、ナーエ、ラインガウが産するリースリングのカビネットとシュペートレーゼなど、ドイツでもっとも素晴らしく、もっとも有名なワインの多くの場合、発酵の停止によって残糖が確保されている。しかし残糖、酸、低アルコール、高いエキス分の驚くべきバランスが、これらのワインを美味しく、消化よく、長命にしている。リースリングに限らず、ワインの質は数字ではなく、むしろバランスと複雑さの問題なのである。

従って、もしドイツワインのラベルに「トロッケン」と書かれていたら、その味わいは本物の辛口である。甘さのレベルが表示されていない場合、それはおそらく辛口ワインではなく、未発酵の糖か、ズュースレゼルヴ（未発酵葡萄

葡萄の糖度レベルを屈折計で計測する。ワインの法的な基準を決定するためには極めて重要な作業。

果汁)の形で添加された糖のどちらかを含んでいる可能性がある。自然の甘みを好むのであれば、プレディカーツヴァイン、つまり伝統的に肩書付上質ワイン(QmP)と呼ばれているワインを求めるよとよい。

しかし覚えておかなくてはならないのは、肩書付上質ワインの味わいには辛口、やや辛口、やや甘口、甘口があることだ。そのため辛口のカビネット、シュペートレーゼ、アウスレーゼの場合には、カビネット／シュペートレーゼ／アウスレーゼ・トロッケンと表示されている。肩書きだけ書かれている場合は、そのワインの味わいは本物の辛口ではなく、やや辛口から甘口のいずれかに傾いている。アルコール度数が11−12%に近ければ、そのワインは分析的にはやや辛口でも、かなり辛口のこともある。アルコール度数が11%以下なら、より果実を感じさせるか甘い味わいになるだろう。つまり、ほとんど何でもありということだ。しかし良質なワインなら、その糖は酸、ミネラル、ボディでバランスが保たれ、つまり美味しく飲めるということだ。

ドイツの品質レベル：あくまでも理論上

前章で見てきたとおり、ドイツにはクヴァリテーツヴァイン以外のワインはほとんど存在しない。つまり、理論上は大部分が非の打ち所のないワインということになる。それでもなおその中に、標準的な品質の普及ワインのカテゴリーが2種類あり、そしてより高級なカテゴリー 2種類が存在していることになる。

ドイツ産ワイン ドイッチャー・ヴァイン Deutscher Wein

2009年8月に、「ターフェル・ヴァイン」つまりテーブルワインに取って代わった新しいカテゴリー。認可を受けた産地と品種のドイツ産葡萄から造られたこのワインは、アペラシオンを表記する必要はないが、葡萄品種とヴィンテージは表記可能。品質要求事項はクヴァリテーツヴァインおよびプレディカーツヴァインよりも低い。

地酒 ラントヴァイン Landwein

ドイツの地酒には原産地表示がある。産地の特徴を備えた複雑とはいえないワインだが(実際そうであることが多い)、より高品質なワインを格下げして、たとえばバーディッシャーあるいはゼクシッシャー・ラントヴァインというラベルを貼った、より複雑なワインも存在する。ラントヴァインは、常に辛口かほぼ辛口で、26カ所ある指定のラントヴァイン産地のいずれかで生産されている。

ドイツワインを知る

格付け・スタイル・味わい

特定産地上質ワイン クヴァリテーツヴァイン・ベシュティムター・アンバウゲビーテ Qualitätswein bestimmter Anbaugebiete（QbA）

　13カ所ある指定ワイン生産地でのみ造られる。葡萄のモスト量は51－72、ワインのアルコール度は7％以上でなければならない。シャプタリゼーションは許可されている。ほとんどのドイツワイン（57－75％）はクヴァリテーツヴァインだが、リープフラウエンミルヒ風のワインから、VDPのメンバーが造る最上級のグローセス・ゲヴェクスのワインまで幅広い。

肩書付上質ワイン プレディカーツヴァイン Prädikatswein（従来のクヴァリテーツヴァイン・ミット・プレディカート Qualitätswein mit Prädikat、QmP）

　カビネットからトロッケンベーレンアウスレーゼまで含むプレディカーツヴァイン、つまり肩書き付きのクヴァリテーツヴァインは、収穫の時点においてより高いレベルの糖度を持つ葡萄から造られている。シャプタリゼーションは禁止。最低モスト量（モスト量は果汁の比重を表わすもので、単位は°Oe、度エクスレ）は、葡萄品種と産地によって異なる。このクラスには以下のような6種類の肩書付ワインが存在し、品質のヒエラルキーをその目的とするが、それをスタイルの幅と見ることも可能である。詳細は以下の通り。

カビネット最低モスト量は67から82°Oe。最終的なワインのアルコール度数は7％以上。残念ながらカビネットに関してはアルコール度数の上限が設定されていないため、軽く繊細で気軽に飲めるワインのはずが、アルコール度13％以上もあるシュペートレーゼや、それどころかアウスレーゼのダウングレード版のようになっていることもしばしば。カビネットのワインには辛口から甘口まである。若い時はキリッとさわやか。しかしモーゼル、ナーエあるいはラインガウの素晴らしいリースリングなら、10－20年後に驚くほど複雑になっていることも。

シュペートレーゼ最低モスト量は76－90°Oe、アルコール度は7％以上。完熟した遅摘みの葡萄の使用だけが認められている。クラシックなドイツ産リースリングのシュペートレーゼは果実を思わせ、しなやかなで、やや甘口から甘口、アルコール度はたったの8－10％。瓶詰め後1－

23

2年で魅惑的な味わいとなり、収穫後10年たってもそれは変わらない。適切なバランスと凝縮感があれば20年以上でも熟成を重ねる。時間と共に果実味が消えていくため、熟したシュペートレーゼの味わいではミネラルの風味が支配的で、そのために実際よりも辛口に感じさせることもしばしば。しかし今日では、アルコール度が高めの辛口からやや辛口の最高品質のシュペートレーゼも多い。

アウスレーゼ最低モスト量は83–100°Oe、アルコール度は7%以上。完熟あるいはボトリティス菌の付着した葡萄が使われる。健全もしくは若干ボトリティスのついた葡萄から造られる辛口、中辛口、やや甘口のアウスレーゼもあるが、クラシックなアウスレーゼは甘口で強さを備えているだけでなく、軽めでピリッとした精緻なものもある。最も繊細なアウストレーゼでも食事と一緒に美味しく飲めることが多い一方で、デザートワインあるいは瞑想の時間にふさわしいカテゴリーのワインには、より上位の肩書きが付けられている。

1971年以前は、ファイン、ファイナー、ファイネストという3等級のアウスレーゼの等級が定められ、ファイネストがもっとも素晴らしい凝縮感とフィネスを持っていた。現在こうした区分は認められていないため、生産者は独自の格付けの示すために星(*、**、あるいは***)、ゴールド・カプセル、ロング・ゴールド・カプセルなどを使っている。多くのアウスレーゼは、格下げされたベーレンアウスレーゼBAである。リースリング以外には、ジルヴァーナー、リースラーナー、ショイレーベ、ムスカテラー、トラミーナーでも優れたアウスレーゼを造ることができる。

ベーレンアウスレーゼ（BA）最低モスト量は110–128°Oe、アルコール度は5.5%以上、ボトリティス菌の付着した葡萄か、少なくとも過熟葡萄から造られる。高い凝縮感と強さを感じさせる風味を備えた、高貴な甘口ワイン。BAに値するモスト量の葡萄で辛口ワインを造ることもあるが、アウスレーゼあるいはQbAに格下げされている。最良のBAが造られているのはアウスレーゼの場合と同じ品種である。

トロッケンベーレンアウスレーゼ（TBA）最低モスト量は150度以上、アルコール度5.5%以上で、概してボトリティス菌でしなびた状態の葡萄から造られている（ボトリティス菌が付かず、単にしなびた過熟葡萄からも）。TBAは、世界でもっとも繊細で軽やかな甘口ワインのひとつと言ってもいいだろう。2003年と2011年には、モスト量300を

ボトリティス菌が付いて完璧にしなびた葡萄から、卓越したTBAが造られる。ヴァイングート・マルクス・モリトーアにて。

超えるTBAが生産された。1959年のように酸に乏しいヴィンテージでさえ、いまだに輝かしい味わいを維持しているし、1921年にはドイツ史上最上級のワインもいくつか造られている（TBAに限らず）。その素晴らしさでいまだに評価が高いもうひとつの偉大なボトリティスのヴィンテージは1893年だが、私自身はまだそれを味わう光栄に浴したことはない。

アイスヴァイン最低モスト量は110–128°Oe、アルコール度は5.5%以上で、収穫と圧搾の時点で凍った葡萄から造られている（そのためには通常−7℃以下の気温が必要）。アイスヴァインは年が明けてから収穫されることもあるが、瓶詰めに際しては生育期のヴィンテージが表示される。群を抜いてアイスワインに適した品種はリースリングである。染み入るような酸を備えた驚異的に精緻なワインを生むことも可能である。

原産地とは？

続く各章でそのほとんどを解説する13のワイン産地は、ベライヒ（地区）に分割され、ベライヒはさらにグロースラーゲ（総合畑）に分割されており、グロースラーゲを構成しているのがアインツェルラーゲ（単一畑）である。畑

に関する表示は、ワインの特徴や品質に関して（何が特徴的なのか）、何ら役に立つ情報を教えてくれない。今のところ、ラーゲ（葡萄畑）は原産地保護呼称ではない。ひとつの畑、アインツェルラーゲ（最少5haから200ha以上にもなる）であることも、また複数のアインツェルラーゲを擁する広大な総合畑で、合わせると1000ヘクタール以上にもなるグロースラーゲであることもある。何がベストかを見極めるためには経験を積むか、印刷物あるいは業者に教えを請うか、カプセルを見なくてはならない。カプセルに鷲のロゴが描かれていれば、それはVDP会員が生産したワインで、つまり卓越した品質とまではいかないにしても、きわめて優良であることに間違いはない。VDP会員以外が造る偉大なワインもあるにはあるが、それを探し出すのはさらに難しい。

VDPのエアステ・ラーゲ、グローセ・ラーゲ、グローセス・ゲヴェクス

前章で説明したとおり、VDPとその他ワイン生産者団体は、葡萄の糖度ではなく原産地と風味特性にワインの品質をリンクさせて、品質に関するピラミッド状の階層図を作り上げてきた。2012年春まで、VDPの葡萄畑格付けに基づいたドイツでもっとも著名なピラミッドは、三層構造をとっていた。グーツヴァイン、オルツヴァイン、エアステラーゲのワインである。

ところがこのモデルでは、中間層における差別化がきわめてあいまいだった。また、用語の混乱もあった。そのため2012年の本書の執筆時点では、より明快でよりブルゴーニュ的な4層構造に拡大されることになった。つまり、VDPエアステ・ラーゲ（プルミエ・クリュ）のワインについては、辛口は肩書きなし、辛口以外は肩書付きと定めてVDPエアステ・ラーゲを導入、そしてVDPグローセ・ゲヴェクス（グラン・クリュ）に対しては、ここでもまた辛口は肩書きなし、辛口以外は肩書付きとして、VDPグローセ・ラーゲを導入した。

1. ベーシックレベル：グーツヴァイン Gutswein　自己所有の畑の葡萄を使用し、VDPの基準に合致するワイン。
2. 上級レベル：オルツヴァイン Ortswein　産地に特徴的なワインで、辛口は肩書きなし、辛口以上は従来の肩書きを付ける。
3. 高級レベル：VDPエアステ・ラーゲ Erste Lage　格付けされた畑からのプルミエ・クリュ・ワイン。従来のモデルでは最上位だったエアステ・ラーゲが、ここでは上から2番目になってしまったが、従来のエアステ・ラーゲの畑は格下げされることなく、代わりにグローセ・ラーゲ Grosse Lage の名が付けられる（グロースラーゲ Grosslage、つまり総合畑と混同しないように！）。新しいエアステ・ラーゲのカテゴリーは、従来の2番目の階層に格付けされていたVDPの畑の、すべてあるいはほとんど全部を含むことになるとみられる。
4. トップレベル：VDPグローセ・ラーゲ Grosse Lage　最上級に格付けされた畑からのグラン・クリュ・ワイン。今までこれらの畑はエアステ・ラーゲと呼ばれていた。名前が変わっただけである。グローセ・ラーゲの畑の辛口ワインは、VDPグローセス・ゲヴェクスと呼ばれ、肩書きなしのクヴァリテーツヴァインとなる。やや辛口から甘口ワインは従来の肩書きを付ける。2012年4月時点では、ラインガウのVDP会員が造る従来のエアステス・ゲヴェクスのワインがどうなるか、明らかになっていなかった。情報によると、これらの最上級ワインはVDPグローセ・ラーゲ・リースリングまたはシュペートブルグンダー・トロッケンと表記され、一方エアステ・ラーゲのワインは、VDPエアステ・ラーゲ・リースリング（あるいはシュペートブルグンダー）として市場に出されるようだ。

4階層の呼称のすべてを使用するかどうかは、たとえこのモデルを採用した産地であっても、造り手にそれが強制されることはない。ドイツ伝統の軽やかなワインに配慮して、VDPはカビネット・トロッケンを残しており、ラインガウでは依然として重要なカテゴリーである一方で、シュペートレーゼ・トロッケンとアウスレーゼ・トロッケンは村名ワイン、プルミエ・クリュまたはグラン・クリュのどれかに組み込まれねばならない。

新しい4階層モデルがリアリティーを持ってくるのには、時間がかかることだろう。しかしながらドイツのエリートたちに、1971年のドイツワイン法によって縛られた難題を一刀両断するだけの力があり、またその意思があることがここからは読み取れる。

4 | 地理・気候・土壌・品種

地勢 The Lie of the Land

ボルドー、ブルゴーニュ、リオハとは異なり、ドイツはワイン生産地ではなく、ワインを生産できる国のことである。北緯50度に位置するドイツは、世界で最北のワイン産地のひとつである。こんな北国で葡萄が熟すのは、主に暖かいメキシコ湾流が西ヨーロッパの気候に緩和効果を及ぼすためだ。

ドイツの国土は、北海とバルティック海にはじまり、ボーデン湖とアルプスまで広がっている。ドイツには13カ所のワイン産地があり、ドイツより南にある産地では無縁の気候・天候からの挑戦に、どの産地も例外なく直面している。より南のワイン産地に比べると、生育期のドイツの日照はかなり少ない。平均気温はより低い。5月と11月には霜が葡萄樹を脅かす。そしてドイツほど雨の多いワイン産地が、他のどこにあるだろうか。降雨は夏に集中し、通常秋になると減少する。しかし病害がドイツのワイン生産者の心を離れることはなく、葡萄を守らないと、しばしばそれは葡萄にあらわれる。

要するに、ドイツの気候は葡萄栽培の極限に位置しているにもかかわらず、そこではしばしば最良のワインが造られているということだ。2万4千軒の恐れを知らぬワイン作りの戦士集団が、総計10.2万haに及ぶアインツェルラーゲ（単一畑）やグロースラーゲ（総合畑）という戦場で、満を持して戦っている。

ドイツの適度に温暖な夏、生育期に降る適量の雨、長い熟成期間のために、葡萄はその果実をしっかりと生育させ、ドイツの白ワインのトレードマークである酸を保つことができる。各ヴィンテージの質と量は、天候に大きく左右される。従ってドイツでは、ヴィンテージが非常に大きな要素になっている。

ドイツの微気候と中気候は、世界の葡萄畑の中でもおそらくもっとも多様であろう。『オックスフォード・コンパニオン・オブ・ワイン』によると、「一カ所のアインツェルラーゲ内の中気候のバリエーションのために、たとえ同じ品種を同時に摘み取ったとしても、将来的なアルコール度と風味に顕著な違いをもたらす」。ガイゼンハイム葡萄栽培・醸造研究所の調査には、「同じ葡萄畑のワインの平均アルコール含有量は、ヴィンテージによって6%以上も上下する。緯度、良好な日当たり、頻繁に吹く寒風や被害をもたらす霜から守られているかどうかなどの立地条件、そして標高は、その葡萄栽培の質に劇的な影響を及ぼす要因のひとつになっている」とある。

ドイツでもっとも葡萄栽培に向いた立地は、渓谷に抱かれた南および南西斜面である。ライン川とその支流域、エルベ、ザーレ、ウンシュトルート川の渓谷がそれに当たる。平地よりも斜面の方が日当たりはより強く、南向き斜面ほどより長い日照時間の恩恵を受けられるために、葡萄樹は葡萄を完熟させることができる。時には川が葡萄畑に日光を反射して、その効果を増幅させることもある。もう一つの効果は夜間の温度調整で、それによって春と秋の霜のリスクが最小限に抑えられ、秋に入れば貴腐への期待が高まる。岩あるいは石の多い土壌が日中ため込んだ熱を夜間に放出し、加熱効果を増幅させる。山がちな場所では（山はまた風雨を防いでくれる）、麓よりも急峻な斜面のほうに痩せた土地が多いため、山の地下水脈からの給水に極めて都合が良い。

土壌

ドイツの葡萄はきわめて多様な気候の中で栽培されるだけでなく、同じ産地、村、葡萄畑だけをとってみても、きわめて多様な土壌で栽培されている。さまざまな葡萄畑の区画によって相違が生まれてくるのは、気候的要因と並んで、まさにこうした地質要因があるからである。このように土壌のタイプが大きく違っているため、ドイツワインに均質なスタイルは存在しないし、むしろ卓越したワインが幅広く存在する。そのため一般化は困難であり、より詳細な説明は産地と造り手紹介の章で行うべきだろう。

気候変動：リースリングよ、さようなら？

ワインの特徴を形成するのはヴィンテージだが、育つ産地と場所もまたそれに関係し、そこにはある種の気候、土壌、文化が含まれる。しかし葡萄栽培にも、世界規模な気候変動の兆候がいくつか現れ、発芽、開花、成熟、収穫の時期が、現在早まりつつあるようだ。より高い糖度とそれに伴うより高いアルコール度数が、しばしば気候変動の結果として引用されているが、それはまた葡萄栽培とワイン造りにおける改善の結果でもある。モーゼルのエルンスト・ローゼンがいまだにクラシックなキリッとさわやかな軽いスタイルのカビネットを造る一方で、彼の同業者の多くは、シュペートレーゼを格下げしたカビネットを販売しているが、そうしたワインの残糖は20年前よりも高くなっている。2011年はドイツ史上もっとも早いヴィンテージのひとつだったということも、またそれを示している。発

モーゼル河の日没。気候変動にもかかわらず、リースリングのワインの将来はモーゼルでは比較的安泰のようだ。

芽と開花は、2007年がそうであったように、通常よりも3週間早く始まった。もう一つの兆候は、ドイツの葡萄畑がますます赤に傾いていることに現れている。赤の品種に当てられる面積は、この20年で3倍になった。しかしこれは、ドイツの消費者が海外ばかりかドイツ国内に関しても、赤ワインを好むという事実によるものでもある。こうして、カベルネ・ドルサ、カベルネ・ドリオ、カベルネ・ミトスまたはアコロンなど、「ヴァインスベルク・ブドウおよび果樹栽培に関する州立教育試験場」で造られた新しい交配種が今や広く植えられ、ポルトゥギーザーのようなドイツのクラシックな固有品種とブレンドして、新たなインターナショナルなスタイルの赤ワインが造られている。ピノ・ノワールも若干の伸びを見せており、ドイツのクラシックの地位を守っている。

ところで、リースリングはいったいどうなっていくのだろう。2050年になると、この品種はラインガウで10－14日早く熟すと予測されている。しかしながら、ガイゼンハイムの醸造研究所教授ハンス・ライナー・シュルツは、気候変動はドイツのリースリングと、そこから生まれる洗練されたスッキリとしたワインのスタイルにとって直接的な脅威とはなり得ないとわれわれに保証してくれた。「高品質のリースリングは、通常考えられているよりもかなり広範な気候帯で育つだけでなく、実に多様な土壌でもそのユニークな特徴を維持できます」。さらに栽培技術が現在のスタイルを守りもすれば、リースリングの「アロマ豊かなプロフィール」を、「新しいワインのスタイルを創造するために」根本的に変えることもできる。しかしながら、スティーヴン・スケルトンは、気温の上昇に従って、より温暖な産地特有のものと考えられていた病害虫が北上し、栽培家は栽培および（農薬の）散布技術の導入を余儀なくされると、より危機的に警鐘を鳴らしている。

最良の葡萄品種群

ドイツでは、計約140種類の葡萄品種が栽培され、そのうち約100種が白ワイン用、35種が赤またはロゼワイン用の品種である。しかしながら重要な品種は30種類以下で、高級ワインに限定されると、その数はさらに少なくなる。

白ワイン品種

リースリング Riesling　全栽培面積の22.1％を占める、質量共にドイツのナンバーワン品種。世界中にあるリースリングの葡萄樹のほぼ3分の2がドイツで栽培されている。過去20年間の著しい品質改善によって、ドイツのリースリングは、ゲーテ、シラー、バウハウス、ベッケンバウアー、フォルクスワーゲン、ポルシェ、ドイツビールと同じように、"ドイツ・ブランド"の一部を構成するまでになっ

た。これほど使い道の多い白ワインは他になく、高品質な極めて多様なワインのスタイルを醸し出している。軽く繊細で控えめにもなるが、力強く芳醇にもなりうる。リースリングは辛口、やや辛口、甘口、高貴な甘口ワインとしても、素晴らしい能力を発揮する。アルコール度7%なら極上見事、11%なら食欲を促し、13%でも将来を予感させる。リースリングは途方もなく果実感に富み、晩秋になっても自然の酸があふれ、それが凝縮された糖と組み合わさっている。リースリングは甘みまたはエキス分、あるいはその両方を強く求める。糖、酸、果実味、アルコールのバランスが適切である限り、良質なリースリングはびくともしない。最上のベーレンアウスレーゼ、トロッケンベーレンアウスレーゼあるいは痺れるようなアイスヴァインの持つ糖と酸のバランスは、永遠に続く。そのたくましく、テロワールをよく映し出す性質のために、泥灰岩からは印象的、石灰岩からは驚異、そして粘板岩からは魅惑の味わいが生まれる。これほど酒齢を重ねる能力に優れた品種は他にない。数10年、もちろん1世紀あるいはそれ以上が経過しても、これほどさわやかで、これほど控えめで、これほど果実感にあふれ、これほど独特で、またこれほど複雑であり続ける品種は他にない。ロベルト・ヴァイルのキートリッヒ・ベルク・アウスレーゼ1911は今どうなっているだろうか。それは忘れえぬワインだった。ベルンカステラー・ドクトール・トロッケンベーレンアウスレーゼ1921はどうだろう。神様に感謝するしかない。しかし畑と葡萄が優れている限り、熟成と共に印象的になる味わいを獲得するためには、辛口リースリングですら高いレベルのアルコール度を必要としないことは、歴史が教えてくれる。シュヴァルツリースリング（直訳すると黒リースリング）という品種は、リースリングとはまったく関係がなく、ドイツ語でピノ・ムーニエを意味するのには留意すること。

ジルヴァーナー　Silvaner　トラミナーとあまり知られていないエステルライヒッシュ・ヴァイスとの自然交配により生まれた、きわめて独特な品種。多くの場合、ジルヴァーナーではそのブーケよりもテクスチャーのほうが特徴的である。優美、繊細、バランス、こなれの良いワインで、スタイルはさまざまで、ほとんどは辛口だが、比類なく高貴な甘口ワインにも造られている。ジルヴァーナーはその原産地を見事に反映すると同時に、大変に多様である。ラインヘッセンがドイツ（そして世界）最大のジルヴァーナーの産地で、2468haを擁する。1331haを擁するフランケンでは、ジルヴァーナーが地域のワイン文化に深く根付いており、かの地のイメージ構築を牽引する品種になっている。ドイツのワイン産地の中で、フランケンだけがジルヴァーナーでグロース・ゲヴェクスを造ることを許されている。ジルヴァーナーの持つ優美で優しい酸と柔らかいスタイルが、食事との相性を抜群にしている。

ヴァイサー・ブルグンダー（ピノ・ブラン）Weisser Burgunder　今現在、ドイツの葡萄畑で人気急上昇の品種で、なんとモーゼル、ザール、ナーエを含むすべての産地で栽培されている。シェア全体の4%に過ぎないが（4106ha）、1990年にはたったの1%だった。バーデンがもっとも重要な産地で、中でもカイザーシュトゥールはドイツ最良のピノ・ブランを生みだし、その多くがグローセス・ゲヴェクスとして市場に出ている。これはプファルツ、フランケン、ザーレ＝ウンシュトルート、ザクセンにも当てはまる。ピノ・グリよりも溌剌としているため、もしその気さえあればピノ・ブランは、ドイツのリースリングと共に、ブルゴーニュのシャルドネを埋め合わせてくれる。食事に最適なワインで、さまざまなスタイルで提供されている。クリーミーな樽発酵ワインもあるし、よりさわやかでスッキリとして還元的な、マロラクティック発酵なしのステンレス槽で造られたタイプもある。

グラウアー・ブルグンダー（ピノ・グリ）Grauer Burgunder　このピノ・ノワールの変種は、中世以来ドイツで栽培されている。南ドイツではもっとも卓越した品種のひとつである——バーデン、ラインヘッセン、プファルツだけでなく、フランケン、ザクセン、ヘッシッシェ・ベルクシュトラーセでも。

白葡萄ではあるが、完熟した場合、その果粒はほんのりと赤みを帯び、そのためワインのほうもしばしば深みのある色となる。品質、スタイルともに幅が広いが、もっとも優れたワインは、特に低収量の古木の場合、芳醇、フルボディ、強さを持っている。現在、カイザーシュトゥールでは、グローセス・ゲヴェクスに格付けされる優れた辛口ワインが造られている。特に2010年や2008年のような冷涼な年には、グラウブルグンダー・グラン・クリュは卓越した品質になりうる反面、より温暖な年には、大味の重たいワインになる傾向がある。シュペートブルグンダーと同じく、グラウブルグンダーも重みと凝縮感のバランスをとるには、酸を必要とする。最高のワインは、しばしば樽発酵されている。

ミュラー・トゥルガウ Müller-Thurgau　早熟型のミュラー・トゥルガウは、寒冷地にとっては最高の品種で、そのためドイツで2番目に重要な品種になっている。収量を低くく保ち、土壌もさほど肥沃でなければ、軽く繊細な果実感のある美味しい白ワインに仕上がるが、大陸性気候、特にミュラーがどこかしらリースリングの兄弟筋を思わせるフランケン、ザーレ＝ウンシュトルート、ザクセンの石灰岩土壌で育った場合には、いくぶんミネラル感のある複雑さも備えている。

ゲルバー・ムスカテラー Gelber Muskateller　ムスカ・ア・プティ・グランの近縁種である晩熟種で、もっとも古く、アロマティックなだけでなく、もっとも洗練された葡萄品種である。にもかかわらず、もっとも優れた畑が必要で、かつ花ぶるいが起こりやすいために、その面積はきわめて少ない(207ha)。スッキリとして、アロマ豊かで独特なワインになる。甘いだけでなく美味なシュペートレーゼあるいはアウスレーゼのワイン(プファルツ)と同様に、残糖の有無にかかわらずカビネットスタイルのワインが造られている。私のお気に入りワインの中には、1リットルあたりの残糖たったの1グラムのものもあり、春の訪れとともに飲むなら、これ以外のワインは考えられない。

ゲヴュルツトラミナー（トラミナー）Gewürztraminer (Traminer)　868haだけで育てられているトラミナーは、プファルツ、バーデン、ザクセンの黄土土壌にもっともその実力を発揮し、しっかりとした本格的で高価な白のテーブルワインと並んで、ワールドクラスのアイスヴァインを造ることも可能である。辛口ワインはどれも芳醇で力強く、きわめてアロマ豊か(スパイシー、野バラの香り)だが、同時に上品で酸がバランスをとっている。16世紀の終わりには、頭痛の元となるので、女性はこのワインを飲み過ぎないように警告されていた。

リースラーナー Rieslaner　この晩熟のジルヴァーナーとリースリングの交配種は、テリー・タイスによって「リースリング-ヴァイアグラ」とレッテルを貼られた。きわめて少ないが(86ha)、温暖な最高クラスの畑で育つと(私にとってはミステリーではあるが)よくリースリングとも比較されることも。非常にアロマ豊かだが、リースリングの持つ複雑さとフィネスに欠ける。並外れたTBAが造られるミュラー・カトワール(プファルツ)と並んで、フランケンのシュミッツ・キンダーも有名。

ショイレーベ Scheurebe　きわめつきの辛口から甘口まで、すべてのカテゴリーで生き残り、かつ活況を呈している新しい交配種のひとつ(ゲオルク・ショイ、1916年、ジルヴァーナー×リースリング)。晩熟型のアロマ豊かな品種で、特徴的なピンク・グレープフルーツとカシスのアロマを備える(時として軽い猫のおしっこのような香りも)。ソーヴィニヨン・ブランが栽培されるようになってからというもの人気は下り坂だが、優れた辛口白ワインと高貴な甘口ワインが造られる。

赤ワイン品種

シュペートブルグンダー（ピノ・ノワール）Spätburugunder
冷涼な気候の白ワインに飽きてきて、かといってもう最高のブルゴーニュの赤ワインを買うほどの余裕もないのなら、ドイツのシュペートブルグンダー(ピノ・ノワール)が最新トレンド。しかしこの品種がドイツ(ラインガウ)に植えられたのは、実は700年以上前のことである。メディアや業界のワイン専門家は、ドイツでもっとも重要な赤ワイン品種(全栽培面積の11.1%を占め、世界全体でも14.3%になる)が、コート・ドールのもっとも優れたピノ種にも引けをとらないワインを造っているのか、それを議論している最中である。ジャンシス・ロビンソンMWのようなもっとも批判的で要求の厳しい批評家ですら、いくつかのドイツ産ピノに、コート・ドールでもっとも優れたプルミエ・クリュと同じくらいの高得点を与えている。

面白くてかつためになる練習としてお勧めなのは、ディジョン・クローンかコート・ドールの優良生産者の樹を挿し木したドイツのピノ・ノワールと、たとえばバーデンの古木から造られたシュペートブルグンダーを比較してみることである。2種類のまったく違う品種をテイスティングしているのではないかと思うはずだ。フランス系ドイツ種はチャーミングで優美だが("赤いリースリング"という称号がふさわしいほど品格を備えたものもある)、一方生粋のカイザーシュトゥール産は、際立つ個性、芳醇、力強さがあり、強烈だが長続きしない。自信にあふれ、何者のコピーでもなく、しかしピノ・ノワールのドイツ的"展開"を体現している。洗練さで劣るワインかもしれないが、勢いがあり屈強で、しっかりと構成されている。造り手たちが、熟度だけでなくさわやかさにも配慮して新樽の比率を下げているために(あるいはよりふさわしい樽を使い始めたために)、10年前に比べてワインはより洗練され、果実感が

豊かになってきた。ドイツでは、アール、モーゼル、ラインガウなどデヴォン紀の粘板岩ですら、ピノ・ノワールは印象的な結果を残している。プファルツとバーデンでは石灰岩が優良ワインのための基本的な土壌であるが、その一方フランケンでは、ピノ・ノワールは赤色砂岩土壌で最良の結果を残している。グローセス・ゲヴェクスのような優良ワインは、収穫後6年から10年たってはじめて真価を発揮し始める。もっと若いシュペートブルグンダーを好むのであれば、ここ数年ドイツで非常にファッショナブルになっている、きわめて良質のブラン・ド・ノワールより優れたものはない。

フリューブルグンダー Frühburgunder ブラウアー・フリューブルグンダーもしくはピノ・マドレーヌ、フランスではむしろピノ・プレコースとして知られ、ピノ・ノワールの自然変異種と考えられている。8月には成熟が進行し、兄に当たる葡萄よりもほぼ2週間早く熟す(フリューとはドイツ語で"早い"という意味で、シュペートは"遅い")。葡萄はピノ・ノワールよりも小さく、果皮は厚い。花ぶるいに弱く収量も低いため、第二次世界大戦後フリューブルグンダーは稀少になり、1960年代にはほとんど絶滅状態にまでなった。1970年代にガイゼンハイムの研究所がクローン交配を開始、今やフリューブルグンダーはますます熱心に栽培され、再び成功を収めている。現在畑は260haに広がり、そのほとんどがデヴォン紀の風化粘板岩土壌のアール渓谷と、フランケン西部のより温暖な、赤色砂岩土壌のミルテンベルクやビュルクシュタットの村々で栽培される。ワインの特徴は強烈なルビー色、優雅、チャーミングな果実感があり、しばしばクロスグリを強く感じさせる。過熟を避け、はっきりとした個性と、果実味・爽快感・アルコールの"シュピール(表現の巾と奥行)"を保つためには、葡萄を適切な時期に摘み取らなければならない。もっとも優れた結果が得られるのは、モスト量が92−94°Oe以下の場合。通常フリューブルグンダーはピノ・ノワールと同じように醸造されるが、ほとんどの場合除梗する。瓶詰め直後でもかなりチャーミングだが、最良のワインは10年以上の熟成が可能である。

レンベルガー Lemberger オーストリアのブラウフレンキッシュまたはハンガリーのケクフランコスは輝かしいキャリアを築いたが、その兄弟筋に当たるドイツのレンベルガーでは同じようにはいっていない。とは言うものの、ドイツ全体で1768haある栽培面積のうち1638haを占めるヴュルテンベルクでは、グローセス・ゲヴェクスに格付けされている。遅霜と花ぶるいに弱い品種なので、きわめて優良な畑と長い成育期を必要としている。これらがすべて整っているのが、1840年以来定着しているヴュルテンベルクだが、ドイツのレンベルガーのトップ生産者のひとりであるライナー・ヴァハトシュテッターは、ヴュルテンベルクでは高品質のクローンが入手できないため、良質なワインを造ろうと思ったら、50%以上を間引きしなければならないと嘆いている。もっとも良質なレンベルガーは色の濃い頑丈なワインで、若いうちはくっきりとした酸、印象的なタンニンがあるが、2−3年瓶熟成させると丸み、ビロードの感触、強靭さが出てくる。他の品種同様、最良のワインとなるのは、丁寧に栽培された最良の畑の古木(30年あるいはそれ以上)のものである。

5 | 葡萄栽培・ワイン造り

完璧な葡萄と極めて純なワイン
Perfect Grapes and Purest Wines

神が結びつけたものを、人間が切り離してはならない。葡萄栽培とワイン造りを切り離すなど、ドイツの良き造り手にとっては、あり得ないことだろう。ワインの造り手であるならば、葉を摘み、葡萄を摘み、葡萄を元気づけ、破砕する葡萄栽培家であり、醸造長、テイスター、批評家、瓶詰め、市場調査、販売者、芸術家、エンターテナー、哲学者、幻視家、夫や妻、息子や娘のすべてを同時にこなしているのだから。本書で取り上げるワイナリーのほとんどでは、農業技術者（普通は父親の仕事）も醸造技師（たいていは息子の仕事だが、娘も増えている）も置いていない。ほとんどのドイツの造り手、特に若い世代は、葡萄栽培と醸造双方の訓練を受けている。彼らはまた、家族と地域の伝統、直感と洞察、仲間とトレンド、苦労して手に入れた経験からの影響を受けている。情熱（しばしばある種マゾヒスト的な傾向と結びついている）が彼らを前へと押し進め、魅惑のワインがその報酬なのである。

いくつかの葡萄栽培、ワイン造りの技術は、ドイツで発明されたものだ。しかしドイツの良き造り手と良質なワイン造りにおける技術的側面について話していると、まず耳にするのは、自分たちは「ワインメーカー」ではなく、「通訳者」、「仲介者」、あるいは「ワイン・ウォッチャー」だということである。そして事実彼らの醸造所を見てみると、本質的な仕事は葡萄がそこに運ばれた時点で終わっているということが理解できる。そこで醸造所めぐりよりも、畑めぐりに連れ出されるだろう。一番急峻な斜面の頂上まで息を切らして登っていくと、そこで彼らは高らかに宣言する。「ここでうちのワインが生まれるんです。私たちはここで働き、太陽の恵みを浴びて葡萄は育ちます。このとても特別なルーツを、葡萄品種とヴィンテージを通じてワインで表現しようと思っているんです。そのためにも健全で熟した葡萄を目指し、それを選別してワインに造りかえるのです。そうして生まれたワインは私たちの誇りですし、その仲介者として畑と自分の名前をワインに付けています」

良質で手造りのドイツワインは、グローバリゼーションの負の側面に対する造り手からの寡黙かつ巧妙な反逆であり、味覚の画一化との戦いは、剣（もしくは剪定ばさみ）よりも強い何かを手に戦わなければならない。それこそが、その存在の基盤となっている"ふるさと"、つまり彼らが生き、働き、彼らのワインが育つ場所である。その土地と文化に生まれた彼らのワインは、直接心に響く官能的なカリスマ性を持っている。

ここで私が技術論を展開するのを期待されたとしたら、上の記述はかなり奇妙に思えるかもしれない。しかしオーウェン・バードが気づいたように、「残念ながらワイン造りでは、間違った道に事欠かない」のに、「ワイン造りに王道はない」。特にドイツに関しては処方箋が存在せず、気候条件、土壌のタイプ、葡萄品種、ワインのスタイルがあまりに多様であるため、葡萄栽培とワイン造りを一般化して語ることはほとんど意味がない。それらが明らかに突出している場合には、その詳細については生産者のプロフィールで触れるとして、ここはいくつかの重要なテーマとトレンドに光をあてよう。

葡萄栽培：立地・マネージメント・セレクション

ドイツにあるすべての葡萄樹は列に植えられ（段々畑でない限りは、丘の上から下方向に向けて）、そのほとんどにワイヤーが巡らされている。枝を1本か2本残した長梢剪定であるフラッハボーゲンがもっとも普及している仕立て方法だが、半アーチのハルプボーゲンも用いられる。より新しいトレンドは短梢剪定（コルドン仕立て）で、何人かの栽培家によると、これ以外の仕立て法によるものより風味が強く、実つきがよりまばらな、果粒が小さめの葡萄が収穫されるという。しかしモーゼルでは、少なくとも急峻な斜面に関しては、ドッペルボーゲンあるいはシングルポールに固執した、ローマン仕立てが相変わらず主流になっている。葡萄樹は木の支柱で支えられ、2本の枝がハートを形作るように下方向に折り曲げられている。こうした並外れて急峻な葡萄畑では、ほとんどすべてを手仕事で行う必要があり、労働者（または彼らの籠または機械類）は急斜面をモノレールを使って運ばれている。

耕地整理によって、ほとんどの畑が合理的に再編成——そして再生——されたが、もっとも魅惑的なサイトのいくつか、特にモーゼルでは、1世紀以上前の姿をとどめている。20-30年前、古木はしばしば収穫量が少なく効率が悪いと考えられ、引き抜かれていたのに対して、今日ではまさに同じ理由および遺伝学上の理由から、高い評価を受けている。

中でも、モーゼル河とその支流域には、接ぎ木されていない、樹齢100年あるいはそれ以上の樹もいまだに多く残され、エンドウ豆ほどの大きさの、しかしうっとりするほ

ヴァイングート・フリードリヒ・ベッカーでの、葡萄の房を丁寧に手摘みして籠に入れる作業は、細心の注意を怠らない栽培家の特徴である。

ど強烈なアロマと風味を持つ葡萄が収穫されている。たとえそれがより以上の努力と高コストを意味していても、野心的な生産者はそれを続けていく気構えだ。葡萄栽培の遺産を受け継ぐことは、それ以上のものを意味する。ワールドクラスのBA、TBA、アイスヴァインをオークションにかけることで、彼らにはそうした贅沢が許されているのである。

　新規の植樹には、もっとも古木の中から最良の枝を選んで使うマサール・セレクションのほうが、クローン・セレクションよりもますます好まれるようになっている。遺伝学上の多様性を形成し、より複雑でスリリングなワインを収穫するため、近隣の葡萄畑とそれ以外のドイツの産地だけでなく、オーストリア、アルザス、ブルゴーニュからも集められている。ラインヘッセンのクラウス・ペーター・ケラーは、ドイツにおけるブルゴーニュ種の古木不足を補うため、ブルゴーニュのピノ・ノワールを樹齢60年のジルヴァーナーに接ぎ木している。

　ディジョンのピノのクローンはいまだに流行してはいる

33

完璧な葡萄と極めて純なワイン

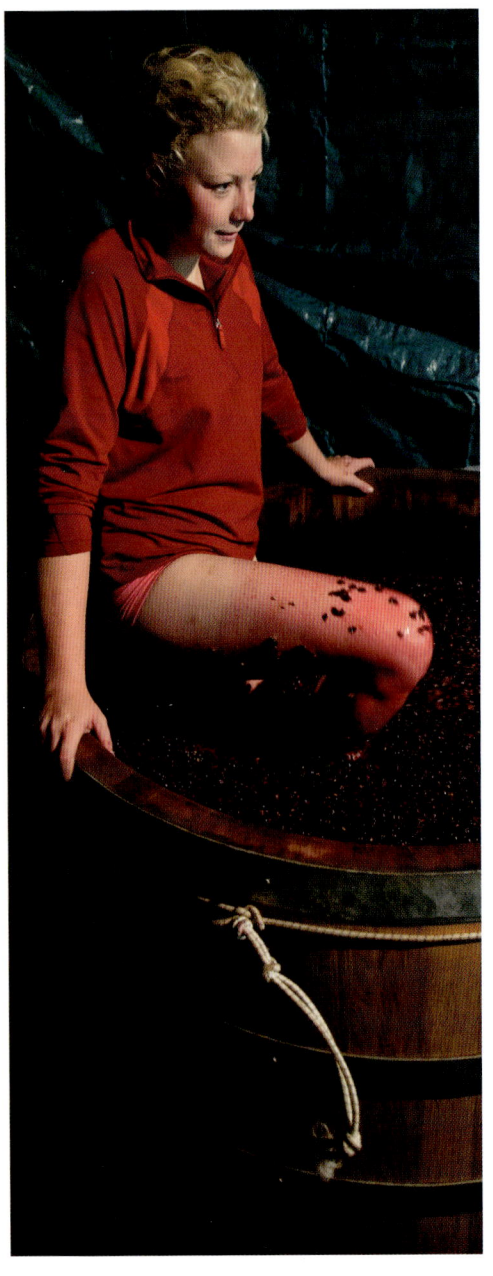

が、もっとも古く植樹したものでも樹齢はたったの20年ほどで、ブルゴーニュ産の若いピノのクローンよりも、新旧のドイツ産シュペートブルグンダーの低収量クローンやセレクションを選ぶドイツの生産者が多くなっている。フランスの有名な隣人が使っているものと同じ素晴らしい樽を、たとえ同じ製樽業者だったとしても納品してもらえないと疑ってかかっている彼らは、コート・ドール最良の生産者から1年間使用したバリックを譲り受けた方がいいと考えているようだ。ほとんどの生産者は、いずれにしても新樽の割合を減らす方向性にある。

もっとも優れた栽培家は収量を低く抑える――密植、生育の遅い台木、厳しい剪定、自然あるいは意図的な花ぶるい、房の半減、摘房などによって。それよりもさらに重要なのは、ハングタイム（訳注：樹に葡萄をつけておく期間）を延長することであるが、それは高い糖度ではなく、より強い風味を獲得するためである。気候変動の影響で、20年前に比べて収穫時期が早まっている一方で、熟すほうに関してはほとんど問題ない。

10月初旬の高めの気温と雨がボトリティスを広げた2006年から栽培家が学んだように、葡萄がすでに熟して果皮が薄くなった場合は、低収量が常にベストとは限らない。というのも、その年は収穫（と選果）が6-8週間ではなく6-8日の間に行われねばならなかったからである。今日では、何がベストかをよく検討することで、あまりに劇的またはあまりに早い段階で収量を減らさないように心がける造り手の数が増えている。トップクラスのグローセス・ゲヴェクスのワインの中には、過度に高いアルコール度数と凝縮感を狙っていると考えられていた時期もあり、一方甘口ワインは、20年前に比べてより芳醇で甘くなっていて、そのためにより印象的ではあっても、飲んで楽しんだり食事と合わせたりするのが難しいものもある。

繊細なキャノピー・マネージメント（樹冠管理。ニューワールドから拝借した技術）もまた、バランスのとれた葡萄樹にするための柔軟かつ有益な方法である。収量の高い葡萄畑では、高めの植栽密度と根の刈り込みと並んで、カバークロップ（草生栽培。畑の畝間に草を生やす）が葡萄樹に補給される水分と栄養分の量を減らしている。

シュロスグート・ディールで行われているこのもっとも自然なピジェアージュ（果帽沈漬）は、トップクラスの造り手に普及している「過ぎたるは及ばざるがごとし」という哲学を反映している。

多くの栽培家によると、キャノピー・マネージメントとカバークロップは、ワインにより多くの「ミネラル感」を与えてくれるという。より優れたバランス、房のまばらな実つき、小粒な果粒、低めの糖度、高めの生理的熟度と並んで、よりミネラル感にあふれ、より個性的であることは、有機そしてビオディナミ農法による利点として数えられる。2004／5年以来、(オーストリアならびに)ドイツでも最高級ワインの生産者の中には、品質面での理由でオーガニックあるいはビオディナミ、またはその両方へと傾いている者がいる。20年前には、むしろ世界観あるいはイデオロギーの問題だったのだが。

ドイツで偉大なるワインを造るためには、ほぼ250年の間、ふたつのことが鍵になっている。ひとつは良質な葡萄樹の植えられた最高の葡萄畑(ラーゲ)、そしてふたつめには、完璧に選果された遅摘みの葡萄である。非常に多くのワイン・スタイルが存在するため、完璧な葡萄といっても、それは未熟あるいは腐敗葡萄、または異なる段階の葡萄を混合したもの以外のすべてを指している。

20年前までは、最初に摘まれるのがカビネットで、最後がTBAとアイスヴァインと決まっていた。秋がより暖かく湿潤になった現在では、カビネットと高貴な甘口ワインが同じ日に摘み取られることも多い。緑色や黄色の葡萄が黒いカビネット用の籠に入れられ、貴腐のついた葡萄は赤い籠に入れられる。「今では、本格的なカビネットを造るためのキリッとさわやかな葡萄をセレクトすることは、10－20年前にBA用の干し葡萄を集めたのと同じくらい手間暇かかります」とエルンスト・ローゼンは語る。

「摘み取りを始める前に、いったい自分がどんなタイプのワインのために収穫を行うのかを、正確に分かっていなくては」と語るのは、セレクティヴ・ピッキングのゴッドファーザーであるマルクス・モリトールである。クラシックな果実を思わせるシュペートレーゼには、完熟感だけでなくバランスの取れた酸が必要なため、シュペートレーゼ・トロッケンよりも1－2週間早く収穫される。シュペートレーゼ・トロッケンでは、より高いモスト量ではなく、より強い風味とより高いエキス分を目指して収穫が行われる。つまり酸はより熟して欲しいが、残糖は必ずしも必要ではない。同じことが、より高いレベルではあるが、アウスレーゼにも当てはまる。今ではトップクラスの生産者の多くが、すべてのカテゴリーでできる限り最高の品質を獲得しようと、まるで宝石商のように葡萄を選り分けている。

ボトリティス(貴腐菌)は一般的に軽めのワインには不要で、グローセス・ゲヴェクスについてはごく少量なら許容され、高貴な甘口ワインにとっては好ましい。モーゼルのラインハルト・レーヴェンシュタインにとって、ボトリティスはテロワールの一部であり、そのため彼は(ほぼ彼だけだが)、彼のエアステ・ラーゲ・リースリングの70%までは許容している。

ピノ・ノワールとピノ・マドレーヌの収穫は難しい。理想的な収穫日は2－3日だけだと語るのは、新鮮さを保った果実を目指しているパウル・フュルストである。熟度だけを追求するよりも、全体的なバランス(酸、果実味、タンニン)が彼やベルンハルト・フーバーのワインの目印になっている。彼らのワインはブルゴーニュの偉大なワインと同じように栽培され、醸造され、同様の品質に達しているのである。

ワイン造り：より少なく、より豊かに

醸造所に足を踏み入れると、「できるだけ少なく、必要なものだけをたっぷりと」という指針が理解できる。かつては「技術による革新」に気もそぞろだった時期もあったが、そうした時代は終わり、「より少なくより豊かに」の時代になった。葡萄は畑で育ち、一方セラーでは果実の特色がワインの中に保たれなければならない。白ワインをマセレーション(果皮浸漬)するのか、するとしたらどのくらいかは、希望するスタイルとヴィンテージに左右される。果汁の発酵には、土着酵母の使用が増えている。木製の樽や発酵槽を好む生産者も、ステンレスタンクを好む生産者もいるし、その両方を使うものもいる。還元的なスタイルを好む造り手は短期間の発酵を好み、そうでない者は1年間も継続するプロセス(マロラクティック発酵込みで)を喜んで受け入れている。同様に、今や最高品質の辛口白ワインでは長いリー・コンタクトが標準になっている一方で、甘めの肩書付ワインは、最初の果実味とさわやかさ維持するために、早い段階で澱引きされる。そのほとんどがステンレスタンクで発酵されるが、要求の高いBAやTBAの中には、ガラス製のドゥミジョン(丸形びん)を使うものもある。トップクラスの生産者のリースリングに限れば、補酸と減酸が行われることはきわめてまれか、あるいはまったくない。とげとげしい2010年のヴィンテージでも、減酸を拒否した造り手が多い。酸を好まないのであれば、ドイツワインには近づかないほうが賢明である。

… | 優れた生産者とそのワイン

ザクセンとザーレ＝ウンシュトルート
Saxony and Saale-Unstrut

ザクセンはドイツ最東端にして最北端のワイン産地（2008年現在の栽培面積は462ha）、そしてそこから150kmほど西にあるのが、ザーレ＝ウンシュトルート（685ha）である。ザクセンの南端はおおよそ北緯51度に位置し、同じような緯度には、かつてドイツの首都だったボンにほど近いミッテルラインの北端があって、ドイツ西部の葡萄栽培の北限になっている。ところがマイセンとドレスデンに挟まれたエルベ川沿いでは、近年シュロス・プロシュヴィッツが証明したように白主体ではあるものの、赤も含めて最高品質のワイン生産さえも可能になっている。（古いテラス状の葡萄畑が連なる印象的なザクセンの文化的景観を旅するのであれば、ザクセンワイン街道を辿るのがお勧め。ドレスデン、ラーデボイル、マイセンを経由してピルナからディースバー＝ゾイスリッツに至る55kmを案内してくれる。）

過去10年間にドイツ東部で飛躍的に品質が向上した主な理由は、葡萄栽培、手作業による選択的な収穫、現代的な醸造学に求められる。しかしそのワインをユニークなものにしているのは、なんと言ってもその地の大陸性気候と土壌にある。極寒の冬（－30℃になることも）、早春の霜、冷涼な開花時期のすべて、またはそのいずれかを乗り切ってしまえば、葡萄樹は平均1570時間に及ぶ日照時間だけでなく、暖かい昼から涼しい夜へ、そして晴れた日から風雨の強い日への変化からも恩恵を受ける。このためドイツ西部ほどモスト量が高くなることはまれで、軽めの構成に仕上がる。

土壌がきわめて複雑で、純粋かつミネラル豊かなワインになるために、葡萄が生理学的に完熟する限り、他の場所では不適切なことも、ここでは恩恵とされている。

多様な地質形成のために、ザクセンの葡萄畑はさまざまな土壌を特徴としている。エルベ渓谷には石炭紀に由来する花崗岩が多く見られる。他にも砂岩層とプレーナー層（砂利混じりの泥灰土の堆積層で、主に珪岩、炭酸石灰、粘土、雲母などの鉱物から構成される）、また白亜紀の土壌が分解した地層も見受けられ、それらが厚い黄土、粘土、砂の層に覆われていることもある。

ザーレとウンシュトルート両渓谷は、3種類の三畳系（三畳紀に由来する名称）からなる独自の地層で構成され、そのため葡萄樹は砂岩（三畳紀前期）、石灰岩（三畳紀中期）、黒色頁岩（三畳紀後期）に根を張っている。

同じ事がフランケンにも当てはまるが、フランケンとの類似点はそれにとどまらない。同じ大陸性気候のフランケンと同様に、ザクセンとザーレ＝ウンシュトルートでも、早熟型のミュラー・トゥルガウ、バッフス、ケルナーに始まり、ピノ・ブラン、ピノ・グリからジルヴァーナーやリースリングに至るまで、実に多彩な葡萄品種が栽培されている。しかしながらそのワインはまったく異質である。ザーレとウンシュトルート渓谷のワインは、フランケンほど芳醇で力強くはなく、ザクセンのワインほど軽やかな金線細工のような趣はない。

どちらの産地にもワイン造りの長い伝統がある。ザクセンの葡萄栽培は少なくとも850年、そしてザーレ＝ウンシュトルートには1000年以上の歴史を擁する。当初は主に修道僧のために造られていたワインだったが、貴族階級のためのものでもあった。葡萄栽培は重要な経済活動の一翼を担い、エルベ川沿いの斜面に広がる素晴らしいテラス畑が、その地の風景をも形作っていた。葡萄栽培の黄金時代は16世紀と17世紀初期で、19世紀が終わる頃には、主にフィロキセラのためにほとんど姿を消していたが、フィロキセラ以外にも理由はある。第二次大戦後のザクセンには、60haの葡萄畑しか残されていなかった。（1840年当時、すでに葡萄栽培は姿を消しつつあったものの、それでも1636haはあった）。1955年には再植樹が開始されたが、単一畑の葡萄だけをまとめて搾汁するようになったのは、1990年の東西ドイツ統一後のことである。今や、ザクセンではますます多くの良質あるいはそれ以上の品質のワインが生産されるようになり、そのほとんどが白ワインである。ここでは、2005年以降、素晴らしいワインを瓶詰めしている2生産者、マイセン近郊のツァーデルからシュロス・プロシュヴィッツと、ドレスデン＝ピルニッツのクラウス・ツィンマーリンクを取り上げることにする。

ラーデボイルの若きフリードリヒ・アウストについても、触れたいのはやまやまである。彼の造る白ワインは率直、純粋、さわやか、塩気が素晴らしく、手に入り次第飲まずにはいられない。しかしそれにはひとつ問題がある。アウストのワインを飲むのは、アウストのテイスティング・ルームを直接訪ねない限り簡単なことではないからだ。特にドレスデンとベルリンではかなりの需要があるが、輸出はされてはいない。年間生産量はきわめて少なく、2009年と2010年の収穫量も通常の30−50%以下と非常に少なく、出荷のためにまとまった量を確保するた

上：シュロス・プロシュヴィッツからマイセン方向を望む。そびえ立つふたつの塔が、精妙な尖りを帯びたここのワインのスタイルを象徴している。

めに、アウストは2ヴィンテージをブレンドして自分用のワインを造るしかなかった。

　苦労して探してみるだけの価値があるもう一人の造り手は、ラーデボイルでとても透明で美味なワインを造っているフランス出身の元ソムリエ、フレデリク・フーリエである。シュロス・ヴァッカーバルトのワイン（とゼクト）もやはり魅力的だが、複雑さよりも果実味と調和に重きがおかれている。

　ザーレ＝ウンシュトルートに関するなら、VDP会員にして当産地のパイオニアである2人、つまりバート・ケーゼンのウヴェ・ルツケンドルフが造るグローセス・ゲヴェクス（カースドルフ・ホーエ・グレーテのジルヴァーナー）と、ツシャイブリッツのベルンハルト・パヴィス（フライブルガー・エーデルアッカーのリースリングとヴァイサー・ブルグンダー）にも、試してみるだけの価値がある。これらの

ワインを瓶詰めの数週間後にテイスティングすると、大抵とても良質で個性豊かだが、瓶熟成を経た後、果たして深みを増して、丸みを帯びてくるのだろうか。少なくともルツケンドルフの最良のワインに関しては、1999年や2000年のような熟成したヴィンテージも提供されているが、残念ながら私はまだテイスティングするチャンスに恵まれていない。

SAXONY AND SAALE-UNSTRUT

Schloss Proschwitz / Prinz zur Lippe
シュロス・プロシュヴィッツ／プリンツ・ツール・リッペ

　ザクセン最古にして最大の個人所有のワイナリー、シュロス・プロシュヴィッツは、1990年代以降、ドイツ全土でも群を抜いてダイナミックなワイナリーである。マイセン近郊のツァーデルに100haの畑を所有するのは、ドイツでもっとも古い貴族の家柄に属するDr. ゲオルク・プリンツ・ツール・リッペ＝ヴァイセンフェルト。その家系の中でも彼の属する分家筋が、18世紀初頭からザクセンを本拠としてきた。

　12世紀から宗教改革まで、シュロス・プロシュヴィッツの葡萄畑はマイセン司教が所有していた。世俗の手に渡ったのは1770年だが、婚姻によってリッペ公家がそれを受け継いだのは20世紀初頭のことである。1945年、一族は何の見返りもないまま所有地を没収され、さまざまな強制収容所や刑務所に投獄された後、西ドイツへと追放された。1957年にプリンツ・ゲオルク・ツール・リッペ公が生まれたのはシュヴァインフルト（旧西ドイツのフランケン）である。彼は農学修士号を取得、フリーランスのコンサルタントとして働きながら経済学の博士号も取得した。1990年からは、当時廃屋同然だった一族の居城と、不毛の葡萄畑を徐々に買い戻している。

　最初の数年間、ワインはライヒェンバッハにある果樹栽培を専門とする古い協同組合の施設、次いでフランケンのカステル社で熟成されていた。しかし1998年からは、ツァーデルにある超モダンな新しいワイナリーで造られている。1996年、シュロス・プロシュヴィッツはザクセンでは初めてのVDP会員となった。

　シュロス・プロシュヴィッツの本拠はマイセンの中心部から北に3キロメートルのところにあり、文化的なイベント会場としてもよく使用されている。ワインはツァーデルにあるワイナリーで造られる。そこには本社オフィスの他にも、ゲストハウス、レストラン、蒸留所、店舗、そしてテイスティング・ルームが設置されている。現在プロシュヴィッツは、80haの畑で葡萄を栽培している。それ以外の10haはまだ再植樹されていなくて、残りの10haはザクセン州立シュターツヴァイングート・シュロス・ヴァッカーバルトに貸し出されている。

　葡萄畑はエルベ川両岸に広がる。南から南西に開けた左岸には、35.7haの単一畑、クロスター・ハイリッヒ・

右：Dr. ゲオルク・プリンツ・ツール・リッペは貴族の出身だが、苦労して自身のワイナリーを取り戻すしかなかった。

38

ザクセン最古にして最大の個人所有のワイナリー、
シュロス・プロシュヴィッツは、1990年代以降、
ドイツ全土でも群を抜いてダイナミックなワイナリーである。

クロイツがある。右岸にある50.7haの畑は、単独所有畑のシュロス・プロシュヴィッツ・グラン・クリュになっている。両岸ともその土壌は赤色花崗岩を基層としており、深さ3－5mの黄土あるいは混砂ローム層に覆われている。こうした南向きの立地と、昼暖かく夜涼しい大陸性気候が、ピノ・ブラン、ピノ・グリ、ピノ・ノワールといったブルゴーニュの品種を「シュロス・プロシュヴィッツの中核品種」にしている。しかし他にもエルブリンク、リースリング、ゴールトリースリング、ショイレーベ、ミュラー・トゥルガウ、トラミナーと言ったような白ワイン品種、ドルンフェルダー、ドゥンケルフェルダー、レゲント、フリューブルグンダー（ピノ・マドレーヌ）などの赤ワイン品種も植えられている。

シュロス・プロシュヴィッツは高品質の赤、白、スパークリングワインを生産し、近年ではポルトを思わせる素晴らしい酒精強化の赤ワインも造っている。そのどれもが素晴らしく透明、優美、洗練されて、適度な酸と持続的なミネラル感を備える。

シュロス・プロシュヴィッツのもっとも複雑で優美なワインは、熟成しているが精緻でスパイシーな果実味と、ミネラルの深みを持ち合わせたピノ種のワインである。2種類のシュペートブルグンダー（ピノ・ノワール）のうちひとつは2006年からグローセス・ゲヴェクスに格付けされ、もうひとつのクロスター・ハイリッヒ・クロイツは2008年がファースト・ヴィンテージである。どちらも3年が経過してから市場に出荷される。2006年以来シュロス・プロシュヴィッツ・ヴァイスブルグンダーGG（グローセス・ゲヴェクスの略）が生産され、グラウブルグンダーGGの出荷も予定されている。ドイツ国内でGGは20ユーロからリリースされているが、これは他のザクセンのワインに比べて非常にフェアな価格といえるだろう。

2010年ヴィンテージには、新たにヴァイングート・ツー・ワイマール・プリンツ・ツール・リッペがワイマール（テューリンゲン）に設立された。ここの葡萄樹はムシェルカルク土壌（貝殻石灰岩）に植えられ、プリンツ・ツール・リッペ公はよりいっそうの優雅さ、フィネス、丸みを持った赤・白のピノ系ワイン造りに奮闘している。

極上ワイン

(2011年6月試飲)

Schloss Proschwitz Weissburgunder GG
シュロス・プロシュヴィッツ・ヴァイスブルグンダー

非常に良質から卓越した品質を、安定的にキープしているワイン。葡萄を除梗してから破砕してプレス機の中で数時間スキンコンタクトさせた後、透明な果汁を低温で発酵させ、大部分をステンレスタンク、ごく一部を樽で熟成させる。2009はチャーミング、優美、果実を思わせ、丸みがあるが、複雑ではない。エキサイティングな2008★は、アロマ豊かな新鮮な果実に加え、ほのかな花とスパイスのニュアンスを感じさせる。口に含むと凝縮感があり芳醇で、際だった酸とスパイシーな後味があり、深みのあるミネラルの構成が、このワインに一層の可能性を与えている。

Schoss Proschwitz Spätburguner GG
シュロス・プロシュヴィッツ・シュペートブルグンダー

伝統的製法で造られた（18ヵ月バリックで熟成）、さわやか、優美、フィネスの王道を行くワイン。はじめてGGが造られたのは2006年で、それ以前には"バリック"という名前で市場に出されていた。2004は卓越したピノとなる可能性を備えていたが、若干抽出とバリック熟成が過剰なために、タンニンがどこか青っぽく感じられる。2005はアルコール度も14％ではなく13％で、ずっと良質かつ抑制されている。芳醇なフルボディで、多少やり過ぎの感もあるが、それでもなおさわやかでミネラルを感じさせる。2006は味わってみると、がっかりするほど甘くてぎこちなく収斂感がある。まるでシチリアのピノのような味わい。しかし2008（10％をセニエ法）は美味。10月下旬に摘み取られ、そのブーケは深みがあり、さわやか、純粋、胡椒を思わせる。力強く独自の味わいは、絹のように滑らかで深みもあり、スパイシーな果実の風味、刺激味のあるタンニン、長いフィニッシュを備える。非常に良質から卓越した可能性を持っている。

Kloster Heilig Kreuz Spätburgunder
クロスター・ハイリッヒ・クロイツ・シュペートブルグンダー

2008は透明で強く、かなり甘いが、香りは繊細。赤いベリー類、サクランボ、挽き立ての胡椒、スパイス（丁字を含む）、燻したようなアロマを備える。芳醇で絹のように滑らか、良質な凝縮感に、黒いベリー類。優美な酸と繊細なタンニンがそのバランスをとる。個性豊かで素晴らしいフィニッシュが反響する、非常に良質なピノ。今後を十分期待させるファースト・ヴィンテージ。

Weingut Schloss Proschwitz Prinz zur Lippe
ヴァイングート・シュロス・プロシュヴィッツ・プリンツ・ツール・リッペ

総面積：80ha　平均生産量：30万本
Dorfanger 19, 01665 Zadel über Meissen
Tel: +49 352 176 760

SAXONY AND SAALE-UNSTRUT

Weingut Klaus Zimmerling
ヴァイングート・クラウス・ツィンマーリンク

ライプツィヒ生まれの元機械工学士、クラウス・ツィンマーリンクは、1987年にワインを造り始めた。「家計の足しにしようと思って」とは彼の弁。ベルリンの壁崩壊から半年後の1990年5月、当時30歳だったツィンマーリンクは、ヴァッハウのニコライホーフで1年間「料理人と瓶洗い」をするために、オーストリアへと出かけていった。この独学の人は、1992年に自身のワイナリーを開設、ドレスデンからエルベ川を10キロほど遡ったヴァッハヴィッツの自宅洗濯室で最初のワインを造ったのである。1990年代中盤、ツィンマーリンクとポーランド人の彫刻家である妻のマルゴジャータ・チョダコフスカは、そこから5キロ上流のピルニッツに居を移し、そこのケーニックリッヒャー・ヴァインベルク（王の葡萄畑）にある急峻な南斜面のテラス畑に、数ヘクタールの畑を購入することができた。

収量は20-30hl/haと非常に低く、凝縮感、深み、ミネラルに優れ、素晴らしい純粋さと優美さを備えた一連のワインを生み出している。希少で引く手あまた。

この名高い葡萄畑については、1721年にはすでに関連した記述がある。土壌は花崗岩と片麻岩が分解したもの。ツィンマーリンクは自分の4haの畑を最初から有機農法で耕しているが、認証は取得していない。彼の葡萄畑にはリースリング（35%）、ヴァイスブルグンダー（ピノ・ブラン20%）、グラウブルグンダー（ピノ・グリ16%）、ケルナー（12%）、ゲヴュルツトラミナー（12%）、トラミナー（5%）が植えられている。収量は20-30hl/haと非常に低く、凝縮感、深み、ミネラルに優れ、素晴らしい純粋さと優美さを備えた一連のワインを生み出している。10月末と11月はじめに選択的に摘果をしてから全果粒を破砕し、最長12時間の果皮浸漬を行う。小ぶりのバスケット・プレス機でプレスしてから一晩休ませ清澄させた果汁は、さまざまな容量のステンレスタンクの中で自然発酵へと進む。ここでツィンマーリンクは発酵果汁に培養酵母を添加するが、「指定された容量の20-30%だけ」と説明する。発酵は1週間から5ヵ月続き、通常その間温度管理は行わない。温度が22℃に達した場合に限って、濡らした布でタンクを18℃まで冷却する。澱引きした後、そこで初めてワインに硫黄化合物を添加し、フィルターをかけて瓶詰めする前までさらに4-6週間、細かい澱と接触させながら熟成させる。ツィンマーリンクのワインにほとんど辛口はないが、正しいバランスのためには、長い目で見れば多少の残糖が必要と考えているのがその理由である。しかし何が正しいかを決めるのは、ワインなのである。ツィンマーリンクは発酵中の果汁を冷却することも、硫黄化合物を添加して自然の発酵プロセスを停止させることもない。ワインがトロッケンと表示されている場合（2008年と2010年）、それは残糖4g以下の極辛口ワインということになる。

ツィンマーリンクのワインは、どれも稀少で引っ張りだこだ。もしどこに行っても見つからないのであれば、ベルリンのトップクラスのワインバーかレストランへ出向いて試してみよう。質量ともにリースリングが最高ではあるが、ツィンマーリンクはピノとトラミナーの造り手としても知られ、そのアイスヴァインはザクセンの誇りといっても過言ではない。2008年ヴィンテージまでは、すべてのワインがターフェルヴァインとして瓶詰めされていたが、2009年以降はクヴァリテーツヴァインとして出荷されている。2008年、ツィンマーリンクはザクセンで2人目の会員としてVDPに迎えられたが、今までところ彼はプレディカートを表示していない。品質レベルとスタイルを表示するため、彼はその代わり文字を使う。Rがレゼルヴ、Aが一種のアウスレーゼ（むしろ中辛口のスタイルに近い）、ASが本物のアウスレーゼ、BAが一種のベーレンアウスレーゼという風に。ツィンマーリンクのワインのほとんどは500mℓ瓶に詰められる（等級が上のワインは375mℓ）。2009年ヴィンテージからは、ほとんどのワイン（2012年からはすべて）の栓にはStelvinのスクリューキャップが使われ、BAとアイスワインにだけガラス栓のVino-Lockが使われている。毎年変わるすべてのワインのラベルには、屋内だけでなく庭やセラーなどいたる所に置かれる、ツィンマーリンクの妻マルゴザータの彫刻が描かれている。

WEINGUT KLAUS ZIMMERLING

SAXONY AND SAALE-UNSTRUT

極上ワイン

(2011年5月試飲)

2010 Riesling R [V]　リースリング
　Rは、ケーニックリッヒャー・ヴァインベルクのきわめて急峻な区画の葡萄から選別されていることを示す。黄金色で素晴らしく芳醇だが、引き締まってミネラル感のあるリースリングであるため、偉大なムルソーを想起させる。みずみずしく凝縮感もあり、貴腐菌の状態が完璧だったことが幸いして、魅惑の塩気と完璧なバランスを備えた、偉大なほど純粋なリースリングとなった。

2010 Riesling BA ★　リースリング
　2カ所の異なる区画をブレンドしたもの。どちらの区画にも完璧な貴腐菌が付いたことが、卓越した品質を生んだ。高貴な干し葡萄の香しいアロマに、鮮やかなパッションフルーツのアロマとハチミツを思わせる、良質でかすかなアロマが組み合わさっている。味わいには凝縮感と心地によい刺激があり、質感も高貴、豊かで高貴なきらめく酸が、それを引き上げている。素晴らしくミネラル感があって純粋、非常に複雑なフィニッシュ、極端に長く良質な後味のあるリースリング。記憶の残るワイン。

2005 Riesling BA ★　リースリング
　熟したトロピカルフルーツ、モモ、アプリコット、パッションフルーツ、極上のカラメル、透明で優美かつ力強いブーケ。スパイシーで強靭な味わいには高貴で純粋な果実の風味が長く持続する。極上のスパイスとハチミツの風味もあり、すべてがミネラルに下支えされている。完璧なバランス、優雅、フィネス。

2003 Eiswein vom Traminer　アイスヴァイン・フォム・トラミナー
　ザクセン産トラミナーの違いを強調するために、このワインはゲヴュルツトラミナーではなくトラミナーと呼ばれている。この地の古木は、ラーデボイルにある1本のトラミナーの子孫だとザクセンの人々は信じている。乾燥して暑かった2003年ヴィンテージでは貴腐菌はつかず、そのため2004年1月4日に摘み取られた際、葡萄は健全なまま凍った状態であった。見事に透明で刺激的な果実風味に繊細なスパイス。明るく若干重めだが素晴らしい甘さ、踊るような酸、カラメルの風味、美味な長さ。

ツィンマーリンクと妻のマルゴジャータ・チョダコフスカ。

Weingut Klaus Zimmerling
ヴァイングート・クラウス・ツィンマーリンク
　総面積：4ha
　平均生産量：500mℓ瓶1.6 − 2.4万本
　Bergweg 27, 01326 Dresden (Pillnitz)
　Tel: +49 351 2618 752

43

7 | 優れた生産者とそのワイン

フランケン Franken

　ドイツワインについて語るのであれば、何をおいてもまずはモーゼル、ナーエ、ラインガウ、プファルツのワインであるリースリングを語ることになる。一方フランケンのワインとなると、語るにしても、ついつい後回しになってしまう。

　バイエルン州にあるこのワイン産地はドイツ最大の産地のひとつで、アシャッフェンブルク、シュヴァインフルト、ヴュルツブルク、バンベルクの街々の間に、6063haに及ぶ葡萄畑が広がっている。フランケンは他のドイツの有名ワイン産地からかなり距離があるだけでなく、他のどのワイン産地とも接していないために、孤立状態にある。ただ南にあるタウバータール地区だけはその例外で、フランケン（91ha）、ヴュルテンベルク（224ha）、バーデン（666ha）の各産地からはみ出した、計981haの葡萄畑が広がっている。

　忘れてはならないのは、ジルヴァーナーとの結びつきが強いフランケンではあるが、そこではドイツ最高峰の辛口リースリングも造られていて、それにもかかわらず、リースリングのほうはさほど有名ではない。フランケンのリースリングを、ライン、ナーエ、モーゼルなど、スタイル面ではリーダーとなっているリースリングと比較することは難しい。極辛口（残糖3－6g/ℓ）のフルボディで力強いだけでなく、果実よりもむしろ土を感じさせ、敏捷かつ繊細である。本物のフランケン産リースリングなら、それ以外のフランケン・ワインと同じく、魅力的な果実の風味、高めの残糖、優美、フィネスなどで飲み手を誘惑したりはしない。むしろ深みがある本格派の個性的なワインであり、良質な構成とスリリングなミネラルを備えているため、食事との相性が完璧であることには、飲む人の誰もが納得する。ボックスボイテルというフランケン独自の伝統的かつ法的に保護されている瓶は（伝えられるところによると山羊の陰嚢を模したもの）、14世紀この方フランケンヴァインの信頼性、独自性、高品質を誇らしげに象徴している。もちろんドイツ産リースリングをこの瓶に詰めることも可能である。

　ところがフランケンでは、リースリングが数量の面で重要な役割を果たすことはない。温暖で風が吹き込まない最良の畑と、深い土壌より浅い土壌を好む晩熟品種であるため、その畑は栽培面積のほんの4％ほどにとどまっている。今日のフランケンでジルヴァーナーだけでなくリースリングが育っているのは、まさにこういった場所である——誰もが知っているわけではないが、名の知れた南向きの区画だけでも、ヴュルツブルガー・シュタイン、ヴュルツブルガー・インネレ・ライステ、ランダースアッケラー・プフュルベン、エシェルンドルファー・ルンプ、イプヘーファー・ユリウス＝エヒター＝ベルク、ホンブルガー・カルムート、ビュルクシュタッター・ツェントグラーフェンベルクなどが挙げられる。ほとんどの区画が急斜面、窪地、マイン川流域にあり、マイン川は気温を調整するだけでなく、日光を反射してくれる。こうした土地で最上の葡萄品種が熟す一方で、平地にある無防備な区画では、早熟品種であれば生理学的に熟すことが可能だが、熟したとしても複雑さに欠けるか、もしくは複雑さは皆無である。

　フランケンは多くの点で特殊である。気候は大陸性で、乾燥した非常に暑いがかなり短い夏と、厳寒の長い冬を特徴としている。年間の平均日照時間は1600－1800時間、降水量は600－700mm、平均気温はたったの8.5－9℃。フランケンのワイン生産者は、冬だけでなく春も霜の脅威にさらされている。1985年には冬の極端な低温のために、200万本以上の樹が枯死し、通常の収穫量の10％しか収穫できなかった。2011年5月4日、多くの若芽が霜でやられてしまったため、収穫量の70％までをも失った生産者も多くいた。さらに今世紀に入ると、豪雨によって晩夏と初秋が暖かく湿潤になった。そのため収穫時には厳しい選果が余儀なくされ、ほとんどの年で10月の第3週には終了している。

　この特殊な気候が、なぜ90種類もの葡萄品種がフランケンでは法的に認められているかを物語っている。そのほとんどはクラシックな品種と、早熟品種のミュラー・トゥルガウ（全体の30.3％）、バッフス（12.2％）、ケルナー、ショイレーベ、リースラーナーなどの新しい交配種だが、アルバロンガ、オルテガ、ペルレ、ファーバーレーベなどの珍種、加えてドミナ、レゲント、アコロン、ツヴァイゲルト、カベルネ・クービンといった赤品種も含まれている。

　フランケンの葡萄畑6063haのおおよそ3分の1は最高品質向けの畑であり、従ってピノ・ノワール、ピノ・ブラン、ピノ・グリ、ジルヴァーナー、トラミナー、ムスカテラー、リースリングなど、クラシックな品種の栽培に当てられている。フランケンで造られるワイン全体の約80％が白ワ

右：フランケン・ワインの誇り高きシンボル、ボックスボイテルをかたどった看板は、もっとも有名な村のもの。

44

Es grüßt der Weinort Escherndorf

イン、20%がロゼと赤ワインである。クヴァリテーツヴァイン群の62%が辛口、32%が中辛口、6%が甘口である。平均収量は75hl/ha（2009年）と90hl/ha（2007年）の間で、最上級の畑では30－50hl/haとなっている。

　（全栽培面積の21%を占める）ジルヴァーナーがこの産地の代表的ワインで、フルボディで熟成し、複雑で偉大な熟成能力を秘めた見事なジルヴァーナーが確かに数多い。カステル村の付近に最初のジルヴァーナーが植えられてから350年がたった2008年、酒齢100年のワインを含む、歴史的なジルヴァーナーのテイスティングに参加する機会に私は恵まれた。いとも簡単に数10年熟成してしまうような、高貴な甘口ワインだけではなかった。それにも増して印象に残ったのは、辛口のカビネット・ワインですら8年まで熟成可能であり、最良の畑とヴィンテージのグローセス・ゲヴェクスのワインなら（あるいはシュペートレーゼ・トロッケンなら）、どんなに短くとも10年の熟成が可能なことである。大事なことを言い忘れたが、リースリングやその他の品種同様、ジルヴァーナーもそのテロワールを映し出す。ジルヴァーナーは捉えどころがない品種で、リースリングやその類似品種の親戚筋には当たらないことを、頭に入れておく必要がある。高級ワインの世界ではきわめて独自性が強く、ユニークなのである。

　フランケンには、マインフィーアエック（「マインの四角形」の意）、マインドライエック（「マインの三角形」）、シュタイガーヴァルトという3つのベライヒ（地区）がある。この区分けはマイン川の流路の他、異なる土壌の性質に基づいている。それらはドイツ三畳紀の3年代に起源を持ち、フランケンの景観に特有のケスタ地形、いわゆるコート（côte）も、2億500万年から2億5000万年前のこの時代に形成されたものである。

　もっとも古い混色砂岩の時代に、ホンブルクとエーレンバッハに挟まれたマインフィーアエックの基底層となる赤色砂岩が形成されている。土壌の表層には砂とローム質が多く、深くなるほど粘土質になる。ここの気候は中心部であるヴュルツブルク周辺よりも温暖なため、葡萄畑に一番適しているのは、ピノ・ノワール、ピノ・マドレーヌなどの赤ワイン品種である。両品種がきわめて良質で優美なワインになるのは、クリンゲンベルク（急峻なシュロスベルクのテラス畑では、8世紀から栽培が行われている）とビュルクシュタットにある最良の畑である。しかしリースリング、ジルヴァーナー、ピノ・ブランも、良質でさわやかな軽い香草と果実の風味に加えて、洗練されていて溌剌とした酸を持った美味しいワインになる。目を見張るようなホンブルガー・カルムートのアインツェルラーゲは、フュルスト・レーヴェンシュタインが単独で所有し、そこでは主にジルヴァーナーとリースリングが造られているが、その南向きのテラス畑を見ると、低い場所には混色砂岩、栽培が行われていない高い場所には貝殻石灰、そして真ん中あたりではこの2つの土壌が混じり合い、格別に素晴らしいジルヴァーナーが造られている。

　シュヴァインフルト、ヴュルツブルク、オクセンフルト、ゲミュンデンに挟まれたマインドライエックは、フランケンの葡萄栽培の中心地である。産地の中でももっとも乾燥した地区で、降水量は僅か年間600mm。フランケン・ワインの70%ほどがここの多様な貝殻石灰の土壌で栽培され、その土壌はかなり痩せて石だらけであったり（ヴュルツブルガー・シュタイン）、砂混じりだったり（フリッケンハウゼン）、黄土と粘土混じりの深い土壌だったりもする（エシェルンドルファー・ルンプ）。白がそのほとんどを占めるワインは、混色砂岩のワインとはまったく性質を異にする。アロマは果実と燻香を強く感じさせる一方で、フルボディに芳醇でしなやかな質感、複雑な構成、ミネラル感はスリリング、酸はかなり優しく優美である。ここの女王はジルヴァーナーだが、リースリング、ピノ・ブラン、シャルドネ、トラミナーも輝きを放っている。

　マイン川からかなり離れてはいるが、シュタイガーヴァルトの山地によって守られているのが3番目のベライヒ、シュタイガーヴァルトである。三畳紀でもっとも新しいコイパー土壌の黒土が、日中にため込んだ熱を夜間に葡萄樹に向けて放出するため、かなり乾燥した温暖な地域になっている。白主体だが良質な赤を含むワインは還元的になりがちだが（土中の石膏の割合が高いため）、非常に芳醇、優美、素晴らしい熟成能力を備えている。そのブーケには黄色い果実よりもむしろ白い果実が感じられ、魅惑的な香草のアロマもある。ここのジルヴァーナーは、リースリング、ピノ・グリ、トラミナー、ショイレーベ同様に素晴らしいワインに仕上がる。良質なコイパー土壌のワインでは力強さが優美さやフィネスと溶けあっている一方で、質の劣るワインの場合、かなりアルコールが強くなる傾向がある。

　グロスヴァルシュタットとアルツェナウに挟まれたフランケン最西端の土壌は、片麻岩、雲母片岩、珪岩の結晶を

THE FINEST PRODUCERS AND THEIR WINES

フランケン、ザクセン、ザーレ=ウンシュトルート

基盤としており、優美さとフィネス、またピリッと刺激的で洗練された果実の風味をリースリングから引き出すには、理想的である。

　つまり、フランケンの造り手は卓越したジルヴァーナーだけでなく（特に貝殻石灰岩とコイパー土壌から）、偉大な辛口リースリング、そしてピノ・ノワールを中心としたピノ種を生産しており、それらはドイツ最高峰のワインの中に数えられている。しかしながら、辛口・甘口とも上々の仕上がりを見せるトラミナー、ムスカテラー、ショイレーベ、リースラーナーもまた、探求してみるだけの価値がある。

47

FRANKEN

Weingut Rudolf Fürst
ヴァイングート・ルドルフ・フュルスト

父ルドルフの早すぎる死を受けたパウル・フュルストが、ビュルクシュタットにあるファミリー・ビジネスを継いだのは1975年のことだった。当時は複数の農産物を生産していたため、葡萄畑はたったの1.5haほど。しかし20歳の若さですでにラインガウのシュロス・ヨハニスベルクで研鑽を積んでいたフュルストは、ワインに重点を置くことを決心し、以前から主にピノ・ノワールとリースリングが植えられていたツェントグラーフェンベルクに、小さな区画を購入していった。均分相続による土地保有、購入、交換、境界線の微調整などのプロセスによって、それらの区画はまるでハンカチのように細分化されており、その購入に彼は30年以上を費やすことになった。18haにまで増えた今でも、プロジェクトはいまだに未完成である。2004年にもパウルとその妻のモニカは、マイン川をさらに遡ったクリンゲンベルガー・シュロスベルクにある、目を見張るほど急峻なテラス畑1.5haを購入したが、その畑は、19世紀を通じてシュペートブルグンダー（ピノ・ノワール）で有名であった。

> すでに15年ほど前から常に優れた
> ワインだったフュルストのピノは、
> さらに繊細さと純粋さを増し、その結果、
> より優美になってきた。ドイツ全土を
> 見渡しても、品質またはスタイルの点で
> 匹敵するピノはそうそう見当たらない。

2007年からは、息子のセバスチャン（1980年生まれ）もファミリー・ビジネスに加わった。アルザスのマルク・クライデンヴァイスで修行した経験もある彼は、ニュイ・サン・ジョルジュのドメーヌ・ド・ラルロで半年間働きながら、友人でもあるオリヴィエ・ルリッシュのもとでピノ・ノワールとブルゴーニュ最高峰のワインについて、多くのことを学んでいる。2008年のヴィンテージから、この若いおとうさんが家族の中で赤ワイン生産の責任者となり、若いおじいちゃんであるパウルは白ワインに専念している。大事な決定は2人で合議するものの、息子が「大げさな最先端のワイン造りやマーケティングよりも、丁寧な手仕事を大切にしたワイン造りに惹かれている」ことに、パウルは大いに満足している。

セバスチャンが赤ワインを仕込むことで、すでに15年ほど前から常に優れたワインだったフュルストの赤ワインは、さらに繊細さと純粋さを増し、その結果、より優美になってきた。2009年のヴィンテージからフュルストはかつてないほど良質なピノを発表し、それら印象的な一連のワインの筆頭が、シュロスベルク・シュペートブルグンダーGG、ツェントグラーフェンベルク・シュペートブルグンダーGG、ツェントグラーフェンベルク・フンスリュック・シュペートブルグンダーGGという、ワールドクラスのグローセス・ゲヴェクス3点である。ツェントグラーフェンベルク・リースリングGG、樽発酵のツェントグラーフェンベルク・ヴァイスブルグンダーR、フォルクアッハー・カルトホイザー・シャルドネをはじめとして、クリンゲンベルガーとビュルクシュッタター・ピノなど、ワイナリーのワインはどれをとっても素晴らしいが、ここでは3種類のピノ・グラン・クリュに話を絞らなければならない。ドイツ全土を見渡しても、品質またはスタイルの点でこの三つに匹敵するピノはそうそう見当たらない。大事なことを忘れていたが、彼らのフリューブルグンダー（ピノ・マドレーヌ）ですら、少なくても10年の瓶内熟成に値する。

その他すべてのフュルストのワインと同じように、シュペートブルグンダーも低地ドイツ三畳系のもっとも古い土壌、赤色の混色砂岩で栽培されている。表土にはロームと砂が混じり合い、小石混じりで構成が良い。この暖かく水はけの良い土壌は、過去数百年ピノ・ノワールがそうであったような、気まぐれな気質の赤品種にはまさに最適である。粘土と分解した砂岩からなる下層土は保水力に優れているため、2003年のような極端に乾いた暑いヴィンテージでさえ、少なくとも古木に限っていえば干ばつを心配する必要はない。

シュペッサートとオーデンヴァルト両山地に挟まれたミルテンベルク盆地の気候は温暖だが、クリンゲンベルクのシュロスベルク・ピノは、ビュルクシュタットのツェントグラーフェンベルク・ピノよりも10日ほど早く熟す。それは主に1haあたり4kmにも及ぶ乾燥した赤色砂岩の石垣が廻らされているためで、その石垣は何世紀もの間、急峻なシュロスベルクの葡萄畑のテラスを形成するとともに、光と暖かさを葡萄と葡萄樹に反射してきた。

右：パウル・フュルストと息子のセバスチャン。その土質がワインに多大な貢献をしている、赤色砂岩の石垣の前で。

48

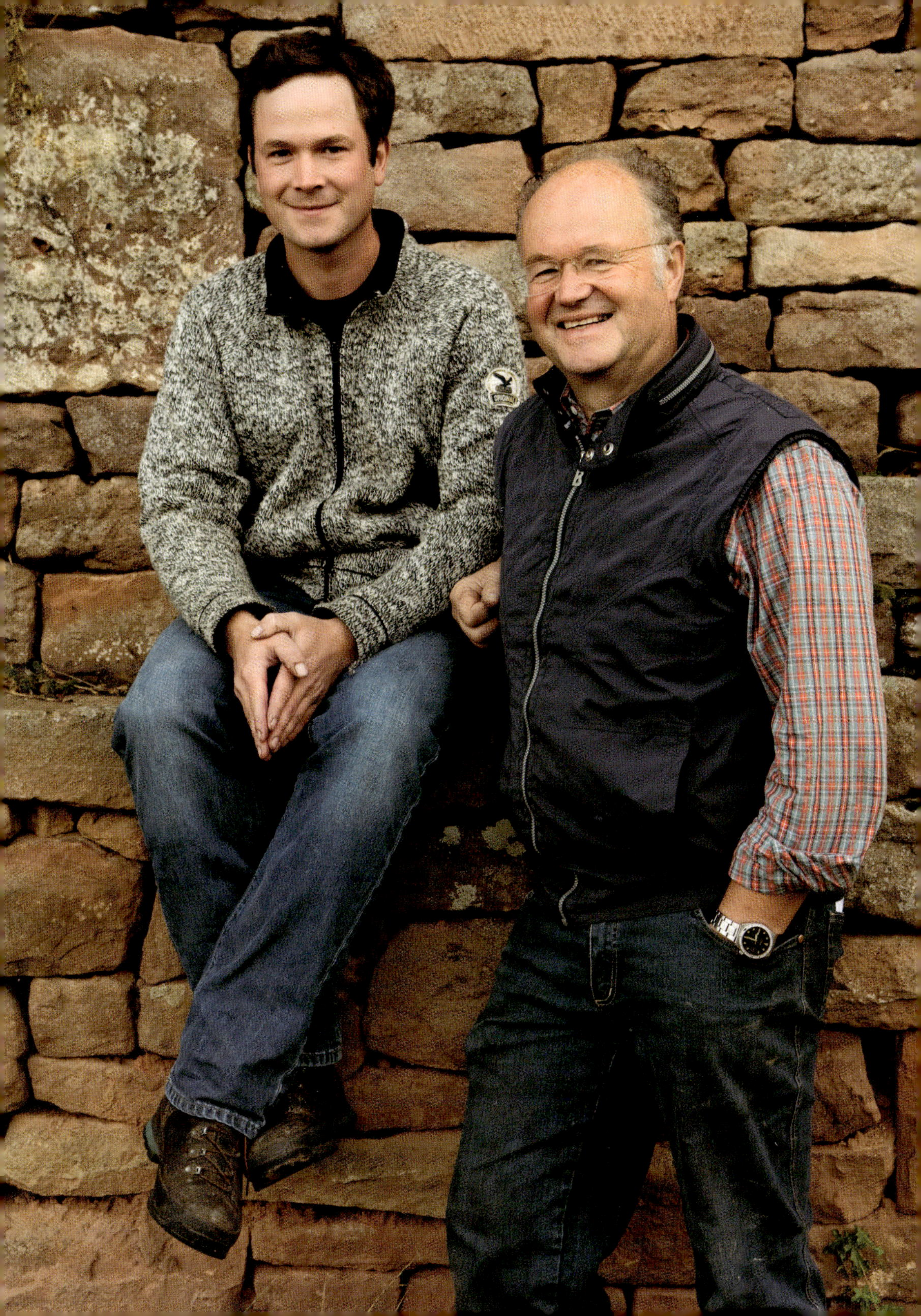

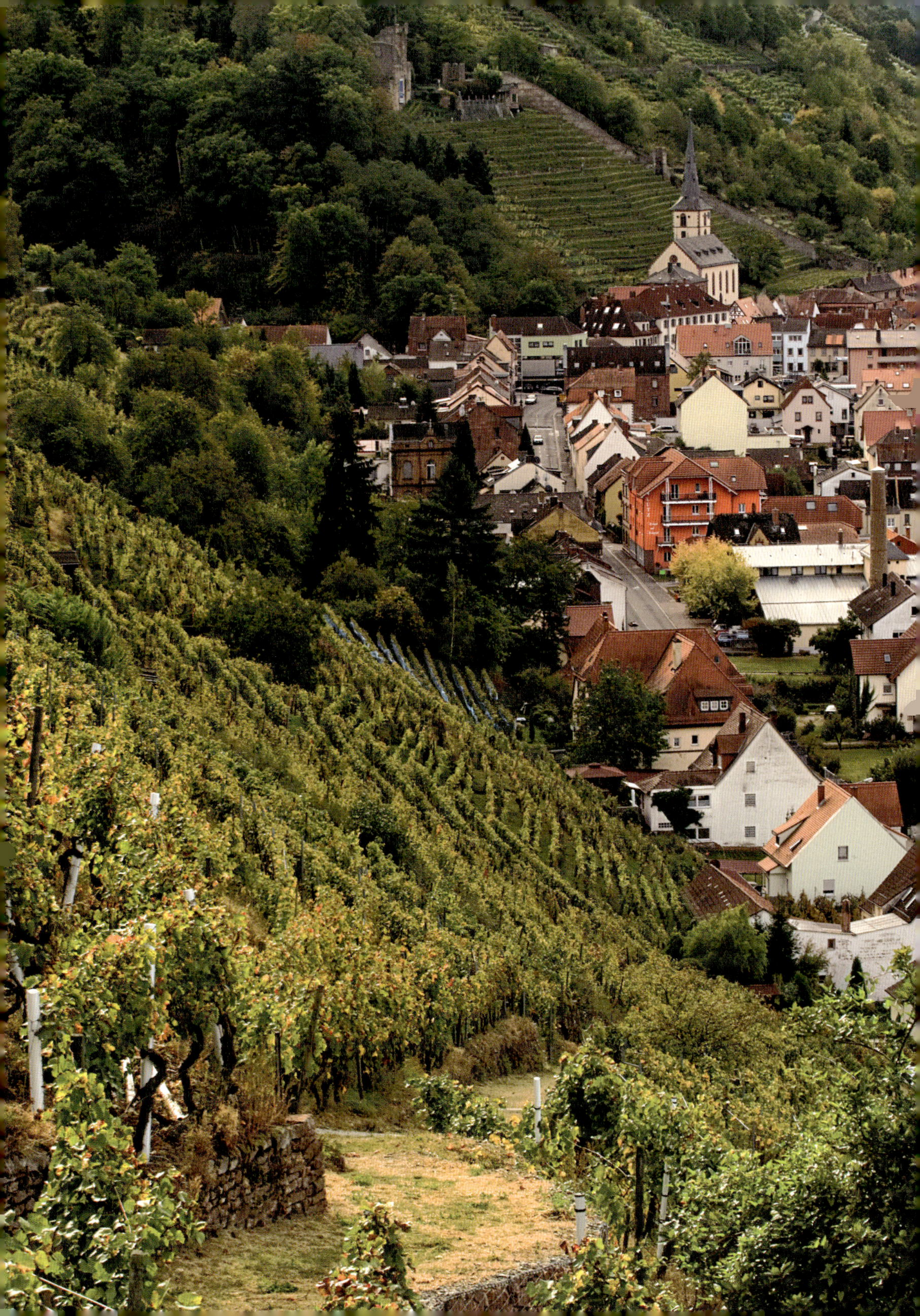

フュルスト家はシュロスベルクの畑に2カ所の小さな区画を購入し、2005年にはその3分の2を新しいブルゴーニュのピノのクローンで植え替えたが、元々あった、おそらくフライブルク・クローンと思われる樹は、1985年に植えられたものである。2種類の新しいクローン（ファンとトレ・ファン）は、どちらも16149番の台木に接ぎ木され、777、828、667、115、112などのクローンに比べて、かなり収量が減っているとパウルは教えてくれた。その収量は「最大でも30hl/ha」である一方で、フュルストが1990年代初頭にツェントグラーフェンベルクの畑に植え始めた以前のクローンの収量は、収穫量を減らさなければいとも簡単に80hl/haに達してしまう。「ファンとトレ・ファンのピノは房も実も小さく、実つきももっとまばらで、果皮ももっと厚いのです」とパウルは言う。

南向きのシュロスベルクの植樹密度はかなり高く、1haあたり1万本。（ツェントグラーフェンベルクでは5000‒7500本）。シュロスベルクの樹はすべて地表から50センチの高さで単主幹仕立てになっており（フラッハボーゲン）、成長期には主幹ごとに6‒8個の結実枝を残す。（ツェントグラーフェンベルクのディジョン・クローンの場合は50センチ、ドイツのクローンの場合は70センチ）。どちらの区画でも繁茂期を通じて集中的な樹冠管理が行われるが、新梢はできるだけ遅い時期に刈り込んでいる。

過剰緑果摘除はシュロスベルクでは必要ないが、若干深めのロームと粘土土壌に高収量クローンが植えてあるツェントグラーフェンベルクでは行われている。この割合は徐々に減少することになるだろう。というのも、一部には2005年からのフンスリュックの小区画における3haの新規植樹にはファンとトレ・ファン（0.5haほど）が使われたこと、またドイツ産クローン（主に1983年に植えられた実の小さいリッター21‒90）が樹齢にしては低収量なこともその理由である。

フュルスト一家は土を耕し、3年以上かけて自家製の堆肥を作っている。畑では1列おきに草生栽培（畑の畝間に草を生やす）を行い、蒸発と浸食から土を守るために何度か根を覆う。天候条件にもよるが、草生栽培をしない樹列の草は秋にかけて放置しておくが、植物（クローバー、アブラナ、マメ科の植物）が葡萄に近づきすぎた場合には、刈り取りをする。

ピノにその本領を発揮するためには多少の辛抱させる必要があり、栄養過多にしてはならないと、パウルとセバスチャンは信じている。そのため葉色は夏の間、濃い緑よりも淡い緑を保ち、秋に入ると早々に紅葉させるほうを好む。「葡萄樹への栄養分を抑えられれば、ワインは個性的で洗練され、フィネスと純粋さを増す一方で、肉付きは薄くなります」とパウルは説明する。

健全かつ完璧な熟成だけでなく、引き締まってさわやかな構成の果実と、最上のピノの風味を狙っているため、フュルスト一家は完璧に除葉をしてしまうことはない。「強すぎる日光から葡萄を守るために多少の樹冠を残しながらも、空気の循環を確保しなくては」と、モスト量93‒100°Oeでのピノの摘み取りを目指すパウルは語る。「最終的には、モスト量は102よりも95ほどに収まる傾向があります」とセバスチャンが付け加えた。ワインのアルコール度を13%にもっていくため、フュルスト家は「過去10年間で3‒4回」果汁のシャプタリゼーションを余儀なくされた。

セバスチャンは種からのタンニンよりも
果梗のタンニンを好むため、できるだけ
種を潰さないようにする。
グランクリュには除梗をしていない
丸ごとの房が使われる割合が常に高くなる。

収穫は手作業で選別的に行われる。必要ならば葡萄は選果台でもう一度選別されるが、破砕はしない。セバスチャンは種からのタンニンよりも果梗のタンニンを好むため、できるだけ種を潰さないようにする。こうしてシュロスベルク、ツェントグラーフェンベルク、フンスリュックの3種類のクリュの場合、除梗をしていない丸ごとの房が使われる割合が常に高くなり、それ以外は丁寧に除梗して造られる。「暖かい年であればあるほど、そして樹齢が高ければ高いほど果梗は熟し、全房を使える割合も高くなります」とセバスチャンは説明する。

2003年のような暑い年になると、果梗つきの割合はフンスリュックの場合100%、2008年には少なくとも90%に達している。通常の年なら、フンスリュックは70‒80%、シュロスベルクでは50‒60%、ツェントグラーフェンベル

左：シュロスベルク・グラン・クリュの急斜面。砂岩のテラス畑が熱と光を反射して、葡萄の成熟を助ける。

クでは30−40%を、果梗をつけたまま仕込まれる。「果梗を使用するのはタンニンを多く抽出するためではなく、より繊細なタンニンを抽出するためです」とセバスチャンは言う。

引き締まり、スパイスと黒い果実を感じさせようとするフンスリュックは、古木（ほとんどが1983年に植樹されたドイツのクローン）ときわめて熟した果梗を使って造られる。繊細で優美なツェントグラーフェンベルクは、ほとんどが比較的若いフランスからの樹から造られ、赤い果実の特徴がより強く出ている。シュロスベルクでは、ドイツの古木の場合だけ果梗を使い、ファンのピノでは除梗される。

赤にせよ白にせよ私がいつも
驚かされるのは、年月がたつほどに、
フュルストのワインはより繊細に、
より丸みを帯び、
よりおおらかに熟成していくことである。

木製の開放容器で5−7日間低温浸漬をした後（底の方に全房、上の方に除梗した葡萄を置くが、炭酸ガスの添加はごくわずか）、発酵は葡萄自身の持つ酵母の力で葡萄の内側から始まり、その後、発酵槽を一晩暖めておくことで、通常葡萄の果皮に付いた酵母だけを使って発酵が進む。発酵が始まるとすぐに（温度は35℃以下）、ピジャージュ（櫂突き）とルモンタージュ（液循環）が行われる。5−7日後に発酵はほぼ完了するが、それから4−6日後に果帽が沈む直前まで若いワインをプレスすることはない。その後、発酵槽から果汁を抜き取り、果皮をバスケット・プレスにかけて種と搾りかすを取り除く。最後に圧搾果汁をフリー・ランの果汁に加え、17−18ヵ月間100%フランス製の樽（フランソワ・フレール、ルソー、セガン・モロー、ダミー社製）にワインを移し替える前に、12−24時間ステンレスタンクで前清澄させる。マロラクティック発酵はできれば春に行うが、冬に行われることもある。

ワインは清澄もフィルターもなしで瓶詰めされる（ほとんどの樽のワインが、そのどちらも必要としていないので）。樽の底口よりも上口からきわめて注意深く移し替えられる。その結果、澱とともに樽に残されるのはたったの

250mℓ。この底に残ったものを清澄して他の赤ワインとブレンドする。これらの赤ワインはグラン クリュ・ワインとまったく同じように造られているものの、葡萄は完全に除梗され、樽熟成の時間もグラン・クリュよりも短い（品質によって新樽か使用済み樽か変わってくる）。いずれにしても、すべての赤ワインはフィルターをかけずに瓶詰めされる。

酸、ミネラル、さわやかな果実味を数年にわたって上手に保持するために、白ワインはかなり還元的なスタイルに醸造される。この美しいワイナリーを訪れるたびに（そのセラーは近年全面的に建て替えられた）、一家はディナーに合わせて、その宝物庫から熟した白と赤ワインを出してきてくれる。赤にせよ白にせよ私がいつも驚かされるのは、年月がたつほどに、フュルストのワインはより繊細に、より丸みを帯び、よりおおらかに熟成していくことである。しかし若いワインでも、フュルストは決してデカンタを使わない。「うちでは瓶を空けたらすぐにワインを飲んでしまうんですよ。だからワインは開けたその瞬間から、飲んでもらえる状態でなくてはね」とパウルは断言する。「それなりの量を注げば、グラスの中でちゃんと開いていきますから」

極上ワイン

2009 Schlossberg Spätburgunder GG ★ [V]
シュロスベルク・シュペートブルグンダー

少なくとも60%を除梗せずに発酵させた、クリンゲンベルクの混成砂岩の畑からのこの香しく魅惑的なピノ・ノワールは、贅沢でみずみずしく甘いが、その質感はとても優美でまるで絹のよう。熟して、柔らかく、洗練されたタンニン。ドイツのクローンとファンやトレ・ファンなどブルゴーニュの若いクローン両方を使って造られた、バランスの美しいこの女性的なピノ全体の構成に関しても、またしかり。持続力があり、赤いベリー類の芳香と躍動感に溢れたワインで、もしクリンゲンベルクの産と知らなかったら、ブルゴーニュのヴォルネイかヴォーヌ＝ロマネでも一流の畑からのワインと思ってしまうかも。

2009 Centgrafenberg Spätburgunder GG ★
ツェントグラーフェンベルク・シュペートブルグンダー

このピノは、1990年代に植樹されたディジョン・クローンを主体に造られている。ここより暖かいシュロスベルクよりも、少なくとも10日遅く収穫される。30%あるいはそれ以上果梗をつけたまま発酵させるため、深みがあって印象的な香りには、洗練され

FRANKEN

ているが赤いベリー類を思わせるアロマ。味わいはさわやかで引き締まっているが、優美で絹を思わせみずみずしく、十分なフィネス、そして熟しているが肉厚でスパイシーなタンニンの構成も。

2009 Hunsrück Spätburgunder GG ★
フンスリュック・シュペートブルグンダー

　フンスリュック・ピノは、南向きのツェントグラーフェンベルクの丘陵地帯にある区画のワインで、2003年から別途醸造されるようになった。ここでフュルスト家は最も古い樹を栽培している。この1983年に植えられたドイツのリッター・クローンは、隣接するツェントグラーフェンベルクの区画よりも数日早く熟す。果梗が良く熟すために、この個性的なグランクリュは100％まで果梗をつけたまま発酵させる（2009年は90％）。フンスリュックはこの3種の中で、もっとも力強く構成のしっかりしたワイン。この2009年はすでに非常に深みのあるスパイシーな香りになっていて、赤い果実よりは黒い果実が感じられる。味わいはなかなかに興味深く、最初のうちはまだ多少収斂味があるにしても、さわやかで非常に引き締まっていて躍動感に溢れる。しかし絹のような質感もあり、10－15年以上の時間をかけて上品に和らいでいく可能性を感じさせる。シュロスベルクがブルゴーニュのヴォルネィを想起させるとすると、こちらはポマールかもしれない。とはいうものの、どちらもまったく別物ということを忘れないように。

Centgrafenberg Frühburgunder R ★
ツェントグラーフェンベルク・フリューブルグンダー

　フリューブルグンダー（ピノ・マドレーヌ）はピノ・ノワールに近い非常に珍しい早熟品種で、ビュルクシュタット周辺が原産地と考えられており、この地ではかなり以前から栽培されている。パウル・フュルストは、樹形もワインもピノ・ノワールに似ているが、より果実感があって率直なこの品種のパイオニアのひとりである。「フリューブルグンダー造りのコツは、過度に艶があって果実味が凝縮したワインになるのを避け、その代わりにテロワールを反映させることです」とパウルは語る。2009の香りは深みがあり、色濃く、さわやか、野性的で、それに非常に強烈で力強く、みずみずしい味わいが続く。タンニンはきめ細かく、肉厚であると同時に柔らかく、爽快感があって洗練された酸、カシスのアロマが持続する。2001★は、フリューブルグンダーの熟成能力を如実に示している。とても優美な香りには、最高にさわやかなカシスのような黒い果実のアロマ。味わいには絹のような優美さとフィネスがある。質感はしなやかで甘みがあるが、ワインはいまだにミネラル感と躍動が。

熟したピノ・ノワールの健全な房は、注意深く手摘みされてから、破れやすい果皮を保護するため小さな箱に移される。

Weingut Rudolf Fürst
ヴァイングート・ルドルフ・フュルスト
総面積：19.6ha
重要葡萄品種：60％ピノ・ノワール／15％フリューブルグンダー／12.5％リースリング／5％ピノ・ブラン、シャルドネ／ジルヴァーナー
平均生産量：12万本
最高の畑：クリンゲンベルク　シュロスベルク：ビュルクシュタット　ツェントグラーフェンベルク；フンスリュック　フォルクアッハ　カルトホイザー
Hohenlindenweg 46 63927 Bürgstadt am Main
Tel: +49 9371 8642
www.weingut-rudolf-fuerst.de

FRANKEN

Weingut Horst Sauer
ヴァイングート・ホルスト・ザウアー

ホルスト・ザウアーは、ドイツ国外でもっとも著名なフランケンの造り手だろう。彼は特にイギリスで数々の権威ある賞を獲得し、彼の言を借りれば、「ゴム長靴とドイツ風革ズボンの間を行ったり来たりの人生」を送っている。ドイツでフランケンと言えば、辛口の白ワインを連想することが多いが、ホルスト・ザウアーが国際的名声を確立したのは、フランケンでも最良の場所のひとつ、エシェルンドルファー・ルンプの高貴な甘口ワインによるところが大きい。実際高貴なワインというカテゴリーでは、一貫性の点でザウアーと肩を並べる造り手はいない。ザウアーがリースリングだけでなくジルヴァーナーでも賞を獲得している点も、同様に注目に値する。高級ワインの世界では、他のどの造り手もジルヴァーナーで彼に匹敵するだけの成功を収めていない。

エシェルンドルフへ赴き、ボックスボイテル通り14番地にある同家所有の現代的で最新のワイナリーに入って行ったとする。しかしそこであなたを待っているのは、お高くとまった造り手ではない。ホルスト・ザウアーは静かで内省的で思慮深い男であり、詩人であり哲学者でもある。その成功にもかかわらず、彼はいまだに自分の「人生はまるで夢のよう」だと思っていて、朝、目を覚ますのが怖いことすらある。

事実、ほぼ毎年ザウアーは、フランケンから遠く離れた土地のワイン生産者だったらいいのにと考える（乾いて暑い夏だった2003年もしくは2009年は別として）。2010年の夏と秋も、またそんな年だった。「雨がすごく多かったんです。土がスポンジみたいに水を吸って、葡萄はどんどん大きくなっていきました。破裂するかと思いましたよ。ハエや貴腐菌が出るのも怖かった。でも9月の下旬から10月下旬にかけての好天の時期を過ぎてみれば、最終的にはすべての果粒が素晴らしく凝縮して、11月のはじめには、それまで見たことがなかったようなきれいな貴腐菌の付着した葡萄を収穫できました」

こうしてザウアーの夢は、現実に引き戻されることなくついに実現したのである——葡萄畑とセラーの双方で非介入主義を貫く醸造家にとって、2010年は都合の良いヴィンテージではなかったにもかかわらず。「ワールドクラスのワインを造りたいなら、ちゃんと計画を立てなくて

右：ホルスト・ザウアーと娘のザンドラ。数々の受賞ワインを送り出したエシェルンドルフにある現代的なワイナリーで。

実際高貴なワインというカテゴリーでは、一貫性の点で
ザウアーと肩を並べる造り手はいない。ザウアーがリースリングだけでなく
ジルヴァーナーでも賞を獲得している点も、同様に注目に値する。

は」とザウアーは語る。

「でも特にルンプでは、ヴィンテージにも適合する必要があるので、図式通りに仕事は進みません」

2010年の開花はとても遅く、7月と8月は涼しく湿潤だった。そこで、健全な葡萄を確保するためにも、収穫前に房周辺を除葉しておく必要があった。しかし窪地の急斜面にあるルンプの葡萄畑（斜度75％を含む平均斜度60％）が日光を集めるため、あまり早すぎても良くない。「日焼けのリスクがありますし、燻したようなアロマがワインについてしまうのを、私たちは好みませんから」とザウアーは説明する。

2007年にはザンドラがグランクリュを担当、それ以来こうしたスタイルはますます洗練されつつある。
ワインはあからさまな力強さやトロピカルで豊満な感じが抑えられている。

そんな2010年であっても、酸のレベルは非常に高く、アルコール度も2009年より1％低いだけ。2004年から、1977年生まれの娘のザンドラのサポートを受けているザウアーは、酸度を化学的に調整するという選択肢を捨て、そのかわりに半量のワインのマロラクティック発酵を、残りの半量とブレンドする前に止めてしまうことにした。「pH、SO_2、温度のレベルを正しいバランスに持って行くためにはとても重要でした。そうでもしなければ、道を誤ったことでしょう」とザウアーは語る。

ホルスト・ザウアーは、1990年代に彼独自のワインのスタイルを確立した。ルンプにある葡萄畑の1997年リースリングとジルヴァーナーは、力強く芳醇かつみずみずしく、凝縮感のあるトロピカルフルーツの風味としなやかな質感だけでなく、その構成にはミネラルと塩気も感じられ、それはいまだに持続中である。それらのワインは、ユニークなルンプのテロワールを映し出す。ザウアーのワイン、中でもグローセス・ゲヴェクスのワインは、変わらぬスタイルを持ち続けている。2007年にはザンドラがグランクリュを担当、それ以来こうしたスタイルはますます洗練されつつある。ワインは、あからさまな力強さやトロピカルで豊満な感じが抑えられ、より還元的、優美、精緻になっ

た。より一層酸が際立っているために、とても美味しそうである。

「ルンプの葡萄畑ではすべてが潤沢で、ワインには品格、軽やかさ、躍動感が欠けてしまうこともあります」とザウアーは明言する。マイン川側に近い南東から南西に広がる、この均質で急峻で暖かい33haのVDPグローセ・ラーゲの日光は、実際とても強烈だ。加えて貝殻石灰岩、粘土性コイパー、黄土が混じったシルト質からなる土壌は肥沃で、夜になると熱を放出する。土壌の深さが50cmしかない場所もあるのに、1.5mに及ぶ場所もある。

「20年以上の経験のおかげで、葡萄畑のどの部分で、どんなスタイルのワインを造るべきかが分かりますよ」とザウアーは言う。川に近い低い場所は、湿度が高く秋のもやが貴腐菌を促すため、高貴な甘口ワイン造りに最適である。わずか50cmの土が岩を覆っている南斜面の暑い急斜面の真ん中では、リースリングとジルヴァーナーからグローセス・ゲヴェクスのワインが造られ、南東と南西斜面では、辛口のカビネット・ワイン用の葡萄が摘み取られる。

「2010年代になるまでは、葡萄品種ごとに摘み取りをしていました。ミュラーとバッフスが最初で、次にジルヴァーナーとピノ、そして最後がリースリングというように。今では、ワインのスタイルごとに摘み取りを行っています」。つまり、軽くさわやかなカビネットに始まり、ピリッと刺激的な風味だが、みずみずしいシュペートレーゼのワインを経由して、より高い等級のTBAと2種類のグローセス・ゲヴェクスに至るのである。「どんなタイプのワインにも、正確な摘み取りの日程を組まなければなりません」とザウアー。今では10-15年前に比べて8-14日早く摘み取りをしている。このようにしてアルコール度は下がり、今ではカビネット・ワインでは11-12％、グローセス・ゲヴェクスでは12.5-13.5％となっている。

1990年代ほど厳格に除葉することもなくなり、以前に密植されたグローセ・ラーゲの区画（5000-6000本/ha）には、新しく植樹した区画よりも葉が生い茂っている。極端に湿気の多い年でもない限り、ザウアーの畑では草生栽培は行わない。その代わりに樹皮のマルチが浸食と蒸発から守っている。

収穫は高度に選別的で、手作業のみによって行われる。グローセ・ラーゲでは2010年のように3回摘み取られることもあるが、2009年のような完璧な年には一度だ

け。貴腐菌はすべてのカビネット・ワインで全く許容されず、グローセス・ゲヴェクスのワインに関するなら、可能であればほぼ貴腐なしで造られる。"ゼーンズーフト（あこがれの意）"と名付けられたワインのためのピノ・ブランとジルヴァーナーを除いて葡萄は除梗せず、スキン・コンタクト（最長で12時間）は健全な葡萄の場合にのみ行う（リースリングには絶対に行わない）。

　ベーシック・ワインの場合、ステンレスタンクに培養酵母を加えて果汁を12－14℃で発酵させ、カビネットは16℃、グローセス・ゲヴェクスは18℃で4－6週間、その後早期のSO₂添加を避けるために6－8℃に冷却させる。グローセス・ゲヴェクスのワインはできるだけ長く最初の澱と接触させ（2009年には2010年1月が終わるまで）、カビネットの場合は12月か1月まで。ヴァイスブルグンダーとゼーンズーフトは40－50％を樽発酵させ（マロラクティック発酵を含む）、最後にタンクに残っているワインとブレンドする。すべてのワインは瓶詰めの直前まで、細かな澱と接触させている。

極上ワイン

Escherndorfer Lump Silvaner GG (1958年植樹)
エシェルンドルファー・ルンプ・ジルヴァーナー

2010★　香りには凝縮感のある葡萄のアロマがあり、ピリッと刺激的。味わいには塩気と躍動感があり、また豊満。引き締まった構成に、くっきりとした酸によって芳醇で熟した果実味のバランスがとられている。偉大な凝縮感、偉大な可能性。

2005★　9月に雨が降るまで暑かったこのヴィンテージは、力強いワインを数多く生んだが、これほど偉大なワインは少ない。みずみずしく素晴らしい凝縮感を備えるが、くっきりとした酸とミネラルの構成がバランスをとっている。とても持続力があって美味。ここでもフィニッシュに強烈な果実のアロマが感じられ、美味しそうな塩気を伴っている。

Escherndorfer Lump Riesling GG (1972年植樹)
エシェルンドルファー・ルンプ・リースリング

2010★　複雑で凝縮感がある春草っぽい香り。とても純粋で塩気があるが、凝縮感があり強烈で、鋼のような酸にもかかわらず優美。

2005★　黄金色。葉っぱを思わせるアロマにハチミツの香り。味わいは優美で、良質な酸、ほのかなスペアミント、フィニッシュには塩気が。

2010 Escherndorfer Lump Silvaner Auslese★
エシェルンドルファー・ルンプ・ジルヴァーナー・アウスレーゼ

　2009年のアウスレーゼは（貴腐菌は皆無）すでに美味になっていて、みずみずしいが純粋で精緻。しかし2010年（貴腐菌が付いて総酸10g/ℓ）には息を飲む。とても純粋で塩気すら感じさせる香り、味わいは甘く凝縮感があるばかりか、きわめて純粋で溌剌として塩気がある。確かに甘いが、それ以上にピリッと刺激的。

2010 Escherndorfer Lump Silvaner BA★
エシェルンドルファー・ルンプ・ジルヴァーナー

　黄金色。とても精妙な貴腐と干し葡萄のアロマだが、グレープフルーツをも思わせる。完璧な凝縮感、ピリッと刺激的でスパイシー。きわめて絶妙な酸が、高貴な甘みとのバランスをとっている。とても精緻。美しいBA。

2010 Escherndorfer Lump Silvaner TBA★
エシェルンドルファー・ルンプ・ジルヴァーナー

　2009年のTBAもまた、完成された熟成感とセクシーさのためにほとんど完璧。この2010の香りは果実よりもむしろスパイシーで、ピリッと刺激的な酸のために、まるでリースリングのような切口（総酸16g/ℓ）。味わいはきわめて高貴で芳醇。完璧なバランス、快活でスパイシー。

2010 Escherndorfer Lump Riesling TBA★
エシェルンドルファー・ルンプ・リースリング

　これ以上に良質で上品なワインは想像できないほど、完璧な貴腐のアロマ。ピリッとした刺激に富み、芳醇で甘くエッセンスを思わせ（モスト量200°Oe総酸18g/ℓ）、精緻で塩気があり、グレープフルーツのとても長いフィニッシュ。

Weingut Horst Sauer
ヴァイングート・ホルスト・ザウアー

総面積：17ha　45％ジルヴァーナー、25％ミュラー・トゥルガウ、15％リースリング　95％辛口、5％高貴な甘口ワイン
平均生産量：17万本
最高の畑：エシェルンドルフ　ルンプ
Bocksbeutel Strasse 14 97332 Escherndorf
Tel: +49 9381 4364
www.weingut-horst-sauer.de

FRANKEN

Zehnthof Luckert　ツェーントホーフ・ルッケルト

　本格派のフランケンヴァインを求めるのであれば、ズルツフェルト・アム・マインのツェーントホーフのヴォルフガンクとウルリッヒ（愛称"ウリ"）・ルッケルト兄弟（1961年と1973年生まれ）のワインだけは、絶対に外せない。ほとんどが白だが、印象的な珍しい赤をも含む彼らのワインは、深みがあって芳醇で優美、そしてさわやかでミネラル豊かな典型的なフランケン産トロッケンに仕上がっていて、1リットル当たりの残糖は通常4g以下。「フランケン・ワインはボディとエキス分がしっかりしているので、バランスをとるための残糖は必要としません」とウリ・ルッケルトは語る。

　そしてボックスボイテルに入っていなければ、本物のフランケン・ワインでないと言うわけではない。リュッケルト兄弟は最上級のワインにはブルゴーニュ型の瓶を使っている。カビネット・ワインだけが、フランケンの人々が誇りに思っている奇妙な瓶に詰められる。

本格派のフランケンヴァインを求めるのであれば、ヴォルフガンクとウルリッヒ・ルッケルト兄弟（1961年と1973年生まれ）のワインだけは、絶対に外せない。
彼らのワインには深みがあって
芳醇で優美である。

　ツェーントホーフのワインの土やミネラルの風味は、このあたりのマイン渓谷の頁岩石灰土壌の特徴である。テロワールを映し出す印象的なワインを造るため、ルッケルト兄弟は畑仕事に奮闘する。もう一段階評価を上げるための障害となっているのは、シリアクスベルク（100ha）とマウスタール（60ha）など、協同組合の栽培家が大多数を占めるズルツフェルトの畑が、たとえばヴュルツブルガー・シュタインに比べて無名に等しいからである。

　所有する16haの葡萄畑で、ルッケルト兄弟は驚くほど幅広い品種を栽培している。ジルヴァーナー主体だが（果皮の青い珍しいブラウアー・ジルヴァーナーを含めて50％）、白ではピノ・ブラン、シャルドネ、リースリング、ミュラー・トゥルガウ、ゲルバー・ムスカテラー、ムスカート＝ジルヴァーナー（ソーヴィニョン・ブラン）、赤ではピノ・ノワール、カベルネ・ソーヴィニョン、メルロ、フリューブルグンダー（ピノ・マドレーヌ）、ブラウアー・ポルトゥギーザーもある。樹齢は20年から50年以上。ルッケルト兄弟は2008年から一部の畑で有機栽培を始め、2009年からは所有するすべての農地が認証を獲得している。

　「私たちのワインは、葡萄が持つ本来の味わいの凝縮感やスパイシーなところを伝えるものでなければなりません。だから醸造に手をかけすぎないかわりに、最良の葡萄、つまり健康で熟して強さのある葡萄を造るために、畑でハードワークしているんです」とウリは語る。

　彼にとってジルヴァーナーとは、この上なく驚異的な葡萄品種である。「ジルヴァーナーには強烈なアロマもないし、これといったアロマの特徴すらないけれど、特定の原産地を表現することにかけては、他のどの品種もかないません」。

　ルッケルトが造る5種類のジルヴァーナーのひとつひとつは、例外なく際だった特徴を持っている。それを説明してくれるのが、さまざまな土壌である。ズルツフェルトでは、葡萄樹は頁岩石灰土壌（貝殻石灰層上部）からコイパー土壌（三畳紀後期）に変わるあたり植えられている。それに対してマウスタールはムシェルカルク層がほとんどで、複雑、深み、燻しを感じさせる構成にすぐれたワインになる。シリアクスベルクの上部には、石灰岩の上に厚さ3−7mの粘土性コイパー層があるため優美で洗練された、インパクトのあるワインになる。

　ルッケルトのワインが高品質なのは、彼らの葡萄畑での働きぶりによる。樹冠管理（芽かき、除葉、夏剪定）は重要である。土の構造を改良して樹勢を制限するために、1列おきに緑肥が施され、その一方、緑肥をおかない樹列には麦わらが敷かれて水分の蒸発を防止している。

　ドイツのワイン生産者ではあまり馴染みがないのが、葡萄をコルドン仕立てにしていることだろう（シャンパーニュなどで用いられている剪定）。「コルドン仕立てなら、最初から収量を抑えられますし、小さな果粒の小さな房とより強烈な風味が得られます」とウリは言うが、これはつまり緑果摘除の必要がないということを意味する。

　収穫の2−3週間前になると、葡萄の房全体に日光が当たる。収穫（白葡萄でも4回に及ぶ選択的な摘み）は9月下旬のミュラー・トゥルガウに始まり、11月初旬のリー

ヴォルフガンクとウルリッヒ・ルッケルト兄弟（中央と右）、ヴォルフガンクの息子のフィリップ、そしてさまざまな大きさの樽。

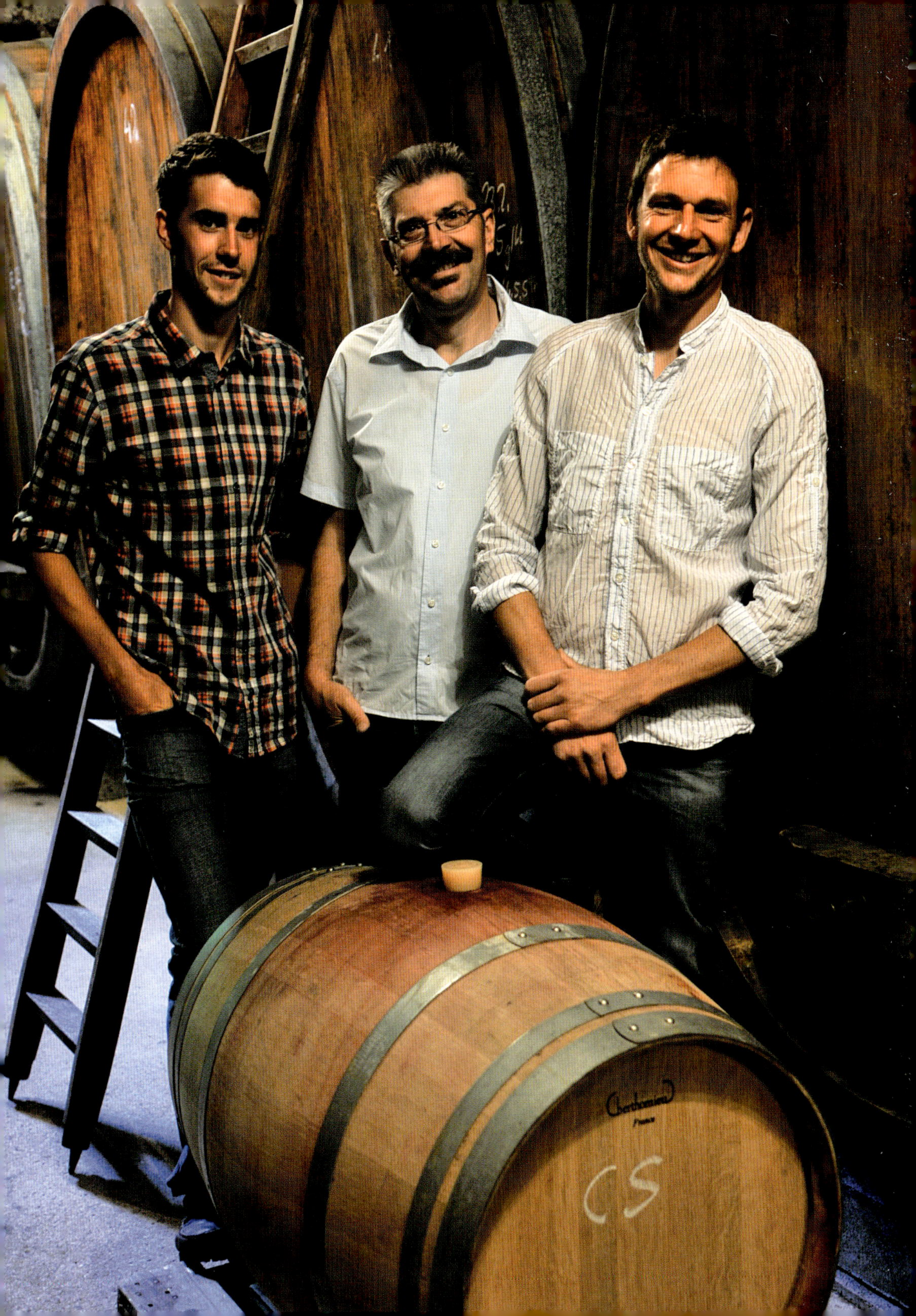
CS

ZEHNTHOF LUCKERT

スリングまで続く。

1961年に植樹されたシリアクスベルクの葡萄からの、目を見張るようなこのジルヴァーナーは、なんと10ユーロ以下。深みがあり熟していて、非常に力強く複雑。

除梗は行わずに全房をプレスする。ソーヴィニヨン・ブラン、ゲルバー・ムスカテラー、ジルヴァーナー、リースリングは8－15時間果皮とコンタクトさせる。果汁は異なる容量の樽に移される（主にシュペッサルトの森のオークの400－5,000リッター樽）。発酵は自然に始まり、2月下旬か3月まで続く。ワインは瓶詰め1ヶ月前まで澱と接触させる。発酵停止の3－4週間後にバトナージュ（澱撹拌）が行われる。その1－2週間後に（珪藻土で）フィルターをかけ、さらに1週間後に瓶詰めされる。2010年や2008年のような年には、ワインはマロラクティック発酵させる。

極上ワイン

Silvaner Kabinett Alte Reben [V]
ジルヴァーナー・カビネット・アルテ・レーベン

　1961年に植樹されたシリアクスベルクの葡萄で造られた、この驚異のジルヴァーナーの価格は10ユーロ以下。深みがあり熟していて、非常に力強く複雑。2010は純粋で塩気があると同時に強さがあってみずみずしく、素晴らしい凝縮感が引き締まった構成に支えられている。2009は非常に芳醇でみずみずしいが、精緻でピリッとした刺激とミネラル感も。燻したようなアロマに加えて惜しみない果実のアロマもあり、通常よりも多少多めの残糖（5.2g/ℓ）のために、きわめて豊満。

Silvaner Gelbkalk
ジルヴァーナー・ゲルプカルク

　シリアクスベルクの、コイパーとムシェルカルクの境界にある黄色石灰岩の土手に植わった、樹齢40年以上の樹から造られたという話。ルッケルト兄弟は2008年にこの区画を購入。葡萄もその結果であるワインも、繊細、ピリッとした刺激、豊かなフィネス、塩気、ミネラルを特徴とするズルツフェルトのワインとは、似ても似つかない。ファースト・ヴィンテージである2008は、繊細で洗練された味わい、フィニッシュには強烈な果実の風味、持続的なミネラル感、後味には塩気が感じられる。2009はより芳醇で強烈だが、燻香があり溌剌としていてミネラルが強い。口の中で踊っているようなワイン。2010もまた高貴で優美、完全にマロラクティック発酵を行ったためにしなやかだが、引き締まり、溌剌としていて、塩気もある。

Silvaner***
ジルヴァーナー

　この最上級のジルヴァーナーは、マウスタールでもっとも急峻な急斜面で育つ、1962年に植樹された最も古い葡萄樹から選果されたもの。小さめでみずみずしい果粒をつけ、その風味はとても強い。ワインには深みがあり、力強く、芳醇、しなやかで、印象的な凝縮感と複雑な構成を備えているため、それが発展するには2－3年が必要。2009には、まるでトロピカルフルーツのような風味があり、とても良質な香草のアロマとわずかに燻したようなニュアンスも。丸みのあるスムースな質感は、繊細な酸と優美で持続的なミネラルが絡み合いながらバランスをとっている。塩気の強い強烈なフィニッシュ。2008は芳醇さには劣るものの、純粋、とても繊細、優美で、フィネスにあふれる。2007は深みと複雑さがあり、香り味わいとも濃密。力強く芳醇でしなやかなこのワインは、質感を賞賛する者のためのヴィンテージ。2004★（スクリューキャップではなくまだコルク栓）は2007年同様に芳醇だが、こちらのほうが酸が多く、心に訴えかけるものがある。塩気が強く構成も良くて活気に満ちている。まさに飲み頃になったばかりの、真に偉大なジルヴァーナー。

Zehnthof Luckert
ツェーントホーフ・ルッケルト

総面積：16ha　平均生産量：10－12万本
最も重要な葡萄品種：ジルヴァーナー、リースリング、ピノ・ブラン
Kettengasse 3-5 97320 Sulzfeld a. Main
Tel: +49 932 123 778
www.weingut-zehnthof.de

FRANKEN

Weingut Weltner ヴァイングート・ヴェルトナー

シュタイガーヴァルト地区のレーデルゼーを本拠とする、1975年生まれのパウル・ヴェルトナーは、キャリアを始めたその時点で、すでに偉大な熟成能力を備えた本格的で複雑かつ優美なワインを造っている。彼は2000年という難しいヴィンテージに、父のヴォルフガンクから醸造責任者の仕事を受け継いだが、このファースト・ヴィンテージは今でもかなり美味しく飲める。

彼の8haの畑で、ヴェルトナーはジルヴァーナー（60%）とリースリング（10%）に力を入れているが、ミュラー・トゥルガウ、ショイレーベ、ソーヴィニョン・ブラン、ピノ・ブラン、ピノ・ノワールも栽培している。葡萄は三畳紀後期のコイパー土壌に植えられている。レーデルゼーとイプホーフェンのコイパー土壌は石膏を多く含み、そのためワインは自然と還元的になりがち。パウルはこうした特徴を強調して、ダイナミックでワイルドだが、ミネラル感と緊張感あふれる精緻で控えめな長熟型ワインをオファーしている。

「ここはうちでも最高の畑で、ミネラル分を多く含んだ、興味深く複雑な土壌です。これをワインの中に反映させるためには、とても正確に仕事を進めなければなりません」とパウルは言う。「過熟葡萄は好きじゃないし、どこでも造れるようなエキゾチックなスタイルのワインも好きじゃありません。開くのに数年かかるような、さわやかさ、軽やかさ、ミネラルの深みを特徴とするスマートなワインが好みです」

ヴェルトナーの最上級ワインは、VDPグローセ・ラーゲに格付けされているレーデルゼーアー・キュッヘンマイスターと、イプヘーファー・ユリウス＝エヒター＝ベルク（JEB）で造られている。南向きのJEBには、少なくとも他に3件のトップクラスの生産者がいるため（ユリウスシュピタール、ルック、ヴィルシング）、パウルは4.6haの畑があるキュッヘンマイスターに力を入れることにした。シュヴァンベルクの南向きの麓にあって、標高250mから340mに及び、東と北から吹き込む寒風を遮ってくれる。「ここのハングタイム（樹に果房を付けておく期間）のほうがJEBよりも1週間長く、たぶんそのため草っぽい風味とくっきりとした酸を備えた、より洗練させたワインになるのでしょう」とパウルは言う。彼のキュッヘンマイスターのリースリング・カビネットは、5年またはそれ以上経過してからがベストで、一方でジルヴァーナーは、軽めのカビネットにしても、より複雑なグローセス・ゲヴェクスにしても、6年あ

家族経営のワイナリーにかけられた手造り感のある看板の色彩は、彼らのワインのクールでミネラル感あふれるスタイルを反映している。

るいはそれ以上経過してから卓越したワインになる。

ヴェルトナーが極端に遅く収穫しないのは、過度なアルコール度のない、完熟あるいは過熟気味の果実による特徴ではなく、テロワールを伝えてくれる辛口ワインを目指しているからである。彼にとってアルコール度はどんなに高くても13%止まりで、2010年、彼のワインのアルコール度は12−12.5%、きわめて低レベルの残糖がある素晴らしいワインだった。

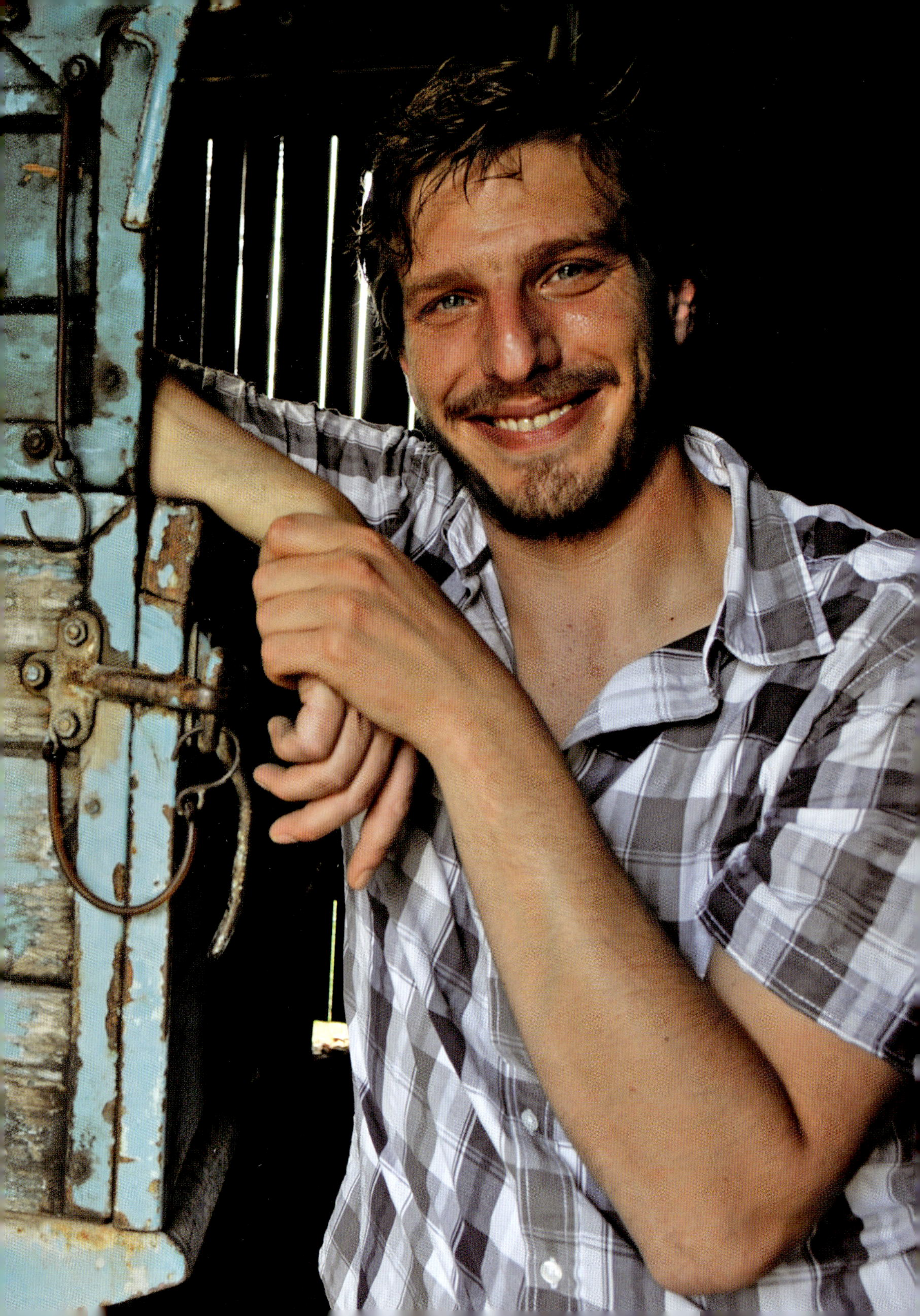

ボトリティスは毎年完全に取り除かれ、スキンコンタクトは通常2-8時間だが、ヴィンテージと品種でそれも変わってくる。発酵はほとんど自然に始まり、18-20℃のステンレスタンクで3週間かけて進行する。遅摘みのリースリングの場合、さらに2週間を必要とする年もあり、そうなると高い残糖を残して発酵が停止するが、それもまた好ましい（ここ10年間を通じてその残糖は6.4-11.4g/ℓ、一方ジルヴァーナーは1.8-4.6g/ℓである）。

パウル・ヴェルトナーのジルヴァーナーは
ユニークで、リースリングとは異なる、
新しく自身に満ちたフランケン様式を
提供している。
多くのジルヴァーナーに比べると、
その果実味と豊満感は抑えられている。

パウル・ヴェルトナーのジルヴァーナー（彼は2005年から、フランケンのジルヴァーナーの伝統を高く掲げるために、Sylvanerという古風なスペルを使っている）はユニークで、リースリングとは異なる、新しく自信に満ちたフランケン様式を提供しているが、それはまた、1990年代に出現していまだに成功を収めている、果実味爆弾のようなスタイルとはかけ離れたものである。多くのジルヴァーナーに比べると、その果実味と豊満感は抑えられている。そのかわりに純粋、土、香辛料、香草、ピリッとした風味があり、深みのあるミネラルが基盤となり、優美な酸と持続的で塩気のあるフィニッシュがその構成を支えている。

極上ワイン

2011年8月、10年間の垂直テイスティングを執り行ってくれた。素晴らしかった。ラインガウの外で、これほどに熟成するリースリングを味わったことは皆無だ。カビネットは、JEBもキュッヘンマイスターも、テロワールを良く映しだしている。一方グローセス・ゲヴェクスは、最良区画の最古木から、きわめて収量を抑えて収穫した最良葡萄のみで生産。

Iphöfer Julius-Echter-Berg Sylvaner Kabinett trocken [V]
イプヘーファー・ユリウス＝エヒター＝ベルクジルヴァーナーカビネット・トロッケン

2010★ 熟して凝縮した果実のアロマ、クリアーでスパイシー。みずみずしく、しなやか、ミネラルを感じる味わいは、キュッヘンマイスターより果実味が強烈。キュッヘンマイスター（名料理人）になりたいのなら、まずはエヒター＝ベルクを極めるべき。

2004★ 輝かしくさわやかな香りには、土、花、控えめだがきわめて強い果実のアロマも。敏捷、透明、優美な味わいで、塩気も強く美味。ミネラル感のある構成で、とても長い。

Küchenmeister Sylvaner GG
キュッヘンマイスター・ジルヴァーナー

2010★ とても純粋、優美、複雑で、香草と花のアロマ、土を思わせるが繊細な果実の風味。塩気のあるミネラル。良質な酸、非常に良好なバランスと持続性。偉大なポテンシャル。

2009★ 土っぽいというよりもむしろ芳醇でトロピカルだが、複雑で凝縮感もある。ミネラル感がいまだに輝きを放つ。力強くて長い味わいに、ここでもまた美味な塩気があって優美。偉大なポテンシャル。

2008 いまだに閉じていてナッツを感じさせるが、優美で草っぽい。ライトボディだが良質な長さ。いまだ発展中なので、待つだけの価値はある。

2007 非常に強い果実のアロマ。それが味わいにも反映され、同様に優美、ピリッと刺激的、ミネラル感がある。酒齢4年の段階で非常に魅力的。

2004★ 偉大なジルヴァーナー。香り、味わいとも芳醇だが、きわめて純粋、控えめ、塩気が同時にあり、そのすべてが洗練された酸でより一層引き立っている。まだ何年も未来のあるワイン。

2001★ 良質で発展した熟成感。香草のアロマと風味。とても繊細な甘味、バルサムのように爽快、ミネラル、引き締まっているが優美な構成に、きめ細かく率直なタンニン。クラシックなワイン。

2000 香草の香りと味わい。良質な酸のために凝縮感があっていまだに鮮やか。食事と一緒に飲むと美味しい。

Weingut Weltner
ヴァイングート・ヴェルトナー

総面積：8ha（60％がジルヴァーナー）
平均生産量：5.6万本
最高の畑：レーデルゼー　キュッヘンマイスター：イプホーフェン　ユリウス＝エヒター＝ベルク
Wiesenbronner Strasse 17
97348 Rödelsee
Tel: +49 9323 3646　www.weingut-weltner.de

左：歳に似合わず賢明なパウル・ヴェルトナーは、ミネラルと同時にスパイスを思わせるユニークなスタイルのフランケン・ジルヴァーナーの創始者でもある。

FRANKEN

Bürgerspital z. Hl. Geist Würzburg
ビュルガーシュピタール・ツーム・ハイリゲン・ガイスト・ヴュルツブルク

ビュルガーシュピタールは、1316年に設立された貧困者救済を目的とする慈善団体である。同ワイナリーが販売するワインの1本1本が、ヴュルツブルクの文化・経済生活と深く結びついた同団体を財政面で助けている。

ビュルガーシュピタールワイン生産所は、ドイツでもっとも大規模なワイナリーのひとつで、フランケン最大のリースリングの造り手でもある。所有する110haのうち、フランケンでも最良の畑に数えられる100haで、現在も栽培が行われている。ビュルガーシュピタールが28hを所有するヴュルツブルガー・シュタイン（シュタイン＝ハルフェを含む）はもっとも貴重な畑だが、インネレ・ライステ、プファッフェンベルク、アプツライテといった他のヴュルツブルクの畑もまた第一級である。知名度こそ落ちるものの、品質の面では決して引けをとらないのが、ランダースアッカーの畑で、特にトイフェルスケラー、プフュルベン、マースベルクで、ビュルガーシュピタールは印象的な辛口リースリングも造っている。

ほとんどの葡萄畑はマイン川岸にあり、南東、南、南西向き。そして急斜面にある。素晴らしく広大なヴュルツブルガー・シュタイン（82ha）の斜度が60％である一方で、ランダースアッカー・トイフェルスケラーの斜度は100％。葡萄樹はどれも貝殻石灰質の土壌に植えられ、とても石が多いが、低い場所では深さもある。リースリングはもっとも痩せたもっとも暑い場所に植えられ、ジルヴァーナーはより深く粘土質の多い土壌を好む。

こうした潜在能力すべてにもかかわらず、何年もの間ビュルガーシュピタールはトップ生産者にふさわしいパフォーマンスを維持してこなかった。しかし2007年にロベルト・ハラー（マネージャー兼ワインメーカーとして、ヴァイングート・フュルスト・レーヴェンシュタインを長く指揮してきた人物）が引き継いで以来、この大型タンカーは軌道を元に戻し、前へと進み始めている。

何年もの間、ハラーは辛口で優美で還元的なワインのスタイルのチャンピオンの座に君臨し、彼のワインは率直な果実の特徴よりも、テロワールと長期熟成能力に支えられてきた。ハラーは健康で熟した葡萄を目指しても、極端な低収量は目指さない。VDPグローセ・ラーゲの畑は50hl/ha、平均では65‐70hl/haほどに保たれている。過去10年間、特に8月と9月は平年よりも雨が多く、ハラーは最上級のワインに当てられた区画に、2種類の異なる栽培法を導入する決定をした。一部では7月に緑果摘除をして収量を50hl/haに減らす。しかし葡萄がより早く熟するほどに、特にジルヴァーナーにとって晩夏と初秋の雨、腐敗、貴腐菌は脅威となる（2000年と2006年）。「しかしあまりに早い収穫を余儀なくされると、最高の葡萄でさえグローセス・ゲヴェクスの品質にはなりません」とハラーは説明する。そのため残った最良の畑では、秋が始まるまでは収量60‐70hl/haを維持する。その後、緑がかった黄色い葡萄を第一段階のカビネット用に収穫、より黄色い葡萄を第二段階のシュペートレーゼに、残りの葡萄は3週間後に収穫する。

シュタインにある南向きの暑いハーゲマンと呼ぶ区画に、1967年に植えられた7500本のリースリングは、25‐30hl/ha以上を生産することはない。「収量を減らすことは、特に樹勢が強くて良いクローンのないジルヴァーナーにとって重要です。なので、最良の畑と古木がなければ、芳醇で複雑なジルヴァーナーは造れません」とハラーは認めた。

彼の畑の中で最良のジルヴァーナーの区画は、1980年代中盤に植樹された2haのリントラインで、そこではグローセス・ゲヴェクスが生産されている。その畑は、ヴュルツブルクの市街地が終わる当たりからなだらかに上っている、シュタイン東部の南西向きの窪地にある。ここの気候は適しているが、ハラーは葡萄樹で垂直に枝を立ち上げると、生理学的に葡萄を完熟できない年もあることを発見した。そのため彼は、0.75haをトレリス（格子垣）に仕立てている。「今では樹冠をより注意深く管理することが可能で、葡萄をより長い間健全に維持できるようになりました。言い忘れましたが、本当に熟するのです」とハラーは語る。近い将来、彼は残りの畑にも新しいトレリス方式を広げるらしい。

プレディカーツヴァインとグローセス・ゲヴェクスのワインは手摘みされ、一方生産量の多いワインは機械で収穫される。

多くのカビネットと数点のシュペートレーゼのワインは、ステンレスタンクで発酵させるが、最良のシュペートレーゼとグローセス・ゲヴェクスのワイン（2010年の場合3点）は、そのほとんどを大きな木樽で発酵させる――できれば自然な方法で。ヴュルツブルガー・シュタインのすべてのジルヴァーナーもまた、（最大5000リッターまでのさまざまな容量の）樽で発酵させる。澱引きして軽く二酸化

上：フランケンシンボルとして有名な子羊を描いたステンドグラス窓が、ビュルガーシュピタールが中世に設立されたことを教えてくれる。

硫黄を施してから、ワインはステンレスタンクか木製容器の中で細かい澱と接触させながら、フィルターをかけてスクリューキャップ（長いキャップ）で瓶詰めされる春を持つ。

ビュルガーシュピタールの稼ぎ頭は、純粋でフレッシュなカビネット・ワインである。ヴュルツブルガー・シュタインからは、ジルヴァーナーとリースリング各6－7万本が生産され、すべてのボックスボイテルが、フランケンでもっとも著名な葡萄畑の名に値する。しかしながらグローセス・ゲヴェクスのワインはより深みがあり洗練され、10年あるいはそれ以上の熟成に耐える潜在能力を持つ。

最上のワイン

Würzburger Stein Hagemann Riesling GG
ヴュルツブルガー・シュタイン・ハーゲマン・リースリング

2010★　おそらく群を抜いて最良のヴィンテージだが、このクリュのためにモスト量96－98°Oeの種のない未受粉果だけを選別したため、生産量は900本とごくわずか。葡萄は除梗され、高い酸度のために18時間果皮浸漬される。その結果、果汁は容量1200リットルの樽（シュトゥック樽）の中で自発的に発酵を始めるが、続いて3月までステンレスタンクに移される。控えめで優美な香り。とても純粋な果実のアロマと火打ち石。味わいはとても優美、純粋、洗練されているが、複雑でミネラル感もある。強さもなかなかで持続的だが、このリースリングはフィネスと鳥の羽のような軽さも併せ持つ。塩気のある後味。

2009★　ショウガとナッツのエキゾチックなニュアンスを伴う、果実のようなアロマ。確かに熟してはいるが、それでもなお控えめ。味わいは芳醇で凝縮感があり、構成も良く、ミネラルと香辛料を強く思わせるが、上品で繊細な酸もある。非常に複雑で、フィニッシュは長い。印象的。

Würzburger Stein Silvaner GG
ヴュルツブルガー・シュタイン・ジルヴァーナー

2010　上品で優美な、熟した果実の風味、香草、かすかにカラメルを思わせる控えめな香り。軽やかで繊細で、とても優美な味わいには、上品な酸と良質なミネラルの風味に、非常に持続的で塩気のあるフィニッシュ。美味でこなれの良いグローセス・ゲヴェクス。アルコール度はたったの12.5%。

2009　優美な香り、熟してスパイシーな典型的なシュタインのジルヴァーナーだが、きわめて力強い。丸みがあって洗練された味わいだが、みずみずしいと言うよりはミネラルが強い。若干苦みのあるフィニッシュ。おそらく通常よりも高いアルコール度のためだろう(13.5%)。

Bürgerspital z. Hl. Geist Würzburg
ビュルガーシュピタール・ツーム・ハイリゲン・ガイスト・ヴュルツブルク

　総面積：100ha　平均生産量：85－90万本
　最重要葡萄品種：リースリング（30%）、ジルヴァーナー（27%）、ミュラー・トゥルガウ（10%）
　最高の畑：ヴュルツブルク　シュタイン、シュタイン＝ハルフェ
　Theaterstrasse 19 97070 Würzburg
　Tel: +49 931 350 34 41
　www.buergerspital.de/weingut

FRANKEN

Juliusspital Würzburg
ユリウスシュピタール・ヴュルツブルク

ユリウスシュピタールはフランケン最大にして全ドイツでも2番目に規模の大きいワイナリーである。これを考えると、1579年にユリウス・エヒター・フォン・メスペルブルンによって設立され、今ではホルスト・コレシュが率いるこの団体が、同産地で最も優れた造り手であり、またおそらく高級ワインの世界でフランケンヴァインを代表する名高い生産者である点は、なおのこと注目に値する。年間120万本生産されるボックスボイテルの中には、脆弱なワインなど1本もない。そのため世界のいたる場所で「ユスピー」のワインを見かけたとしても、驚くほどのことではない。

年間120万本生産されるボックスボイテルの中には、脆弱なワインなど1本もない。そのため世界のいたる場所で「ユスピー」のワインを見かけたとしても、驚くほどのことではない。

この大成功の影には、いくつかの理由がある。1986年から最高経営責任者の任にある野心家のホルスト・コレシュは、ワインの品質を限りなく高めるだけでなく、その認知度を高めるための努力を怠ったことがない。「最高のワインを造って悪い理由はないし、欲しくない金メダルもありません」と、彼はかつて私に語ったことがある。そして実際、ここ20年間にユリウスシュピタールが獲得した賞は膨大な数に上る。常に熟した健全な葡萄から造られるジルヴァーナー主体のワインは（世界最大のジルヴァーナーの生産者である）、リリースしてしばらくすると常に完売状態。組織にとってはこの上ない成功だが、数10年熟成が可能な最高のワインなのに、それを飲むチャンスがほとんどないのは残念でもある。

ユリウスシュピタールは、フランケン最高の畑をいくつか所有するホールディングであるばかりか（計約20箇所）、これらの畑の中には、最上級の小区画もいつくかある。そのため、西部にある混色砂岩のフランケン・ワインを味わい、ヴュルツブルク周辺のムシェルカルク土壌かシュタイガーヴァルトのコイパー土壌のワインと比べて見ならば、他に行く必要はない。ヴュルツブルクにある生産所の売店かヴィノテーク・ヴァインエック・ユリウス・エヒターの店に入って、これら3点の素晴らしいサンプルを揃えるだけでよい。

そのワインは、ほとんどステンレスタンクで発酵させた白ワインが90％を占め、2010年ヴィンテージまでは醸造長ベネディクト・テン（47年勤め上げ、2011年に引退）が手がけていたが、とても現代的で飲みやすく、しかも単一畑のワインであれば、複雑さもある。一部には大きな木製の樽で発酵させたワインもあり、色と果実味が非常に強く、トロピカルな香りがする。味わってみると丸みがあってしなやかだが、ヴァッハウ（オーストリア）の多くのスマラクトのように、ピリッと刺激的で塩気がある。

アインツェルラーゲ（単一畑）それぞれのワインに、独自の特徴がある。たとえばシュタインのリースリングとジルヴァーナーなら常に上品かつ優美で、ほのかな燻香に、味わいは溌剌としていて塩気がある。ルンプのリースリングとジルヴァーナーは芳醇でみずみずしいと同時に塩気があるが、ユリウス＝エヒター＝ベルクは芳醇で力強く、しかし躍動感があって草っぽい。私にはここ数年、より一層丸みと深みがあるために、ヴュルツブルクのワインよりイプホーフェンのワインのほうを好む傾向がある。

ユスピーのワインを知的であるとまでは言わないが（ビュルガーシュピタール最高のワインはそうであり得る）、ここのワインを典型的なブラインドテイスティング用ワインとも私は考えていない。迅速かつ大量に販売する必要があるため、恥ずかしがり屋であることは許されないし、洗練され過ぎていてもいけない。最初の瞬間から魅力的で、もちろん品質に関しても、卓越とはいかないまでも優れたものでなくてはならない。ところが2010年に関しては、ドイツ最良のワインすら強烈な、というのは言い過ぎにしても、溌剌とした酸を備えているというのに、ここのベーシックな品種名ワインは若干柔らかすぎるように思えた。除酸によって、酸ばかりかヴィンテージの特色までもが奪い取られたのは明らかである。しかしグローセス・ゲヴェクスのワインは卓越したものだった。

ベーレンアウスレーゼとトロッケンベーレンアウスレーゼを筆頭に、高貴な甘口ワインもまた非常に良質で、その芳醇で凝縮された果実味が、握力、ピリッと刺激的なミネラル感、くっきりとした酸と結びついている。2008年から、ワインは多少還元的でさわやかになってきた。現在ユスピーのワイン造りを担当するニコラス・フラウアーのもと、そのトレンドが続いていくかどうかは、時間だけが教えてくれる。

極上ワイン

カビネット・ワインが早飲み用に造られている一方で、リースリングとジルヴァーナーのグローセス・ゲヴェクスのワインは10年以上いとも簡単に熟成を続け、高貴な甘口ワインに至っては20年たって初めてベストの状態になる。思いもよらないことだから、トップクラスのユスピーのワインをあまりに早く飲んでしまうことが、どんなに残念であるかを知る人はいない。私は熟成したユリウスシュピタールのワインを味わうチャンスに何度も恵まれている。しかし熟成したワインを買ったり飲んだりする機会が、ヴュルツブルクにあるシュピタール付属のヴァインシュトゥーベ（ワインバー）ですら不可能なので、ここでは今までで最も印象的だったワインに関するコメントにとどめる。

2010 Würzburger Stein Silvaner Kabinett trocken [V]
ヴュルツブルガー・シュタイン・ジルヴァーナー・カビネット・トロッケン

熟したリンゴと洋ナシの香り。とても優美でスパイシー。非常にみずみずしいが、溌剌とした味わい。いつも通りに率直だが、いつもより芳醇でシュペートレーゼに近い。

2010 Iphöfer Julius-Echter-Berg Silvaner Kabinett trocken ★ [V]
イプヘーファー・ユリウス＝エヒター＝ベルク・ジルヴァーナー・カビネット・トロッケン

香草のアロマの鮮やかな香り。みずみずしく丸みがあってしなやかな味わいを、躍動感のあるピリッと刺激的な酸が引き立てている。

Würzburger Stein Riesling GG
ヴュルツブルガー・シュタイン・リースリング

2010はとても優美で上品な香りに、フルボディ、濃密、引き締まった構成を感じさせる味わい。素敵な塩気があってピリッと刺激的で、偉大なフィネスを備える。
2009は引き締まっていて、良質な還元的な味わい、ミネラルが強いがまたみずみずしく、優れた握力、鮮やかに表現された果実味、塩気のあるフィニッシュを備える。力強さと優美さが上手にミックスされている。ポテンシャルもとても良い。

2010 Julius-Echter-Berg Silvaner GG ★
ユリウス＝エヒター＝ベルク・ジルヴァーナー

香草のアロマと熟した果実の風味。しなやかで優美な味わいのこのJEBには鮮やかな果実味があり、洗練された酸とミネラルの下支えがそれを引き立てている。アルコール度13%以下のためにバランスが良い（2009年はアルコール度14%でもっと芳醇）。このクリュの香りはとても透明、さわやか、控えめで、最上級の香草のアロマと白い果実の風味が感じられる。口中ではとても強靭で粘性を感じるほど。酸は洗練され、素晴らしいポテンシャルを持つに違いない。

1967 Rödelseer Küchenmeister Silvaner TBA ★
レーデルゼーアー・キュッヘンマイスター・ジルヴァーナー

（モスト量200°Oe、総酸12g/ℓ、2008年5月試飲）

かすかに緑がかった輝きを帯びた琥珀色。透明で麦芽のような香り。口中では繊細な構成が感じられ、優美さとフィネスをふんだんに備える。強靭で麦芽を思わせる質感に、甘みはあるが、それ以上にピリッと刺激的。洗練された酸とスパイシーなミネラルのためにバランスが良い。素晴らしく高貴。ジビエとともに。

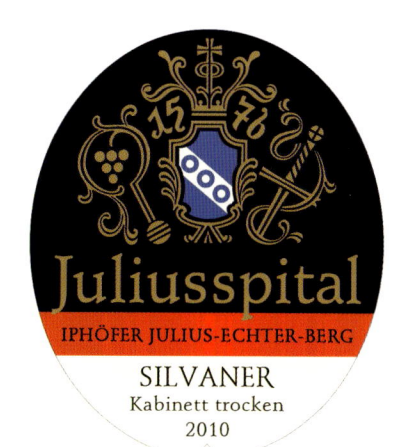

Weingut Juliusspital Würzburg
ヴァイングート・ユリウスシュピタール・ヴュルツブルク

総面積：172ha　平均生産量：120万本
最も重要な葡萄品種：ジルヴァーナー（43%）、リースリング（22%）、ミュラー・トゥルガウ（17%）
最高の畑：ヴュルツブルク、シュタイン；インネレ・ライステ；ランダースアッカー・プフリュベン；エシェルンドルフ、ルンプ；フォルクアッハ、カルトホイザー；イプホーフェン、ユリウス＝エヒター＝ベルク；レーデルゼー、キュッヘンマイスター
Klinikstrasse 1 97070 Würzburg
Tel: +49 931 393 1400
www.juliusspital.de/weingut

FRANKEN

Weingut Johann Ruck
ヴァイングート・ヨハン・ルック

イプホーヘンの中心部で長い歴史を誇るヴァイングート・ヨハン・ルックのオーナーを、2009年から勤めている、1971年生まれの"ハンジ"ことハンス・ルックは、かなり口数の少ない造り手である。彼の仕事ぶり、そして2000年以降のヴィンテージから彼が造っているワインについて、何かを知りたいのであれば、彼の口から一言一句を引っ張り出す必要がある。時間がないとか、それを続けるだけの忍耐を持ち合わせていないのであれば（またはハンジのにぎやかな父親が不在なら）、ルックの素晴らしいリースリング、ジルヴァーナー、トラミナー、ショイレーベを試飲した方がよほどためになる。実際、ほとんどのワインもかなり引っ込み思案だが、それらは少なくとも純粋、率直、毅然としており、産地のみならずワインの造り手の神秘的な心さえも深く映し出す。

圧倒的に白が多いイプホーフェンのワインは、そのほとんどがシュタイガーヴァルト丘陵に沿ったシュヴァンベルクの南斜面で栽培されている。コイパー土壌にある細かで濃い色の粘板岩混じりの粘土層には保水力があり（年間降水量わずか550mmのこの地区ではきわめて重要）また熱を蓄えるので、長い成育期を通じてそれらを放出する。従ってイプホーフェンのワインは非常に芳醇で力強く、アルコール度14％を越えることもある。

「ここで問題となるなのは、高いアルコール度のほうなんです」とルックは語る。彼（とその顧客にとって）ワインは常に飲んで美味しくなければならないため、ルックは最高でもアルコール度12.5 – 13％のワインを造ろうとしている。こうして彼は父が10年前に行っていたよりも10日早く、平均収量55hl/haの葡萄が熟成するに従って摘み取りをする。低収量クローンと台木、植栽密度5000 – 7000本/ha、緑肥、樹冠管理、緑果摘除など、さまざまな栽培法を駆使しながら、彼はより早い生理学的熟成の達成と同時に、葡萄の持つ糖分の生成を止めようと努力する。

畑では父親に助けられ、ルックは12.3haの畑と12種類の品種を栽培し、年間25種類にもなるワインを造っているが、その80％は辛口である。イプホーフェンとレーデルゼーの畑ではジルヴァーナーが多くを占め、リースリング、ミュラー・トゥルガウ、バッフスの順で続く。ルックの最上級ワインは、ジルヴァーナーとリースリング、古木のピノ・グリ、ソーヴィニヨン・ブラン、トラミナー、ショイレーベから造られる（"エステリア"は私が知る中でも極上のショイレーベのひとつ）。

暖かく南向きのイプヘーファー・ユリウス＝エヒター＝ベルクは、ルックのポートフォリオの中で最高の畑である。ここに一家は2.8haの畑を所有し、その1.9haのリースリングとジルヴァーナーの畑がグローセ・ラーゲに格付けされ、収量はそれぞれ45 – 50hl/haである。

ジルヴァーナー・グローセス・ゲヴェクスの小区画は、深さのある風化した粘土土壌のエヒター＝ベルクの麓付近にある。葡萄は1987年に植樹されているが、樹勢の強いクローンはとても手がかかる。「いとも簡単に200hal/ha収穫できてしまいますよ」とルックは告白した。ここでは樹冠管理が重要で、房を半数に減らす年もある。

隣接するリースリングの畑もまたグローセ・ラーゲに格付けされているが、そこの上には、1986年に植樹されたエヒター＝ベルクの急斜面に若干広めの畑がある。ここの土壌はより痩せていて、リースリングはジルヴァーナーほど旺盛ではないこともあり、畑仕事にはそれほど手がかからない。

手で摘まれた葡萄は除梗をせずに少しだけ破砕して、短い果皮浸漬を経た後（リースリングでは4時間、ジルヴァーナーでは12時間まで）、やさしくプレスされる。前清澄した後、2004年ヴィンテージからグローセス・ゲヴェクスのワイン用の果汁は、1200リットル容量のイプホーフェン産オークの樽で発酵させるが（それ以前はステンレスタンク）、今ではほとんど培養酵母の助けを借りている。20 – 25日ほどたって発酵が終わると、澱引きされたワインに最初のSO$_2$が添加され、5月まで細かい澱と接触を続ける。珪藻土で濾過してから、ジルヴァーナーをベントナイトで清澄する。リースリングは必要な場合に限られる。おおよそ4週間後、どちらのワインも濾過されて瓶詰めされ（2004年からはスクリューキャップ）、ジルヴァーナーの残糖は最高でも2 – 3g/ℓ、リースリングは4 – 5g/ℓである。

2010年夏に行った垂直テイスティングによって、ルックのワインが長命であることがついに証明された。素晴らしい2007年以降、力強さは影を潜め、ワインはより純粋でより洗練されている。大柄で表面的になめらかであることは滅多にないが、ルックのワインは常に深みがあり、飲む喜びも大きい。

上：ルック家の３世代。祖父ハンス、父ハンジとともに、由緒あるセラー入り口で。

極上ワイン

Iphöfer Julius-Echter-Berg Riesling GG
イプヘーファー・ユリウス＝エヒター＝ベルク・リースリング

1990 黄金色。熟成した香り、甘さ、草っぽさ。カモミールとカラメルの風味。優美でミネラルもあるが、いまだに躍動する酸があって長さも良好。印象的。

2007★ 香草と石のアロマに加えて、偉大なリースリングの特色の鮮やかでさわやかな果実の風味。ミネラル感のある味わいは、引き締まっていて塩っぽい。果実味と酸の凝縮感もきわめて良好。偉大な複雑さと長さ。

2010 強さを感じさせる、爽やかで豊かな果実のアロマ。味わいはみずみずしくスリリングなミネラルがあり、優美で複雑で、小気味よい酸と塩っぽい後味。美味で持続的。

Iphöfer Julius-Echter-Berg Silvaner GG
イプヘーファー・ユリウス＝エヒター＝ベルク・ジルヴァーナー

2003 甘めだが（残糖12g/ℓ）アルコール度が低く、2003年にしては非常に優れたワイン。まるでトロピカルフルーツか火を通した果実のような風味だが、クールで精緻、ナッツのようでピリッと刺激的。しなやかで豊満だが構成が良く塩気もあり、驚くほどの躍動感。

2004★ ほのかな緑のハイライトを帯びた濃い黄色。深さと複雑さに優れ、草っぽい香り。ピリッと刺激的でみずみずしい味わい。塩っぽく、純粋、美味。実に複雑。

2005 とてもさわやかで精緻な白い果実のアロマ。フルボディでみずみずしい味わい、ミネラル感が強く、さわやかな酸と塩気のあるフィニッシュ。まだ若い。

2009 洗練され複雑な香りには、美味な香草の風味。純粋、軽やか、優美。ミネラルが強いが、それでもなお複雑、濃密、塩気があり、とても長い。

Weingut Johann Ruck
ヴァイングート・ヨハン・ルック

総面積：12.3ha　平均生産量：7万本
最も重要な葡萄品種：ジルヴァーナー（39%）、リースリング（15%）、ミュラー・トゥルガウ（11%）
最高の畑：イプホーフェン、ユリウス＝エヒター＝ベルク
Marktplatz 9 97346 Iphofen
Tel: +49 9323 800 880　　www.ruckwein.de

FRANKEN

Weingut Rainer Sauer
ヴァイングート・ライナー・ザウアー

　エシェルンドルフにある家族経営ワイナリー、ライナー・ザウアーの歴史は、1979年に遡るが、今日ライナー、ヘルガ、彼らの息子のダニエル・ザウアーが造る卓越した品質を説明するに当たっては、1995年という年のほうがはるかに重要性を持っている。1994年から国内のワイン品評会で最高得点を獲得していたザウアーのワインだったが、その年、たった数ヶ月しか経過していないにもかかわらず、1本のワインから風味が失せ、かび臭くなってしまったことがあった。「あまりに恥ずかしくて、見つけ次第1本残らず買い戻しました」とライナーは振り返る。「その時、貴腐を避けるために早めの選択的摘果を心がけ、熟した健全な葡萄だけを収穫するために、畑では今までにも増してハードワークすることを、心に決めたのです」

　小区画ごとに2－3回に分けた手作業による極端に遅すぎない遅摘み、完璧な貴腐菌の排除、とても優しい醸造。これこそが、なぜライナー・ザウアーの鮮やかで緑がかった輝きのワインが、こんなにも透明かつアロマ豊かなのか、そしてなぜそのことによって、バランスの良い優美な彼のワインの、魅惑的だが常に控えめな果実とテロワールの表現が、妨げられることがないかを説明してくれる。

　現在ザウアー家は、エシェルンドルファー・ルンプ・グローセ・ラーゲ（4ha）とエシェルンドルファー・フュルステンベルク（8ha）からなる12haの畑を栽培している。畑の3分の2近くがジルヴァーナーに当てられている。「ジルヴァーナーはフランケンの象徴ともいえる品種です」とザウアーは認める。「残糖5g/ℓ以下の本物の辛口ジルヴァーナーだけが、私にとっての典型的なフランケン・ワインであり、私たちの産地の個性に光を当ててくれるのです」

　ザウアーが目指すのは、芳醇、優美、強烈にして、素晴らしい熟成能力を備えたテロワールの特色を前面に出した複雑なワインであり、彼はまたそういうワインの造り手として知られている。彼のもっとも印象的なワインは、エシェルンドルファー・ルンプのジルヴァーナーである。ザウアーは10月の第1週からジルヴァーナーの収穫を始め、ベーシックなグーツヴァイン、カビネット、一般的なシュペートレーゼ・ワインのためのすべての葡萄を摘み取っていく。いずれのワインの場合も、通常モスト量は85－90°Oeである。ザウアー家は分析と糖度をそれほど気にとめず、むしろ自身の経験とテイスティング能力を信じている。「もう糖度が上がらなくても、葡萄を長く樹上に付けておけば、葡萄の風味が持つ強さは増していく」ということを、ザウアーは学んできた。そのため、"L"のような彼の最上級のシュペートレーゼのワインの場合、彼はできるだけ長く待ってみる、「それでも待ち過ぎることはありません」。葡萄が黄金色近い深い黄色になったら摘み取ります。ジルヴァーナーの場合、適度な酸があったとしても、それだけでは過度に大柄になってしまうため、過熟にしたくはないのです」。今ではザウアーは、10年前に比べて少なくとも2週間早く収穫し、極上ワインの収穫は通常10月中旬に行われる。

　セラーでは、数ヶ月をかけて骨を折って栽培してきた果実の風味を維持するために、ザウアーはできるだけ優しい仕事を心がける。「手をかければかけるほど、ワインは元々もっといた欠陥をあらわにするものです」と彼は言う。

　葡萄の一部を除梗して、一部を軽く破砕し、6－12時間スキンコンタクトさせる。自然に前清澄させ、ステンレスタンクで3－6週間かけて果汁を発酵させる。3分の1は自然発酵させるが、残りには培養酵母を添加する。澱引きしたワインに硫黄化合物を添加して、2月末（カビネット）あるいは3月末（シュペートレーゼ）、あるいは5月末（シュペートレーゼL）まで澱と接触させておく。その後、スクリューキャップで瓶詰めする前に、軽く濾過を施す。

　常に完璧なバランスを保つザウアーのワインは、ホルスト・ザウアーのワインよりも酸度が低いため、すぐに美味しく飲める。（エシェルンドルフには数件のザウアーがいるが、誰もが親戚ではないと主張している）。ライナーの息子ダニエルが徐々に責任を持つようになってから、ワイナリーは有機農法へと大きく舵を取り、ワイン造りの経験を変革しつつある。"フォム・ムシェルカルク"、"フライラウム"、"アプ・オーヴォ"という3アイテム（コンクリートのタンクで発酵させた、優れたジルヴァーナー）は、ダニエルが自身の経験を詰め込んだ実験的なワインである。

極上ワイン

Escherndorfer Lump Silvaner Kabinett trocken [V]
エシェルンドルファー・ルンプ・ジルヴァーナー・カビネット・トロッケン

ブルゴーニュには、強制されない限りグラン・クリュを格下げする造り手がほとんどいない一方で、この素晴らしいジルヴァーナーは、選択的摘果というドイツの伝統に伴う自主的な格下げが、何を可能にしてくれるかを教えてくれる好例。軽やかで調和がとれた優美なワインは、若干複雑さに欠け持続的なものの、純粋で生き生きとして感じさせながらテロワールを表現している。ザウアーのルンプ・カビネットは、グラン・クリュの上部にある樹齢15年の比較的若い樹のもの。しかしながら**2009**の熟したみずみずしいアプリコットと洋ナシの果実味は、優美、フィネス、塩気の点で典型的なルンプワイン。言い忘れたが、カビネットはLグラン・クリュよりも辛口である。**2010**は2009よりもよりピリッとした刺激があって躍動的だが、これもまた非常に純粋で、喜びとフィネスが溢れる。

Escherndorfer Lump Silvaner Spätlese trocken L
エシェルンドルファー・ルンプ・ジルヴァーナー・シュペートレーゼ・トロッケン

Lの文字はドイツ語の単語のLeidenschaft（情熱）とLust（欲望）を表しているが、Leid（苦悩。最高の美は瀬戸際にあることを知る多くのドイツ人生産者が言うように、苦悩を突き抜けなければ最高品質はあり得ないので）とLump（葡萄畑の結晶でもあるから）をも意味する。マイン川沿いの急峻なグラン・クリュの中央に位置する窪地にある、最良の小区画のワイン。常に非常に強靭で、力強く、芳醇、しなやかなワインで、理想的には数年置いておくべきだが、リリースされてからすぐに味わっても非常に印象的。しかし、カビネットのさわやかさとフィネスや"アプ・オーヴォ"が持つ純粋さに欠ける一方で、私の好みからすると若干過度に豊満であるため、Lは時としてやり過ぎに思えることもある。

1999 ファースト・ヴィンテージ。洗練されたスパイシーな香り。非常に濃密で芳醇だが、鮮やかな酸と塩気のあるフィニッシュのおかげで、さわやかでミネラルが感じられる。いまだに秀逸。

2010★ 芳醇で粘性があるが、洗練された酸とピリッと刺激的なミネラル感のためにバランスが良い。とても力があり、みずみずしく、持続的。

2009 非常に熟した果実の凝縮した豊満なアロマには、ほのかな燻香も感じられるが、それは白亜土壌よりも、この暖かいヴィンテージの太陽に由来する。口中に広がっていくおおらかなワインで、凝縮感、芳醇さ、丸みがあるが、同時に美しく純粋で塩気がある。

2010 酸度7.1g/ℓという珍しく高い酸を、3.8g/ℓの残糖がバランスをとっている。洗練されたトロピカルフルーツのアロマ。クリーミーで優美、きわめて力強く複雑、そして持続性のあるミネラル感と塩っぽい後味。

Escherndorfer Lump Silvaner Spätlese trocken Ab Ovo
エシェルンドルファー・ルンプ・ジルヴァーナー・シュペートレーゼ・トロッケン アプ・オーヴォ

純粋、洗練、生き生きとした、ミネラル感のあるルンプの畑のこのジルヴァーナーは、ダニエル・ザウアーの実験の成功の証であり、2008年ヴィンテージに初めて造られている。卵形をした容量900ℓのコンクリート槽ひとつの中で自然に発酵を始め、ダニエルの「自然」でビオディナミのワインへの情熱を反映している。アルザス、シャブリ、ロワール、ジュラの生産者が証明してきたように、コンクリート製の卵型発酵槽は白ワイン造りにきわめて適している。ダニエルは説明する。「オークと違って、コンクリートはニュートラルな自然素材です。にもかかわらず、オークと同じように微細な気孔があるため、微酸素処理を助けてくれます」。発酵が始まると、コンクリート槽の場合ステンレスタンクに比べて酵母が急速に増えていくので、ワインはよりフィネスを獲得し、おそらくより本格的なワインになるだろうとダニエルは信じている。彼はまた、熟成中のポリマー化（重合反応）と安定化にすぐれているために、コンクリートの熟成能力はさらに良好だと期待する。「でもこればかりは、時間しか証明してくれませんから」と、彼は冷静に認めた。ファースト・ヴィンテージの**2008**は引き締まった構成、率直、躍動感があり、フィニッシュは持続的で塩気がある。**2009**は優美で複雑、果実味とテロワールの表現に関しては非常に純粋で控えめで、愛らしい塩気のあるフィニッシュを備える。

Weingut Rainer Sauer
ヴァイングート・ライナー・ザウアー

総面積：12ha　平均生産量：9－9.5万本
最も重要な葡萄品種：ジルヴァーナー（62%）、ミュラー・トゥルガウ（22%）、リースリング（7%）
最高の畑：エシェルンドルフ、ルンプ
Bocksbeutelstrasse 15 97332 Escherndorf
Tel: +49 9381 2527
www.weingut-rainer-sauer.de

FRANKEN

Weingut Schmitt's Kinder
ヴァイングート・シュミッツ・キンダー

ランダースアッカーの葡萄栽培の歴史は、1200年前に遡る。ヴァイングート・シュミッツ・キンダーは、フランケンでもっとも伝統ある家族経営ワイナリーのひとつである。300年以上にわたって葡萄を栽培し、カールとマルティンはその9代目と10代目。

彼らの造る握力と力強さを備えたワインを味わってみれば分かるように、二人ともフランケン人であることを誇りにしている。ムシェルカルク土壌のため、個性的で痺れるようなワインなのである。ここの石灰岩は非常に硬いため、オリンピック・ベルリン大会のスタジアム建設に使用されている。石灰を含んだ深い泥灰土、給水も良く、エキサイティングな酸と長命さを併せ持つ、芳醇で構成に優れた持続力のあるワインを生んでいる。

シュミッツの14haの畑は、そのほとんどがランダースアッカー最高の斜面にある。マイン川沿いの急峻な南・南西斜面に位置するほとんどの斜面には、ジルヴァーナー（30%）とリースリング（14%）が植えられている。方角、斜度、川からの近さもあって微気候は理想的。それよりも涼しい支流に向かって丘陵が東に開けるあたりでは、早熟品種のミュラー・トゥルガウとバッフスを栽培。2004年から、優美で香り高く果実味を前面に押し出したシュペートブルグンダー GG を造っているが、これは注目すべき爽やかさとフィネスを備えている。ピノ・ブラン、ショイレーベ、リースラーナーが品揃を締めくくる。ほとんどが辛口だが、卓越した品質の高貴な甘口ワインも造っている。

シュミッツは、健全な土壌（1列ごとに鋤き込みと草生栽培）、バランスの良い葡萄樹、ゆっくりとした熟成を目指して、細心の注意を払って畑仕事を行う。摘み取りは遅めだが、さわやかな酸とアルコール度14%以下をキープするため、モスト量は100を越えない95-95°Oeを好む——カールがゴールとして設定している「風味は豊かでもアルコールは豊かでない」ようにするため。低い残糖もまた重要。「ワインの中にテロワールを映し出したい。そのためにも、過度な残糖はテロワールの表現を不鮮明にするので、フランケン風のトロッケン［残糖5g/ℓ以下］に仕上げます」

収穫は手作業で行われ、区画ごとに何回かに分けて選択的摘果を行い、すべて個別に醸造する。マルティンが醸造責任者になった今だから、辛口ワインの貴腐菌は、数年前に比べて歓迎されていない。そのためワインからバロック的な要素が抑えられ、より精緻、純粋、優美になっ

た。ステンレスタンクを使って18-20℃で発酵させ、細かい澱と接触させるのは1月か2月まで。最良のワインは通常4月か5月に瓶詰めされる。

極上ワイン

プフュルベンからのジルヴァーナーとリースリング、そして2004年からはゾンネンシュトゥールのシュペートブルグンダーと、毎年3種類のグローセス・ゲヴェクスのワインが造られている。すべてがとても良質。急峻だが川に近い低い場所にあり、そのため極端に芳醇になってしまうこともあるプフュルベンGGよりも、標高が高くより冷涼なヴァインベルク・メンデルスゾーンの区画が生む、ピリッと刺激的で塩気のあるプフュルベン・リースリングのほうが好ましい。マルスベルク・リースリング・シュピールベルクは、この区画でも石が多く急峻な（70%）南西斜面にある、トップクラス小区画からのワインで、常に純粋、繊細、引き締まっている。

Randersacker Pfülben Riesling trocken Weinberg Menselssohn [V]
ランダースアッカー・プフュールベン・リースリング・トロッケン・ヴァインベルク・メンデルスゾーン

2009 は他のどのメンデルスゾーンよりも、色濃く、芳醇、力強く、持続的。酸はさわやかで長く塩気のあるフィニッシュ。

Randersacker Marsberg Riesling trocken Spielberg
ランダースアッカー・マルスベルク・リースリング・トロッケン・シュピールベルク

2009 はとても純粋で潑剌としていて、白桃のアロマとくっきりとしたミネラルがあり、フィニッシュには塩気が。**2008** もまた純粋だが、引き締まったミネラル感があって潑剌。**2007** は香草の香りに滑らかだがミネラル感のある味わい。**2006** は貴腐菌の影響を受け、そのためフルでしなやかだが、いまだにバランスに優れる。

Weingut Schmitt's Kinder
ヴァイングート・シュミッツ・キンダー
総面積：14ha　平均生産量：10-12万本
最も重要な葡萄品種：ジルヴァーナー（30%）、リースリング（14%）、ミュラー・トゥルガウ（14%）、ピノ・ノワール（8%）
最高の畑：ランダースアッカー、プフュリュベン、マルスベルク、ゾンネンシュトゥール
Am Sonnenstuhl 45 97236 Randersacker
Tel: +49 931 705 91 97

FRANKEN

Weingut Hans Wirsching
ヴァイングート・ハンス・ヴィルシンク

　ヴィルシンクは、フランケン最大の私的ワイン生産者であると共に、伝統のある造り手の一人。イプホーフェンにワイナリーを構える一家の歴史は1528年まで遡り、現在Dr. ハインリヒ・ヴィルシンクが代表者である。

　現在ヴィルシンク家はシュタイガーヴァルトの南側で80haの畑を栽培し、そのほとんどが、VDPグローセ・ラーゲのユリウス＝エヒター＝ベルク、クローンスベルク、カルプなどのイプホーフェンの最良の畑にある。そこではジルヴァーナーが女王様（40％）、リースリングが王様（22％）、ショイレーベ（7％）が宮廷の道化師。宮廷を取り巻くのは、ピノ・ブラン、ピノ・ノワール、またリースラーナー、ゲヴュルツトラミナー、バッフス、ミュラー・トゥルガウである。

> グラン・クリュ、中でもユリウス＝エヒター＝ベルクのものは秀逸で、20年あるいはそれ以上熟成する。

　ヴィルシンクはフランケンの生産者であることに誇りを抱き、毎年リリースする50万本のボックスボイテルがそれを象徴している。ワインの約80％が白で、そのすべてが個性的なフランケンヴァインである——純粋主義者に言わせると、フランケン風トロッケン（残糖5g/ℓ）に造られているのは、Sシリーズの辛口シュペートレーゼだけなので、典型的なフランケン風ワインはSシリーズだけになるらしい。対照的にリースリングとジルヴァーナーの芳醇で力強いGGのワインは、若干残糖が多い。「うちのグラン・クリュには国際市場での競争力が求められ、そこに流通する辛口ワインは、伝統的なフランケンのワインよりも甘く仕上がっています。そのため、グローセス・ゲヴェクスのワインについては、より果実味があって丸みのあるワインを目指しています」と最高経営責任者のウヴェ・マテウスは説明する。

　グラン・クリュ、中でもユリウス＝エヒター＝ベルクのものは秀逸で、20年あるいはそれ以上熟成する。しかし他のワインも、テイスティングしてみる価値がある——特にSクラスのワイン、そして量の面でワイナリーにとってもっとも重要なカテゴリーであるカビネットのワインも。高貴な甘口ワインはワールド・クラスの品質にもなりうるが、湿度が通常低いので、きわめて珍しい。

極上ワイン

2010 Iphöfer Kronsberg Scheurebe Spätlese trocken S ★
イプヘーファー・クローンスベルク・ショイレーベ・シュペートレーゼ・トロッケン

　ヴィルシンクのSクラスのショイは、トップクラスのレストランで、ここを象徴するワイン。驚異的、鮮やか、さわやかで洗練された白ワインで、香りには控えめなグレープフルーツのアロマとイラクサのアロマ。純粋でミネラル感があるため、口の中ではまるで重さを感じさせないが、とても優美で持続的。

2010 Julius-Echter-Berg Silvaner GG ★
ユリウス＝エヒター＝ベルク・ジルヴァーナー

　粘土混じりの石膏からなるコイパー土壌に根を張った古木から、収量35hl/haで造られたこのワインは、何年もの間、世界でもっとも複雑なジルヴァーナーと評価されてきた。常に芳醇、優美、持続的。2010は驚くほど繊細な香り、典型的な香草のアロマと凝縮した果実味を感じる。濃密でしなやかだが、塩気もあり、爽やかな酸とミネラルのために非常にバランスが良い。偉大な熟成能力。

2010 Iphöfer Julius-Echter-Berg Grauer Burgunder TBA ★
イプヘーファー・ユリウス＝エヒター＝ベルク・グラウアー・ブルグンダー

　息を飲むほど透明、精緻、優美なこのTBAは、モスト量190°Oe、19g/ℓの酸度レベルの葡萄から造られた。残糖160g/ℓ、アルコール度7％で瓶詰めされ、ラインやモーゼルの最上級のTBAにも引けをとらない。パイナップルや緑のイチジクのような、非常にトロピカルフルーツを思わせる香り。驚異的な酸とフィネス。このワインがヴィルシンクのワイナリーから出荷されたら、あまり遠くへ運ばれないうちに、何本か確保するべき。

Weingut Hans Wirsching
ヴァイングート・ハンス・ヴィルシンク

総面積：80ha　平均生産量：52万本
最も重要な葡萄品種：ジルヴァーナー（40％）、リースリング（22％）、ショイレーベ（7％）
最高の畑：イプホーフェン、ユリウス＝エヒター＝ベルク、クローンスベルク
Ludwig Strasse 16 97346 Iphofen
Tel: +49 932 387 330　www.wirsching.de

8 | 優れた生産者とそのワイン

ヴュルテンベルク Württemberg

ドイツでヴュルテンベルクといえば、シュヴァーベン方言で"ラント(Land=田舎)"を意味する"レントレ(Ländle)"というあだ名で呼ばれ親しまれている。絵に描いたような美しい風景もその理由の一つだが、自分自身やふるさとすらも一事が万事控えめに語る、天晴れなほど謙虚なシュヴァーベン気質を思うと、それも実に似つかわしい。

実際彼らは、誇りに思ってしかるべきものを多く手にしている。シュトゥットガルトを首都とするかつて領邦国家に相当するこの産地では、経済活動がめざましく、ヴュルテンベルクが天然資源に恵まれていないために（もちろんワイン以外の）、常に創造的、革新的、勤勉であることが求められた。ここを本拠地とする数百もの有名ブランドの中から、たった3つを挙げるだけでも、ポルシェ、ダイムラー／メルセデス・ベンツ、ボッシュ（訳注：シュトゥットガルトを本拠とする世界的な自動車部品・機械メーカー）がヴュルテンベルクのブランドであることが分かる。工業およびハイテク産業に関するなら、ドイツのみならずヨーロッパ有数の最先端地域にも数えられる。その結果、街や村が丘陵地の風景を征服しながら長く伸びていくことになった（未開の頃に比べれば、あまり絵画的ではないが）。

政治の面でヴュルテンベルクは、一般的に考えられているほど保守的ではない。2011年のシュトゥットガルトでは、ヴィンフリート・クレッチュマンが緑の党出身者としてドイツ初の州首相に就任している。そしてそのシュトゥットガルトには、大規模な新地下インフラ整備を伴う非常に高額な市街地開発・交通計画、「シュトゥットガルト21」への反対運動のために、バーデン＝ヴュルテンベルク全州から人々が押し寄せたこともある（運動は失敗に終わったが）。

加えてチュービンゲン大学は、ドイツ最古の大学の一つである。シュトゥットガルト州立絵画館はドイツ有数の美術館であるし、シュトゥットガルト州立劇場には、ドイツでもっとも革新的な劇場、オペラハウス、バレエ団が入っている。つまり、ヴュルテンベルクが謙虚でなければならない理由はどこにもなく、他の誰に対しても謙ってみせる必要は見当たらない。

数を増やしつつある私的ワイナリーの精鋭たちについても同様で、通常思われているよりはるかに革新的である。数人の勇気あるパイオニアが居り、ここは（1980年代中盤から）ワインをバリックで熟成させた最初の生産地のひとつである。シャルドネ、カベルネ、メルロのような国際品種が法的に認可を受ける前に植えられていたのも、またこの地である。世界的トレンドを追って、ソーヴィニョン・ブランの植樹は続いていくだろうが、同品種はすでに19世紀と20世紀初頭のレムスタール Remstal では、ムスカート＝ジルヴァーナーという名前で広く普及していた（ナチスが非ドイツ的として禁止する前のこと）。第二次世界大戦後、ヴュルテンベルクでは品種名ワインが親しまれ、1990年代初頭からは、しばしば樽で発酵させたブレンドものの赤・白ワインも親しまれている。これらのワインのほとんどは、レンベルガーなどの土着品種を、カベルネ、メルロ、シラーなどの国際的な人気品種にブレンドしたものである。1990年代半ば以降は、ヴァインスベルク州立園芸教育試験場生まれのカベルネ・クービン、カベルネ・ドルサ、カベルネ・ドリオ、カベルネ・ミトス、アコロンといった新しい交配種が、色、ボディ、滑らかさを出すためにブレンドされている。

実は赤ワインの産地であるヴュルテンベルクだが、そういったイメージは皆無である。南北をロイトリンゲンとバート・メルゲントハイムに挟まれた地区の計11421haの葡萄畑では、その71.3%にすでに赤品種が植えられている。トロリンガー Trollinger（イタリアのスキアーヴァ種）がほぼ20.8%を占め、ロゼさながらの外観と甘ったるい味わいにもかかわらず、もっとも重要な赤ワインとなっている。不思議なのは、最良の区画にはヴュルテンベルクが誇るこの高収量品種が植えられ、しかしそんな場所に植えられているのに、昼食向けの飲みやすい赤ワイン以上のものは造られていないことである。全面積の14.5%を占め、ヴュルテンベルクで2番目に重要な赤品種であるシュヴァルツリースリング（ピノ・ムーニエ）は、とても納得できるだけの赤ワインにはなっていない。それよりも遙かに面白いのは、栽培面積の14.3%を占めるレンベルガー（ブラウフレンキッシュ）で、19世紀にグラーフ・ナイペルクによってシュヴァイゲルンに持ち込まれたと考えられている。現存するクローンの生産性が高すぎるにもかかわらず、厳格に収量削減することで、多くの生産者が秀逸とまではいかなくても非常に良質な赤ワインを造ってい

右：シュトゥットガルトを望む葡萄畑からは、丘陵地帯に街や村が広がるさまを見渡せる。

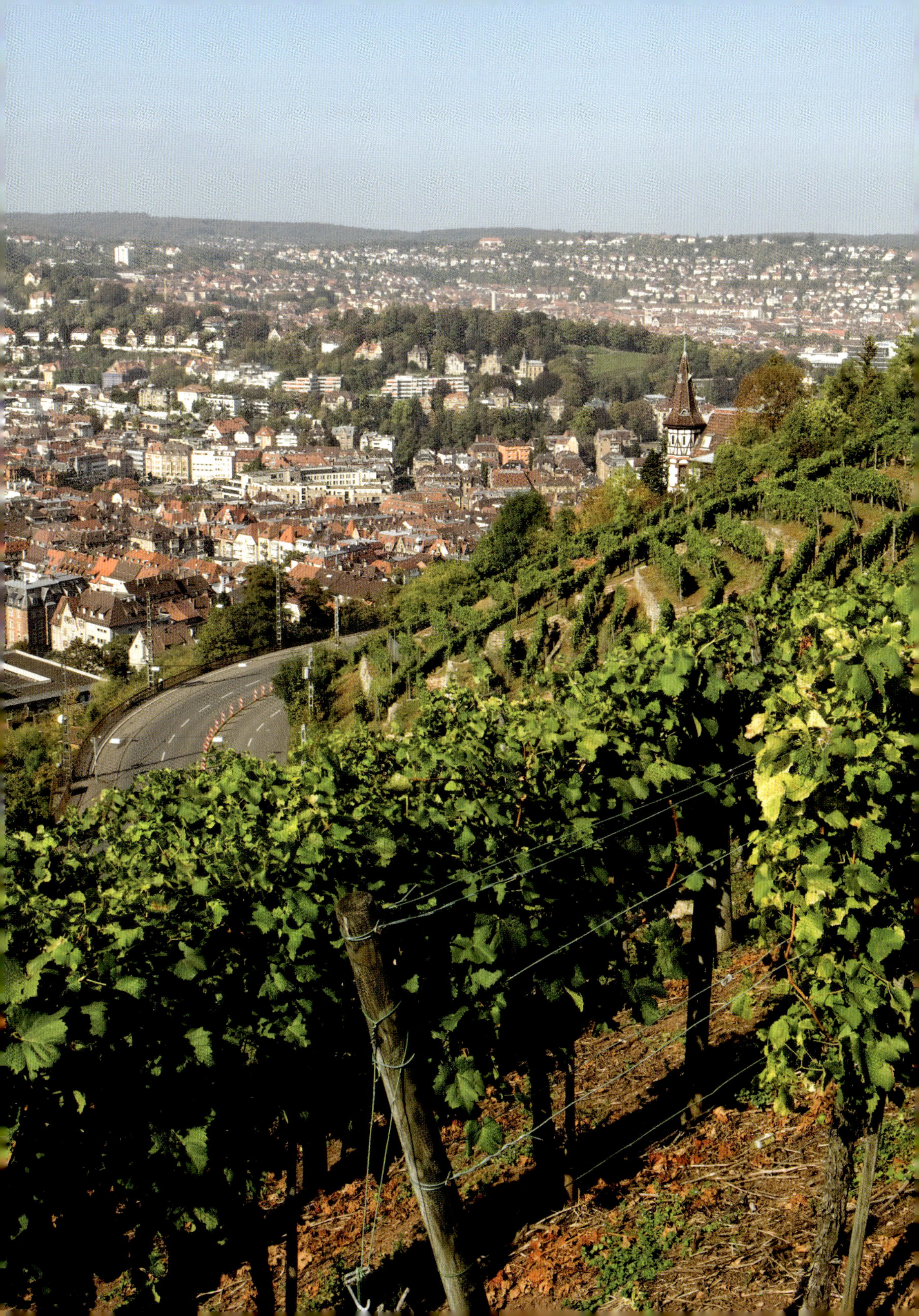

上：ヴァイングート・ダウテルの赤く染まったバリックの列を見れば分かるように、ヴュルテンベルクは主に赤ワインの産地である。

る。
　いくつかのレンベルガーは、VDPによってグローセス・ゲヴェクスに格付けされているが、オーストリアのブルゲンラントが産する、最上級のブラウフレンキッシュ並の品格を備えることは稀である。
　グローセス・ゲヴェクスに格付けされているそれ以外の赤品種にはシュペートブルグンダーがあり（7.7%）、ここ数年ヴュルテンベルクで上々の結果を残している。ドイツのオピニオンリーダーの中には、ライナー・シュナイトマンの芳醇で強さのある2009年のフェルバッハー・レムラー・シュペートブルグンダーGGを、他のドイツのピノ・ノワールと同じくらい高く評価する者もいる。1997年にファースト・ヴィンテージを瓶詰めしたシュナイトマンは、過去10年で最も卓越した急成長中の新人である。彼の造る赤白どちらのワインも、濃密、前面に出る果実味、力強さの点で非常に現代的なワインだが、同時に優美でもあり、ブラインド・テイスティングの成績もきわめて良い。個人的には、もう少々爽やかさと純粋さを押し出し、繻子のように滑らかなスタイルを抑えるべきだと思っている。2010年の白ワインは、今まで飲んだシュナイトマンの中でもっとも出来が良く、細身、純粋なワインだが、それが冷涼なヴィンテージによるものなのか、あるいは愛想の良さを抑えた新しいワインのスタイルを志向したためなのかは定かではない。純粋にページ数の関係で、ここで彼を紹介することはできないが、彼がヴュルテンベルク、そしてドイツ一の輝きを放っている新星たちの中でも、最高のワイン生産者の一人であるのは確かである。
　全栽培面積の18.2%を占めるリースリングは、ヴュルテンベルクで2番目に重要な（そして白品種の中ではもっとも重要な）葡萄品種で、グローセス・ゲヴェクスの格付けでは第3位に位置する。産地以外のリースリング愛好家の関心を引くために、10年以上前はほとんどのリースリングが過度に大柄で丸く柔らかに造られていたが、近年ではかなり改良されている。最上級のワインは辛口、純粋、細身、ミネラル、躍動感を特徴とし、今日のドイツで造られている最上級の辛口リースリングにも引けをとらない。この品種は、やせた砂岩や石灰岩土壌で良い結果を残しているが、深いギプスコイパー土壌では、かなり芳醇で力強くなってしまう傾向がある。最良の造り手は、グラーフ・ナイペルク、ヨッヘン・ボイラー、ライナー・シュナイトマン、ユルゲン・エルヴァンガー、ゲルハルト・アルディンガー、ユルゲン・ツィプフである。2010年のグローセス・ゲヴェクス・リースリングは卓越しており、ラインガウのエアステス・ゲヴェクスのリースリングよりも印象的なくらいだ。
　ヴュルテンベルクの葡萄樹は、ネッカー川とその支流のレムス、エンツ、コッハー、ヤークスト、タウバー川だけでなく、ボーデン湖付近でも栽培されている。6ヵ所のベライヒがあるが、産地の中心部にあって一番広いのは、ルードヴィッヒスブルクとハイルブロンに挟まれたヴュルテンベルク・ウンターラント地区である。シュトゥットガルトの東と南東に広がるレムスタール／シュトゥットガルト地区は、今現在、全産地の中でおそらくもっともダイナミックな地区だろう。州都であるシュトゥットガルトに近く、最高の品質を目指す独立ワイン生産者の密度が高いことが、その主な理由である。この地での友好的な競争は、過去20年にわたって真に良質なワインを数多く生んできたが、2007年ヴィンテージからその品質は、新たな印象的な高みに到達している。
　ヴュルテンベルクの風景は卓状山地が連なるケスタ地形（訳注：重なった地層が浸食されて出来た地形）で、そのため土壌はきわめて多様である。様々なコイパー層には、石灰粘土質と（しばしば石灰を含まない）砂岩が重な

り合い、チョコレートとクリームの層を重ねたケーキのようだ。

（その昔、黄色い上部三畳系の石は建材に使われ、シュトゥットガルト、フランクフルト、デュッセルドルフだけでなく、ベルリンやアムステルダムにも運ばれていた）。ヴュルテンベルクの造り手がそのコイパー土壌を語る時、それはロームと石灰混じりの泥灰土壌を意味している。その土壌はミネラルに富み暖かく、大部分が通気性に優れている。構成と厚さが違えば、石がちの痩せた土壌にも深く肥沃な土壌にもなりうる。しばしば言及されているギプスコイパーは石膏分の多い深めの粘土土壌だが、石灰岩混じりの地域もいくつか存在する。

ヴュルテンベルクの気候はかなり温暖で、シュトゥットガルトに近いネッカー渓谷では日照時間1685時間、平均気温10.6℃、降水量724mm。かなり北に位置するヴァインスベルクでは、日照時間1638時間、平均気温9.6℃、降水量758mmとなっている。

葡萄栽培は8世紀に始まり、ネッカー川沿いの素晴らしい斜面はテラス状に造られていることが多く、それが特別な中気候を作っている。さまざまなテロワールの持つ潜在能力は非常に高いが、1970-80年代の耕地整理のために古木は稀で、それ以降に植樹された樹のほとんども、畑への適正や品質を基準に選ばれたものではない。全体の80％に及ぶ凡庸なワインを生産していた50の協同組合（ヴァインゲルトナー）が、ヴュルテンベルクを牛耳っていたのがその理由である。ヴュルテンベルクの人々は、年間1人当たり40ℓのワインを消費する。これは他の産地の平均よりもかなり多い。しかしほとんどの人は、ワインが高品質かどうかなど気にかけない。（これもまた、シュヴァーベン人らしく謙虚なところ）。懸命に働く彼らは、がぶ飲み用の甘口で滑らかなワインを好む。2010年に生産された999000hlのワインのうち、43％が中辛口、33％が甘口、辛口は25％以下である。937000hlがクヴァリテーツヴァインに認定されていて、プレディカーツヴァインであることは、ヴュルテンベルクでは大した意味を持たない。

もう一つの興味深い事実は、ヴュルテンベルクにある260ヵ所のアインツェルラーゲの中で、トップ生産者がそれをラベルに表示している例がほとんどないことである。その代わりに彼らは想像力豊かな名前を好み、ほとんどに四ツ星が付けられている固有の格付けシステムを考案してきた。協同組合がその凡庸なワインでアインツェルラーゲの名声を地に落としたが、ヴュルテンベルクがVDPグローセス・ゲヴェクスのコンセプトを広く受け入れて以来、2011年には26ヵ所の畑が格付けを受け、ラベルにもそれを表記している。

ヴュルテンベルクの消費者ですら、品質を求めて国内外の他の産地のワインを購入するようになり、協同組合にとってはワインの販売がきわめて困難になってきた。価格は劇的に下がり、余暇で葡萄栽培をしていたような多くの造り手は所有する畑を売却し、それは今後も続いていくだろう。こうした構造的な変化を受けて、協同組合の重要性が徐々に弱まっていく一方で、才能ある若い造り手たちは、高品質なワインを目指して努力を続けている。できるだけ多くの造り手が、放棄された畑を引き継いで欲しいものである。

1990年代中盤までは昏睡状態の落伍者だったヴュルテンベルクだが、その前途にはワインの栄光の日々が開けている。いまだに足りない点があるとすれば、そのワインの素晴らしさを宣伝するための巧みなコミュニケーションとマーケティング戦略だろう。トロリンガーと協同組合が、無気力なヴュルテンベルクというイメージをいまだに支配しているとしたら、それは控えめもいいところである。数年前、バーデン＝ヴュルテンベルク州は「何でも出来ます。ただし標準ドイツ語以外」というスローガンを立ち上げて大成功を収め、ドイツ全土でも流行語になったほどである（訳注：シュヴァーベン方言はドイツの方言の中でもかなり訛りが強く分かりにくいことを、逆手にとった標語）。ヴュルテンベルクの人々は「トロリンガーはもう過去のこと。今ではリースリング、シュペートブルグンダー、レンベルガーなどのクラシックなワインを造っている」ことを伝えていくべきだろう。しかしこのあたりで、シュトゥットガルトの南にあるマールバッハで生まれたフリードリヒ・シラーの『ヴァレンシュタイン』で締めくくることにしよう。「その人間が偉大かどうかは、その人の志で決まる」。まさに、シュヴァービアに幸いあれ、である。

WÜRTTEMBERG

Weingut Dautel ヴァイングート・ダウテル

エルンスト・ダウテルは――1510年から先祖代々ワイン造りに携わっていたにもかかわらず、最初のワインを瓶詰めしたのは1978年――、30年ほど前に始まったドイツワイン革命のパイオニアの一人である。品質を第一に考えた彼は伝統を破壊し続け、ヴュルテンベルクでは見たこともないような、しかし今ではなくてはならないワインを瓶詰めしていった。エルンスト・ダウテルはドイツで最初にバリックを使い、1988年まで公的に認められることはなかったものの、シャルドネ、カベルネ、メルロといった国際品種を植えた生産者の一人である（1980年代中盤）。彼はまた、単一品種が主流のドイツで、ブレンド（1990年のクレアツィオン）を実践した最初の造り手の一人でもある。今やヴァイングート・ダウテルは、ヴュルテンベルク最高のワイナリーに数えられ、幅広い品揃えからどのワインをテイスティングしても（赤60％、白40％）、常に良質、あるいはそれ以上の出来になっている。

現在一家は、計12haになる数多くの区画を栽培しているが、その30％がリースリング、ピノ・ノワールとレンベルガーがそれぞれ20％、15％がピノ・ブラン、残りはツヴァイゲルト、メルロ、カベルネ、トロリンガーなど多品種で合計15％になっている。

2ヵ所のアインツェルラーゲは、特にエコロジーを意識した方法で栽培されている。ベニヒハイムのゾンネンベルクは、深く肥沃なコイパー土壌が特徴で（多色泥灰岩、ギプスコイパー、シルフ砂岩）、なかなかの熟成能力を備えたフルボディで力強いワインが造られている。数キロメートル南西のベジヒハイマー・ヴルムベルクは、エンツ川に近いテラス畑に作られた温暖な急斜面。そこの石灰岩土壌が、優美さと気品を併せ持った塩気のあるワインを生み出している。

20種類ほどのワインが供された直近のテイスティングでは、2008年ヴィンテージ以降、明らかに優雅、さわやかさ、純粋さへとシフトしていた。エルンスト・ダウテルへの評価を下げるつもりはみじんもないが、ワインをさらなる高みへと引き上げたのは、彼の息子のクリスチャンの情熱と精神のなせる技ではないかと私は感じている。

1985年生まれのクリスチャンは、ガイゼンハイムのワ

右：エルンストとクリスチャン・ダウテルの親子チーム。ドイツワイン界の革新に貢献する異端児である。

品質を第一に考えた彼は伝統を破壊し続け、ヴュルテンベルクでは見たこともないような、しかし今ではなくてはならないワインを瓶詰めしていった。今やヴァイングート・ダウテルは、ヴュルテンベルク最高のワイナリーに数えられる。

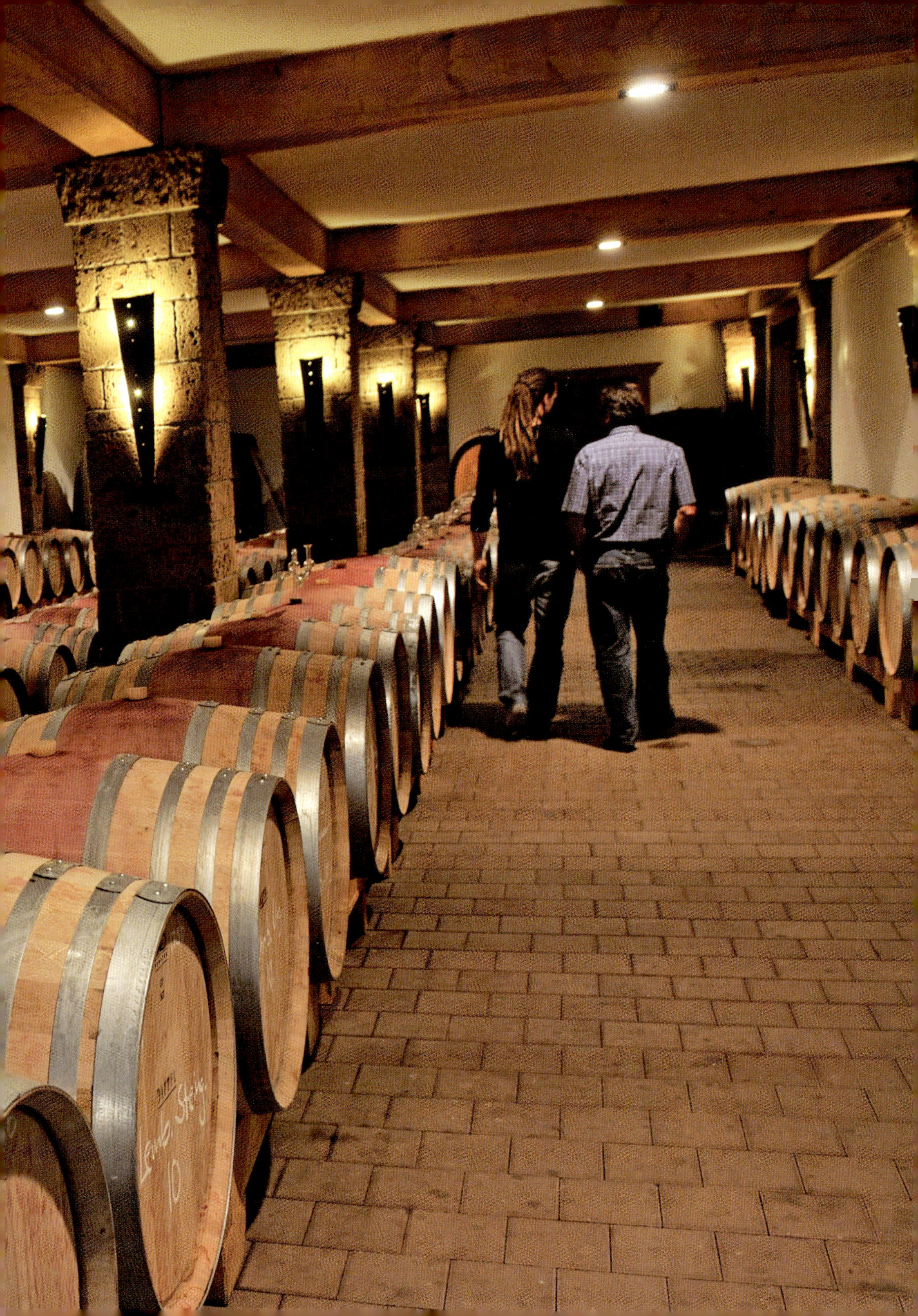

WÜRTTEMBERG

イン学校を卒業後、オーストリア、オレゴン、オーストラリア、南アフリカ、ブルゴーニュ（コンテ・ラフォン）で働き、2010年から、家族経営のビジネスに全面的に参画している。知的で熱意に溢れた偏見のないワイン狂で、2008年から故郷でインスピレーションを発揮している。

クリスチャンは海外での経験から学んでいるが、彼の考え方にもっとも大きな影響を与えたのがブルゴーニュであることを認めている。「ブルゴーニュ最良のワインが持つ純粋、フィネス、長期熟成能力には、本当に驚きました。酒齢50年のワインを飲んでみたら、いまだに躍動感があって複雑でした」。海外どこへ行っても、そこのワインと自分たち家族のワインを比べた。「おかげで何に力を入れるべきかが理解できたし、果実味、フィネス、エレガンスという自分たちの強みを生かさなければならないことを学んだのです」

その結果、彼はシュペートブルグンダーとレンベルガー、またシャルドネとヴァイスブルグンダーに力を入れることにした。モスト量92-95°Oeを目安に、以前に比べて早めの収穫を行っている。2010年、リースリング・グローセス・ゲヴェクスと同様、上級のSクラスの赤ワインも樽の中での自然発酵による。2011年にはシャルドネSとヴァイスブルグンダーSも同様である。ダミィから新樽を購入しているが、以前よりもトーストは軽めにしている。父のように果汁を清澄せず、中でも澱からの抽出に関しては、「レンベルガーは、カベルネ・ソーヴィニョンよりもピノ・ノワールのように醸造すべき」と考えている。2010シャルドネ、ヴァイスブルグンダー、グラウブルグンダーは、以前より力強さ、豊かさ、甘さが抑えられ、純粋、塩気、さわやかさを志向している。これからの30年は、これまでの30年にも増してエキサイティングなものになると私は確信している。

極上ワイン

2010 Besigheimer Wurmberg Riesling *** [V]
ベジヒハイマー・ヴルムベルク・リースリング

純粋で還元香。軽やか、溌剌、塩気の味わいは、純粋でスリリング。良質な凝縮感と控えめな果実の風味も美味。

2010 Chardonnay S
シャルドネ

ギプスコイパー土壌から。容量600ℓの新樽と400ℓの使用済み樽で発酵。ブルゴーニュ的な香りは透明で、ハネデューメロンのかすかな甘みも。芳醇、甘く、滑らかな味わいはバトナージュによるが、同時にミネラル、さわやか、偉大なフィネスも。力強いがスリリング。

2010 Weissburgunder S
ヴァイスブルグンダー

300ℓのオーク樽を使い、マロラクティック発酵させている。洗練された果実の風味を感じさせる香りは、とても透明。優雅、純粋、みずみずしい味わいは、とてもさわやかで塩気がある。シャルドネよりも力強さに欠けるが、とても美味しく飲める。

2009 Lemberger S
レンベルガー

純粋で洗練された花と、サクランボ、色の濃いベリー類、甘草などの果物のアロマ。絹のようで熟した甘い果実の風味、洗練されたタンニン、バランスの良い酸。とても良質で調和があり、食欲をそそる。

2009 Bönnigheimer Sonnenberg Spätburgunder GG
ベニヒハイマー・ゾンネンベルク・シュペートブルグンダー

初めて造られたグローセス・ゲヴェクス。深みのある冷涼で若干燻しを感じる香りに、純粋、さわやかで花のアロマと赤いベリー類の風味。絹のように滑らか、さわやか、精緻な味わいは、とても優美で果実と果汁感をたっぷり感じさせ、舌を包むようなフィニッシュには美味なスリルがある。とても繊細。

2010 Kreation Rot ****
クレアツィオン・ロート

レンベルガー、メルロ、カベルネをブレンドしたこのワインは、2年間フランス製の新樽で寝かされる。美味に熟成したブーケには花のアロマ、ドライフルーツ、サクランボ、プラムの皮、紅茶。さわやか、丸みがあり、絹のような味わいはいまだに力強く、ほのかな甘みも。洗練されて躍動感溢れ、塩気のあるフィニッシュ。

Weingut Dautel
ヴァイングート・ダウテル

総面積：12ha　平均生産量：9万本
最高の畑：ベニヒハイム、ゾンネンベルク：ベジヒハイム、ヴルムベルク
Lauerweg 55 74357 Bönnigsheim
Tel: +49 7143 870 326
www.weingut-dautel.de

左：きれいに並べられたバリックの列。エルンスト・ダウテルは、1980年代中盤以降、ドイツで初めてバリックを導入した造り手のひとり。

WÜRTTEMBERG

Weingut Beurer　ヴァイングート・ボイラー

赤ワイン中心のヴュルテンベルクではあるが、非常に良質で卓越した白ワインの造り手も何人か存在する。最良のワインのいくつかは、シュトゥットガルトの東にあるレムスタール産で、この地で私がひいきにしている造り手がヨッヘン・ボイラー（1973年生まれ）である。率直、純粋、溌剌とした彼の本格派ワインはユニークだ——80％が白で、50％がリースリング。中でもリースリングは妥協のない急斜面滑走型のワインで（ヨッヘンが1992年のBMX（バイシクルモトクロス）ヨーロッパ・チャンピオンだったという情報が、私の意味することを理解する助けになれば）、優美さは彼らの得手とするところではないし、気軽に飲めるワインでもない。軽やかなミディアムボディではあるが強さのあるワインで、少し前にデカンタージュしておくか、あるいは少なくとも4年瓶内熟成させたリースリングがあればなおのこと良い。ボイラーはスクリューキャップを使用しているために熟成はかなりゆっくりと進み、引き締まった構成の1999シュテッテナー・プルファーメッヒャー・リースリング・トロッケンは、収穫から12年たった段階でヨッヘンが出してくれたマグナムの場合、いまだに濃密で若々しく長い。

率直、純粋、溌剌とした彼の
本格派ワインはユニークだ。
中でもリースリングは妥協のない
急斜面滑走型のワインである。

ボイラー家のワイナリーは、レムス川沿いにある風が吹きつける谷間の小さな村、ケルネン＝シュテッテンにある。ここのコイパー土壌は非常に多様で、高い部分は泥灰と各種砂岩（シュトゥーベン砂岩、キーゼル砂岩）、真ん中と低い部分はギプスコイパーとシルフ砂岩で構成されている。シュテッテンの村を背景に、斜面は円形劇場の形に広がる。畑は高さ280mから410mに及ぶ斜面になっていて、斜面頂上の森によって守られている。一部テラス状に造られた斜面は非常に急峻で、東西に開けている。葡萄はその結果、長く涼しい生育期間と熟成期間だけでなく、安全な立地を最大限に活用することになる。

トレンティーノ（イタリア）にあるエリザベッタ・フォラドーリのワイナリーで、訓練期間と最初の実質的なワイン造りを経験してから、ヨッヘン・ボイラーは1997年にふるさとに戻り、自分自身のワインを造って瓶詰めを始めた——3.5haの葡萄をガレージで。それ以前、複数の作物を栽培していた一家は、長年地元の協同組合に葡萄を売っていた。今ではヨッヘン・ボイラーは、合わせて10haほどの異なる小区画を数多く耕作する。品質上の理由でヨッヘンは最初から有機農法を採用しているが、Ecovinの認証を取得したのは2011年になってから。2007年からはデメーターのガイドラインに従って葡萄を栽培し、ビオディナミを実践している。「ビオディナミのアプローチは私たちの畑の真の姿を発見する助けになってくれます。年ごとにシャープになっていくのです」とヨッヘンは絶賛する。

ボイラーの目標は、彼のワインの中に畑とヴィンテージ両方の特徴を映すこと、そして個性的な「ボイラー風リースリング」のスタイルを確立することである。彼の葡萄樹は非常に古く（1963、1968、1975年植樹）、新規植樹はマサール・セレクションで行われている。彼が目標とするのは、葡萄にしっかりと深くまで根を張らせ、自分の力で生育させることである。すべての樹列には、さまざまな香草、花、雑穀／雑草が混じり合ってグリーンカバーを作っているため、生育期間を通じて花が咲き、土壌の生命力が再活性化される。

健全で生理学的に熟した葡萄を手に入れるため、ボイラーは2–3回に分けて手作業で遅摘みをする。彼は糖度を気にかけないし、高めのアルコール度をも恐れない。「鍵になるのは熟度だからです」ということだ。

ボイラーはワイナリーでも「有機」を実践する。葡萄は除梗するが破砕はしない。8–9時間後にすべての果粒を空気圧式でプレスするが、「構成と強さが得られる程度の圧力で」行っている。ボイラーは添加物を加えない。モストの清澄もしない。土着酵母での発酵には、ステンレスタンクとさまざまなサイズの木製の樽が使われ、元々セラーの温度が涼しいために10ヶ月を要する。

ワインは8月まで澱と接触させ、9月にフィルターをかけて瓶詰めされる。

他の多くのワインとシュナップス（訳注：ドイツ語で蒸留酒のこと。穀類、果実、香草等を原料とする）の中には、3種類の興味深いワインと、偉大とまではいかなくとも優れたリースリング1種類が毎年造られている。なぜ「興味深い」のかというと、それはヨッヘンがワイン名にもなっている3種類の土壌ごとに、3種類のリースリング

を別々に瓶詰めしているからである。シュテッテナー・ヘダー・リースリング・トロッケン・ギプスコイファーは、低い場所にある南西向きの区画で造られているが、そこは午後になると日陰に入り、土壌には石膏、石灰岩、泥岩の割合が高い。軽やかで透明感がある生き生きとしたワインで、果汁感たっぷりの質感と美味しそうなスパイス感がある。続く2種類のリースリングは、VDPによってグローセ・ラーゲに格付けされたシュテッテナー・プルファーメッヒャーのリースリングである（ちなみにボイラーはVDPの会員ではない）。リースリング・トロッケン・シルフザンシュタインは、かなり風の強い西から南西向きの、標高310mにあるプルファーメッヒャーの区画から。まったく石灰を含まないコイパー土壌であるために非常にpHが低く、ワインもそれにふさわしく溌剌としている。ギプスコイパーに比べるとこのリースリングはよりフルな本格派ワインで、香りには熟した核果のアロマ、味わいには優美でみずみずしい塩気が感じられる。キーゼルザントシュタインとユンゲス・シュヴァーベン・リースリングについては、以下詳細に解説する。

極上ワイン

(2011年12月試飲)

2008 Stettener Pulvermächer Riesling Kieselsandstein [V]
シュテッテナー・プルファーメッヒャー・リースリング・キーゼルザントシュタイン

　非常に石が多くミネラル豊かな土壌の、標高380mにある南から南西向きの区画から。樽とステンレスタンクで発酵させたこのワインはミディアムボディのリースリングで、繊細な香草、石、白い花の風味がある。フル、濃密、溌剌とした味わいだが、同時に純粋でピリッとした刺激がある。引き締まった構成で、とても表情豊か。力強く芳醇な09よりも純粋な08のほうが好みだが、09もみずみずしく高貴。どちらのワインも最低5-6年は保存すること。

Riesling trocken Junges Schwaben
リースリング・トロッケン・ユンゲス・シュヴァーベン

　プルファーメッヒャー・クリュにある、標高380mの泥灰岩と砂岩のコイパー土壌で栽培されたこの遅摘みの黄金色のワインは、収量35hl/ha、木製の大樽で発酵させており、芳醇さが優美さと組み合わさり、持続的なミネラル感もある。収穫後たった2年でリリースされる。「ユンゲス・シュヴァーベン（若きシュヴァーベン）」とは、この産地の品質と多様性をアピールするために2001年に設立された、5人の（元）若き造り手のグループの名称。各メンバーの最高のワインに、ユンゲス・シュヴァーベンと記されたラベルが貼られている。

2007★ 控えめでさわやかな香りには、タイムその他の香草とスパイスの風味、また熟した果実も。とても精緻で、フィネスを添えるキーゼル砂岩土壌に由来する、美味でさわやかなアロマに支えられている。とても優美でミネラル感のある率直な味わい、完璧なバランス。持続的なミネラルを備えたクラシックなリースリング。とても長く良質。

2005★ ほぼオレンジ色。極端に熟しているが、ミネラルをも感じさせる香り。果実味はまるで南イタリアのワインのようだが、冷涼でさわやかなミネラルと精緻なところは、きわめてドイツ的。口に含むと複雑でバランスに優れた優美なワインで、持続的な塩気は驚異的。味わいにはフィネスとシュピールがあり、それがこの怪物を飛翔せしめているため、アルコール度も13.5％とは思えないほど。理論的には、途方もなく豊かなエキス分と過熟に近い果実の風味を持つ、がっしりとして頑強なワイン。ところが、かなり涼しい気候と正しい土壌が産するこのワインは、理論をも超越する。まさに飲み頃。

2004★ とても興味深い香りには、タバコ、アーモンド、マジパン、青っぽいアロマ（サラダ菜とスイバ）。熟してはいるが非常に純粋で、味わいもそれに準じる。引き締まった構成、実に率直、タイトで握力がある。しかし美味な残糖もあり、それがワインに丸みを持たせ、そのために今美味しく飲めるワイン。持続的なフィニッシュは非常に塩気が感じられる。これが今飲んでも美味しい理由だが、永遠に若いままだろうと私は確信している。

Weingut und Spezialitätenbrennerei Beurer
ヴァイングート・ウント・シュペツィアリテーテンブレネライ・ボイラー

総面積：10ha　平均生産量：7万本
最高の畑：シュテッテン、プルファーメッヒャー
Lange Strasse 67 71394 Kern-Stetten im Remstal
Tel: +49 715 142 190　　www.weingut-beurer.de

WÜRTTEMBERG

Weingut Wachtstetter
ヴァイングート・ヴァハトシュテッター

ヨッヘン・ボイラー同様、ライナー・ヴァハトシュテッターも、「ユンゲス・シュヴァーベン（若きシュヴァーベン）」の一員である。「ユンゲス・シュヴァーベン」とは、もっと本格的で伝統的な方法を導入さえすれば、ヴュルテンベルクには凡庸どころか、より良質なワインを造れる能力があることを証明するため、5人の生産者が集まって2001年に結成されたグループである。ハイルブロンの南西、ツァーバーゴイのプファッフェンホーフェンを本拠とするライナー・ヴァハトシュテッターは、一点の曇りもなく透明、優美、きわめてバランスの良い、特にレンベルガーの赤ワインで頭角を現している。ここ数年、彼のユンゲス・シュヴァーベン・レンベルガーは、ヴュルテンベルク最良の赤ワインのひとつに数えられている。2009年、ヴァハトシュテッターは最初のホーエンベルク・レンベルガー・グローセス・ゲヴェクスを生産したが、まだ私はそれを試飲していない。2010年には、完璧に熟したタンニンを得ることがきわめて困難だったために、彼がこの難しい年のワインをリリースすることはないだろう。

ライナー・ヴァハトシュテッターは、一点の曇りもなく透明、優美、きわめてバランスの良い、特にレンベルガーの赤ワインで頭角を現している。

ヴァハトシュテッターは2009年にVDP会員となった。1985年まで3世代にわたって、多種栽培の傍らシュヴァーベン料理のレストランを営んできたワイナリーにとって、これは実に画期的な出来事だった。1985年、ライナーがワイン造りの責任者になったことで、ワイナリーはめざましい発展を遂げた。彼は1.5haから徐々に栽培面積を広げ、今では16haにもなっている。全面積の75%ほどに、レンベルガー（35%）、トロリンガー（15%）、ピノ・ノワール（10%）を主体とする赤品種が植えられているが、カベルネ・フラン、メルロ、シラーといった珍しい品種もある。リースリングが全体の20%を占め、ホーエンベルクのグラン・クリュのリースリング・アンナは、探し求めるだけの価値があるワインだ。

ホイヒェルベルクとシュトロームベルクという、高さ400mの二つの山のために、ツァーバーゴイにはほとんど風が吹き込まず、中気候は温暖、降雨量は500-600mmである。かねてから赤ワインの産地だったが、他のヴュルテンベルクではトロリンガーが主役なのに対して、ここでは100年以上前から、ハンガリーから移植されたレンベルガーが指導的役割を演じている。斜度30-60°の斜面にある畑は230mから290mで広がり、非常に急峻である。シルフ砂岩（シュトゥットガルト城はこのかなり柔らかい黄色い砂岩で建造されている）を基盤とする高い場所の地層が砂と石を多く含んでいる一方で、低い場所のギプスコイパー土壌にはより深さがある。上部にある砂岩を覆う腐植土層の厚さはたったの40-50cmで、その下には破砕した岩があるために給水が悪い。従って乾燥が強い時には、ヴァハトシュテッターの最良かつもっとも急峻な区画では、灌漑を行う必要がある。1960年代終盤から1980年代初頭の耕地整理のため、40-45%の葡萄の樹齢は15年に満たない。ところがヴァハトシュテッターの最良のワインは、1979年（レンベルガー・ユンゲス・シュヴァーベン）と1990年（ホーエンブルク・レンベルガーGG）に植樹された小区画から生産され、また1971年から1973年にかけて植樹された区画からも造られている（リースリング・アンナ）。

ライナーは主力品種のレンベルガーを、熟した独創的で表情豊かなワインへと変貌させることに力を注いでいる。残念ながらヴュルテンベルクには高品質のクローンがないため、収量を減らして強さのあるアロマ豊かなワインを造るためには、収穫の50%以上を切り捨てなければならない。房の数を半数にして（これはベーシックなワインでも行われる）、果房の肩の部分を取り除き（最良のワインの場合）、樹によってはすべての房を取り除いてしまうこともある。ここまで大量の果実を無駄に落としてしまう必要もないので、1995年、ライナーはブルゲンラント（オーストリア）にある非常に古いブラウフレンキッシュの畑からとった500本の枝木を切ってきて植え、それをすでに1000本の台木に接ぎ木している。その他にも、ハイデルベルク近郊にある古い混植畑の枝木を接ぎ木した、48本のレンベルガーもあり、こちらもまた、マサール・セレクションで選ばれるヴァハトシュテッター風レンベルガーの供給源になっている。

通常リースリングとレンベルガーのような晩熟品種は、10月後半に3回に分けて手摘みされ、月末に行われる最後の収穫から最良のワインが造られる。ワイナリーに持

ち込まれた葡萄は、還元状態を保ちながら冷却するために直接ドライアイスで覆われる。レンベルガーはほとんど除梗するが破砕せず、非常に熟した年には最大10%まで全房を混ぜて、ステンレスタンクに移される。5－8日のコールドマセレーション後に発酵が始まり、マセレーションは5－7週間続く。プレスをかけて前清澄させてから、シュヴァーベンおよびドイツ産オーク材を使ってフランスのメルキュレかフランソワ・フレール社で作ってもらったバリックへと、重力を用いて果汁を移す。ユンゲス・シュヴァーベン・レンベルガーには50%、グローセス・ゲヴェクスには75%のバリックが使われる。春にマロラクティック発酵が始まり、15－20ヵ月の間動かずにおいたワインを澱引きしてから、清澄やフィルター処理をせずに瓶詰めされる。グラン・クリュは収穫から2年後、ユンゲス・シュヴァーベンは26ヵ月後に市場へ出荷される。

シルフ砂岩であるため、下にあるギプスコイパーの色つき泥灰岩が過度に重くならずミネラルたっぷりで、そこではいとも簡単に根が伸びていく。古木（1979年植樹）が凝縮感と構成に優れたより小ぶりな葡萄を生み、ライナーはそれを素晴らしい強さ、スパイス感、長さを持った、フルで熟した複雑なワインに変えている。ダークチェリーの色合い。熟した甘く高貴な味わいには、純粋な赤と黒チェリーのアロマとブラックベリー、そして暖かい砂岩のテロワールに由来する土のニュアンス。非常にバランスが良い。口に含むと濃密で強烈、優美で純粋で、素晴らしい凝縮感、熟したビロードのようなタンニンのために、ある種の丸みがあり、長くみずみずしいフィニッシュも。すでに美味しく飲めるが、もし我慢できるなら2015年くらいまでとっておくに値するワイン。

極上ワイン

(2011年12月試飲)

2010 Riesling trocken Anna [V]
リースリング・トロッケン・アンナ

ホーエンベルクにある、標高300mの純粋なシルフ砂岩の畑の樹齢40年の樹から造られた、フルボディというよりむしろミディアムボディ、素晴らしい優美さと長さを特徴としたワイン。自然酵母の力で、一部を樽（マロラクティック発酵を行う）一部をステンレスタンクで発酵させており、みずみずしい質感に熟した酸と塩っぽいミネラル感が、持続的できらめくようなフィニッシュへと広がっていく。ヴュルテンベルク産のリースリングにスケールではなく優美さを求めるなら、このワインを見逃す手はない。

2007 Lemberger trocken Ernst Combe
レンベルガー・トロッケン・エルンスト・コンベ

ブルゴーニュのような色合いで、2008年よりも鮮やか。赤いベリー類、丁字やコショウのようなスパイスを伴う、果実を思わせる香り。良好なさわやかさには、繊細な甘い風味も。味わいのバランスは良好。甘く、果実を感じさせ、丸みがあるが、酸とタンニンが完璧に解け合っているためにとても優美。上等な凝縮感と長さ。フィニッシュにはいまだに多少燻したような感じがあるが甘い。今、美味しく飲めるワイン。

2007 Lemberger trocken Junges Schwaben★
レンベルガー・トロッケン・ユンゲス・シュヴァーベン

プファッフェンベルクにある古い畑からのワイン。斜度69°のとても急峻な小区画で、南から南西向き。上層が砂と石の多い

Weingut Wachstetter
ヴァイングート・ヴァハトシュテッター

総面積：16ha　平均生産量：11万本
最高の畑：プファッフェンベルク、ホーエンベルク
Michelbacher Strasse 8 74397 Pfaffenhofen
Tel: +49 704 646 329
www.wachtstetter.de

85

バーデン Baden

ドイツの南西の端に位置するバーデンは、カイザーシュトゥール、ブライスガウ、そしてシュペートブルグンダーがすべてではない。ブルゴーニュのピノ・ノワールとシャルドネ、またモーゼルのリースリングのように典型的なバーデン・ワインなるものも存在しない。個性豊かなワインが幅広く造られているのは、バーゼルに近いマルクグレーフラーラントと、絵に描いたように美しい北部のタウバー渓谷に挟まれた400kmの間である。タウバー渓谷はそれほど小さくなく(注:バーデン=ヴュルテンベルク州とバイエルン州にまたがっているため)、フランケン、ヴュルテンベルク、バーデンというドイツの3ワイン産地に分割できないのだ。バーデンのワインだけで簡単に一冊の本が書けてしまうので、ドイツの中でもっとも美しく多様で、また国内屈指のレストランを擁するこのワイン産地については、もっとも興味深い事実と最高に魅惑的なワインの紹介だけにとどめておかねばならない。

バーデンはボーデン湖にはじまり、上部ライン低地、バーディッシェ・ベルクシュトラーセ、クライヒガウを経由し、タウバーフランケンへと向かって北上する。ここには9のベライヒ、16のグロースラーゲ、306のアインツェルラーゲが存在し、ドイツで3番目に広いワイン産地を形成している。2010年の全栽培面積は15837ha、その56.4%が白、43.6%が赤葡萄である。もっとも重要な品種はピノ・ノワールで36.3%を占めるが、それに続く5種類の重要品種は白で、ミュラー・トゥルガウ(16.8%)、ピノ・グリ(11%)、ピノ・ブラン(7.8%)、リースリング(7.2%)、グートエーデル(7%)となっている。

ピノ・ノワールがバーデンのほぼ全域に植えられているのに対して、グートエーデル(シャスラ)は主にスイス国境に近いマルクグレーフラーラント地区で栽培されている。この控えめな早熟型品種はドイツではひどく過小評価されているが、スイスではチーズ・フォンデュのためのワイン、ファンダンのみならず、デザレ・グラン・クリュの中核品種として高い評価を受けている。1世紀前には、グートエーデルをベースとしたかなり甘口のマルクグレーフラーが高く評価され、資料によると、シャトー・ムートン・ロートシルトやシュロス・ヨハニスベルガーよりも高い値が付いたという。エフリンゲン=キルヒェンのハンスペーター・ツィーアアイゼンは、石灰岩土壌から樽発酵させて辛口に仕上げた驚くほど複雑なワインを造り、この歴史ある品種への注目を集めている。フライブルクとバーゼルに挟まれたマルクグレーフラーラント地区の栽培面積は3130ha。土壌はきわめて多様だが、黄土土壌と黄土・ローム土壌は全域に広がり、石灰岩土壌もかなり広範に見受けられる。葡萄畑の標高は210-470mで、その多くがグートエーデル(34%)とシュペートブルグンダー(30%)である。注目の造り手としては、フリッツ・ヴァスマーとマルティン・ヴァスマーの2人に加えて、ヴァイル・アム・ラインのヴァイングート・シュナイダーが挙げられる。

そこから400kmほど離れた北部バーデンのヴェルトハイム=ライヒョルツハイムでは、コンラート・シュレアが素晴らしいシュヴァルツリースリング(ピノ・ムニエ)を瓶詰めしているが、それはまるでピノ・ノワールの魂を入れたかのような樽発酵の赤ワインである。純粋で洗練された2004ライヒョルツハイマー・ファースト・シュヴァルツリースリング・トロッケンはいまだに素晴らしい。またシュレアはドイツ全土ではないにしても、バーデン屈指のミュラー・トゥルガウの造り手の一人である。彼のミュラーは常に控えめだが軽快である。それは一部には、ヴェルトハイムとローテンブルクに挟まれた640haのタウバーフランケン地区が、たとえばカイザーシュトゥールやブライスガウよりもかなり涼しいことに起因する。ミュラーとシュヴァルツリースリング双方に理想的とされる貝殻石灰土壌に植えられているため、土壌からして違っている。「太陽に溺愛された」といういかにもバーデン的な決まり文句にまったく馴染まないこれらの品種が、同地区の最重要な品種であることには何の不思議もない。

その隣にあるのが、ヴァインハイムの北にあるラウデンバッハからハイデルベルクを経由してヴィースロッホへと下っていくバーディッシェ・ベルクシュトラーセ地区である。390haの栽培面積を擁する、バーデンで最も小さい産地だ。ところが、ダルムシュタットの南にあるセバスチャン・ヴェッテル(訳注:F1ドライバー)の故郷ヘッペンハイムと、ゼーハイム=ユーゲンハイムに挟まれたドイツ最小のワイン産地、ヘッシッシェ=ベルクシュトラーセを併せると、ここもかなりの大きさになってくる。436haを擁するヘッシッシェ=ベルクシュトラーセの産地は、バーディッシェ・ベルクシュトラーセの北側から地続きだが、北のベルクシュトラーセがヘッセン州に属し、バーディッシェのほうはバーデン=ヴュルテンベルク州に属するという政治的な相違を別にすると、この2地区の間には何の違いもない。

ピノ・ノワール、ミュラー・トゥルガウ、リースリングが植えられたほとんどの畑が西向きで、ネッカー川の北側では黄土土壌か砂岩土壌、川の南側では黄土表土の有無はあるものの貝殻石灰土壌、または混色砂岩土壌で栽培が行われている。ベルクシュトラーセという名前が、冷涼、細身、ミネラルが詰まったワインを想起させるかもしれないが、実際はその正反対である。気候も土壌も暖かく、強烈な果実の風味を備えたフルボディのワインの産地である。地区の最良ワインの中には、ハイデルベルク近郊のライメンのトーマス・ゼーガーが瓶詰めするワインが挙げられる。彼のワインのほとんどは石灰岩土壌で造られ、中でも最良のシュペートブルグンダー、レンベルガー、グラウブルグンダー、ヴァイスブルグンダー、リースリングは偉大なワインになる能力を備えている。シュペートブルグンダー（残糖が多ければ多いほど、ワインはより強さを増す）には凝縮感、握力があり、力強く、芳醇である。

ベルクシュトラーセの南にあるのがクライヒガウ地区で、黄土がここの混色砂岩を完全に覆っているために、土壌が異なっている。ヴィースロッホ、ジンスハイム、プフォルツハイム、カールスルーエの間に位置するこの長方形の産地は、オーデンヴァルトとシュヴァルツヴァルトに挟まれた盆地にあるため、かなり平坦で起伏もなだらかである。ここでは1195haほどの畑が耕作され、黄土土壌が多いものの、コイパーや貝殻石灰土壌も存在する。いかにもバーデン的な品種が好まれ、ピノ・ノワール、リースリング、ミュラー・トゥルガウ、ピノ・グリ、ピノ・ブラン、シュヴァルツリースリングが83％を占めている。優良生産者にはフンメルとクルンプ、そして2009年に合併してヴァイングート・ハイトリンガーとなった、ハイトリンガーとブルク・ラーフェンスブルクが挙げられる。

オルテナウ地区は、北東のバーデン＝バーデンから南西のオッフェンブルク近郊にあるベルクハウプテンへと南に向かって60km伸びる、非常に興味深い産地である。北部の葡萄樹（高地シュヴァルツヴァルトの急斜面に2720ha）は、風化花崗岩土壌で栽培されている。ピノ・ノワール（47％）とリースリング（25％）主体の畑では、実に優美で複雑なワインが生産されている。アロマ豊かで強烈なドゥルバッハのリースリングは、冷涼な風味と躍動感のあるミネラルを備える一方で、芳醇で持続性の高いワインにもなりうる。その中でもトップクラスなのが、アンドレアス・ライブレの造るプラウエルライン・リースリングGG

上：バーデンの指導的生産者の一人であるフーバーの樽には、自社名と産地名が高らかに謳われている。

とドゥルバッハー・プラウエルライン・リースリング・シュペートレーゼ・トロッケン・アハトの2つである。バーデン・バーデンのシュロス・ノイヴァイアーも、名高いマウアーベルクとシュロスベルクの畑で良質なリースリングを生産しているが、そこでは早くも12世紀には葡萄が栽培されていた。ビュールのヤーコブ・ドゥイーンは、おそらくこの地区唯一の卓越したシュペートブルグンダーの造り手だろう。このオランダ人は6.5haのピノ・ノワールを栽培し、ここ数年はビオディナミを導入している。彼のシュペートブルグンダーは清澄もフィルタリングも行わず、芳醇で力強いが、フィネスを備えていないわけではない。

チャーミングなブライスガウ地区（1600ha）は、オッフェンブルクの少し南からはじまり、フライブルクまでまっすぐ伸びている。畑の標高は180−450m、バーデン最良のワインのいくつかがここで生産されている。ピノ・ノワール（43％）主体だが、ピノ・グリ、ピノ・ブラン、（なぜだか分からないが）ミュラー・トゥルガウもまた重要である。北部の土壌は西側に黄土と黄土・ローム土壌、東側に砂岩土壌が主体だが、貝殻石灰、ジュラ紀石灰岩、礫岩土壌も見受けられる。

南側の残り3分の1の産地は、片麻岩が基盤になっている。ここの、たとえばグロッタータールのような場所では、ピノ・ノワールがヴァイスヘルプスト、つまりさわやか、繊細、優美なロゼに醸造され、ザルヴァイのような造り手

のワインは実に美味である。極上のシュペートブルグンダーは風化頁岩・石灰岩土壌で造られ、中でもベルンハルト・フーバーのワインには、ブルゴーニュのような味わいがある。非常に将来を嘱望されているシュペートブルグンダーの新しい造り手は、ケンツィンゲンのシェルター、ミュンヒヴァイアーにあるガレージ・ワイナリー、エンデルレ&モルである。シュヴェン・エンデルレとフローリアン・モルはたった1.8haの古木の畑を栽培しているが、手造り、古風、野生的なシュペートブルグンダー・ムシェルカルク（2009）とシュペートブルグンダー・ブントザントシュタイン（2007）は、きわめて卓越したワイン。ヴァイングート・デア・シュタット・ラールのヴェーレ家の造る、アロマ豊かで純粋なワインも見逃すべきではない。

カイザーシュトゥール地区（4165ha）の中心は、もちろんブライザッハの町から北西に伸びるなだらかな山地、カイザーシュトゥールである。ここは原始時代の火山活動によって、ライン川地溝帯から標高557mまで隆起している。その標高190-400mの斜面に葡萄畑が広がり、情け容赦ないほど太陽を浴びている。バーデンと聞いてすぐに思い浮かぶのは、ドイツでもっとも温暖なこの地だろう。年間の日照時間が1739時間にもなり、ピノ・ノワール（39%）が最前線で活躍する。この地でミュラー・トゥルガウを日焼けさせてしまう意味はないと私は思っているが、それでもこの品種は産地の栽培面積の20%をも占めている。同地区ではピノ・グリも同じ面積を占め、それは道理にかなっているのだが、またピノ・ブランも10%を占める。ジルヴァーナーがいまだに2%残っているが（そのほとんどがイーリンゲン）、数10年も前にはなんと70%を占めていた。土壌の基礎は火山岩だが、特徴的な黄土のテラス畑を見ると分かるように、そのほとんどが黄土に覆われている。純粋な火山岩土壌はまれだが、その中では、アッハカラー、シュロスベルク、オーバーロートヴァイラー・キルヒベルクが有名だ。オーバーロートヴァイルでは、アイヒベルクとヘンケンベルクが火山岩主体である。イーリンゲンでは、ヴィンクラーベルクが同様である。カイザーシュトゥールのもっとも典型的なワインは、火山性土壌のグラウブルグンダーとシュペートブルグンダーである。後者は際だった特徴を有している。豊かだが透明のある果実味、繊細な質感を備えた味わいは、さわやかなミネラル感ならびに引き締まったタンニンを持っている。カイザーシュトゥールのグラウブルグンダーは芳醇、複雑、非常に力強いが、同時に洗練され優美でミネラルがあり、フィニッシュに持続的な塩気を伴う。本章では3生産者を取り上げるが、エンディンゲンのヴァイングート・クナープや、有機栽培を手がけているビッケンゾールのホルガー・コッホなど他の生産者にも触れたいところではある。コッホのピノ（ブラン、グリ、ノワール）はとても純粋、洗練、繊細、優美であるため、要注目である。

トゥニベルク地区（1060ha）はフライブルクの西と南西方向に位置する。葡萄樹は（ここでもまたピノ・ノワールが57%で中心だが、ミュラー・トゥルガウ、ピノ・ブラン、ピノ・グリも）、高さ300mほどの台地にある黄土土壌で育つ。ここについては、今までこれといって記憶に残るようなワインを味わったことはない。

最後のボーデンゼー地区（580ha）では、地中海性気候の中でピノ・ノワールとミュラー・トゥルガウが主に栽培されている。ミュラーはここでとても繊細で優美なワインになり（湖の反対のスイス側のトゥルガウ地区と同様）、一方ピノ・ノワールは、特にヴァイスヘルプストに仕上げると金細工のように軽やか。シュロス・ザーレムとアウフリヒトが最良の造り手である。

きわめて異質な9地区（ベライヒ）を擁するバーデンは実に多様で、それをひとつの全体像にまとめ上げることは不可能である。ヴェルトハイムに近いタウバー渓谷の造り手にしてみれば、車で4時間行ったところにある、バーゼルに近いマルクグレーフラーラントで何が起きているか、それを知る必要など、どこにもない。その一方で世界中のワイン愛好家は、そのことをよく理解してからこの産地と向き合ってみるべきである。まずは、ブライスガウかカイザーシュトゥールから始めてみよう。バーデン（とヴュルテンベルク）で支配的な協同組合を避け、その代わりにベルヒャーの造る情熱的なピノ・ノワールか、フリッツ・ケラーのピノ・グリにするといいだろう。これらの品種から造られた卓越したワインは、コート・ドール、アルザス、オレゴンのワインのようにテイスティングする必要がないということが、その過程で理解できるはずだ。

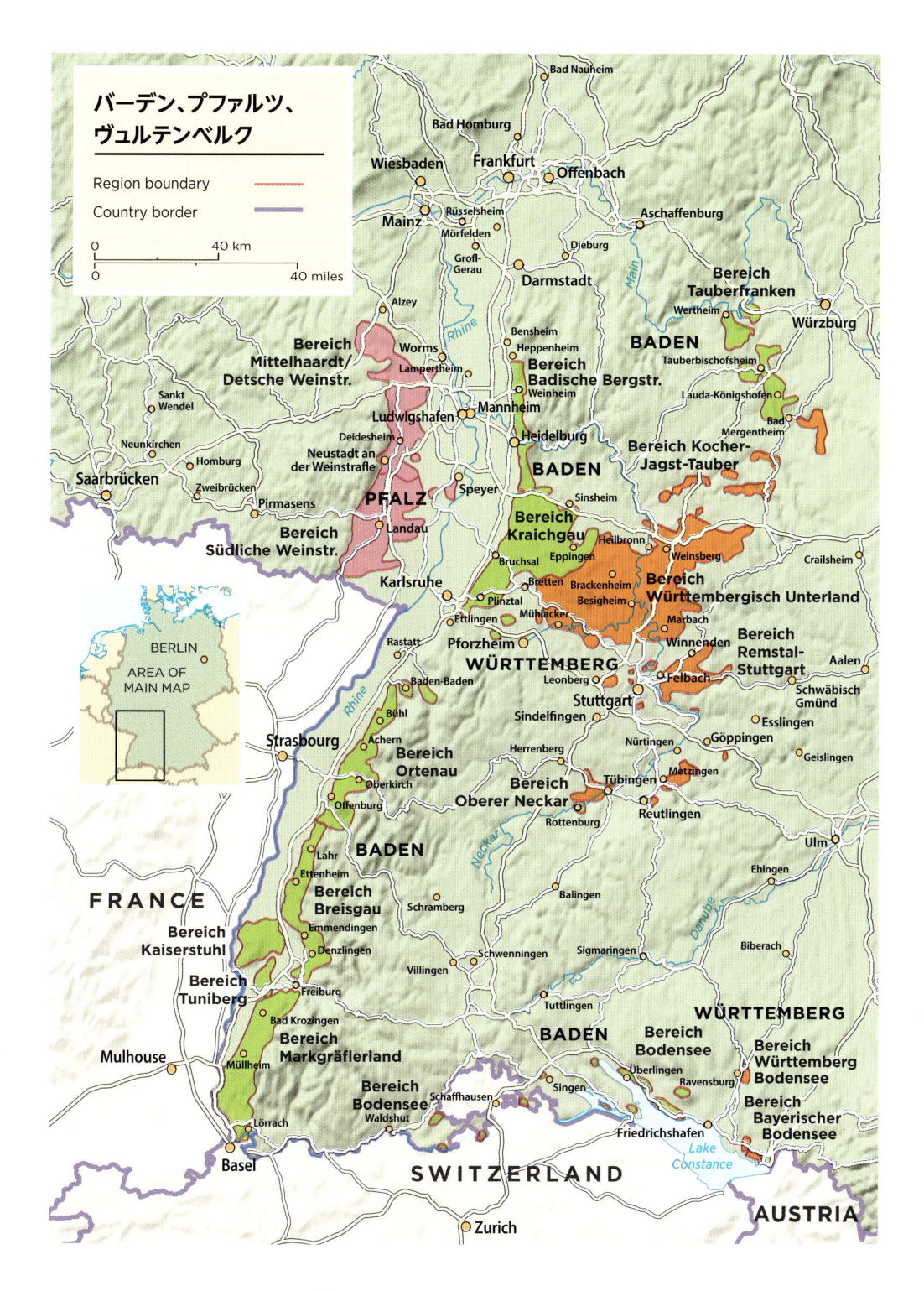

バーデン、プファルツ、ヴュルテンベルク

- Region boundary
- Country border

BADEN

Weingut Bernhard Huber
ヴァイングート・ベルンハルト・フーバー

ベルンハルト・フーバーはこの20年間、ドイツの中で最も重要な生産者の一人である。彼のシュペートブルグンダー、特に4つのグラン・クリュのものは、世界的に通用するクラスのもので、著名なブルゴーニュの生産者が自分のワインと間違えてしまうこともあるほどである。まさしく印象的なのは、ブライスガウの最も素晴らしい区画の一つから造られる純粋で、しかもとても複雑なヘックリンガー・シュロスベルク・シャルドネである。フーバーのピノ（ピノ・ブランとピノ・グリはいずれも桁外れに素晴らしい）は、凝縮感、熟度、複雑さが、エレガンス、爽やかさ、純粋さと、ドイツでは並ぶもののないほどの手法で結びついている。

　フーバーのシュペートブルグンダーを、ブルゴーニュのトップワインと間違えてしまうのには、主に2つの理由がある。マルターディンゲン、ヘックリンゲンそしてその他の数か所の村の土壌は、フーバーによると、コート・ドールと同じく、風化した貝殻石灰岩層であるという。700年以上も前に、ブルゴーニュから来たシトー会の修道士が、ピノ・ノワールをマルターディンゲンにもたらしたものも、おそらくこのためであろう。この理由と、ベルフォールの山あいの地勢が気候にもたらす影響のために、フーバーは25年前に始めた時から、ピノ系の品種に集中したのである。

　歴史や土壌以上にブルゴーニュ的なのが、クローンにせよ、マサル・セレクションにせよ、フーバーのピノ・ノワールの葡萄樹である。しかし、フーバーの意見では、現在の最高のピノの樹は、ケンジンゲンの近くにあるライナー・フランクの苗木屋のクローンであるという。「果粒が小さく、果房はゆるく、とてもアロマが豊かです。私はブルゴーニュでこれほど素晴らしいものを見たことはありません」と、フーバーはフランクのクローンを激賞する。

　フーバーのシュペートブルグンダーの爽やかさ、エレガンス、そしてフィネスはまた、収穫時期（もちろんすべて手摘みである）にも起因する。フーバーは、果実が熟した時、しかし過熟ではない時に収穫する。「ちょうど熟した時が好きなのです」と語り、一日遅すぎるよりは、一日早すぎて収穫したほうが良いという。「糖分のレベルは確かに関係しますが、生き生きとした酸があることも必要です」。モスト量は95－98°Oeの間だが、発酵中にアル

右：才能に溢れるが謙虚なベルンハルト・フーバーと妻のバーバラ、息子のジュリアン。マルターディンゲンのワイナリーにて。

フーバーのピノ（ピノ・ブランとピノ・グリはいずれも桁外れに素晴らしい）は、凝縮感、熟度、複雑さが、エレガンス、爽やかさ、純粋さと、ドイツでは並ぶもののないほどの手法で結びついている。

コール度が0.5％が失われるので、最終アルコール度数が13.3％か、（多くても）13.5％となるように、アルコール度0.8％まで補糖を行う。

　結局のところ、いろいろな要素が結合して、フーバーのシュペートブルグンダーに計り知れない複雑さとフィネスを与えているのである。例えば、ミネラルを含む石灰岩の土壌、古い葡萄樹、ブルゴーニュとドイツからの最高品質の新旧のクローンを合わせて使っていること、低収量だが、うまく適応した台樹を使っていること、高い植樹密度、抑えた収量（摘房を実施）、haあたり900時間に上る畑での労働時間、区画ごとに適切な収穫日の選択、やさしい圧搾（「私たちは、葡萄をガラスのボールのように扱っている」とフーバーは言う）、細心の注意を払って選んだフランス産の樽での熟成——そして気持ち、直感、理解その他は言うまでもない。

　1987年に、5haの畑と、古いバスケット式のプレス機、110－330ℓの3つの古い樽で、借りたセラーで自分のワイン造りを始めたフーバーは、今や頂点を極めた。現在は27 haの畑で葡萄を栽培し、このうち65％がピノ・ノワール、10％がシャルドネ、10％がピノ・ブラン、7％がピノ・グリである。私はどうやったらワインがこれ以上良くなるのか、ほとんど想像できない。このレベルの品質を維持することはおそらく、このレベルに達するよりも難しいことであろう。しかしベルンハルト・フーバーは土壌にその基礎を置いている。もし誰かがこの頂点に居続けられるとしたら、それは彼である。

　2004年以降、フーバーは、7種類ものシュペートブルグンダーを販売してきた。最も若い樹からのもので、収量が65hl/haのフーバー・シュペートブルグンダーのほか、樹齢12－20年の樹で、収量が50－55hl/haの素晴らしいマルターディンガー（村名）、樹齢が20－40年の樹で、収量が37hl/haのアルテ・レーベン（プルミエ・クリュ）などである。アルテ・レーベンは以下に紹介する4つのグラン・クリュからのセカンドワインの、印象的なブレンドである。

　さらにご推薦したいのは、フーバーの繊細な、ゲルバー・ムスカテラー・カビネットである。ヴィンテージにより辛口ややや辛口になるこのワインを試飲する機会があったら、ぜひ試飲していただきたい。痛飲し、そして愛していただきたいこれは、ブライスガウがモーゼルに接吻されたワインであり、あなたの目に涙を浮かべさせるであろう。

極上ワイン

(2011年5月と9月に試飲)

　2009年ヴィンテージのワインは、5－6日のコールド・マセラシオンを行い、この間、一日3回ピジュアージュ(果帽崩し)を実施し、最後のルモンタージュ(パイプを使った果汁循環)を重力で行い、木の大樽で22－25日発酵させる。葡萄は破砕せず、70％まで全房を使用。発酵温度は32℃（90°F）。発酵後のマセラシオンは、果実味を維持するために一日のみ。圧搾し、静置した後、曇ったワインは、フランス産の樽(主に、ルソー、フランソワ・フレール、タランソー)で、マロラクティック発酵が終了するまで熟成させる(2009年の場合、マロラクティック発酵は2011年5－6月まで続いた)。なお、100％新樽である。次の収穫の直前に、澱引きを行い、それぞれのワインの個性にもよるが、一年落ち、あるいは二年落ちの樽に移す。なお、荒々しいタンニンを避けるために、澱はたっぷりと残している。さらに数か月熟成させた後、無清澄、無濾過で瓶詰する。「シュペートブルグンダーは、香りでも味わいでも踊っていなければならない」とフーバーは言う。さあ、踊ろう！

Bienenberg Spätburgunder GG
ビーネンベルク・シュペートブルグンダー

　1971年以来、ビーネンベルクはマルターディンゲンで最大の畑であり、約150ha以上に及ぶ。フーバーはここに15haを所有し、この畑はフーバーにとり最も大切なものである。このうちの10.45haがグローセス・ゲヴェクスに格付けされて以来、なおさらに重要なものとなった。ピノ・ノワールが60％を占め、南東部分に植えられている。一方、シャルドネ、ピノ・グリ、ピノ・ブランは南西部分に植えられている。ビーネンベルクは、標高230m－310mで、傾斜はかなりゆるやかなので、壮観には見えない。しかし、最も樹齢の高いピノ・ノワールの樹は1950年代に植えられたもので、風化した頁岩・石灰岩の土壌で、これはブルゴーニュのコート・ド・ニュイの土壌にとても良く似ている。若い樹はブルゴーニュのクローンで、植樹密度は、1haあたり10,000本までである。平均収量は30hl/ha。ワインには固いタンニンがあり、若いうちに飲みたければ、デキャンタすると良い。

2008　輝きのあるガーネット色。わずかに青みがかっている。驚くほどに爽やかで、緻密な香り。まさしく繊細なブルゴーニュのスタイルのピノで、熟れた赤い果実、チェリー、スミレ、白コショウのアロマ。絹のように滑らかで、爽やかな味わい。まさしく踊るように、洗練されていてエレガント。心を奪われるように甘いが、魅惑的で繊細で、ミネラル質の酸味がワインの味わいの最初から最後までに感じられ、高みに持ち上げられるようである

Sommerhalde Spätburgunder GG
ゾンマーハルデ・シュペートブルグンダー

　ブロムバッハにある2.15haのこのグラン・クリュの区画は、ブライスガウの東側の境界線に位置している。この南東向きの畑は、北側と東側を森で囲まれているために、夜はより低い気温に恵まれている。斜面は標高240－300mで、斜度は20－50%。主にピノ・ノワールが植えられている（80%）。というのも、ピノ・ノワールはこの場所ではボトリティス菌の被害を受けたことがないからである。葡萄は1960年代半ばから2000年代初頭までの間に植えられ、植樹密度が4,500－9,000本/ha。約40%はブルゴーニュのクローンで、12%はフライブルグのクローンである。「残りは古すぎて誰もわからない」とフーバーは認めている。鉄分の多い泥灰岩の土壌で、大規模な貝殻石灰岩層の鉱脈がある。収量は30hl/haに抑えられている。ワインには強烈な果実味とミネラルの構成があるので、若いうちから楽しむことができる。

2009★　濃いルビー色。深みがあり、熟していて滑らかな香りで、溶けるような果実のアロマがある。充実していて、踊るような味わい。力強く官能的だが、しっかりとした構成もある。生き生きとした酸味、凝縮力のあるタンニン。とてもエレガントで、味わいが長く続き、丸みがある。熟成させるためのボトルが手元に十分にあるのであれば、若いうちに飲むのも楽しい。

Schlossberg Spätburgunder GG
シュロスベルク・シュペートブルグンダー

　これは、ブライスガウのグラン・クリュの中で最も素晴らしいものである。ヘックリンゲンのシュロスベルクの50haの中の6haで、斜度72－96%の急斜面で、南／南西を向いている。この場所には少なくとも1492年から葡萄が植えられており、黄色い貝殻石灰岩層の石の多い土壌は、フーバーが言うとおり、コート・ド・ボーヌの土壌に似ているので、ピノ・ノワール（80%）とシャルドネ（20%）が植えられている。葡萄の樹は1975年－2004年の間に植えられたが、多くは1990年代の初頭から半ばにかけて植えられた。フーバーがフランスのクローンを植え始めた時期である。植樹密度は、6,250－13,000本/haと極めて高く、その一方、平均収量はわずかに28hl/haと低い。急傾斜と向きのために、日差しは強烈で、これがワインに深み、滑らかさ、暖かい特徴を与える。しかし、構成は緊密で、とても強烈でミネラル感がある。私の仲間の多くは、これがフーバーのグラン・クリュのピノの中で最も気品があると考えている。私はというと、数年間にわたりベルンハルトのグラン・クリュのランク付けを行おうとしてきたが、結論は出ていない。そしてこのままにしておきたいと思う。乾杯！

2008★　魅惑的なハーブやスモーキーなテロワールの特徴が現れ、オークのコーヒーやチョコレートのアロマもあり、とてもエキゾチック。しかし最初はかなり閉じている。しばらくすると、とても深みがあり強烈だが、洗練されたラズベリーのアロマが現れる。20時間後にもう一度このワインを飲んだところ、芳香性の高いブーケはとても贅沢なものだが、とてつもなく繊細でスパイシーであった。最高のピノの触感で、とても強烈で滑らかで、驚くほどに甘く、豊かな果汁感があり、さが無限に続く。豊かで、丸みがあり、絹のように滑らかで、途方もなく繊細なタンニンがあり、暖かく長く鳴り響く余韻。とても若いが、明らかに桁はずれの品質である。

Wildenstein Spätburgunder Reserve
ヴィルデンシュタイン・シュペートブルグンダー・リザーヴ

　広いマルターディンガー・ビーネンベルクの中の一区画であるヴィルデンシュタインは、（まだ）グローセ・ラーゲではない。しかしここは確実に、グラン・クリュに匹敵する。階段状に畑が続くヴィリーシュタインの区画（ヴィルデンシュタインは中世の名前である）はワイナリーに近く、フーバーが言うように、700年前にブルゴーニュから来たシトー会の修道士がすでにこの地で葡萄を栽培していた。葡萄の樹は、赤色を帯び部分的にとても岩が多い土壌に植えられている。植樹密度がとても高いので（5,000－10,000本/ha）、根は深くはり、微量元素やミネラルを葡萄の樹に供給している。そこから生まれるワインは、いつでもとても表情豊かである。深みがあり、味わいがとてつもなく長く続き、さらに洗練されていて繊細である。熟成能力は底知れない。

2008★　純粋さ、エレガンス、フィネス－これらが偉大なピノ・ノワールを表すすべてである。輝きのあるガーネット色。魅惑的で、繊細な赤い果実の風味があり、とてもエレガントで調和が取れていて、深く、わずかにスモーキーである。輝かしく、洗練された味わいで、ミネラル感が豊かで堅固で、まだわずかに収斂性があるが、明快である。テクスチュアはとても洗練されていて、絹のように滑らかで、構成は銀線細工のように華奢で、爽やかさは驚くほどである。このワインは舌の上で踊る。そしてピルエット（バレエのターン）は続く。素晴らしい可能性がある。

2005★　とても濃いガーネット色。きわめて洗練されたピノの風味は、ほとんど花のようで、とても繊細で心を奪われる。ミネラルのスパイシーさも感じられる。口に含むと、このワインが、私の覚えている限り、ドイツで最も洗練されたピノの一つであることがわかる。とても強烈で甘く、長い。しかし同時に、とても軽く、花のようで、絹のように滑らか。酸味も繊細である。わくわくさせられるワインだ。

Weingut Bernhard Huber
ヴァイングート・ベルンハルト・フーバー

　葡萄栽培面積：27ha　平均生産量：17万本
　最高の畑：ブロムバッハ　ゾンマーハルデ；ヘックリンゲン　シュロスベルク；マルターディンゲン　ビーネンベルク、ヴィルデンシュタイン
　Heimbacher Weg 19, 79364 Malterdingen
　tel: +49 7644 1200　　www.weingut-huber.de

BADEN

Franz Keller / Schwarzer Adler
フランツ・ケラー／シュヴァルツァー・アードラー

　フリッツ・ケラーは、カイザーシュトゥールのフォークツブルク・オーバーベルゲンのカリスマ的な、著名なワイン生産者であるだけではない。彼はまた、ホテル経営者、レストランオーナーとしても成功している（シュヴァルツァー・アドラーのレストランは、1969年以来、ミシュラン一つ星である）。さらに熱心なワイン商でもあり（ボルドーとブルゴーニュの高級ワインを扱う）、そしてドイツのブンデスリーガに属するサッカーチームSCフライブルクの初代会長でもある。

　フリッツ・ケラーはとりわけ、寛大なホストである。先日の訪問の際、私は10点だけのワインの試飲を依頼していたが、彼は50点のワインの試飲を用意してくれた。私たちはそのすべてのワインを試飲し、すべてについて話し合った。夜遅くなり、さらにはテレビでサッカーのチャンピオンリーグを放送していたにもかかわらず、である。

　62haのこのワイナリーは、4代目であるフリッツ・ケラーが1990年から経営しているが、長きにわたり、一流の品質の辛口ワインを造ることで良く知られてきた。アハカレン、オーバーロートヴァイル、オーバーベルゲン、シェリンゲン、ビショフィンゲン、イェヒティンゲンの畑では、ピノ・グリ（36％）、ピノ・ノワール（26％）、ピノ・ブラン（17％）が主体である。しかし、レストラン・シュヴァルツァー・アドラーや、より地元密着型のレストラン「レープシュトック」で最初にサービスされるワインは常に、凝縮感があるけれども爽やかで快活なジルヴァーナー・バスガイゲである。これは樹齢約40年の樹からのものである。「私はこのワインの爽やかな余韻が好きなのです——これはどんなに高級なものであっても、私のすべてのワインにあるべきものです」とケラーは言う。

　実際、還元的スタイルで造られる彼の辛口でエレガントなワインは、特に料理と合わせると、いつでも活気が感じられる。ケラーはこれらのワインを「バウハウスのワイン」と呼ぶ。「純粋で明快で、機能的なワインです。品質の高いワインですが、策をこらしたような仰々しさはありません。限られた人のための贅沢品ではなく、料理と合わせるための、すべての人にとり魅力的なワインです」。彼が、ドイツのディスカウントショップに向けて、フランツ・ケラー・エディションのブランドで、いかにもバーデンらしい

右：フリッツ・ケラーは、家族経営のワイナリーの4代目であり、多くの役割をになっているが、素晴らしいワインを生み出している。

この家族経営のワイナリーは、4代目であるフリッツ・ケラーが
1990年から経営しているが、長きにわたり、
一流の品質の辛口ワインを造ることで良く知られてきた。

ワインの生産を始めて以来、ドイツワイン界の上流気取りの向きからは、激しい批判を受けてきた。とても良く、本当に飲みやすいワインなのにである。

もし充実感のある、強烈で豊かなワインがお好みだとしても、ケラーの白と赤のセレクション・ワインの爽やかさと気迫は十分にお楽しみいただけるであろう。「特にこの数年、アルコール含有量は下げてきましたが、抽出分は増やし、熟成能力は高まりました」とケラーは説明する。彼は葡萄の樹冠の高さを下げ、植物的な生長期間が長くなるようにして、標高380mの高さでの冷涼な条件をうまく活用しようとしている。十分に熟した、健全な葡萄を収穫し、モスト量は、「多くて98°Oe」であり、このため補糖は必要ない。「我々のクローンとマサル・セレクションでは、いずれにせよ100°Oe以上になることはないでしょう」と言う。最も樹齢の高いピノ・ノワールの樹は、樹齢ほぼ50年以上で、フランスのピノのクローンは、新しい植樹のみに使われている。「正直に申し上げると、私はディジョンのクローンより、フライブルクのドイツのクローンのほうが好きです。というのも、樹齢が30−35年になると、果実がより遅くに熟すからです。マサル・セレクションでも同じことが言えます」とケラーは認めている。

この生産所では、おもにブルゴーニュの品種からワインを造っているが、最も素晴らしいワインは、むしろボルドーのスタイルから造られている。同一畑からのワインは、中価格帯のワインのみに使われ、トップクラスのワインは、異なる畑のものをブレンドしている。

ケラーが造るワインのほぼ三分の一は、オーバーベルゲナー・バスガイゲのものである。ここは、オーバーロートヴァイルとシェリンゲンの間の広大な場所で、主に南、南西、西向きである。黄土の層が部分的に、玄武岩と火山岩と混ざっていて、ワインの全般的に果実味豊かな特徴が、繊細ですがすがしいミネラル感と結びついている。暖かい年でもそうである。

南向きのオーバーベルゲナー・プルファーブックでは、ケラーのマコネのようなピノ・ブランが造られているが、舌のように上からバスガイゲに伸びていて、遅摘みの葡萄に、熟した果実の風味と、しっかりとした酸味、長く続くミネラル感を与えている。

アッハカラー・シュロスベルクは、この地区の最高の畑の一つである。とても傾斜が急で、南向きで、火山岩が多い土壌で、ピノの樹は深くに根をおろしていかざるを得ない。

しかしながら、ヴァイングート・フランツ・ケラーのトップのワインは、フランツ・アントン、S、Aのセレクションシリーズに見られる。Aクラスのことをグラン・クリュと呼ぶかどうかは関係なく、これらのワインは桁外れに見事な品質の素晴らしい年にだけ造られ、プルミエ・クリュである印象的なSクラスよりも豊かで複雑である。しかしどちらのワインも、一つ以上の畑から造られている。フランツ・アントンは素晴らしいがそれほど複雑ではなく、複数の畑の最も低いところと最も高いところにある区画をブレンドしたもので、異なる収穫時期に対応している。SクラスとAクラスのワインは異なる畑からのワインを注意深く選びブレンドしたものである。Sクラスのワインは、主流の火山岩が黄土で覆われているが様々な土が混在する土壌で育った葡萄である。一方Aクラスのワインは、火山岩と玄武岩だけで、その中に石灰岩の薄い層が走っている、小さな区画からのもである。この土壌はおそらく、欧州では唯一のもので、この土壌がワインに、特徴的なミネラル感と構成を与える。異なる標高と収穫時期の葡萄を合わせることで、Aクラスのワインにさらに複雑性が加わる。

品種名を記載した爽やかな白ワインは、除梗して直接圧搾し、その後にステンレスタンクで発酵、熟成をさせている。一方、より複雑なワインは、伝統的な木の大樽で熟成させる。SクラスとAクラスの白は、ステンレスタンクで発酵させ、225ℓと350ℓの小樽に4−8か月熟成させる。赤ワインは、フランス産の樽で12−14か月熟成させる。熟成は、ケラーが黄土層をくり抜いて築いた素晴らしいトンネルであるベルクケラーで行われる。ここの温度は一定して12℃である。主にボルドーやブルゴーニュなど、世界最高のワイン約2,400本もここに眠っている。これは、欧州レストランで最も魅力的なワインリストの一つのための在庫である。2011年春、新たなワイナリーの建設が始められ、2013年に完成の予定である。

極上ワイン

(2011年11月試飲)

2010 Oberbergener Bassgeige Grauburgunder Vum Steinriesen [V]
オーバーベルゲナー・バスガイゲ・グラウブルグンダー・フム・シュタインリーゼン
このワインは爽やかで、純粋で、明快なピノ・グリで、昔のルー

レンダーや、多くが大げさな現在のグラウブルグンダーと共通するものは何もない。風化した火山岩と黄土の層の小さな段丘からの葡萄で、伝統的な大樽で発酵され、マロラクティック発酵は行っていない。とても明確で力強い香りと味わいで、白い果実のアロマが感じられ、気品のある酸味、塩気のあるミネラルがある。

2010 Achkarrer Schlossberg Grauburgunder [V]
アッハカラー・シュロスベルク・グラウブルグンダー

この地区の最高の畑の一つから造られた見事なピノ・グリ。南向きで、傾斜が急で、火山岩の多い斜面の樹齢40年の葡萄から造られている。輝きのある香りで、細身で還元的なこのワインは、濃密でタイト、塩気があり、そしてまさしく火山岩らしい活気に満ちている。さらに余韻もとても長い。

Grauburgunder A
グラウブルグンダー

2010 控えめな香り、明確、純粋で、塩気がある。また、凝縮力があり、余韻も長い。フルボディで複雑。2-3年の熟成が必要。
2007 輝きがあり、熟していて凝縮した果実味。フルボディで濃密、甘く複雑な味わい。塩気があり、ブルゴーニュらしい。

Chardonnay A
シャルドネ

2010 純粋で洗練された香りと味わい。豊かな果汁感があり、複雑で、塩気がある。わずかに新樽のニュアンス(100%新樽使用)。スリリングで偉大なワイン。
2009 濃密でジューシー。酸味が、熟して複雑だがエレガントなこのワインの力強いボディを引き上げている。
2007 分析上は辛口だが、輝かしく、純粋でエレガント。抽出分が豊かなことと新樽のために甘く感じる。塩気のある余韻。

Spätburguner S
シュペートブルグンダー

2008 明確で爽やかで花のような香り。わくわくさせられる、緻密に織られた味わい。シルクのように滑らかですっきり、純粋で明快。タンニンがまだわずかに粗いが、そのおかげで、心酔するよりもバウハウスらしさを楽しめる。
2007★ 魅惑的な甘い香り、シルクのように滑らかで純粋。白亜質の土を感じさせ、しっかりとしているが、爽やかさと純粋さのおかげで活気もある。まさに偉大。

Spätburguner A
シュペートブルグンダー

オーバーロートヴァイル・アイヒベルクの葡萄を主に、キルヒベルク、イェヒティンゲンそしてアハカレン・シュロスベルクの葡萄も使用されている。
2009 チェリーやたばこの深く、熟して複雑な風味。丸みがあり、ヴェルヴェットのような味わい。豊かで力強いが、構成もしっかり、タンニンは収斂性が強い。バーデンのポマール、2014年まで待つべき。

2008 スパイシーで花のようなアロマ、ライムのニュアンスも。堅固で、まだとても若い。爽やかで純粋、シルクのように滑らか、直接的で持続力がある。2009年よりも2008年のほうがフィネスに富むが、2009年のほうが長く熟成するだろう。
2007★ 濃密だが洗練された、花のような香り。豊かで、凝縮感があり、豊かな果汁感もある。繊細なタンニンと洗練された酸味は。力強さがフィネスと融合。偉大な熟成能力の偉大なワイン。
2005★ 強烈で、熟して成熟した香り。甘いチェリーやプラムのアロマに、スモーキーさも感じられるが、素晴らしい花のようなアロマもある。気品があり魅力的な味わい。この印象的なワインは、滑らかで甘く、スムーズだが、エレガントな酸味と洗練されたタンニンで引き立てられている。長い余韻、まさに偉大なワイン、今飲むかこれから5年ほどの間に飲むと完璧。

Franz Keller / Schwarzer Adler
フランツ・ケラー／シュヴァルツァー・アドラー

栽培面積：62ha　平均生産量：45万本
Badbergstrasse 23,
79235 Vogtsburg-Oberbergen
Tel: +49 766 293 300　www.franz-keller.de

BADEN

Weingut Dr. Heger
ヴァイングート・Dr. ヘーガー

イーリンゲンのヴァイングート・Dr. ヘーガーは、開業していた内科医マックス・ヘーガーが、副業的に醸造家となった1935年に設立された。彼はイーリンガー・ヴィンクラーベルクとアッハカラー・シュロスベルクに葡萄畑の区画を購入した。いずれも、カイザーシュトゥールの南西向きの斜面で、見事な単一畑である。どちらも段丘状で、南向きであり、熱を蓄える石の壁と風化した火山岩のおかげで、涼しい年でも素晴らしいミクロクリマの恩恵を受ける。ワインの品質は、75年前にはすでに秀でたものであったと記録されている。当時、この場所の約70%にはジルヴァーナーが植えられていた。しかし、そのワインの数はとても少ない。現在、ジルヴァーナーはわずかしか残っていないが、幸いにもワインは今でも見事である。

ヨアヒム・ヘーガーは1982年に、妻のシルヴィアとともにワイン造りを始め、10年後に父のヴォルフガングからワイナリーを受け継いだ。以来彼は、シュペートブルグンダー、グラウブルグンダー、ヴァイスブルグンダー、そしてリースリングに注力してきた。そろぞれの品種について、2つのグラン・クリュがある。ヴィンクラーベルク・GGとシュロスベルク・GGである。どちらの場所もとても暖かく（2010年の夏は、17年連続で平均気温を超えた）、このためワインはフルボディで豊かになるが、エレガンスとフィネスを失わない。火山岩の土壌はミネラル豊かで、ワインもその通りで、塩気があり複雑だが、エレガントである。

ヘーガーは、エレガントで洗練されていて、ミネラルの深みとはじけるような酸を持つ、持続性の長いワインを目指している。このため彼のチームは、畑でとても正確な作業を行い、これが常にDr. ヘーガーの高い品質の基礎となってきた。畑とその中の区画に必要なことを理解するため、ヘーガーはフランス人の土壌の生物学者であるクロード・ブルギニョンを、持続可能な土壌の耕作、葡萄の樹の管理、有機肥料などの「テロワール関連の問題」についてのアドバイザーに指名した。

実際、Dr. ヘーガーにおいて何かが変わった。この生産者は1990年代以降、ドイツで最も注目されてきたワイナリーの一つであるが（特にヴィンクラーベルク・シュ

右：ヨーアヒム・ヘーガーは、ワインについてすでに高い評価を得ているにもかかわらず、その評価をさらに高める夢を持っている

Dr. ヘーガーは1990年代以降、ドイツで最も注目されてきたワイナリーの一つであるが、2008年ヴィンテージ以降、ワインはこの上なく繊細で精妙である。

WEINGUT DR HEGER

上：南向きのヴィンクラーベルクは暖かい場所だが、ミネラル分豊かな火山岩の土壌が、複雑さとエレガンスに寄与しているようだ。

ペートブルグンダー）、2008年ヴィンテージ以降、ワインはこの上なく繊細で精妙である。広さや重みが少なくなり、より爽やかで、緻密で、ミネラルが豊かになり、飲むのがより楽しくなった。

全房圧搾の白は、必ず還元的に造られてきた。クリュのワインはステンレスタンクではなく、伝統的な木樽で発酵、熟成されるので、これらの白は現在では力強さはそれほどでもない。緩やかな酸化により、ワインの自然な豊かさに、複雑さとフィネスが加わっている。

しかし、まさしく驚かされたのは、2009年のシュペートブルグンダーの変化だ。これらは初めて、濾過せずに瓶詰され、辛口で爽やか、純粋で繊細、銀線細工のように華奢で、絹のように滑らかであった。

収量は低いままだが、数年前のように「ばかばかしいほど」ではない（ヘーガー自身の言葉）。「良かれと思ったことが、必ずしも良くできたことではない」と、認めている。

ピノは、現在はより早く収穫するようになった(特に暖かい場所は)。ヘーガーは語っている。「100°Oeが最大ですが、90年代前半のモスト量の果汁が、次第に私の好みになってきています。アルコール度が十分でなければ補糖を行いますが、爽やかさを保つようにします」。2010年、古いホイスレボーデンの区画では、10日間に2回にわたって収穫を行った。ワインはこの2回の収穫のブレンドとなる。

ヘーガーは、新しい開放槽を購入し、区画ごとに発酵ができるようにした。この数年、果梗も25－30%使用している。浸漬の期間も17－24日で(低温浸漬を含む)、以前の4－6週間よりも短くしている。ピジュアージュは手で行い、しかも一日に一、二回のみなので、抽出になった。現在、新樽を多く使っているが、樽のトーストは軽くしている。

しかし、まさしく驚かされたのは、2009年のシュペートブルグンダーの変化だ。これらは初めて、濾過せずに瓶詰され、かつてないほどに辛口で、爽やかで、純粋で、より繊細で、銀線細工のように華奢で、絹のように滑らかであった。

最上のワインは、ワイナリーで三ツ星をつけて分類する。すべてのグローセス・ゲヴェクスのワインは優れているが、両方のクリュから造られるジルヴァーナーとムスカテラーも同様。生産量の約95%は辛口に醸造されているが、2011／12年度の価格表には17の甘口も掲かっている。

1986年、需要にこたえるべく、ヴァインハウス・ヘーガーが設立された。このラベルのもと、多くは契約栽培農家の葡萄を使って、爽やかで果実味豊かなワインが造られている。

極上ワイン

2010 Winklerberg Gras im Ofen Weissburgunder GG ★
ヴィンクラーベルク・グラース イム オーフェン ヴァイスブルグンダー

南・南西向きの、石が多い区画の特別な個性を際立たせるため、2010年に初めて造られた。この区画はヴィンクラーベルクGGの一部だったが、この区画のものを他のものとブレンドしてその特色を失わせるのは惜しいと考えたのである。堅固で、純粋で、塩気のあるピノ・ブランで、気品のある酸味と、収斂性のあるミネラル感がある。印象的な複雑さのあるワインで、収穫後2－3年で偉大なワインとなるだろう。

2010 Winklerberg Grauburgunder GG ★
ヴィンクラーベルク・グラウブルグンダー

少なくとも2008年以降、このワインは私のお気に入りのピノ・グリの一つ。風化火山岩の土壌から生まれる深く、エレガントで洗練されたグラン・クリュは、純粋でスパイシーな香り、豊かで複雑な味わいで、明快で強烈な果実味が、わくわくするようなミネラル感と爽快な酸味により、持続性のある余韻までつながっていく。磨きあげられていて、塩気もある。素晴らしい。

2009 Winklerberg Häusleboden Spätburguner ★★★ ★
ヴィンクラーベルク・ホイスレボーデン・シュペートブルグンダー

1956年に植えられた標高のより高い区画で、有機農法で栽培された葡萄からの初めてのヴィンテージ。20－35%果梗とともに発酵させる。深く、肉づきのある香りは、とても純粋で強烈。ヴェルヴェットのようで、甘く充実した味わいは、濃密だが透き通っていて、爽やかで堅固。余韻には爽快な刺激と赤い果実のアロマがある。とても濃縮していて印象的。

2009 Schlossberg Spätburguner GG
シュロスベルク・シュペートブルグンダー

濃い色。ブラックベリーやブラックチェリーの、スモーキーでトースティなアロマ。滑らかで、熟していて濃縮しているが、とても洗練されていて絹のよう。タンニンはとても繊細、爽やかでかなり堅固。わくわくする輪郭。持続性もある。

2005 Winklerberg Spätburguner ★★★
ヴィンクラーベルク・シュペートブルグンダー

甘く、暖かい花のような香りは、ドライフルーツやプラム、レーズンの感じ。とても豊かな果汁感があり、タバコやスミレの風味。芳醇だが、酸味と熟したタンニンのために洗練されていて絹のように滑らか。余韻にはカシスの風味も。今美味しい。

Weingut Dr. Heger
ヴァイングート・Dr. ヘーガー

葡萄栽培面積：20ha　平均生産量：12万本
Bachenstrasse 19/21, 79241 Ihringen/Kaiserstuhl
Tel: +49 7868 205　www.heger-weine.de

BADEN

Weingut Ziereisen
ヴァイングート・ツィーアアイゼン

ハンスペーター・ツィーアアイゼンが所有するこのワイナリーは、ドイツ最南部のエフリンゲン・キルヒェンにあり、バーゼル（スイス）から車でわずか10分の距離である。すでに1990年代には、すばらしいシュペートブルグンダーを生み出していた。しかしドイツの評論家たちは、このワインを軽すぎるとして、さらなる力強さと抽出を要望していた。彼は爽やかさを維持するために、葡萄をかなり早く収穫するが、2000年にはピノに補糖を行い、以来数年間、これを続けた。評論家からは高い点数を得たが、この結果に満足していなかった。「ワインはとても豊かで、アルコール度は14％まで上がりましたが、私はこれが本当に必要なことなのかと思っていました。1990年代のワインが現在、若いワインよりも美味しいだけに、なおさらそう思いました」とハンスペーターは言う。このため2007年、彼はこれ以上補糖をしないことを決め、アルコール度が12％か12.5％のピノを受け入れた（2008、2009年も同様）。「収穫する時、葡萄は完全に熟しています。なので、何も加えないで発酵させて何が悪いのだろう？」と、彼は自問した。

ツィーアアイゼンの一族は、ジャガイモ、野菜、果実や、薪オーブンで焼いた美味しいパンを作り、販売している。15haの葡萄畑を所有し、このうち50％がピノ・ノワール、20％がグートエーデル（シャスラ）、残りがピノ・グリ、ピノ・ブラン、シャルドネ、シラーである。彼のすべての葡萄の樹は南向きのエールベルクの単一畑に植えられ、標高270－400mまでのジュラ紀の石灰岩の土壌に植えられている。この場所はとても急で、葡萄畑の耕地整理の対象とされなかった。このため多くの小さな区画にわかれ、土壌の組成は多様で、葡萄は樹齢50年までに及ぶ。より果実味が主体の品種名ワインは、品種の名前で販売されているが、小区画ワイン（クリュ）は、ハンスペーターがその特徴を表現しようしている区画の名前のラベルが付いている。ヤスピスのワインは、最高の樽からのセレクションである。

エフリンゲン・キルヒェンの気候は、ベルフォール丘陵の隘路のために「ブルゴーニュ的」だとハンスペーターは言う。マルクグレーフラーラントは、東側を黒い森に、西側をヴォージュ山脈に守られている。風は南側から、ローヌ・ライン運河に沿って吹いてくるので、ボトリティス菌の問題もほとんどない。「昔は、マルクグレーフラーラントは、カイザーシュトゥールよりもっと有名でした」とツィーアアイゼンは言う。「早熟のグートエーデルであっても気品があり、20世紀初めには、飛行船グラーフ・ツェッペリン号でも提供されていました」。グートエーデルには、ムートン・ロートシルトやシュロス・ヨハニスベルクよりも高い価格が付いていた。

シュタイングリューブレ・グートエーデルは、伝統的な木樽に11か月間、澱と接触した状態で置き、清澄も濾過もしないで瓶詰するが、一方でツィーアアイゼンは、栄光ある伝統を再生させようとしている。2007年のグートエーデルは、大樽に入れて、ヴァン・ジョーヌ（フランス・ジュラ地方のワイン）のように、亜硫酸を使わずに熟成させ、フロールのもとで10年ほど置いておくのである。

2003年に、初めて濾過しない白ワインを瓶詰し、2004年以降は、すべてのワインをオーク樽の中で自然に発酵させ、すべてのクリュは濾過をしないで瓶詰している。その結果、一部のワインは公認検査番号（アー・ペー・ヌンマー）を取得するのに苦労した。このためツィーアアイゼンは、クヴァリテーツヴァインのカテゴリーを放棄し、そのワインをターフェルヴァイン（2010年まで）やラントヴァインとして流通させることとした。格下げに他ならないが、このようにあきらめたことで、ワインにとって最良だと彼が考えることができるようになった。例えば、フランケン地方の樽職人がつくった木樽で熟成させること、白のクリュで30か月、赤のクリュで5年にわたり澱と接触させた状態で長く樽熟成させることである。

畑では、バランスとゆっくりとした生長をめざし、2005年以来、肥料は一切使用していない。これにより、葡萄の畝間に植物が生え、開花を抑制し、果房はバラ房になり、果粒は小粒になり、大きな果房を小さくすることができる。すべては手作業で行う。というのも、場所が急であるだけでなく、新しく植樹したものは、平均10,000本/haと、極めて密度が高いからである。ツィーアアイゼンは2000年にピノ・ノワールのフランスのクローンを植えたが、カビに弱いことがわかり、引き抜いてしまった。彼はドイツとスイスのクローンを好み、いくつかの種類の低収量のクローンとマサル・セレクションのものを植えている。

収穫は、葡萄が完全に熟したときに始まる。これは通常、94－95°Oeである。最初に収穫されるのがピノ・ノワールで、続いてピノ・グリ、シャルドネ、ピノ・ブラン、グートエーデル、最後にシラーである。白はバスケット型のプレス機で全房圧搾する。通常は12時間であるが、素晴

らしい品質の場合は24時間までかかることもある。静置して、5℃（41°F）まで冷やした後、果汁は300 – 7,000ℓ入りの樽に移し、樽熟成の間は亜硫酸を加えずに置いておく。

　ピノ・ノワールは手で収穫する時に選び、さらに選果台でも選果を行う。葡萄は除梗し、5 – 14日間、低温浸漬を行い、6週間以上、果皮と接触させる。何回かビジュアージュを行うが、抽出は、2007年以前よりもはるかに少なく行う。ツィーアアイゼンは、全房と足踏みも実験中である。シラーも同様に行うが、果梗との接触は行わない。バスケット型のプレス機で圧搾した後、果汁は小さい樽に移す。シュペートブルグンダーの場合は20 – 30%、シラーの場合は50%が新樽である。

成能力を持つ。私は2018年までこのワインは飲まず、それまでは偉大な1997年と1998年を楽しむ。

2009 Jaspis Syrah ★
ヤスピス・シラー

　樹齢9年の樹からの、ガーネット・ルビー色のこのワインを注がれるまで、ツィーアアイゼンのゲシュタートが、私が好きなドイツのシラーだった。どちらのワインも、極端に急傾斜の区画からのもので、表土はほとんどなく、石灰岩だけである。植樹密度も高く、14,000本/ha。このバレル・セレクションは驚くべきものだ。7週間の浸漬の後、20ヵ月、半分は新樽で、半分は中古の樽で熟成させる。魅惑的にスパイシーな風味は、色の濃い果実、コショウ、ビャクダンも感じられる。豊かで充実していて、濃縮しており、迫力、正確さ、長さがある。美味しい酸味と熟して絹のように滑らかなタンニンのおかげで、とても豊かな果汁感がある。

極上ワイン

(2011年11月試飲)

2010 Gutedel Steingrüble [V]
グートエーデル・シュタイングリューブレ

　樹齢25年の葡萄樹からのこのグートエーデルは、木の大樽で自然発酵を行い、11か月間澱と接触させた。私は、このように長い樽熟成をさせるグートエーデルを他に知らない。とても明快な火打石のアロマと黄色い核のある果実の風味。ほとんどリースリングのようだ。還元的で細身のスタイル。純粋で、塩気があり、上品だがエレガントで、持続性があり、まさしくわくわくする。

2008 Spätburgunder Rhini
シュペートブルグンダー・リーニ

　繊細で香りのよいこのシュペートブルグンダーは、小さい谷の守られた区画からのもので、この場所は石灰岩が鉄の多いローム層とシルトや砂を含んだ粘土に覆われている。6週間の浸漬の後、ワインは18ヵ月、30%は新樽で、70%は中古の樽で熟成させる。アルコール度はわずか12.5%。花のようで、わずかに葉のような感じがあり、黒というより赤の果実の風味がちょうど熟している。絹のように滑らかで、極めて爽やか。白亜質の土壌が感じられ、濃密で堅固。現時点では、肉付きよりも骨格が現れている。とても複雑だが、偉大な熟成能力を持つ。

2008 Jaspis Pinot Noir Alte Reben ★
ヤスピス・ピノ・ノワール・アルテ・レーベン

　このワインは、1950年代と60年代に植えられた最も古いピノ・ノワールの樹からの最高の樽から選んだものである。輝きのあるガーネット色。香りは魅惑的に甘い。豊かで滑らかな味わいで、力強く、甘く、強烈な、熟した果実の風味がある。しかしこの複雑なワインはまた、爽やかで、構成は緊密である。偉大な熟

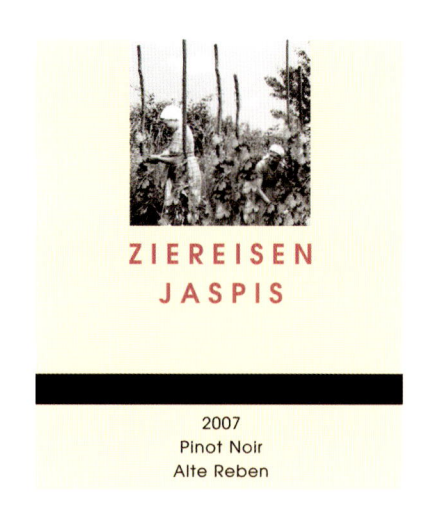

Weingut Ziereisen
ヴァイングート　ツィーアアイゼン

栽培面積：15ha (37a)　平均生産量：10万本
Markgrafenstrasse 17, 79558 Efringen-Kirchen
Tel: +49 7628 2848
www.weingut-ziereisen.de

BADEN

Bercher　ベルヒャー

スイスのベルヒャー一族の歴史は1457年まで遡り、一族がブルクハイムに移ってから300年以上がたつ。ピノ・ノワール（40%）が25haの畑では支配的である。畑は、ブルクハイム、サスバッハ、イェヒティンゲン、ケーニッヒシャッフハウゼン、そしてレイゼルハイムに位置している。ピノ・グリが2番目に多く（23%）、ピノ・ブラン（17%）、リースリング（8%）、シャルドネ（7%）、その他と続く。生産量の90%以上は辛口である。

ベルヒャー家の10代目にあたるマルティン（畑担当）とアルネ（醸造）が現在、ワイン造りに責任を持っている。いとこ同士の彼らが目指すものは、「個性と情熱のある本物のワイン－その原産地、異なる土壌と微気候の特色ある個性を反映したワイン」だとアルネは言う。

最も素晴らしく、最も複雑なワインはブルクハイムのグローセス・ゲヴェクスのワインで、特にフォイアーベルクのものである。ベルヒャーのピノ・ブランとピノ・グリ（平均樹齢16-17年）の最高の区画は、南向きの斜面の上部の三分の一に位置し、段丘上の斜面で、標高は240mまでである。土壌にはほとんど黄土はなく、極めて石が多い。このためワインは、純粋さが特徴で、風化した火山岩が魅惑的な爽やかさと塩気をワインにもたらしている。いとこ同士の2人は近年、さらによい仕事をしている。石灰質が少ない土壌なので、ワインは味わいを緩衝するものなしに口に入ってくる。濃い色の土壌が、日中の熱を蓄え、夜間に葡萄樹に戻すので、2010年のような涼しい年でも十分な熟度を保証する特別な気候である。

フォイアーベルクのピノ・ノワールの区画は、樹齢20-25年で、やはり南向きである。段丘状ではなく、さらに日照を得ることのできる傾斜である。ベルヒャーは、よりアロマが豊かで爽やかなフランスのスタイルよりも、真正なカイザーシュトゥールのシュペートブルグンダーを好んでいるので、ドイツのクローンだけが植えられている。彼らのシュペートブルグンダーの色は、ルビーというよりむしろ明るいガーネット色で、アロマは過熟ではないが暖かく、濃い色のベリーやスウィートチェリーよりも、明るい赤い果実やサワーチェリーの感じがある。味わいは、フォイアーベルクの最も純粋な土壌のシュペートブルグンダーは、いつでも力強く、激しい。葡萄は完全に熟した時に収穫され、ベルヒャーたちは、100-104°Oeというモスト量も恐れない。実際、ワインには、13.5-14%というアルコール度数に見合うだけの張りがある。辛口で、構成も堅固で、とても複雑なので、よりエレガントになるために、ボトルで数年寝かしておく必要がある。

極上ワイン

2010 Feuerberg Grauer Burgunder GG
フォイアーベルク・グウラウアー・ブルグンダー

ワインは発酵させ、9ヵ月間、樽で熟成させる。三分の一は新樽。輝きのある繊細な香り（バーデンのピノ・グリ、特にカイザーシュトゥールのものではまだ珍しい）で、見事に純粋でミネラル感があり、まさしく火山岩土壌らしい。明快で、エレガントで、注目すべき純粋さのために、味わいは洗練されている。とても塩気があり強烈で、果実味は濃縮していて、印象的な長さがあり複雑。良い凝縮力。偉大なワイン。

2009 Feuerberg Spätburgunder GG
フォイアーベルク・シュペートブルグンダー

このエネルギーあふれるピノは、2007年とともに、このワイナリーのもので私が試飲した中で最も印象的な赤である。ただ、わずかにまだオークが強い。スモーキーでトースティな香り、熟したダークチェリーやベリーの果実の強烈な風味、さらにスパイシーさもある。滑らかで濃縮していて、強烈な味わい。とても力強く、深く、しっかりした（まだ収斂性のある）タンニンが、この豊かだがエレガントなワインに、堅固な構成と有望な将来を与えている。コショウを効かせたイノシシや鹿肉と合うだろう。しかし2014年までは待った方が良い。タンニンがより丸くなり、木のニュアンスがさらに溶け込むだろう。

Weingut Bercher
ヴァイングート・ベルヒャー
栽培面積：25ha　平均生産量：18万本
最高の畑：ブルクハイム　フォイアーベルク、シュロスベルク
Mittelstadt 13, 79235 Vogtsburg-Burkheim
Tel: +49 7662 212　www.weingutbercher.de

BADEN

Salwey ザルヴァイ

コンラート・ザルヴァイが、2011年初頭のヴォルフ・ディートリッヒの悲劇的な死の後に受け継がなければならなかった遺産は膨大なものであった。コンラートは、オーバーロートヴァイルでの家族の事業に7年以上も参画してきていたが、そのことと、約50haの畑からの葡萄を、経験豊かな父のアドバイスもなく醸造することは違うことであった。しかし幸いにも、コンラートは、自分がどうしたいのか明確な考えを持っており、今では全く妥協せずにその考えに従うことができるわけで、これはまさに鳥かごから放たれた鳥が飛ぶかのごとくである。野性的で、爽やかで、純粋で、控えめな彼の最新のワインは、そのスタイルと技術について、最愛の父といかに厳しく闘ってきたかを思わせるものである。

コンラートは、自分がどうしたいのか明確な考えを持っており、今では全く妥協せずにその考えに従うことができる。彼の最新のワインは、野性的で、爽やかで、純粋で、控えめである。

シュペートブルグンダーとグラウブルグンダーが、ザルヴァイでの主要品種である。いずれの品種も、畑全体の40％ずつを占めている。最高のワインは、オーバーロートヴァイルのキルヒベルク、アイヒベルク、ヘンケンベルクの3つのクリュから生まれる。キルヒベルクには5.5haを所有し、ピノ・グリ、ピノ・ブラン、ピノ・ノワールを植えている。これらは1970年代と80年代に植えられたもので、石の多い火山岩の土壌で、特色ある個性といつまでも続く塩気を持つ、控えめなワインを生み出す。アイヒベルクのシュペートブルグンダーとグラウブルグンダーは、火山性の石灰華の土壌のために、より滑らかでヴェルヴェットのようである。一方、ヘンケンベルクのヴァイスブルグンダーとグラウブルグンダーは、かなりミネラル質である。新しく植樹されるものは、クローンではなく主にマサル・セレクションによる。フランスのピノのクローンはあまりに早く熟すために使われていない。

コンラートは表情豊かだがエレガントで、本格的で、アルコール度13％程度で楽しめるワインを目指している。赤であっても、ボディよりは果実味を前面に出そうとする。またピノの白は、果実味豊かなだけではなく、ミネラル豊かな火山岩土壌を映し出したものでなければならない。このため収穫は、92 - 97°Oeで、早めに行う。しかし補糖は限られたヴィンテージにしか行わない。発酵は2004年以来、自然に行い、父の頃ほど低温ではない。熟成には、木の風味を最小限に抑えるために、より大きな樽 —— 300 - 1,700ℓ —— を使う。赤の抽出はとてもやさしく行う。ワインは、ヴィンクラーベルクに比べて涼しい気候の恩恵を受け、より高い酸を持つ。低温浸漬の後、果汁は15 - 25日、ステンレスタンクで発酵させる。2003年や2009年のような熟した年には、100％果梗を用いる。クリュのワインは、タランソーとルソーのほとんど新樽で12ヵ月熟成させる。無清澄、無濾過で瓶詰され、10年かそれ以上熟成させることができる。

極上ワイン

2010 Kirchberg Weissburgunder GG
キルヒベルク・ヴァイスブルグンダー

2010年は収量がとても少なかったので、このワインについては、マグナム370本だけを瓶詰した。オーク樽で発酵、熟成させ（30％新樽）、とても爽やかで、純粋な香りで、花のようなアロマがある。味わいはとても繊細で洗練されており、塩気は食欲をそそり、余韻は長く複雑。

2010 Kirchberg Spätburgunder Rappen ★
キルヒベルク・シュペートブルグンダー・ラッペン

キルヒベルクのクリュの一番下の部分で収穫された葡萄から。この場所は、風化した火山岩がより深く、グローセス・ゲヴェクスに使われる上部の区画よりもローム層が厚い。このヴィンテージはより涼しく、湿気が多かったが、このワインはすべての果梗とともに発酵されており、これがワインにある種の野性味を与えている。濃縮した濃い色のベリーのアロマ、クローブや森の下草の風味。堅固で生き生きとした味わい。絹のように滑らかだが迫力があり、爽やかで、凝縮もある。これがコンラートのスタイルだ。とても魅力的。

Weingut Salwey
ヴァイングート・ザルヴァイ

栽培面積：49ha　平均生産量：35万本
Hauptstrasse 2,
79235 Oberrotweil
Tel: +49 7662 384
www.salwey.de

10 | 優れた生産者とそのワイン

プファルツ Pfalz

プファルツは天国である。ドイツの南西部にあるこのワイン生産地域に足を踏み入れさえすれば、それを読み、聞き、見ることができる。——そして、それを感じることさえできる。確かにこのことは200年以上にわたり書き継がれてきた。しかし結局のところ、このことが続いているということが、天国と言われる決定的な特徴である。

年間の日照時間は、1800時間かそれ以上で、年間平均気温は10℃、最低25℃になる夏日が約40日、雨は年間でバランス良く降り、年間降雨量は500-700mm。プファルツの森が風と雨をさえぎるので、上部ライン地溝の中でも守られた場所にある。ライン川とハールトの間、南のシュヴァイゲンと北のボッケンハイムの村の間に植えられていないものなど実質的にはない。アーモンド、レモン、モモ、西洋キョウチクトウ、キーウィー、イチジク、トウモロコシ、ジャガイモ、キャベツ。そして葡萄樹は大小があるが、肉付きのよい金色や濃い色の葡萄である。

葡萄栽培でも、プファルツは天国であり続けている——開発されすぎ、脅威にさらされているにもかかわらずである。ラインヘッセンに次ぐ、ドイツ第二の規模の産地で、葡萄栽培面積は23,445ha、過去10年間の平均収量は100hl/haである。この50年あまりにわたり、ライン渓谷の平坦で砂質の畑では、大半の葡萄が機械で収穫されてきた。このことは、ドイツワインのボトルの3本に1本がプファルツのものであるという事実—— Zum Wohl！（乾杯）——以外にとりわけ、将来有望なことではない。2010年は、上質ワインの45.56%が辛口、24.2%が中辛口、30.24%が甘口（その多くが安い）であった。これらのワインの大半は、技術的には正しく出来ているかもしれないが、個性に欠けている。最高のワインは、ハールト山脈の東向きの丘陵と斜面で造られる。この山脈は、南でフランスのヴォージュ山脈としてつながっていく。リースリング（全葡萄栽培面積の23.6%）、ピノ・ブラン（4.1%）、ピノ・グリ（4.7%）、ピノ・ノワール（6.8%）、シャルドネ、ゲヴュルツトラミナー、ミュスカ（ア・プティ・グラン）、リースラナー、ショイレーベ、どれもとても良い、あるいは偉大な品質になり得る。

特別な気候と、素晴らしく多彩な土壌のために、プファルツで栽培されていない重要品種は事実上ない。ミュラー・トゥルガウやケルナー、その他の熟期が早く、日照が多いことを好まない品種は別として、この場所に適さない品種を、そう多くは挙げられない。列挙した葡萄品種は、最高の果実をつけることができる——さらにオクセロワ（マルベック）、ジルヴァーナー、サン・ローランも付け加える——。またドルンフェルダー（13.3%）、ミュラー・トゥルガウ（9.7%）、ブラウアー・ポルトゥギーザー（8.7%）は合計で、全葡萄栽培面積の約三分の一を占め、生産されるワインの多くを生み出している。ソーヴィニヨン・ブランはいまだ急増しており、シラー、カベルネ・ソーヴィニヨン、カベルネ・フラン、メルロ、テンプラニーリョからの赤は、素晴らしい。

2010年、葡萄栽培面積の61.7%は白葡萄で、38.3%が黒葡萄であった。これを1979年当時の数字と比較すると面白い。1979年には、白葡萄が91%を占め、黒葡萄はわずか9%であった。1990年代後半からの、赤ワインへと向かうドイツの傾向がプファルツに反映されていて、多くの現代的な、濃い赤ワインへと向かっている。それらはブレンドであることが多く、強烈な果実の風味があり、フルボディである。面積の点では、ドルンフェルダーが赤ではスーパースターで、3,112haを占める。ブラウアー・ポルトゥギーザーも戻り、今までのところ2,042haである。プファルツの多くの赤ワインは辛口ではないが、その一方で、しっかりした樽香のワインもある。しかし最も素晴らしいものは、辛口で、繊細で、爽やかで、エレガントである。ピノ・ノワールは石灰岩の土壌でとても良い結果を生み出しているが、混色砂岩の土壌でもうまく育っている。サン・ローランは特にプファルツの北部で、見事になり得る。そこでは、このピノの親戚は、石灰質の土壌に植えられている。さらに品揃えを仕上げるために、ヴァインスベルク州立園芸教育試験場からの新たな交配品種が植えられている。例えば、カベルネ・ミトス、カベルネ・クービン、カベルネ・ドルサ、アコロンである。その多くは、ブレンドや、希少なポート・スタイルのワインに、色と滑らかさを加える。

また伝統的な手法（瓶内二次発酵）で造られる見事なスパークリングワインもあり、ヴィンテージ・ゼクトとして販売されている。最も素晴らしいものは、ブルゴーニュの葡萄品種からのものであるが、リースリングから造るものもある。ヴィルヘルムスホーフやエコノミーラート・レープ

右：ドイツで最も高価な葡萄畑といわれるフォルストのキルヒェンシュテュック名の源となった教会と名前の入った石刻

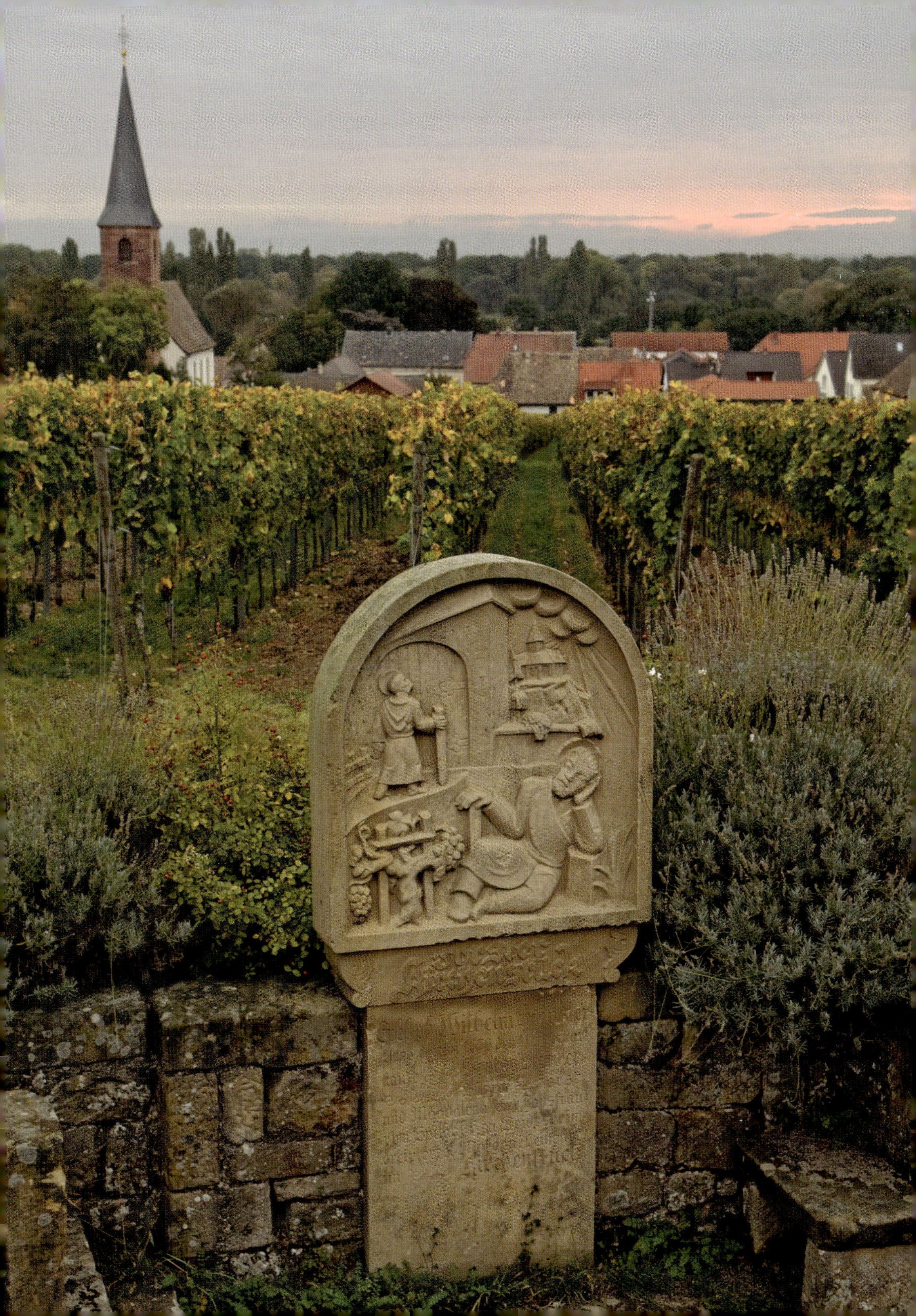
Wilhelm

PFALZ

ホルツ（いずれもジーベルディンゲン）、アンドレ＆ムークラー（ルッペルツベルク）、ライヒスラート・フォン・ブール（ダイデスハイム）は素晴らしい生産者である。

　この10年間、プファルツの中心部は、生育期に旱魃や雹、豪雨に見舞われた。このため近年のヴィンテージは、以前より労働力がかかるようになり、誠実な生産者は収量がかなり少ない。ボトリティス菌が付いてしまった果実や、雹による未熟果を取り除くために、畑でも、増えつつある選果台でも、厳しい選果が必要であった。ワインの多くは、たとえ著名な造り手で、トップクラスの場所にあろうとも、私を納得させてはいない。これらは活力に欠け、欠点のない味わいとするために化粧をしたようなワインである。一方、数年前に有機栽培やビオディナミ農法に転換した生産者のワインは、実に印象的である。熟して健全な葡萄から本格的なワインを造るという目的は、純粋で活気に満ち、バランスも良く、エレガンスやフィネスがあるワインを生み出した。有機栽培が雹から葡萄を守るわけではない。しかし、ワインの欠点を隠すための化学的な修正や、高い残糖などは、ワインの原産地やヴィンテージを反映させた本格的なワインを造ろうとする生産者の哲学の中にはない。ビュルクリン・ヴォルフ、クリストマン、レープホルツ、Dr. ヴェーアハイムなど、トップクラスの生産者は、有機栽培へと動いた。

　20年前、プファルツの良質のワインというと、ミッテルハールトからのワインを意味していた。特に、フォルスト、ヴァッヘンハイム、ダイデスハイムの村の風化した混色砂岩の土壌からの洗練されたリースリングであり、100年以上にわたり世界的に知られていた。しかし今日、プファルツというと、ボッケンハイムからノイシュタット・アン・デア・ヴァインシュトラーセまでのミッテルハールトだけではない。ノイシュタットからシュヴァイゲンまでの、フランスとの国境沿いのズュートリッヒェ・ヴァインシュトラーセのことも意味する（p.89の地図参照）。プファルツの絵のように美しい南部の土壌はとても多様だが、リースリングとブルゴーニュ系の品種から造られる最高のワインは、石灰岩、貝殻石灰岩、混色砂岩、赤底統が主体の土壌に植えられている。アロマ豊かな美味しい白ワインはまた、ゲヴュルツトラミナー、ゲルバー・ムスカテラー、リースラナー、ショイレーベからも造られている。これらの品種は主に、深い黄土やコイパーの土壌に植えられ、甘口ワインとして瓶詰めされている。シュペートレーゼとアウスレーゼは、ワールドクラスの品質となり得るものである。これらのワインはいつでも、ゲヴュルツトラミナーであっても、エレガンスとフィネスを持っているからである。

　長くバルクワインを造り、安くて甘いというイメージ以外になかったプファルツ南部での品質改革の動きは、25年前、6人の生産者仲間により始まった。ハンスイエルク・レープホルツ（エコノミーラート・レープホルツ）、カール・ハインツ・ヴェーアハイム（Dr. ヴェーアハイム）、フリードリッヒ・ベッカー、トーマス・ジークリスト（ラインスヴァイラー）、そしてライナーとグンターのケッスラー兄弟（ランダウ・ゴッドラムシュタインのヴァイングート・ミュンツベルク）である。残念ながら彼らすべてについてここで述べることはできないが、ヴァイングート・ミュンツベルクのシャルドネ、ヴァイスブルグンダー、シュペートブルグンダーや、ジークリストのリースリング・ゾンネンベルクGGは素晴らしい品質で長命である。

　このグループの成功は、他の若い生産者を刺激し、彼らが土地を開拓して高品質のワインを造るようになった。南プファルツ・コネクションが、一つの有望な結果である。ギース・デュッペルとペーター・ジーナー（ビルクヴァイラー）、ボリス・クランツとスヴェン・ライナー（いずれもイルベスハイム）、クラウス・ショイ（シュヴァイゲン・レヒテンバッハ）は発見するに値する。グレーフェンホイザー・エーデルブルグンダーもそうである。より標高の高い場所の素晴らしいピノ・ノワールで、コネクションが2004年ヴィンテージから蘇らせたものである。このワインの歴史は1355年にさかのぼる。1822年にはプファルツで最も高価なワインの一つであり、1929年にはアメリカに向かうハッパグロイドのヨーロッパとブレーメン便の機内でもサービスされた。

　その他に飲んでみるべきワインは、ティナ・プファフマン（フランクヴァイラー）、テオ・ミンゲス（フレムリンゲン）、ミュラー・カトワール（ハールト）である。ミュラー・カトワールは、約40年にわたり、ワインメーカーのハンス・ギュンター・シュヴァルツのもと、品質追求への原動力となった。現在、ワイン（主にリースリング）は、とてもきれいで、エレガントで、気品がある。今回、取材のための試飲が実現せずここで、その詳細にふれることができないのはとても残念である。

　プファルツの北部では、良い場所の葡萄樹は主に、石灰岩や泥灰質の土壌に植えられており、いつでも素晴ら

上：ズュートリッヒェ・ヴァインシュトラーセの端で、フランスとの国境に近い、絵のように美しいシュヴァイゲンの村

しいワインを生み出す可能性があるが、20年前までは、トップクラスの生産者はまれであった。しかし当時でも、ケーラー・ループレヒトの唯一のカルシュタッター・ザウマーゲン・リースリング（シュペートレーゼ・トロッケン・R［リザーヴ］またはアウスレーゼ・トロッケン）は、プファルツの象徴的なワインとなっており、地球上で最も素晴らしいリースリングの一つであった。この生産者のブルゴーニュのスタイルのピノ・ノワール、グラウブルグンダー、そしてシャルドネも有名になったが、今ではとても希少である。プフェッフィンゲン（バート・デュルクハイム－プフェッフィンゲンのヴァイングート・フールマン・アイマエル）、カール・シェーファー（バート・デュルクハイム）も、20－25年前にはすでに素晴らしい生産者であった。またクニプサーは昔は知られていなかったラウマースハイムという、この地方のかなり北にあるが、辛口のリースリングと赤ワイン（シュペートブルグンダー、サン・ローラン、カベルネ・ソーヴィニョン、シラー）で認められた。フィリップ・クーン（ラウマースハイム）、ヴァイングート・シューマッハー（ヘルクスハイム・アム・ベルク、シュペートブルグンダーが非常に印象的）、リングス（フラインスハイム）、カール・プファッフマン（ヴァルスハイム）、ヴァイングート・オーディンスタール（ヴァッヘンハイムのかなり上方）、わずかだけを挙げたが、これらの生産者はこの本にもっとスペースがあれば掲載されていたであろう。

しかし最も厳しい判断は、ダイデスハイムの良く知られた2つの生産者、ライヒスラート・フォン・ブールとバッサーマン・ヨルダンについてであった。どちらの生産者もミッテルハールトで最高の畑に区画を所有していて、彼らのワインはワールドクラスの品質になり得るが、かなり満足のいかないものもある。フォン・ブールは2013年から、管理体制が新たなものとなる予定である。私はバッサーマン・ヨルダンの代わりに、ヴァイングート・フォン・ヴィニンク（旧Dr. ダインハルト）を掲載することとした。というのもこの生産者は、2008年以降、わくわくさせるようなワインを生み出しており、ドイツワイン界では来たるべきスーパースターだからである。

109

PFALZ

Weingut Friedrich Becker
ヴァイングート・フリードリッヒ・ベッカー

　何年にもわたり、プファルツのかなり南にあるヴァイングート・フリードリッヒ・ベッカーは、ドイツでトップのシュペートブルグンダーの生産者の一つである。トップのワイン——シュペートブルグンダー・リザーヴと、ピノ・ノワール。どちらも「スペシャル・セレクション」——は、ドイツのワイン評価誌から常に最高点を受けている。2001から2009ヴィンテージまで、8回も、どちらかのワインが、ゴー・ミヨのGerman Wine Guideにより、ベスト・シュペートブルグンダーとして表彰されている。しかし、どちらのワインも希少で、高価で、代表的とはいえない。

　私はこの本に、仮想と言ってよいようなワインのことは書きたくなかったので、ザンクト・パウルとカンマーベルクの2つのグローセス・ゲヴェクスのシュペートブルグンダーを試飲したいと頼んだ。面白いことに、どちらのワインも年産3,000-4,000本で、表彰を受けている希少なワインよりも、内部的には一段階下にランクされているが、こちらのほうがより代表的である。ベッカー Jr. ——フリードリッヒ・ヴィルヘルムまたはクライナー・フリッツとも呼ばれている——は私に、グローセス・ゲヴェクスのワインの2009、2008、2007と2005ヴィンテージと、ピノ・ノワール2004を注いでくれた。私はその品質にまさに感動した。何年もの間、ベッカーのピノは、アロマ豊かな香りはいつでも爽やかで、良いブルゴーニュのように芳香性が高いが、わずかに抽出が強すぎると感じていたことを認めなければならない。しかし今日、どちらのグラン・クリュも、偉大なシュペートブルグンダーであると認める。「私たちは畑作業と醸造中の多くのことを、2007年以降変えました」と、ベッカー Jr.は語ってくれた。彼は一族の7代目であり、2005年にすべてのワインの醸造を引き継いだ。一方、父親のフリードリッヒ——グローサー・フリッツ——は、葡萄樹の世話をしている。

　詳細に入る前に、場所がどこであるかを正確に見ておきたい。家族経営のこのワイナリーは、フランスとの国境に近いシュヴァイゲンにある。一族の葡萄樹の多くは、実際にはフランス（アルザス）で栽培されているが、シュヴァイゲンとヴィッセンブールの間は、ドイツのワイン法に従

右：フリードリッヒ・ベッカーと息子のフリードリッヒ・ヴィルヘルム。この著名な家族経営のワイナリーを運営する6代目と7代目である。

何年にもわたり、プファルツのかなり南にあるヴァイングート・フリードリッヒ・ベッカーは、ドイツでトップのシュペートブルグンダーの生産者の一つである。
今日、ここは最高のブルゴーニュのワインと競い合う。

WEINGUT FRIEDRICH BECKER

う。1971年、多くの異なる単一畑が、240haという一つの大きな場所にまとめられた。これがシュヴァイゲナー・ゾンネンベルクである。ここは昔、10haの有名なクリュであったが、現在では、その名前はほとんど何も意味しない。というのも、土壌、方向、栽培されている品種が多様だからである。

ブルゴーニュワインの一ファンとして、
ベッカーは、ドイツで最初にピノと
シャルドネにバリックを使った
生産者の一人である。

　最高のワインは、石灰岩と泥灰の土壌に植えられている。このため、南プファルツの高品質ワインの先駆者であるフリードリッヒ・ベッカー Sr.は、1966年以降、主にブルゴーニュ品種を植え始めた。特にピノ・ノワールで、これは栄光ある過去の後、低収量のために第二次世界大戦後は数が少なくなっていた。1973年、ベッカーが父からワイナリーを引き継いだ時、彼は協同組合に葡萄を売るのをやめ、瓶詰をして自分のワインを売ることを始めた。ブルゴーニュワインの一ファンとして、彼は1990年頃、ドイツで最初にピノにバリックを使った生産者の一人であり、シャルドネ、カベルネ・ソーヴィニョン、メルロといった、かつては「禁じられていた」葡萄品種にも樽を使った。「私たちは、ブルゴーニュの同志と同じ気候、ほとんど同じ土壌であることがわかっていましたが、ワインを造り始めた時、自然の恵みをどのように素晴らしいワインの中に伝えるかを知らなかったのです」とベッカー Sr.は私に語ってくれた。今日、彼のシュペートブルグンダーは、ブルゴーニュの最高のワインに挑んでいる。

　2007ヴィンテージから、ベッカーは生理学的に熟したピノを、100°Oe以上ではなく、わずか92‒98°Oe度で収穫してきた。「13%のアルコール度が、ピノ・ノワールには十分です」とフリッツ Jr.は言う。「ピノについては、高い糖度よりも良い酸があることの方がずっと重要であるということを学びました」。彼によると、2008年は酸が6g/ℓ、2009年でさえ、5.9g/ℓであるという。このためベッカーは、樹冠の葉を減らし、樹冠管理を強化し、畝の間に草を生やし、葡萄樹との競合を活性化させた。

　ワイナリーでは、ベッカーは木桶の数を2基から7基に増やした。これにより、これまではわずか10‒18日であった浸漬の期間を、2008年以降、3週間に伸ばした。低温浸漬は行わず、発酵中の温度（発酵は10‒14日続く）は、色とタンニンのより良い抽出のために、早いうちから36℃まで上げる。果梗については、いくつかの実験は行ったが、今のところフリッツ Jr.はまだ確信を持っておらず、すべての葡萄は、発酵槽に入れられる前に除梗される。種とタンニンが熟している時は、圧搾は以前ほどやさしくは行わない。「固形物が渇くまで圧搾します」とフリッツ Jr.は誇らしげに述べた。ステンレスタンクで静置した後、そのまま搾汁をバリックに移す。品質的な理由から、ベッカーはブルゴーニュの樽を好んでいる。このためメーヌ・ド・ラ・ロマネ・コンティを含むブルゴーニュのトップの生産者から、一年落ちの樽を購入している。「我々のフランスの仲間たちは、まさに最高の樽を入手しています。私たちには彼らと同じ品質のものは決して手に入らないので、『トップの品質に劣る』新樽よりも、トップの品質の中古の樽を買うほうが良いのです」。その結果、新樽（メーカーは主にフランソワ・フレールとタランソー）の使用は現在ではそれほど多くなく、2009年のような、豊かで力強い年でも、すべてが新樽ではなく、新樽は、「80%しか」使っていないという。熟成の期間は、ワインの味わいにもよるが、12‒18ヵ月。2007年以降、瓶詰前に清澄は行っていない。このため無濾過のワインは、現在はそれほど輝きはない。

　ピノ・ノワールは、ベッカーが栽培する最も名声をあげた品種だが、他にも素晴らしい品質のワインがある。18.5haの畑から、65%はピノ系の品種（シャルドネも含む）で、22%がリースリング、残りが、ジルヴァーナー、ムスカテラー、ゲヴュルツトラミナー、ドルンフェルダー、ポルトゥギーザー、カベルネ・ソーヴィニョン、そしてメルロである。ベッカー Jr.が、一族と付き合いの長い、赤ワインのコンサルタントとして有名なシュテファン・ドルストの助けを借りて醸造を行い、白ワインも、より偉大なスパイシーさ、エレガンス、フィネスを獲得した。軽く、繊細で、活きのいいリースリングの多くは、黄土と砂岩の土壌に植えられているが、純粋で塩気のあるゾンネンベルク・グローセス・ゲヴェクスは、やせた石灰岩の土壌に植えられている。葡萄樹は1960年代の半ばに、かなり風の強い区画に植えられ、驚くほどに軽く、エレガントで、良い表情のワインを生み出す。カベルネとメルロはより深い、粘土質とローム

の土壌に植えられ、フルボディで強烈で、力強いブレンドとなる。

極上ワイン

(2011年11月、500mlのサンプルから試飲)

St Paul Spätburgunder GG
ザンクト・パウル・シュペートブルグンダー

　この「フランスの」葡萄畑は、すでに14世紀にヴィッセンブールのシトー会の修道士が栽培を行っていたが、前世紀には、この小さな小区画（ここから4種のピノ・ノワール・バリックのひとつができる）を除いて、果樹以外は何も栽培されていなかった。ベッカーは21世紀初めに、とても傾斜が急で南向きで、石灰岩の岩がちの土壌の区画を購入し、木々を引き抜いて、デイジョン・クローンとドイツのマリーエンフェルダー・クローンのピノを合わせて植えた。最初のヴィンテージは2004である。ワインはとても果実味豊かだが、純粋で、率直で、いつでも爽やかで、偉大なエレガンスと絹のようなフィネスを持っている。収穫後2年たってリリースされる。

2009　輝きのあるガーネット色。すっきりしていて、爽やかで、スパイシーで、赤いベリーとチェリーのアロマの香り。とても純粋。味わいにも心地よい純粋さとすがすがしい酸味がある。絹のように滑らかで、とてもエレガントだが率直で、明快な果実の表情が感じられる。ワインは充実していて濃密で、繊細な酸による構成があり、熟して洗練されたタンニンを持つ。まさしく食欲をそそる。

2008　よりルビー色。とても明快で深みのある香りは、濃い色の果実やスパイシーな果実のアロマ。濃密で、豊かな果汁感があり、絹のように滑らかだが、爽やかで凝縮のきいたタンニンと生き生きとした酸味によるしっかりとした構成がある。特有の個性があり、濃縮感も程よく、力もある。

2007★　かなり涼しい夏の後、ハングタイムが長かった。濃いガーネット色。とても素晴らしい果実と花のようなアロマ。とても純粋で強烈で、かなりたっぷりとしていて甘い香り。充実していて、濃縮感があり、熟した、豊かな味わい。口の中を満たしてくれるワインで、余韻には果実や花のようなアロマが長く続く。後味の爽やかさが、どうしてももっと飲みたいと思わせる。美味しい。

Kammerberg Spätburgunder GG
カンマーベルク・シュペートブルグンダー

　カンマーベルクは、ヴィッセンブールに近い、かつての単一畑で、傾斜が険しく、南向きであり、ベッカーが1966／67年に回復させた。古い葡萄樹は——クローンが混ざっていて、フランスのクローンは、はるかに少ない——深い泥灰土や石灰質の土壌に植えられ、豊かで強烈で、力強いが、繊細でエレガントで、爽やかなシュペートブルグンダーを生み出している。このため、新樽の比率はザンクト・パウルよりも高いが、ドメーヌ・ド・ラ・ロマネ・コンティの一年落ちの樽も使っている。2009年ヴィンテージ以降、ワインは収穫後3年たってからリリースされるようになった。

2009　深く本格的な香りで、チェリーやバラの純粋で濃縮したアロマ。豊かで、肉付きが良く、フルボディの味わい。より深い粘土質の表土のために、堅固なタンニンがある。透明感があり、アロマ豊かでブルゴーニュ・スタイルのザンクト・パウルよりも、このワインのほうがより凝縮していて、甘く、チョコレートのようで、力強い。熟成能力は見事。

2008　とても熟しているが、洗練された果実のアロマは濃い色の塩漬けにしたチェリーを感じる。甘美で、絹のように滑らかな味わいで、偉大な複雑さと、長さのある、豊かで力強いブルグンターのワイン。活気のある酸と、堅固なタンニンによる完璧な構成。過熟に近いが、ちょうど良いところにとどまっている。偉大なワイン。

2007★　輝かしい果実味と花のようなアロマがある、うっとりとさせられるような香り。豊かで、丸く、強烈で、絹のように滑らかな味わい。活気に富むが、しっかりとした構成があり、洗練されていて、偉大なエレガンスとフィネスを持つ白亜質を感じさせるピノ。わくわくさせられる。

2005★　深みがあり、純粋で、絹のように滑らかな香りには、コショウや生肉が感じられる。エレガントで、絹のように滑らかだが、特色のある力強い味わい。素晴らしい濃縮感と複雑さがあり、堅固で凝縮のきいたタンニンの見事な構成がある、ワールドクラスのピノ。味わいも印象的に長く、余韻は皮革を思わせる。デキャンタするとさらに良くなるはずだ。

Weingut Friedrich Becker
ヴァイングート・フリードリッヒ・ベッカー

栽培面積：18.5ha　平均生産量：10万本
最高の畑：シュヴァイゲン・ゾンネンベルク（カンマーベルクとザンクト・パウルの区画を含む）
Hauptstrasse 29,
76889 Schweigen
Tel: +49 634 2290　　www.friedrichbecker.de

PFALZ

Weingut A Christmann
ヴァイングート・A・クリストマン

ミッテルハールトのベライヒにあるギメルディンゲン村のヴァイングート・A・クリストマンの歴史は1845年にさかのぼるが、この10年あまりの間に、19haの家族経営のこのワイナリーをプファルツで最高の生産者の一つとしたのは、シュテフェン・クリストマンである。クリストマンは、弁護士の資格を持ち、修行を積んだ葡萄栽培者で、2007年にVDPの会長となった。ドイツの葡萄畑の格付けとグローセス・ゲヴェクスについて、とても卓越した主張者であり、推進者である。彼は、ブルゴーニュの、原産地に基づくワインの階層的分類手法を自身のワインに導入した。

果実味豊かで刺激のあるベーシック・ワイン（リースリング、ピノ・ブラン、ピノ・グリ、ピノ・ノワール、サン・ローラン）の上に、ケーニヒスバッハとルッペルツベルク（リースリング）、ギメルディンゲン（リースリング、ピノ・ブラン、ピノ・グリ、ゲヴュルツトラミナー）の名高い村名のワインが位置する。さらにダイデスハイマー・パラディースガルテン（リースリング）、ギメルディンゲナー・ビーネンガルテン（リースリング、ピノ・ブラン）、ケーニヒスバッハー・エーレルベルク（リースリング、ピノ・ノワール）といった格付けされた場所からの素晴らしいプルミエ・クリュがある。頂点には、最高の場所から生まれる5つの表情豊かなグローセス・ゲヴェクスのワインが位置する。ルッペルツベルクのライタープファート（リースリング）、ダイデスハイムのランゲンモルゲン（リースリング）、ギメルディンゲンのマンデルガルテン（リースリング）、ケーニヒスバッハのイディッヒ（リースリングとピノ・ノワール）である。

何年もの間、シュテフェン・クリストマンは、ドイツの中で最も素晴らしく、最も特色のある一連のワインを生み出してきた。現在、そのワインは、さらに透明感が増し、生き生きとして、飲みやすくなった。

クリュは2種類の土壌を反映している。クリストマンの大半のワインは、三畳紀の風化した混色砂岩の土壌から生まれるが、ケーニヒスバッハの葡萄樹は、第三紀の石灰岩の土壌に植えられている。この土壌は、ミネラル豊かで複雑で、和らげられた酸味と絹のように滑らかなテクスチュアを持つワインを生み出す。一方、砂岩の土壌からのワインは、果実味主体で活発さがあり、エレガンスとフィネスに溢れる。

1990年代、クリストマンは、欠陥のない果実味主体のワインを造ることに満足していた。しかし、より複雑で、テロワール主体の方法にしない限り、更に良くはできないということを認識した。クリストマンは2000年を転換点と位置づけているが、以来、彼の究極の目標は、「葡萄畑の本当の特徴を見出し、それを特色あるワインに反映させること」となった。このため有機農法に転換し、2004年にはビオディナミ農法へと変更した。同時に、醸造学上は認められている添加物を使うことをやめ、葡萄畑の自然の個性をより表現するようになった。またオーク樽を採用し、2004ヴィンテージ以降、彼のグラン・クリュは、ステンレスタンクと合わせて、一部は伝統的なハルプシュテュック、シュテュック、ドッペルシュテュック（600 – 2,400ℓ）の樽で発酵・熟成されている。この数年、最高のワインは自然発酵だが、クリストマンは、それにこだわっているわけではない。また、マロラクティック発酵についても柔軟である。「年によりマロラクティック発酵が起こる時と起こらない時があります。いずれにせよ味わいではわかりません」。

クリストマンは、ワインに調和と気品、活気を求めて力を尽くし、その鍵は葡萄畑にあると信じている。このため、彼は活力に満ちた土壌と、平均樹齢20年で、深く根を張った葡萄樹のバランスの取れた生長を求めている。植樹密度は、伝統的な5,000本/haから、現代的な8,000本/haまであり、通常の年には、一畝おきに草を生やしている。4年か5年ごとに、浅い根は、他の根が土壌に深く張り込むように切ってしまう。自然の抵抗力を高めるために、ビオディナミの調合剤を散布する。クリストマンによると、ビオディナミ農法により、葡萄樹の植物的生長は早く終わるようになり、このため葡萄の果実は、過度の糖度になることなく完熟に達するという。実際、グラン・クリュのアルコール度が13%を超えることはめったになく、この数年、かなり低めである。これは、葉の茂みを薄くしただけではなく、以前よりも低くしたための結果でもある。

収量は低く抑えられ、グラン・クリュで平均約38hl/haである。35 – 40名で構成されるクリストマンの収穫チー

右：元気が良く活動的なシュテフェン・クリストマンは、VDPを率い、さらに再生した家族経営のワイナリーを運営している。

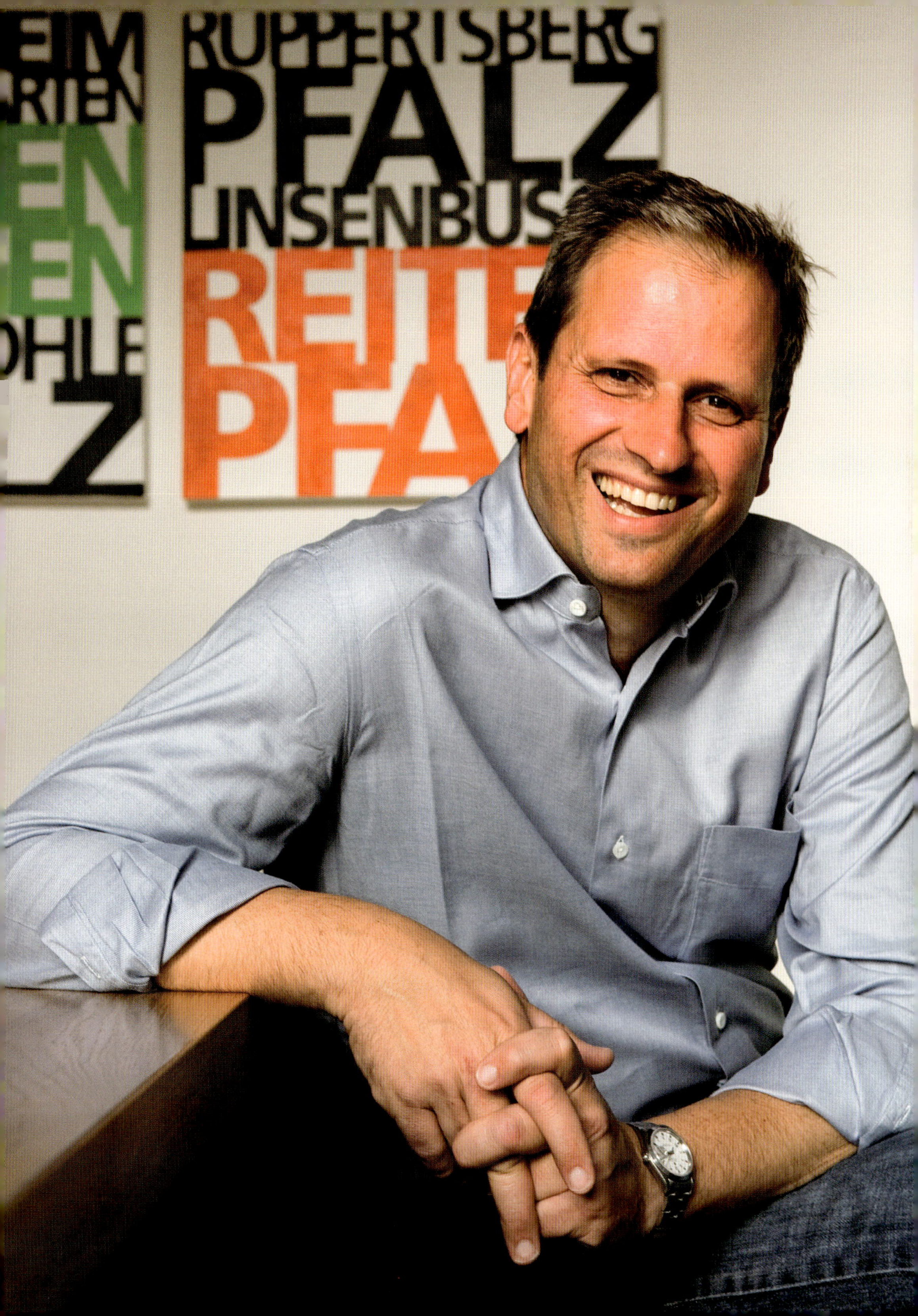
RUPPERTSBERG
PFALZ

WEINGUT A CHRISTMANN

上：イディッヒで葡萄樹の幹を包むのにふさわしい酒好きのモチーフのカバー。イディッヒはクリストマンの単独所有で、14世紀以来の名声がある。

ムは、遅くに収穫し、選びながら、すべて手で収穫する。収穫は9月に始まり、可能であれば10月下旬-11月初旬以降に終了する。熟して健全な果実だけが受け入れられ、ボトリティス菌がついた葡萄は避けられなかった場合でも5%以下である。できるだけ正確なワインを生み出すために、破砕場にある選果台で二回目の選果を行う。こ

れはドイツではきわめて稀である。

軽く除梗した後、浸漬は3-18時間行い、圧搾の後、発酵はクリスマスまで続く。グラン・クリュとピノは、一部またはすべてを木樽で発酵させるが、その他のワインはステンレスタンクで発酵させる。発酵温度は、白の場合、23℃までに保つ。ワインは発酵の後に初めて、亜硫酸を添加する。その後2-6ヵ月の後、軽く濾過して、残糖は5-6g/ℓより少ない量で瓶詰する。2009年イディッヒ・リースリング・アイスヴァインや2010年の高貴なイディッヒやライタープファートのリースリング・アウスレーゼのようなプレディカーツワインは、めったに造られない。

何年もの間、シュテフェン・クリストマンは、ドイツの中で最も素晴らしく、最も特色のある一連のワインを生み出してきた。しかし私は、彼が有機栽培や、より自然な醸造に変えてから、ワインにさらに透明感が増し、生き生きとして、飲みやすくなったと思う。クリストマンのグーツヴァインは、毎日飲むのに、そして友人たちと楽しむのにとても良い。村名ワインもすでに印象的なほどに個性が現れ、プルミエ・クリュはさらにそうである。私はステンレスタンクで発酵させたケーニヒスバッハー・エールベルク・リースリングが最も好きだ。その複雑さ、エレガンス、塩気の多い余韻がその理由である。2007年以降、ケーニヒスバッハー・リースリングSCが、イディッヒGGのセカンドワインとして造られている。これは若い葡萄樹（樹齢20年以下）のもので、グラン・クリュには値しないとクリストマンが判断した葡萄から造られている。ステンレスタンクと伝統的な大樽で発酵され、モスト量は97°Oeまで。とても複雑で持続性のあるワインで、イディッヒの魅力を暗示しているが、はるかに安い。

極上ワイン

Reiterpfad Riesling GG
ライタープファート・リースリング

やや平らで、南東を向いた、77haのこの場所は、ほとんど地中海的な気候と石灰質の砂、砂質ローム、風化した砂岩であることが特徴である。クリストマンはここに、0.9haを所有しており、彼のワインはアプリコットや桃の輝かしい風味を見せるが、この場所で造られる他の多くのワインほどの豊かさはない。そのかわり、2010年のワインが示しているように、とても純粋でエレガントで、ほとんど重さがないほどで、ぴりっとしたミネラル感がある。

とても緻密な**2009年**も同様に素晴らしく、エレガントで気品があり、塩気のあるミネラルで支えられている。

Langenmorgen Riesling GG
ランゲンモルゲン・リースリング

　ランゲンモルゲンが最初に言及されたのは、1491年にさかのぼる。長く、南東向きの段丘で、ミッテルハールトの典型的な混色砂岩の土壌である。石灰を含んだの黄土とロームの地層は、この豊かなクリュの強烈な果実の風味に深みと充実感を与える。**2010年**は、クリームのように滑らかなテクスチュアだが、ミネラルの塩気と食欲をそそる気品にわくわくさせられる。**2009年**は深みがあり、スパイシーでエレガント。わくわくさせられるリースリングで、豊かさはそれほどもでもないが、魅惑的なほどに純粋で洗練されている。クリストマンはここに0.18haしか所有していないので、ランゲンモルゲンはとても希少である。

Mandelgarten Riesling GG
マンデルガルテン・リースリング

　マンデルガルテンはメーアシュピンネの一部で、確かにギメルディンゲンの中で最高の畑である。ヴィッセンブール（アルザス）の修道士がすでに、1456年までに、その並外れた品質について書き留めている。南南向きのマンデルガルテンは、ギメルディンゲン渓谷にあり、夜間の気温はより涼しい。土壌は主に、砂岩の巨礫と黄土だが、古い葡萄の樹の根の到達することのできる巨大な石灰岩の層がある。**2010年**は心地よい火打石とハーブのアロマがあり、黄色い核のある果実と調和しており、味わいはとても複雑で、じゃれつくような、それでいて気品のある酸味が特徴。**2009年**は暖かい年であったにもかかわらず、すっきりしていて典型的なリースリングである。味わいは豊かな果汁感があり、で、エレガントで、ミネラルの風味が食欲をそそる。酸は角がとれているが、2010年ほどの気品はない。余韻の長さは程よい。

Idig Riesling GG
イディッヒ・リースリング

　驚くほどにエレガントで、滑らかで、複雑で、持続性があり、ミネラル豊かで絹のように滑らかなイディッヒ・リースリング GGは、どの年でも、クリストマンのワインの中で最も印象的である。このワインの葡萄は、1346年という昔にすでに言及されていたケーニヒスバッハの急斜面の南向きの4haの場所で造られている。西側はローランズベルクに守られ、丸みを帯びたこの場所は、暖かい気候に恵まれ、生理学的な熟度が高い。イディッヒは19世紀と20世紀の間、ライヒスラート・フォン・ブールが大半を所有していたが、クリストマン一族はここに、1937年から区画を所有。1992年にすべての場所を賃借し、2005年に購入した。そして現代的なプファルツの象徴となったワインを生み出した。リースリングは平均樹齢20年で、石灰質の泥岩土壌に植えられている。収量は、この15年間、16.7hl/ha（1999年）から48.5hl/ha（2007）年の間に抑えられている（3,200-13,900本）。収穫日は、10月中旬から11月初旬と多様。20年熟成さ

せることができ、この10年の間で並外れて素晴らしい3つのワインがある。

2010年★　スパイシーな香り。滑らかでエレガントで、驚くほど早熟な味わい。とても凝縮していて、繊細な酸味と特色あるミネラル感により印象的な構成がある。素晴らしく長く、複雑で、10年はたやすく熟成するできるだろう。

2009年★　ボディと果実の風味が豊かだが、とてもエレガントで、ほとんど重さを感じない。複雑な余韻はとても長く続き、偉大な熟成能力を持つ。

2004年★　熟していて、豊かで凝縮しているが、繊細な香り。味わいは、甘美な成熟感と見事な凝縮感、複雑さが、注目に値する生き生きとした感じと長く続く塩気と共存している。

1990　この黄金色のワインは（2009年に試飲）、繊細な果実の成熟感が、カモミール、キャラメル、ハチミツのアロマと共存している。味わいはとても純粋で、洗練されていて、エレガントで、長く、ミネラル感もある。

Idig Spätburgunder GG
イディッヒ・シュペートブルグンダー

　樹齢40年の樹で、収量は35hl/ha。このワインは、ドイツのシュペートブルグンダーの最も素晴らしいものの一つである。葡萄は除梗し、発酵後、ワインを小樽に移し、約2年間熟成させる。**2008年**は、とても繊細で明快な香りで、チェリーやたばこのアロマが感じられる。絹のように滑らかで、巧妙に凝縮していて、堅固な構成があるこのピノは、爽やかさ、エレガンス、フィネス、持続性を持ち合わせている。**2007年**は、深みがあり熟していて、香りは強烈。豊かな味わいは、甘い果実で一面を覆われ、繊細で熟したタンニンによる良い構成があり、程よい長さのスパイシーな余韻へと続く。

Weingut A Christmann
ヴァイングート・A・クリストマン

　栽培面積：19ha　平均生産量：13万本
　Peter-Koch-Strasse 43, 67435 Gimmeldingen
　Tel: +49 6321 660 39
　www.weingut-christmann.de/

PFALZ

Weingut Koehler-Ruprecht
ヴァイングート・ケーラー・ループレヒト

ヒュー・ジョンソンは、トップのワインというものは、ワインだけでなく、ワイナリーを丸ごと買いたいという欲望を刺激するものだとかつて言っていた。そうであるなら、アメリカの投資家が2009年に、カルシュタットにある、この崇敬されている家族経営のヴァイングート・ケーラー・ループレヒトを購入した時に、そのワインにどれほど心を奪われていたか想像できるであろう。アメリカ人たちは、ワイナリーを購入しただけではない。愛されているワインのスタイルを維持するために、前オーナーのベルント・フィリッピを数年間、CEO兼ワインメーカーとしてとどめることとした。フィリッピの祖父のエルンスト・ケーラーが1920年頃にこのワイナリーを設立したが、フィリッピ自身は子供がない。この買収以来、フィリッピは、数年間行ってきたことを続けてきているが、今では富豪として行っている。彼は他の様々なプロジェクトも抱えている。ブロイアー（ラインガウ）やネーケル（アール）の一族と共同所有しているポルトガルのドウロ渓谷のキンタ・カルヴァローザ、南アフリカのモン・デュ・トワ・エステート、さらには中国での新たなコンサルティングのプロジェクトである。

*30年の間に、ベルント・フィリッピは
カールシュタッター・ザウマーゲンを、
ドイツで最も有名で大切な辛口の
リースリングの一つとした。*

30年の間に、フィリッピはカルシュタッター・ザウマーゲンを、ドイツで最も有名で大切にされる辛口リースリングの一つに育て上げた。ザウマーゲンの神話とは何か？
この場所は、豚の胃袋の形（ドイツ語でザウマーゲン）をしていて、40haの南・南東向きの場所で、カルシュタットの西のはずれにある。標高は120–150mとかなり高いが、その地形のために、西と北を冷たい空気から守られている。このため、この村の他の畑よりも、葡萄はややゆっくりと、遅めに熟す。ザウマーゲンはローマ時代、石灰岩の石切り場であった。もろく白亜質の泥灰と黄土・ローム質の土壌には、依然として無数の小さな石灰岩が含まれていて、これが葡萄を暖め、葡萄を熟させ、ワインを豊かにする。しかしながら、カリスマ性がありパワフルで、堅固な、フィリッピのほぼ辛口のザウマーゲン・リースリングは、アルコール度は控えめで、12.5%を超えることもめったにない。

フィリッピによると、彼の魔法のザウマーゲンやその他のワインに、何も隠し事はないという。「私は、1920年代に祖父がやっていたようにワインを造っているだけです」と彼は言う。「灌漑をしない、化学肥料を使わない、除草剤を使わない、補糖を行わない。手で収穫し、完璧な葡萄だけを選り分けて5回まで収穫する。自然発酵、600、1,200、2,400ℓのハルプシュテュック、シュテュック、ドッペルシュテュックの伝統的な卵型の樽で熟成させる。それだけです」。

実際、彼のすべての畑は、持続可能な農法により栽培されている。特にカビ病に対する農薬の散布はきわめて稀である。フィリッピは、摘房も、果房を半減させることも行わない。そのかわりに、それぞれの畑では、異なる熟成度合にあわせて5回まで収穫を行う。格付けが高いものほど、より凝縮したワインで、市場に出回るまでに、より長い時間がかかる。シュペートレーゼ・トロッケン Rは4年後に販売され、アウスレーゼ・トロッケン Rは6年後に販売される。Rの文字が付いているのは、特別なセレクションであることを示している。これらは、この上なく素晴らしい品質と熟成能力を持つ希少ワインである。

しかしながらフィリッピは、ザウマーゲン・リースリングを上回るものを造っている。ケーラー・ループレヒトは全部で10.5haの葡萄畑を所有している。このうち約50%にはリースリングが植えられ、20%はピノ・ブランとピノ・グリ、シャルドネ、20%はピノ・ノワール、残りの10%はゲヴュルツトラミネールとショイレーベである。

白葡萄は破砕し、12–24時間浸漬する。遠心分離機で果汁を取り出し、伝統的な楕円形のオークか栗材の樽で自然発酵させる。樽の容量は300–2,400ℓである。発酵温度はコントロールしないが、モストの透明さと樽のサイズが小さいために、18℃を超えることはない。3–4週間の発酵の後、ワインは異なる樽に澱引きされ、その中で、甘口ワインは4月か5月まで、辛口は9月まで置いておく。すべてのワインは軽くフィルターを通すだけである。

ピノ・ノワールの醸造も伝統的である。葡萄は除梗し、

右：ベルント・フィリッピ（右側）とワインメーカーのドミニク・ゾナ。2009年にアメリカ人の投資家に売却した家族経営のワイナリーにて。

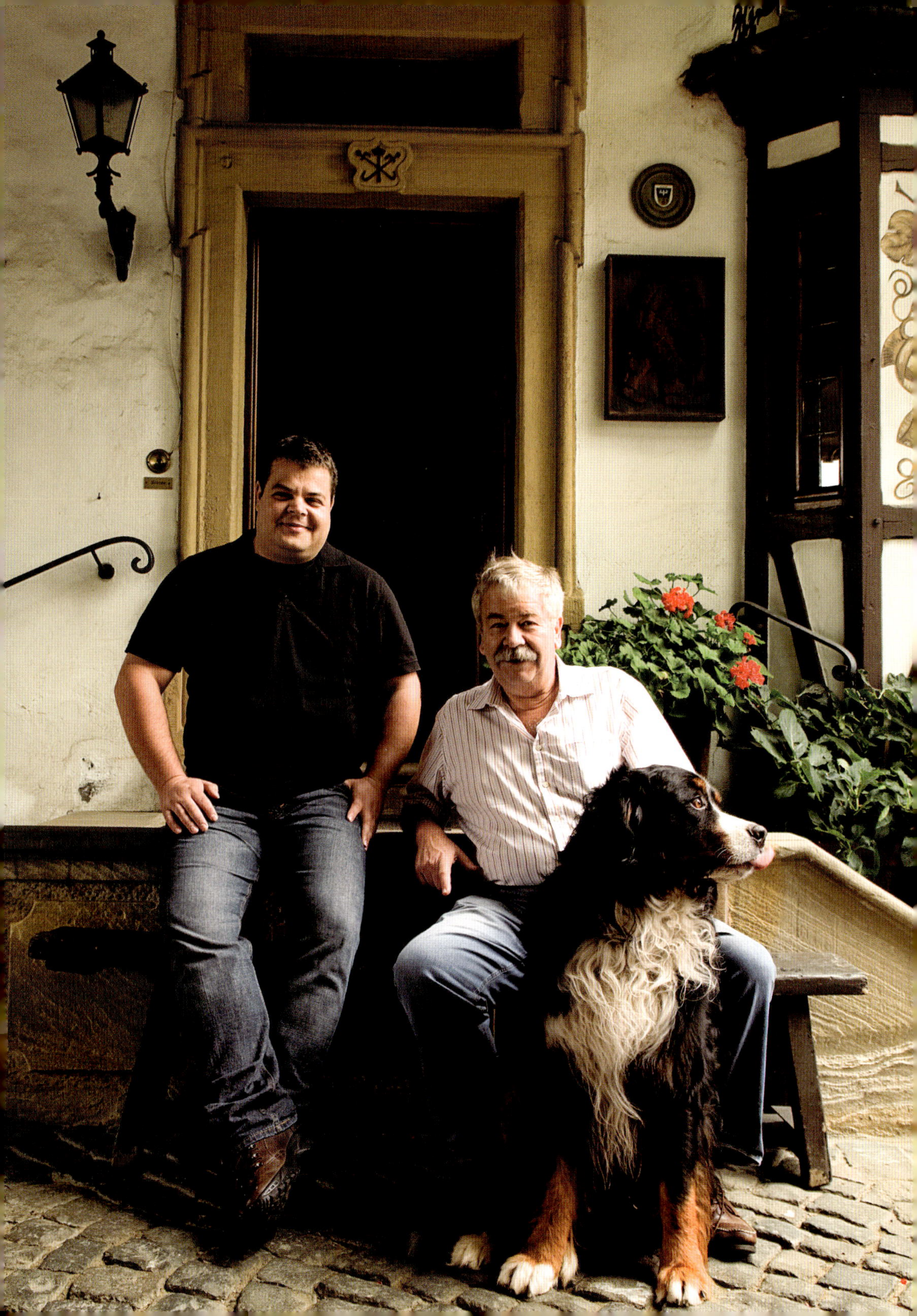

WEINGUT KOEHLER-RUPRECHT

2日間低温浸漬を行い、ステンレスタンク（700－4,000ℓ）で、培養酵母を添加して2－3週間、発酵させる。圧搾し、静置した後、フランスのオーク樽で、数か月から数年間、熟成させる。新樽の比率はワインの品質により異なり、シンプルなフィリッピの20％から、より凝縮したフィリッピ・Rの100％まで多様である。すべてのピノ・ノワールは瓶詰前に、濾過器だけを使って濾過する。

しかしながら、ワイナリーの国際的な名声として、最上と見なされているのは、カルシュタッター・ザウマーゲン・リースリングである。ザウマーゲン・リースリング・アウスレーゼ・トロッケンは豊かで力強いが、とりわけ、数百の最高のリースリングの中から簡単に選び出すことができる特有のリースリングである。このワインは、バロック形式の豊満さと、ゴシック形式の力と構成が結びついている。ワインはいつでも複雑だが、生き生きとしていて、エレガントで、フィネスに溢れ、印象的なほど持続性がある。少なくとも15年は熟成させるべきで、20年後に最高になる。

ベルント・フィリッピは2011年に60歳を超え、ケーラー・ループレヒトでは年間60日しかいてはならないことになっているので、彼は若き栽培家で醸造家のドミニク・ゾナを、彼の代理として、そして後継者として任命した。ヴァッヘンハイム（プファルツ）にあるエルンスト・ローゼンのヴァイングート・JL・ヴォルフで働いていたゾナは、フィリッピに雇われる以前から、フィリッピとザウマーゲンの偉大なファンであった。このため彼は、ケーラー・ループレヒトのワインのスタイルを決して変えないと誓っている。実際、2009年以降、私はごくわずかな変化さえも感知することはできない。これはフィリッピが60日の契約をしているからだけであろうか？ ワイン自身については、時間が語るであろう。

極上ワイン

(2010年8月と2011年2月、11月にISOグラスで試飲。フィリッピは、装飾をこらした大きな脚付きグラスよりISOグラスを好む)

Kallstadter Saumagen Riesling Spätlese trocken R
カルシュタッター・ザウマーゲン・リースリング・シュペートレーゼ・トロッケン

このワインは、果粒が小さく、種のない黄金色の果実から造られる。アウスレーゼに使われる琥珀色の果実よりも早くに収穫される。**2008 ★**は、スパイシーな香りの複雑なワインで、塩気と

上：現在はアメリカの投資家たちが所有しているが、ワイナリーの名前と一族の紋章は誇り高く残っている。

ナッツのようなアロマが共存している。味わいは豊かな果汁感があり、純粋さ、絹のような滑らかさ、エレガンス、塩気が混ざった独特のニュアンスがあり、あまりにも抗しがたい魅力なので、口に含んだワインを吐き出すなどということは考えられなくなる。いつものことだが、力強いが重くはなく、長寿のワインで、少なくとも10-15年、優雅に熟成する力がある。私はこの原稿を書きながら、グラスに2001★を注いでいるが、収穫から10年がたち、まさしく完璧である。とても繊細でエレガントで、敏速に流れていくような味わいで、成熟しているがまだ生き生きとしており、塩気があり活気に富み、果実味は今が絶対的に美味しいが、消えるという段階からは程遠い。

Kallstadter Saumagen Riesling Auslese trocken R
カルシュタッター・ザウマーゲン・リースリング・アウスレーゼ・トロッケン

アウスレーゼ・Rは、種のない果房から造られる。その果房は、洋ナシほど大きくないが、収穫時には、黄金・琥珀色である。ワインは収穫から6年後に販売され、20年かそれ以上熟成させることができる。このワインは、1990、1996、1997、1998、2001、2004、2005、2007、2008、2009年に造られた。

2009★ 絹のように滑らかで驚くほどに輝かしい味わい。その複雑さ、純粋さ、塩気は、コート・ドールのブルゴーニュの偉大な白を思い出させる。濃密で豊かな果汁感があり、気品のある酸味と塩気のあるミネラル感が、フルボディに完璧に溶け込んでいる。偉大なエレガンス、フィネス、余韻の長さ、寿命の長さを備えた印象的なリースリング。

2008★ ワインは通常、若いときはかなり淡い色だが、このワインはかなり強烈な色である。凝縮しているが純粋な香りには、湿った石やライムが感じられる。純粋で、表情豊かで、力強い味わいで、フランスのブルゴーニュのアンヌ・クロード・ルフレーヴのピュリニィ・モンラッシェのようである。信じられないほどに豊かな果汁感があるが、堅固な構成があり、極辛口で、とても複雑。早くても2014年の販売。

2004 とても特有の香りで、ハーブのニュアンスに、タール、甘草、鉄、錆の要素も感じられる。豊かな果汁感があり、スパイシーで、よく凝縮した味わいで、とてもエレガントで持続性があり、ハーブのアロマが、長く塩気のある余韻に戻ってくる。約7年の熟成を経ているが、成熟の最初の印を見せ始めたばかりである。

Kallstadter Saumagen Riesling Auslese trocken RR
カルシュタッター・ザウマーゲン・リースリング・アウスレーゼ・トロッケン

フィリッピは、アウスレーゼRRを二回造り、彼のワインのロールスロイスと呼んでいる。これはRよりも希少で、劇的に表情豊かで、アンドリュー・ジェフォードのザ・ワールド・オブ・ファイン・ワインの中での、最高点に値するワインに対する情熱を呼び覚ますような表現を借りると、「魅了する美しさと響き。飲み手に驚きをもたらす」と言える。

2009★ 収穫から約一年後に私が試飲した時にはすでに瓶詰されており、まだとても還元的であった。2015年より前に市場に出されることはないが、私はすでに、これをとても心待ちにしている。このワインをスワリングした時から、若さあふれる将来性が私の魂に触れた（ケーラー・ループレヒトでは、吐器を頼まないほうが良い）。わくわくさせるようなミネラル感が味わいに鳴り響き、ほとんどヨードのようで、力強く豊かだが、純粋で食欲を刺激する。まだ完全に閉じているが、とても長い持続性がある。ワイン造りの伝説だ。

2007★ これは2009年と同じ品質で、同様に魅惑的な美しさである。とても複雑で爽やかな香り。口に含むと、劇的なワインで、とてもコンパクトで鋭いミネラルがあり、偉大な長さを持ち、繰り返しになるが、私に驚きの感覚を残す。2014年に販売される。

Koehler-Ruprecht
ケーラー・ループレヒト

栽培面積：10.5ha　平均生産量：7万5千本
最高の畑：カルシュタット　ザウマーゲン
Weinstrasse 84,
67169 Kallstadt an der Weinstrasse
Tel: +49 6322 1829
www.koehler-ruprecht.com/

PFALZ

Weingut Ökonomierat Rebholz
ヴァイングート・エコノミーラート・レープホルツ

2011年11月、ハンスイエルグ・レープホルツの2010年カスターニエンブッシュ・リースリング・グローセス・ゲヴェクスは私に驚きの感覚を残した。そしてすべての人が自問しなければならない疑問は、アルコール度11.8%の辛口のリースリングは、グラン・クリュと呼ばれるにふさわしくフルボディで強烈になりえるかということである。私は、このワイン以上に軽いグローセス・ゲヴェクスをほとんど見たことがない。一方、このワインは、私が長い間見てきたドイツのリースリングの中でも、最も本格的で、最も繊細で緻密なものの一つである。香りも味も、空気のようで、純粋で、軽く、洗練されているので、ドイツ・ルネッサンス期の芸術家アルブレヒト・デューラーの彫刻を思い出させる。

「もし偉大なワインというものが、力とエレガンス、フィネスを結びつけるものなら」私はレープホルツに尋ねた。「あなたのかなりきちんと整った2010年のカスターニエンブッシュは、高級ワインの消費者に、偉大なワインとして受け入れられると考えていますか？」

「そう思います」と彼は答えた。「なぜなら、私はこれを偉大なワインだと思うからです。この年は、葡萄の熟度に努力が必要でした。しかし私達は最終的には、生理学的に完璧に熟した、健全な葡萄を摘み取ることができました。モスト量はそれほど高くはありません。しかし私は、凝縮感も複雑さも失わない軽いワインを造りたいのです。これこそがまさに素晴らしいワインだと私は考えていますし、これ以上の豊かさも力強さも必要ありません」。

私も同感だが、多くのワイン愛好家は、デューラーの彫刻よりも、ミケランジェロやルーベンスを思い出させるグラン・クリュの方が好みであろうと、まだ私は考えていることを認める。

「私もこのワインは好きです」と、私の隣に座っていたポートワインとドウロ・ワインの造り手であるディルク・ファン・デア・ニーポートが言う。彼は数年にわたり、ドイツのリースリグンをとても愛し、よく知る人物である。彼は、最高のモーゼルワインが持つ気品、エレガンス、フィネスを彼のドウロとミーニョのワインに取り込もうとしている。

ポルトガルのニーポートのように、レープホルツも、ワインの中のエレガンスや緻密さのために努力している。そ

右：ハンスイエルグ・レープホルツ。本格的な一連のワインを生み出す様々な土壌のサンプルとともに。

レープホルツ一族は、ヴィンテージの「自然」をいつでも
妥協することなく映し出す、典型的なレープホルツのワインの
スタイルを生み出した。レープホルツの顧客は、自然のきまぐれの
過激な結果を良くわかっており、それに慣れている。

れは、「ほとんど壊れやすい構成」であるはずだと彼は考えている。一般的にフルボディで強烈な果実の風味で知られるプファルツの生産者として、壊れやすさを求めることは、かなり異例である。一方それは、ジーベルディンゲンの歴史的なワイナリーの伝統と、レープホルツのもとでの過去20年以上にわたる発展に適合することである。

レープホルツ一族の歴史は16世紀初頭にまでさかのぼるが、この地で葡萄栽培に焦点をあてたのはわずか3世代である。祖父のエデュアルトと父のハンス・レープホルツは、ズュートリッヒェ・ヴァインシュトラーセ（南ワイン街道）の地区における辛口の先駆者であった。このプファルツ南部の田園地区では、安くて甘いワインが大量に造られていたので、第二次大戦後40年にわたり、ズュートリッヒェ・ヴァインシュトラーセは、ズュースリッヒェ・ヴァインシュトラーセ（甘いワイン街道）と揶揄されていた。現在まで70年以上にわたり、レープホルツ一族は、ヴィンテージの「自然」をいつでも妥協することなく映し出す、典型的なレープホルツのワインのスタイルを生み出した。これはすなわち、ワインは補糖も減酸もしていないということを意味している。従って、同じワインが、ある年はアルコール度11.8%で、翌年は13.5%になり得る。多くの消費者がこの変化を受け入れるわけではない。しかしレープホルツの顧客は、自然のきまぐれの過激な結果を良くわかっており、それに慣れているのである。

1980年代末以降、ハンスイエルグ・レープホルツは、緻密な果実のアロマや風味と、土地の感覚をそのままに表現させる純粋さを共存させ、父のスタイルを完全なものとした。「私の目指すところは、品種、産地、ヴィンテージのそれぞれの特徴を、可能な限りの最も完璧な方法で映し出すことです」とレープホルツは説明する。このことは、彼の急進的な2010年のワインで、十分に明らかである。多くの同僚が、補糖、減酸、あるいはマロラクティック発酵を通して高い酸味を和らげることを行ったのに対し、レープホルツは遅くに収穫し、厳しい選果を実施することしか行わなかった。そして10g/ℓの酸を含む極辛口のワインを瓶詰した。

レープホルツのワインの品質の基礎は、土壌と、クヴェイヒタルのエリアの複雑な地質構造にある。そこでは葡萄は、黄土、ローム、粘土、赤底統、砂岩、石灰岩あるいはコイパーの土壌に植えられている。3世代にわたるレープホルツは、現在一族が栽培しているすべての異なる品種のために、最高の場所を探し出してきた。ジーベルディンゲン、ビルクヴァイラー、アルベルスヴァイラーの村々で、一族は20.5haの葡萄畑を所有している。このうち、40%はリースリング、50%は様々なピノ種（シャルドネを含む）である。2005年以降、「さらに印象的で、より自然なワインを生み出すため」に、有機農法で栽培されている。

葡萄は手摘みで選果をしながら収穫され、何回かにわけて収穫を行う。グラン・クリュは最後に収穫する。「我々はいつでも、最後のぎりぎりになってから収穫しますが、最終的には完熟して強く、100%健全な葡萄を得ています」。葡萄は除梗し、24時間浸漬を行い、やさしく圧搾をしてから、モストはステンレスタンクまたは樽（シャルドネとピノ・ノワール）で発酵させる。歴史的なワイナリーの建物の後ろに建てられた新しい大きな圧搾室では、収穫された葡萄ごとに対応し、適切な大きさのタンクに貯蔵することができる。このため、最終的なブレンドや瓶詰まで、畑ごとに別々に保つことができる。

レープホルツのプログラムは、プファルツ南部の典型的な葡萄品種の混合を反映している。このワイナリーはリースリングで国際的に有名だが、ドイツで最高のゲルバー・ムスカテラーやゲヴュルツトラミナーも造っている。これらのワインはヴィンテージ次第で、辛口や遅摘み、貴腐の甘口になる。さらに黒いラベルのヴィンテージ・スパークリングワインSekt Pi No R（ピノ種の葡萄から）は、ドイツで造られる最高のスパークリングワインの一つである。エレガントで生き生きとしたシャルドネRも素晴らしい。

ハンスイエルグは、自身のシュペートブルグンダーにとても誇りを持っており、このうちイム・ゾンネンシャインはグローセス・ゲヴェクスに格付けされた。これは収穫後5年を経てようやく市場に放出される。この豊かで持続性のあるワインは、とても良く、いつでも爽やかであるが、白ワインほど、特にヴァイスブルグンダー・イム・ゾンネンシャインGGやリースリングほどに私を魅了することはない。3つのグローセス・ゲヴェクスと、異なる土壌からの3つの基本のリースリング、そして基礎となるNatURsprung（Natur［自然］とUrsprung［原産地］を組わせた言葉遊び）がある。

PFALZ

極上ワイン

Kastanienbusch Riesling GG
カスターニエンブッシュ・リースリング

　カスターニエンブッシュ・リースリング・グローセス・ゲヴェクスは、レープホルツの代表的なワインである。斜度30－40%と急傾斜で、南向きのクリュに、3.08haを所有している。標高は240m－320m。これはプファルツで最も標高の高いグラン・クリュで、いつでも空気の流れがあり、植物的生長期間が長い。レープホルツの葡萄樹は平均樹齢20年で、鉄分を含む礫岩質の赤低統土壌に植えられている。これは、花崗岩、粘板岩、黒ひん岩が混ざった極端に石の多い土壌である。水はけが良いので、通常の年や湿度の高い年にはうまく機能するが、極端に乾燥した年には、水分不足の問題が起こることもある。このためレープホルツは、2003年以降、時々灌漑を行なっているが、必要な場合のみである。「生命の保証以上の何物でもない」という。最も重要なことは、保水能力を高めるために、腐植土の層を築くことである。2006年以降、すべての畑は、侵食から守り、益虫をひきつけるために、クローバーで覆われている。

　収穫はいつも遅いが、気候の変化と有機農法のために、この数年は早まる傾向にある。2002年まで、葡萄は11月の最初の2週間で収穫されていたが、2003年と2005－2011年は、10月半ば頃に収穫されている。平均収量は30hl/ha。手摘みされた葡萄は除梗、破砕した後、24時間果皮と接触させてから圧搾する。モストはステンレスタンクで8週間まで発酵させ、ワインは3月か4月まで澱と接触した状態にする。その後、珪藻土によるフィルタリングを行う。ワインは4月から6月の間に、清澄せずに瓶詰する。

　レープホルツのカスターニエンブッシュは、素晴らしくスパイシーで、ハーブや火打石が感じられるリースリングで、繊細な果実のアロマと驚くほどのフィネスが味わいにある。いつでもエレガントで銀線細工のように繊細だが、濃密で持続性がある。20年間、上品に熟成する能力がある。以下のヴィンテージは、2009年9月と2011年11月に行った2回の垂直試飲で、私の好きなものである。

2010★（10月27、28日に収穫、収量18.6hl/ha）
最も偉大とは言えないかもしれないが、2004年に次いで、このクリュの私が試飲した中で最も魅惑的なヴィンテージである。その香りを感じた時、私の内なる眼は、赤底統の岩だらけの赤い土を見た。その香りは繊細で、粘板岩質・花崗岩質生まれで、ハーブのアロマである。口に含むと、問題の多かった2010年でも、遅くにきちんと熟したリースリングは、驚くほど純粋で、洗練されていて、明快で、肉付きはないが、塩気のあるミネラルを含んでいる。それは、長く複雑な余韻へと道を譲っていく。確かに、ミケランジェロのフレスコ画ではなく、信じられないほどに繊細なデューラーの銅版画である。かなり知性的なワイン。

2008（10月25日／11月4日；30.1hl/ha）
繊細な白い果実とハーブのアロマ。充実して濃密な味わい。豊かな果汁感があり、ミネラル豊かで、複雑なリースリングである。非常にエレガンスとフィネスがある。典型的。

2007（10月13日／14日；49.2hl/ha）
とても明快で繊細な香りは、白い果実やナッツ、ハーブのようなアロマが感じられ、とてもエレガントで充実している。豊かでクリーミーな味わい。暖かく日照に恵まれたこの年は、豊満で豊かな果汁感のあるカスターニエンブッシュとなった。繊細な酸があり、ミネラル感は長く続く。エレガントで、まだ重くない。

2004★（11月15日／17日；35.2hl/ha）
とても純粋で明快な香りで、緑のハーブのようなアロマが感じられる。申し分なく、繊細な味わい。軽く、銀線細工のように華奢でほとんど壊れるかのような構成があり、酸は洗練されている。驚くほどに塩気があり、丸く、豊かな果汁感があり、だが、いつでも素晴らしく緻密。多くのフィネスが感じられ、ゆとりがある。偉大。

2001（11月12日；23.6hl/ha）
　ほとんど黄金色。カモミールやハチミツ、熟したネクタリン、アプリコット・タルトの素晴らしく成熟したアロマ。熟していて、活気に富み、とてもエレガントな味わい。活力に満ちた酸味、塩気のあるミネラル感、素晴らしいハーブのような風味、赤い粘板岩、東洋のスパイスが感じられ、ミントやキャラメルを感じさせる余韻。見事。

1990　以前の段々畑をやめた後の最初の年。現在、グラン・クリュとなっている区画を主としたワイン。500mlのボトルから試飲した。ドライフルーツ、キャラメル、素晴らしい甘みのある香り。生き生きした味わいで、とてもミネラル質で、まだ良い状態にある。若い葡萄樹であるにもかかわらず、軽くて複雑。

Weingut Ökonomierat Rebholz
ヴァイングート・エコノミーラート・レープホルツ

栽培面積：20.5ha　平均生産量：13万本
Weinstrasse 54, 76833 Siebeldingen
Tel: +49 6345 3439
www.oekonomierat-rebholz.com/

PFALZ

Weingut von Winning
ヴァイングート・フォン・ヴィニンク

葡萄泥棒は夜中にやってきた。明らかに誰も見たことも聞いたこともないであろう8トンの収穫機械を携えて。ダイデスハイムのヴァイングート フォン・ヴィニンクの醸造家でCEOのシュテファン・アットマンがヘルゴッツァッカーの畑の最高のピノ・ノワール2.5トンを失ったのは2011年9月23日の朝3時頃からのことであった。「ルーヴル美術館のモナリザの眼を誰かが消したようなものです」と、アットマンは嘆く。被害金額について、彼は10万ユーロと算出したが、警察は、葡萄は葡萄でしかないという前提で、わずか1万2千ユーロとしか計算しなかった。

このような、すべての葡萄は平等であるという考え方が、プファルツの多くの素朴な生産者の間ではいまだ顕著に残っているため、シュテファン・アットマンのようなワインに熱狂する造り手は、PRの操り方を知っているおせっかい者と見られることが多い。そして実際、フォン・ヴィニンクとして最初のヴィンテージを瓶詰して以来（2008、2009、2010）、アットマンは、プファルツだけではなくドイツ中のすべての人が話題にする造り手となった。その理由は、彼のワインの並外れた品質である。そのために、ワインガイド数誌は彼を、2011年の新人王とした。

しかし、フォン・ヴィニンクのロケット的スタートを可能としたのは、アヒム・ニーダーベルガーである。ニーダーベルガーは、生来のワイン造りの家系の子孫ではなく、広告で財を築いたノイシュタット／ヴァインシュトラーセの実業家である。2000年以降、彼はプファルツのいくつかの最も重要で伝統的なワイナリーを購入した。ダイデスハイムでは、ライヒスラート・フォン・ブール、バッサーマン・ヨルダン、ビッファーそしてDr. ダインハルトである。Dr. ダインハルトを、数十年の失われた時の後に若返らせるべく、ニーダーベルガーは、ワイン造りの偉大な才能の持ち主とされていたシュテファン・アットマンを2007年の秋に採用した。この2人が最初に行ったことの一つが、2008年にワイナリーの名前を、Dr. ダインハルトからヴァイングート・フォン・ヴィニンクに変更することであった。レオポルド・フォン・ヴィニンクは、このワイナリーの創設者であるフリードリッヒ・ダインハルトの息子Dr. アンドレアス・ダインハルトの義理の息子である。レオポルド・フォン・

右：才能あるシュテファン・アットマン。物議をかもすがわくわくさせられるリースリングを造り出すオーク樽の間で。

シュテファン・アットマンは、プファルツだけではなくドイツ中のすべての人が話題にする造り手となった。その理由は、彼のワインの並外れた品質である。
ワインガイド数誌は彼を、2011年の新人王とした。

WEINGUT VON WINNING

ヴィニンクの指揮のもと（1907-17年）、ワイナリーは黄金期を迎え、VDPの前身であるフェアバント・デア・ナトゥーアヴァインフェアシュタイゲラーの創設者の一人となった。Dr. ダインハルト（フォン・ヴィニンク）、フォン・ブール、バッサーマン・ヨルダンの買収により、アヒム・ニーダーベルガーは、1849年の高名なヨルダン家のヴァイングートの部門から生まれた3つのワイナリーを再統一した。しかしこの3つのワイナリーは、3つの異なるブランドと会社であり、それぞれにワインチームがいて、ワインスタイルも異なる。

ヴァイングート　フォン・ヴィニンクの可能性は素晴らしい。40haの葡萄畑のうち、80％はリースリングで、10haはグローセス・ゲヴェクスに格付けされている。VDPのグローセ・ラーゲは、ダイデスハイムでは、カルクオーフェン、キーゼルベルク、ランゲンモルゲン、グラインヒューベル、パラディースガルテン。フォルストでは、ペヒシュタイン、イエズイーテンガルテン、キルヒェンシュテュック、ウンゲホイアー、ルッペルツベルクでは、ライタープファートとシュピースである。グローセス・ゲヴェクスのワイン（現在のところリースリングのみ）は、大半が樽で発酵、熟成させるが、他の品種名ワインは、ステンレスタンクで発酵させる。Dr. ダインハルトの名前は、バランスが良くエレガントで、熟した果実味が口一杯に広がり、洗練された酸をもつ一連のワインに使われている。一方、フォン・ヴィニンクの名前が付いたラインアップは、人目を引きつけるユーゲントシュティール（アールヌーボー）のラベル（ダイデスハイムとルッペルツベルクのワインは黄金と白色、フォルストのワインは黒と黄金色）で、品種よりもテロワールを反映した野心的で洗練されたワインで構成されている。その大半はリースリングだが、ピノ・ブラン、ピノ・ノワール、ソーヴィニョン・ブランもある。収量は低く抑えられ、葡萄畑で、完全に健全な葡萄だけを注意深く選ぶことが行われている。軽く破砕し、より長い浸漬の期間の後、何も加えないモストは木樽で自然発酵させる。樽はブルゴーニュ樽（300ℓ）から大樽のドッペルシュテュック（2,400ℓ）まで大きさは様々である。ワインは8月まで澱と接触させたまま保たれ、清澄をせずに珪藻土の濾過だけで瓶詰する。「我々はワインをできる限り自然の状態にしたい。このため将来的には濾過をしないリースリングを目指しています」と、アットマンは言う。

装備が整ったセラーのみならず、葡萄畑への投資も巨額のものであった。アットマンは収穫チームを8倍に増やし、最高の葡萄を収穫するために、場所ごとに5回まで収穫を行う。ボトリティス菌は受け入れない、というのもアットマンは、この菌は彼が焦点を当てようとしているテロワールの特徴を曇らせると考えているからである。エキス分が豊かで良い酸のレベルを持った小粒の果実を得るため、新しく植える葡萄樹は、9,000本/haまでと極端に植樹密度が高い。また樹冠は全般的に低く保たれている（1.1m）。葡萄樹の間には、高価なハーブやライ麦がかなり多く植えられている。これは土壌を組織化し、通気をよくし、活力のある状態に保つためである。除草剤や化学肥料は使わない。ボルドー液の散布も行わないとアットマンは言う。

アットマンは、果実味だけというのではなく、それ以上のものを供する野性的でアロマ豊かなワインを好む。深みがあり、複雑で、持続性があり、わくわくするようなミネラル感を持つものである。ブルゴーニュのドメーヌ・ジャイエ・ジルで働いて以来、彼にとって、コート・ドールとボルドーの最高のワインが、フォン・ヴィニンクで到達しようとしているレベルである。彼はこの両方の地方を良く知っている。というのも、醸造家になる前にこれらの地方を旅して集中的に試飲したからである。

私を愛してくれないのならいっそ一人にしておいて、というようなアットマンのワインは、ドイツにおいて強烈な批判も受けた。批評家の中には、より新しい樽で発酵させたリースリングに我慢できない人間もいて、アットマンを、ミッテルハールトの伝統的なスタイルを破り、ブルゴーニュやペサック・レオニャンのワインをコピーしていると責めた。オークのニュアンスがある若いワインは、ドイツのリースリングとしては異例だが、私は問題ないと思う。原材料が良く、ワインが複雑で、木樽に覆い隠されているのではない限りであるが、これは品質というよりもスタイルの問題である。アットマンは、樽香を使うことによりリースリングに複雑さが増すと考えている。以前、Dr. ダインハルトでは樽がなかったので、彼は毎年、品質の優れた樽（新しいもの）をいくつか購入してきた。新樽のニュアンスは甘くはない。ワインはスモーキーでもなく、バターのようなニュアンスもなく、木のタンニンもない。ワインは純粋で、ミネラル感があり、気品があり、持続性も長く、どちらかといえばスリムである。2009年のような例年並みの年は、グラン・クリュの大半は一部オーク（50-70％）で、一部ス

テンレスタンクで発酵される。2010年は量が少なかったので、一部のワインは樽だけを使っているが、品質が素晴らしいので、樽に負けることなく、たやすく耐えている。

スパイシーで個性あるフォン・ヴィニンクのワインのポートフォリオはあまりにも広範囲にわたるので、すべてを記載することは難しい。さらに範囲が広いのがDr. ダインハルトのラインアップである。このワインはミッテルハルトの典型的なもので、混色砂岩の土壌に育ち、上品なエレガンス、フィネス、輝かしい果実の風味が特徴である。しかしグラン・クリュが最も複雑なワインである。フォン・ヴィニンクの最初の3年間で最も印象深かったものを以下に取り上げる。これまでのところ、2010年が最高のヴィンテージだと考えられるので、以下には2010年の4本のみを記載する。

極上ワイン

(2011年11月試飲)

2010 Kalkofen GG
カルクオーフェン

バッサーマン・ヨルダンでもとても良いカルクオーフェンを造っているが、2008年のフォン・ヴィニンクの最初のカルクオーフェンを飲むまで、ダイデスハイムのこのクリュは、私にとってのプファルツの最高のワインのリストの中にはなかった。「石灰がま」というこの名前は、石灰・泥灰質の土壌の5haの畑である。2010年は最高で、輝かしい柑橘類のアロマが、白亜質、酵母、そしてナッツと結びつき複雑な香りとなっている。味わいは豊かで丸みがあり、人を引き付ける滑らかなテクスチュアがあり、エレガンスとフィネスにも溢れている。塩気のあるミネラル感が余韻にまで続き、その余韻は、ライムの爽やかな風味に再び彩られる。印象的。

2010 Kiselberg GG
キーゼルベルク

ダイデスハイムのキーゼルベルクは、標高150−160mにある南向きの場所で、15.5ha。土壌はとても複雑で、上部はローム質の砂、下部は石の破片、砂岩、風化した砂岩である。フォン・ヴィニンクはここに0.5haを所有し、GGはとても繊細である。純粋で洗練された香りは、最初にライムやグーズベリーの爽やかな緑のアロマが感じられるが、続いて熟したリンゴやアプリコットが、火打石のアロマとともに現れる。味わいは、雑色砂岩の典型的なリースリングである。とてもエレガントで、純粋で、気品があり、最高のリースリングの風味を持ち、シュピール(表現の巾と奥行)があり、フィネス、気品に満ちている。塩気のある余韻。美味しい。

2010 Pechstein GG ★
ペヒシュタイン

フォルストの17haのクリュからのもの。砂質ローム層と風化した混色砂岩が主体だが、高い比率で玄武岩と粘土が含まれる土壌。このワインはかなり豊かで力強いワインになることが多いが、私はこのペヒシュタインのエレガンスと純粋さが好きだ。このヴィンテージ以上に、高い玄武岩の比率を感じたことはない。火山灰ではないにしても、ハーブや火打石の香り。ペヒシュタインはいつでも進みが遅いが、控えめな果実のアロマを感じる。濃密でとてもミネラル感豊かな味わい。極辛口で純粋で、気品がある。堅固な構成があるが、エレガントで持続性がある。100%オーク樽を使用しているが、全くそれを感じることはない。アルコール度はわずか12%。偉大なワイン。玄人にのみ薦める。

2010 Kirchenstück GG ★
キルヒェンシュテュック

キルヒェンシュテュックはわずか3.7haで、1828年以来、ドイツで最も高価な葡萄畑であることを競ってきた。この場所は、フランスのクロのように小さな砂岩の壁で囲まれているために、微気候はさらに暖かい。土壌は深く(このため温かい)、とても複雑で、玄武岩、砂岩、石灰岩、粘土が混ざっている。ワイン(すべてリースリング)は、いつも非常に凝縮していて、複雑で豊か。さらに気品がありエレガントで、洗練されており、熟成能力は極めて大である。アットマンの2010年はとても明快で純粋な香りで、繊細なリースリングの香りと最高の火打石のニュアンスが現れている。味わいはとても濃密で力強いが、純粋で洗練されており、とても長く、わくわくするほど複雑で、塩気のある酸味で輪郭が付けられている。また生まれたばかりだが、偉大なワインであることは明らかで、少なくとも2016年までは待つべきワインである。

Weingut von Winning
ヴァイングート・フォン・ヴィニンク

栽培面積：39ha　平均生産量：30万本
Weinstrasse 10,
67146 Deidesheim an der Weinstrasse
Tel: +49 6326 221
www.von-winning.de/

PFALZ

Weingut Dr. Bürklin-Wolf
ヴァイングート・Dr. ビュルクリン・ヴォルフ

ヴァッヘンハイムにあるこのワイナリーは、ドイツの私営ワイナリーとしては、最大かつ最重要なものの一つであり、業界で最も偉大で味わいの持続性がある辛口リースリングのいくつかを生み出している。110haのワイナリーは、ベッティーナ・ビュルクリン・ヴォルフ・フォン・グラジェが経営しており、彼女の一族の伝統は1597年までさかのぼる。品質上の理由から、81haだけにぶどうを栽培しており、残りは貸し出している。全体の約80%はリースリングで（2005年からビオディナミ農法で栽培）、その大半は1990年以降、辛口に仕上げられてきた。

葡萄畑は、フォルスト、ヴァッヘンハイム、ダイデスハイム、ルッペルツベルクの村に位置し、1990年初頭から、ワイナリー内部で格付けが行われた。この時代、ここのビュルクリン・ヴォルフが、グローセス・ゲヴェクスの考え方の開拓者の一人であった。1994年以降、ビュルクリンのワインの30%は、プルミエ・クリュあるいはグラン・クリュに格付けされている。格付けは、1828年の課税のための地図に基いているが、さらに地質学、メゾクライメイト（中地域気候）、詳しい試飲も判断材料としている。「すべての場所が、偉大なワインを産み出すと運命づけられているわけではありません。ワインの中に明白に表現されているのがテロワールでなければ、私たちはクリュを格付けしなかったでしょう」と、ビュルクリン・フォン・グラジェは主張する。このため、クリュにおいては、クリュ向けの葡萄以外は収穫しない。前面のラベルには、葡萄品種の名前は記載されていない。というのも、リースリングは「クリマを表現するための手段以上の何物でもない」と考えられているからである。

現在、8つのグラン・クリュ（GCと記載されている）、7つのプルミエ・クリュ（PC）、2つの村名リースリング（ヴァッヘンハイマーとルッペルツベルガー向けの葡萄は、格付けされていない場所からのみ）、そしてエステート・リースリング・トロッケンがある。

早朝、クリュの葡萄は手摘みで、小さな箱に入れられていく。モスト量は95−98°Oe。ボトリティス菌は良いものであれば、20%まで受け入れる。収穫された葡萄は、2−3℃まで冷やした後、全房圧搾を行う。「私は全房圧搾を信じています。というのも、これにより酸味が保たれ、偉大な熟成能力を備えたワインができるからです」とフリッツ・クノルは私に語った。彼は、ビュルクリン・ヴォルフのセラーマスターとして働くクノル家の4代目である。エステートのシリーズと2つの村名のリースリングはステンレスタンクで発酵、熟成されるが、クリュのワインは伝統的なオーク樽で行われる。過去数年間、クリュのワインは6ヵ月まで、15−18℃で自然発酵を行った。最初の澱引きは、3−4ヵ月後である。プルミエ・クリュは5月に、グラン・クリュは7月に瓶詰する。

2005年以降、私はワインが、より繊細で、透明感があり、活力があると感じている。ビュルクリン・フォン・グラジェもクノルも同感だと言い、クリュがより独特なものとなっていると言った。二人とも、これはビオディナミ農法に起因するという。クリュのワインはいつでもフルボディで、複雑だが、とてもエレガントでもあり、その熟成能力は驚くべきものである。ここは、最高クラスの熟成したワインを、とてもリーズナブルな価格で購入することができるドイツでもごくわずかのワイナリーの一つである。イエズイーテンガルテンやキルヒェンシュテュックのフォルストのグラン・クリュがとても高価であることはその通りだが、ワイナリーのセラーで完璧な条件のもとに数年を過ごした後のボトルとしてはそれほど高いわけでもない。

極上ワイン

(2010年10月と2011年11月に試飲)

2005 Wachenheimer Rechbächel PC
ヴァッヘンハイマー・レヒベッヒェル

単独所有の1.6haの畑からのもので、葡萄樹は1971年に植えられた。風化した混色砂岩の土壌で、保水能力が高い。輝きのある黄色がかった緑色。明快な果実とハーブのアロマが感じられる気品のある香り。このフルボディで力強く、複雑なプルミエ・クリュは、熟した果実味と豊満な舌触りを持つが、気品ある酸味と塩気のあるミネラル感でバランスが取れている。今開き始めたばかりの、ワクワクさせられるワイン。

Pechstein GC
ペヒシュタイン

ビュルクリン・ヴォルフのペヒシュタインは、ドイツのワイン文化の中の古典の一つである。スモーキーで、ハーブのニュアンスがあり、純粋で持続性のあるこのワインを若いうちに飲んだ時は、そのフィネスとわくわくさせる複雑さを理解するのは容易なこ

右：数世紀にわたる誇るべき家族の伝統を見事に守るベッティーナ・ビュルクリン・ヴォルフ・フォン・グラジェ。

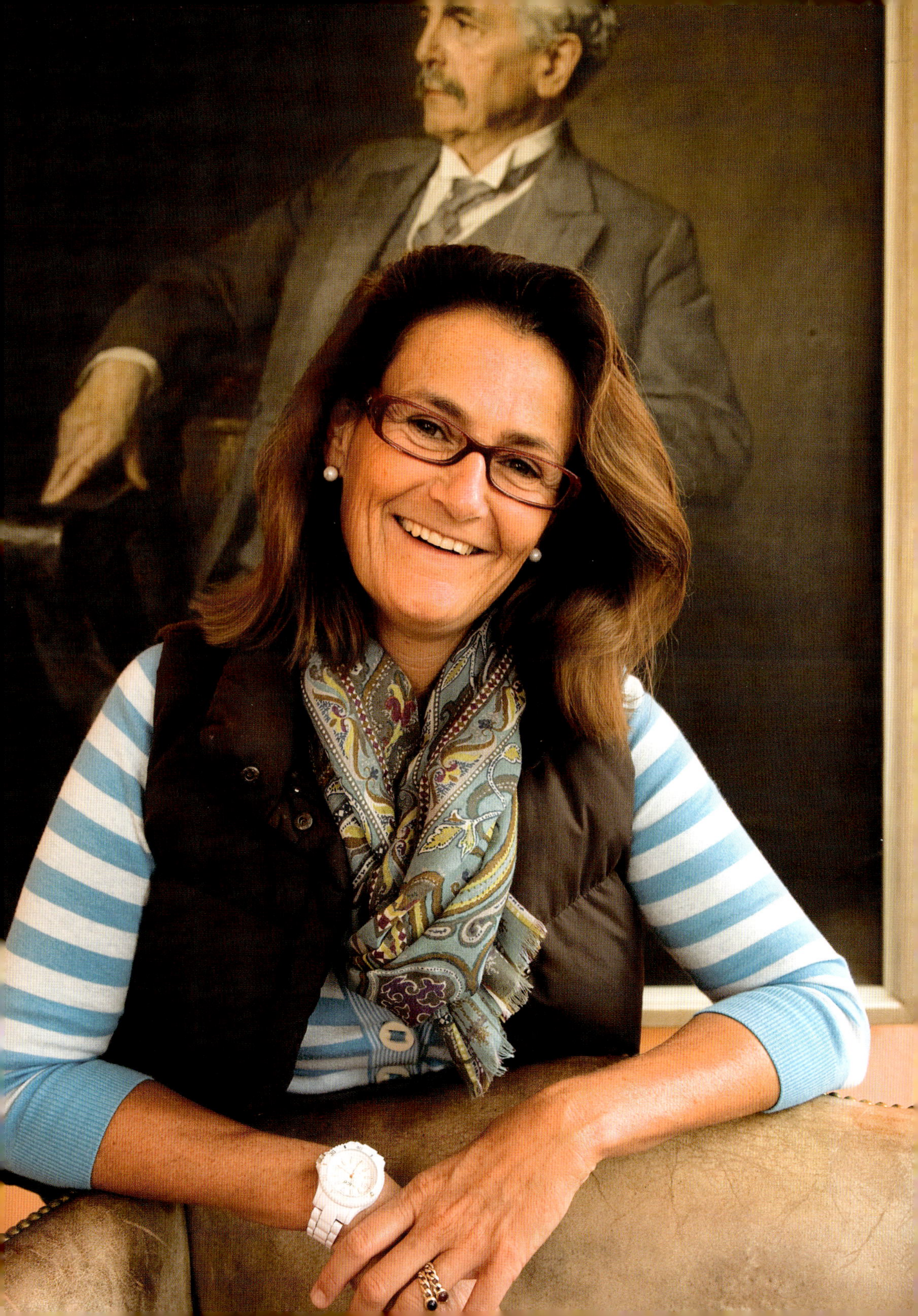

上：ビュルクリン・ヴォルフのセラーにある年号の刻板。ワインにも多くのものを与えている玄武岩である。

とではない。私の経験から言えば、8年は触れるべきではない。さもないと、その完全な可能性を経験することはできない。それはエレガンス、純粋さ、気品、長く続く塩気である。ビュルクリンは、17haのこのクリュに1.7haを所有する。葡萄は、色が濃く石の多い玄武岩の土壌に植えられている。

2002★ 2011年11月に私が試飲したボトルには、わずかに還元香があったが、濃密で、豊かな果汁感があり、味わいの持続性があり、黄色い果実のドライフルーツの風味で終わる。一年前、これと同じワインをプリオラート(スペイン)で試飲したが、その時はハッとさせられた。とても凝縮していて緻密な香りで、黄色い核のある果実が感じられ、美味しく熟していた。複雑でいつもながらのことだが濃密で、このボトルはとてもエレガントで洗練されていて、食欲をそそるほどに爽やかで、細くて長く、ミネラルが感じられた。乾燥させたアプリコットや桃の美しいアロマが、長く鳴り響く余韻に感じられる。

Kirchenstück GC
キルヒェンシュテュック

ベッティーナ・ビュルクリン・フォン・グラジェはこれを、「プファルツのモンラッシェ」と呼ぶ。実際、リースリングで同様の重みや複雑さ、同等のエレガンスとフィネスを持つものはない。この記念碑的な液体の余韻はほとんど無限で、おそらく寿命も同様であろう。しかし、**2008年**や**2002年**のような偉大なヴィンテージでは、その本当の熟成能力を現わすために10年くらいは必要である。このクリュはドイツで最も高価な畑と考えられており、わずか3.7haで、1985年に改植したビュルクリン・ヴォルフの所有畑は0.54haである。このため、ワインは希少であるだけでなく、かなり高価である(80ユーロ)。しかしながら十分にこの価格に値する。

2008★ あと数年すれば、このワインは、忘れがたい2002年の合法的な後継者となるであろう。かなり早くに収穫されたが(10月11日)、ワインは素晴らしく明快で、純粋で、気品があり洗練されている。ボトリティス菌がないために、玄武岩のテロワールを写真のように写しだしている液体である。とても純粋で、ミネラルがあり、塩気のある味わいだが、極めて若くまだ熟成していない。活気があり、快い刺激があり、ライムや緑の葡萄の風味を持つ。典型的なキルヒェンシュテュックほどの力強さはまだないが、長さと複雑さは、その将来を大きく約束させるものである。

2002★ 私が試飲したことのあるキルヒェンシュテュックの中で、最も美しいものの一つ。独特のワインで、深みがあり、豊かで熟した香りには、最も繊細なハーブとキャラメルのニュアンスが感じられる。豊満で肉付きのある味わいで、とてつもない強烈さと力、内容の重み、持続性がある。簡明なミネラル感と洗練された酸のために、いつでも魅惑的で、力とエレガンス、フィネスがほぼ完ぺきに結びついている。

Weingut Dr Bürklin-Wolf
ヴァイングート・Dr. ビュルクリン・ヴォルフ

栽培面積：81ha 平均生産量：50万本
最高の畑：フォルスト キルヒェンシュテュック、イェズィーテンガルテン、ペヒシュタイン、ウンゲホイアー、ダイデスハイム ホーエンモルゲン、カルクオーフェン、ルッペルツベルク ガイスベール(単独所有)、ライタープファート
Weinstrasse 65,
67157 Wachenheim an der Weinstrasse
Tel: +49 632 295 330   www.buerklin-wolf.de

PFALZ

Weingut Knipser ヴァイングート・クニプサー

こ␣こは、プファルツの中でも私が好きなワイナリーの一つだが、それはその特有のワインのためだけではない。ここではすべてに少し狂ったようなところがあって、見たこともないようなことがいつも起こっている。ここで最初に手にするものは、握手ではなく、「道具」と呼ばれているグラスである。試飲は、ヴェルナーとフォルカー兄弟、ヴェルナーの娘のザビーネ、フォルカーの息子のシュテファンの4人のクニプサー家の人間が案内をしてくれる。4人は全員、訓練を受けたワインの専門家だが、必ずしも同じ意見を持っているわけではない。そのために活発な議論が生まれ、新しいテイスティングルームで、個人的な顧客もその議論に加わるのである。このように、クニプサー家との試飲は、いつでもイベントなのである（彼らはその試飲を、フリューショッペン—朝の1杯と呼ぶ）。

椅子に座る前から注がれる最初の一杯は、カッペレンベルク・リースリング・カビネット・トロッケン（極辛口）で、軽いが焦点がしっかりとしていて、かなり強烈で、まさに気品があり、吐きだすことはできない。これは砂質の土壌に植えられた葡萄からのもので、ドイツにおいてクニプサーは、1991年にカベルネ・ソーヴィニヨンを植えて以来、主に赤ワインで知られているワイナリーだということを忘れさせるものである。

ワイナリーは、ラインヘッセンとの境界に近い、プファルツ北部にあるラウマースハイムという、あまりさえない村にある。この一帯はかなり平坦だが、部分的に肥沃であったり、痩せた土壌があり、色や品種に関係なく偉大で力強いワインを産み出すに十分な石灰質がある。本格的な葡萄品種で、クニプサーが栽培していないものはあるか？バッフスがそうだと思う。

安めの日常的に飲めるワインや、ゲルバー・オルレアンのような希少なワインを推薦することもできるが、これは不公平であろう。「ザウマーゲンやイディッヒのリースリングのことを本に書くなら、カペレンベルクだけをお薦めするわけにはいかないでしょう」と、ザウマーゲン・リースリングGGとキルシガルテン・シュペートブルグンダーGGの垂直試飲を準備しながら、フォルカー・クニプサーは私に言った。さらに、ドイツで最高のボルドー・ブレンドの一つ、キュヴェXのいくつかのヴィンテージと、2003年と2007年がまさに素晴らしいシラー、そして忘れないように、一族が産み出すその他のリースリングとシュペートブルグンダーのグラン・クリュも、フォルカーは私に見せようとしていた。「最後に言い残しましたが、貴方のご意見をいただきたいリースリング・リザーヴもあります」と言った。

この品揃えの多さが、クニプサーでの唯一の問題だ。ワインの品揃えの全体を数行で説明することは不可能である。ベーシックなワイン、中価格帯のワイン、グラン・クリュがあり、さらにグラン・クリュを超えるもの、さらにその上のものがある。多くのワインは、価格表が送られるとすぐに売り切れとなるが、そうすると熟成したワインのリストや、聞いたこともないようなワインのリストが出てくる。良いことは、57haの畑から、必ず何かしら良いものがあることだ。

極上ワイン

Steinbuckel Riesling GG
シュタインブッケル・リースリング

　2009年以降、南向きのシュタインブッケルは、ライマースハイムの新しい単一畑となった。1971年から2008年まで、シュタインブッケルは、総合畑マンデルブルクの中の一区画であったが、クニプサーはいつでも、シュタインブッケルの名前を、彼らのリースリング・グローセス・ゲヴェクスに使用してきた。石灰岩が、黄土とロームのかなり薄い層に覆われた土壌で、堅固な構成、わくわくするようなミネラル感、飲みやすさが特徴である。過去数年、葡萄はわずかに早めに収穫されてきた。アルコール度を12.5%に保つため、最高でも95°Oeである。ワインの構成を強調するために、残糖は、この数年ゼロに近い。ワインは一部ステンレスタンクで、一部600ℓのハルプシュテュックで発酵される。年間生産量は7,500本。
2008　大半がステンレスタンクで発酵された。とても繊細でエレガントな香り。味わいは軽いが、濃密で強烈。洗練された酸味と長く続く塩気でバランスが取れている。
2007　繊細な白い果実とハーブのアロマの香り。味わいはとてもエレガントで洗練されているが、構成は堅固で、きらめくように素晴らしく、長い。

Halbstück Réserve Riesling trocken
ハルプシュテュック・レゼルヴ・リースリング・トロッケン

　葡萄は、ライマースハイム・シュタインブッケルとグロースカールバッハ・ブルクヴェーク（いずれも石灰岩）の2つの異なる畑からのものだが、私にとっては、これはワイナリーのまさにグラン・クリュである。レゼルヴは2004年や2009年のような偉大なヴィンテージにしか造られない。一方、通常のハルプシュテュックは、1999年、2001年、2003年、2008年に造られていた。これは、ワインを発酵させた600ℓの樽（ハルプシュテュック）から

WEINGUT KNIPSER

まさしく最高のものを選りぬいたものである。レゼルヴは1年間澱と接触させ、数年後に販売する。

2009★ 輝かしく、爽やか、純粋な石灰岩と最も繊細なリースリングのアロマ。とても堅固で爽やかな味わい。非常に明快で、純粋、1グラムの残糖もないが、上品な酸味、偉大な複雑さ、そしてきらきらと光るミネラル感がある。偉大なワイン。

2004★ 4つの最高の樽からのひとつ。強烈な黄色。とても凝縮していて複雑な果実のアロマには、ハーブやスパイスが感じられる。気品があり、充実していて、強烈で、アルコール度はわずか12%。とてもエレガントでバランスがよいが、持続性も長く、豊かな果汁感があり、ワールドクラスのリースリング。

Kirschgarten Spätburgunder GG
キルシガルデン・シュペートブルグンダー

　純粋な石灰岩が、黄土、ローム、砂の薄い層に覆われているキルシガルデン南部からのもの。この場所は。2008年以降、少し早目に、低めの糖度で収穫。発酵は木の開放槽で行い、抽出は以前よりも注意深く行っている。新樽での熟成も、以前の2年から、12–18ヵ月と短くしている。

2009 同家の歴史の中で、これが最高のピノ・ノワールのヴィンテージであるという。樹齢はわずか5–8年だが、ブルゴーニュのクローン(ファンとトレ・ファン)が50%以上。2007年まで、このクリュは1989年に植えられたドイツのクローンだった。ほぼ100%新樽。強烈な香りで、スモーキーな、熟したダークチェリーのアロマ。絹のように滑らかで十分な果汁感。豊かで堅固、良い酸味、タンニンはまだ粗い。とても良い可能性を持つ。アルコール度13%。

2004 熟したチェリーと、魅惑的なピノのアロマを感じる香りは、洗練されていて強烈。凝縮した純粋な味わいは、かなり厳格で、直接的で、良い爽やかさを持つ。しかし大半のボトルはすでに、歴史と記憶の中に消えてしまった。

2003 新樽100%だが、トーストのニュアンスはほとんど感じられない。9月初めに収穫。チェリーや花のようなアロマで、過熟感はない。充実していて、エレガントで絹のように滑らか。温かく、優しく、甘美で、見事な凝縮感があり、長い。

左:挑戦的で友好的なクニプサー家。(右から)ヴェルナー、その息子のシュテファン、娘のザビーネ、そしてフォルカー。

Weingut Knipser
ヴァイングート・クニプサー

栽培面積:57ha　平均生産量:38万本
Johannishof, Haupstrasse 47,
67229 Laumersheim
Tel: +49 6238 742　　www.weingut-knipser.de

PFALZ

Dr. Wehrheim   Dr. ヴェーアハイム

ドイツで最高のピノ・ブランの一つに興味があるのなら、カール・ハインツ・ヴェーアハイムのマンデルブルク・ヴァイスブルグンダー・グローセス・ゲヴェクスは突き止めるべきワインである。プファルツ南部のビルクヴァイラーから生まれるこのグラン・クリュは、印象的なワインで、深み、力強さ、豊かさを、輝かしくエレガントなテクスチュア、活気、長さと結びつけている。私が特に面白いと思うことは、100％ステンレスタンクで造られたピノ・ブランで、マロラクティック発酵を行っていない事である。多くのトップクラスのドイツのピノ・ブランがバリックで発酵、熟成を行い、よりブルゴーニュらしい豊かさや丸みを求めて、澱との攪拌を行うが、ヴェーアハイムは、よりドイツらしいスタイルを好む。それは直接的で、堅固で、純粋で、強烈だが繊細な果実と気品あるエレガンスで特徴づけられるものである。これが、絹のように滑らかなテクスチュアと結びつき、マンデルブルクに、特有でわくわくさせるようなミネラルの個性だけでなく、長い寿命も与えている。

ヴァイングート・Dr.ヴェーアハイムは、1920年にカール・ヴェーアハイムが設立し、息子のハインツが跡を継いだ。このハインツが博士（ドクトル）の学位を名前に持ち込んだ。これまでの数十年間、ヴァイングート・Dr.ヴェーアハイムは、妥協しない純粋さ、修整をせず、補糖もしない、最高品質の辛口ワインを代表してきた。原産地とヴィンテージの両方を必ず表してきたワインで、そのために、気候変動の前にはかなり軽めで手厳しいワインであった。農業技師で1992年からこのワイナリーを運営している3代目のカール・ハインツ・ヴェーアハイムが、数年前に私に1987年のリースリング・カビネット・トロッケンを注いだ時、私は本当にこれが好きだった。それは偉大なワインとしてではなく、本物のガウメンプッツァー（口をリフレッシュするもの）としてである。ベーシックな2008年ジルヴァーナー・トロッケンが現在そうであるように、このワインは、これだけの年月を経ても、口をリフレッシュし続けたのである。

17haの葡萄畑から、カール・ハインツ・ヴェーアハイムは、クラシックな葡萄品種でほとんど辛口しか造らないことが伝統である。リースリング（40％）、ピノ・ブラン（25％）のみならず、ピノ・ノワール（12％）、ジルヴァーナー（10％）、そしてサン・ローラン（5％）も植えられている。2007年と2011年にはリースリングのアウスレーゼも造られたが、甘口については、これだけである。

ワインの品揃えは、うまく構成されている。品質の高いピラミッドの底辺には、果実味豊かな品種名のワインがある。その上には、赤底統からのリースリングや混色砂岩からのリースリング、あるいは貝殻石灰岩層からのピノ・ブランのように、個性あふれるテロワール由来のワインがある。ピラミッドの頂点には、グローセス・ゲヴェクスのリースリングとピノ（ブランとノワール）がある。

ヴェーアハイムの葡萄畑はすべて、ビルクヴァイラーの横の渓谷に位置し、標高は150-320mで、プファルツの森からの涼しい微風に恵まれている。葡萄樹1970年代半ばの耕地整理が終った後に植えられ、樹齢は平均わずか25年である。しかし最も古いものは35年以上に及ぶ。

ヴェーアハイムは、ワインにそれぞれのテロワールの持つ個性を表現させるため、まず土壌に焦点をあて、最終的には長いハングタイムをめざし、完璧に熟した健全な葡萄を収穫する。2006年以降、一族は有機栽培を実施し、2007年からは、ビオディナミの実験も行っている。「私たちは、私たちのワインの自然な表現と、健康に良いことをさらに突き詰めていきたいですが、あわせて、健全な葡萄畑を子供たちに伝えたいのです」と、カール・ハインツは説明する。彼の息子のフランツは、すでに2010年から、アシスタントとして雇用されている。収量は低く抑えられている。平均50hl/haで（グラン・クリュは15-40hl/ha）、剪定、果房を半分にする（ピノ・ノワールのみ）、摘房を行っている。収穫はかなり遅く、10月か、時には11月になることもある。収穫は手摘みで、選果をしながら行う。大半の畑では3回の収穫を行い、ボトリティス菌は、影響を受けた葡萄が熟している場合にのみ、ごくわずかの割合のみ受け入れる。しかし、標高が高く、風が強い向きで、色づきも遅いので、ボトリティス菌は極めてまれである。

ピノ・ノワールを含め、すべての葡萄は除梗を行う。白の果汁は5-15時間、果皮と接触させてから圧搾を行う。静置したモストは、培養酵母で、ステンレスタンクまたは樽（シャルドネのみ）で発酵させる。発酵温度は、リースリングが16-20℃、ピノ・ブランが18-22℃である。ワインは、4月（ベーシックなワイン）か8月（グラン・クリュ）に瓶詰するまで、澱とともに置いておく。シュペートブルグンダーGGは、ステンレスタンクで発酵させ、プファルツ

のオークの樽で熟成させる。このうち約60％が新樽である。

　ヴェーアハイムの区画の大半は、グラン・クリュのカスターニエンブッシュに位置する。ここは、ラインの低地やオーデンヴァルトの森、黒い森を見わたすことができ、地質的にも複雑で気候的にも独特な畑である。ヴェーアハイムはここで、3つのグローセス・ゲヴェクスのワインを造っている。繊細で、洗練されていてスパイシーなカスターニエンブッシュ・リースリングGGは（レープホルツのカスターニエンブッシュと同様に）、鉄を含み石の多い土壌の赤底統に植えられている。一方、エレガントで果実味豊かで、気品のあるカスターニエンブッシュ・ケッペル・リースリングGGは、標高230－260ｍの南・南東向きの区画で、混色砂岩の土壌から生まれている。これはヴェーアハイムが収穫する最も純粋なリースリングである。好都合なことにボトリティス菌は発生しない。というのも、区画は風が強く、このため晩熟だからである。ここはピノ・ノワールにも良い条件なので、リースリングの区画の下には、カスターニエンブッシュ・シュペートブルグンダーGGの葡萄が植えられている。これは繊細で、爽やかで、堅固な構成を持つピノで、ダークチェリーのアロマとスパイシーさが感じられ、落ち着くまでに数年を必要とする。見事な品質で寿命も長い。

　しかし、このワイナリーの最も印象的なワインは、マンデルベルク・ヴァイスブルグンダーGGである。これは、1985年頃に植えられた葡萄樹から生み出されている。北東向きの畑で、頁岩と石灰岩の上に深い粘土質と泥灰質の土壌からの、豊かでエレガントなブルゴーニュ流のワインだが、厳然としたドイツのアクセントがある。5－6年後に最も美味しくなるが、10年以上、問題なく上品に熟成させることができる。アルコール度はいつも14％前後であるが、13.5％であった2010ヴィンテージ以来、より低いアルコール度で、さらに良くなったと私には感じられる。

極上ワイン

(2011年12月試飲)

Mandelberg Weisser Burgunder GG
マンデルベルク・ヴァイサー・ブルグンダー

2010★　輝きがあり、淡く麦わら色がかった黄色。爽やかで、リンゴ、洋ナシ、ライムの繊細な果実のアロマ。純粋で、葡萄そのもので、シュール・リーのニュアンスも感じられるが、派手なワインではない。初印象は明快でエレガント。純粋で、強烈で、気品がある。豊満になりすぎず、丸みがある。直接的で、持続性があるが、まだ若い。

2005★　収穫から6年を経て、最高の状態になっている。白亜質の香りは強烈で複雑。ミネラル、爽やかで繊細な果実のアロマ、そしてシュール・リーのニュアンス。フルボディでエレガントな味わいだが、凝縮していてスパイシー。熟した酸味と根底にある塩気によりバランスが取れている。とても良い長さで、ハーブ（タイム）のようなニュアンスの余韻。

Kastanienbusch Spätburgunder GG
カスターニエンブッシュ・シュペートブルグンダー

2009　ダークチェリーとベリーの強烈な果実のアロマ。爽やかさとスパイシーさもある。滑らかなテクスチュアで、充実していて強烈。2008年よりも肉付きがあるが、爽やかで生き生きとしている。程よい長さ。素晴らしい熟成能力。

2008　明快なカシスのアロマ。爽やかで、純粋で、シルクのように滑らかな味わい。すっきりしていて、エレガントで、細くて長いドイツのピノ。驚くほどに活力があり、少なくとも4－5年はよく熟成するはずだ。

Dr. Wehrheim
Dr. ヴェーアハイム

栽培面積：17ha　平均生産量：10万本
最高の畑：ビルクヴァイラー　マンデルベルク、カスターニエンブッシュ
Tel: +49 6345 3542
www.weingut-wehrheim.de

11 | 優れた生産者とそのワイン

ラインヘッセン Rheinhessen

ラインヘッセンは、ライン渓谷上流の北側の境界で、ドイツ最大のワイン生産地である。136の村のうち、133の村が葡萄栽培にかかわっている。3,200軒のワイン関係の企業があり、そのうち1,770軒が自分のワインを瓶詰して流通させている（2007年）。ヴォルムス、マインツ、ビンゲン、アルツァイの町の間に広がる地方で、葡萄畑の総面積は26,523ha。同地全土の20%が、ワインの神バッカスに捧げられている。

自然条件がほぼ完璧なので、ローマ人たちはここで葡萄を栽培した。そして中世には、現在VDPグローセ・ラーゲとして認められている場所で教会が葡萄畑を所有していた。1402年には、ヴォルムスの文書にリースリング（Rüssling）のことが初めて言及されている。ライン川の左岸の地域は、北部プファルツ山地、フンスリュック、タウヌス、オーデンヴァルトの中級山岳地帯に囲まれているため、冷風から守られた窪地の気候に恵まれている。ライン川上流の低地の一部であるラインヘッセンは、乾燥して暖かい、隔離された場所である。夏は暖かく、冬も穏やかで、年間平均気温は10℃、生育期の180日間の平均気温は17℃である。年間降水量は約500mmで、100mm程度の増減はあるが、西にある山脈が雲を止めるので、雨が多くなることはない。日照は強烈で長く続き、気温はいつでも暖かい。景観は、森林のない石灰岩の大地と、丘があたかも海の波のように続く広い渓谷が交互に現れる。

特有の個性を持った高品質のワイン、すなわちラインヘッセンのグラン・クリュの最高の土壌は、第三紀の石灰岩か、上部赤底統の赤い砂岩、シルト、粘土、火山岩である。しかし多くの土壌は黄土を基にし、とても肥沃である。ワインの神バッカスとその仲間たちが、まずミュラー・トゥルガウ（16%）を飲まなければならなかったことも無理はない。白はリースリング（15%）、ジルヴァーナー（9%）と続く。赤は、ドルンフェルダー（13%）、ポルトゥギーザー（6%）、ピノ・ノワール（5%）と続く。葡萄畑の約69%が白の品種で、31%が赤の品種である。そして、ラインヘッセンが中世以来享受していた良いイメージは、「リープフラウエンミルヒ（聖母の乳）」というワインのため、完璧に破壊されてしまった。ラインヘッセンがドイツで最大のワイン生産地域となったのは、この輸出向けのブランドのおかげだった。このブランド名のもとになった18、19世紀の有名なワインは、ヴォルムスのリープフラウエンシュティフト・キルヒェンシュテュックと呼ばれる、かつては教会領だった13.4haのクロに植えられていたものだった。現在では、リースリングのグローセス・ゲヴェクスを生産できる畑に格付けされている。

ラインヘッセンでは特に、最初は成功していた多くのことが失敗に終わった。もう一つ他の例を挙げれば、ドイツ最高のリースリングの産地の一つであるニーアシュタインである。同名の村と地区は、1971年、ニーアシュタイナー・グーテス・ドームタールという総合畑の導入により価値が下がった。有名な「赤い斜面（ローター・ハング）」のふもとに位置するニーアシュタインそのものも、確かにこのエリアに含まれるが、その総生産量は、総合畑全体の2%に過ぎない。

大事なことを言い残したが、ラインヘッセンは新しい交配品種の開拓地でもある。1960-70年代に開発された、ショイレーベ、ファーバー、バッフス、モリオ・ムスカート、フクセルレーベ、オルテガ、オプティーマと呼ばれるものである。しかしミュラー・トゥルガウ（リヴァナー）とショイレーベ（後者はラインヘッセンの現代の古典である）を除き、これらの交配品種は、数年間で消えてしまった。一方、ドルンフェルダーは今でも盛んに栽培されている。

ライヘッセンはまた、世界最大のジルヴァーナーの栽培地となった。生産者たちは、フランケン地方からこの葡萄品種を誇りとすることを学び直し、現在では、特に石灰岩の土壌から、見事な辛口のジルヴァーナーを生み出している。ケラーのフォイアーフォーゲルを試してみると良い。モルシュタインのグラン・クリュの古い葡萄樹からのものである。しかしまずきちんと座ってから飲んだほうが良い、そうしないと椅子から転げ落ちてしまうかもしれない。

過去10年の間にあまりにも多くの良いことがラインヘッセンで起きたので、過去の悪い時代のことをもはや長々と書くことはできない。最も重要な発展は、「メッセージ・イン・ア・ボトル」と呼ばれる若い生産者グループによりもたらされた。この同種の考えを持つ人々の集まりは、2002年、生産者の新しい世代により設立された。その多くは、ヴォンネガウの出身で、家族のビジネスあるい

右：ラインフロントの北端にあるナッケンハイム。ここにある「赤い斜面」の畑は、川沿いを南のニーアシュタインに向かって続く。

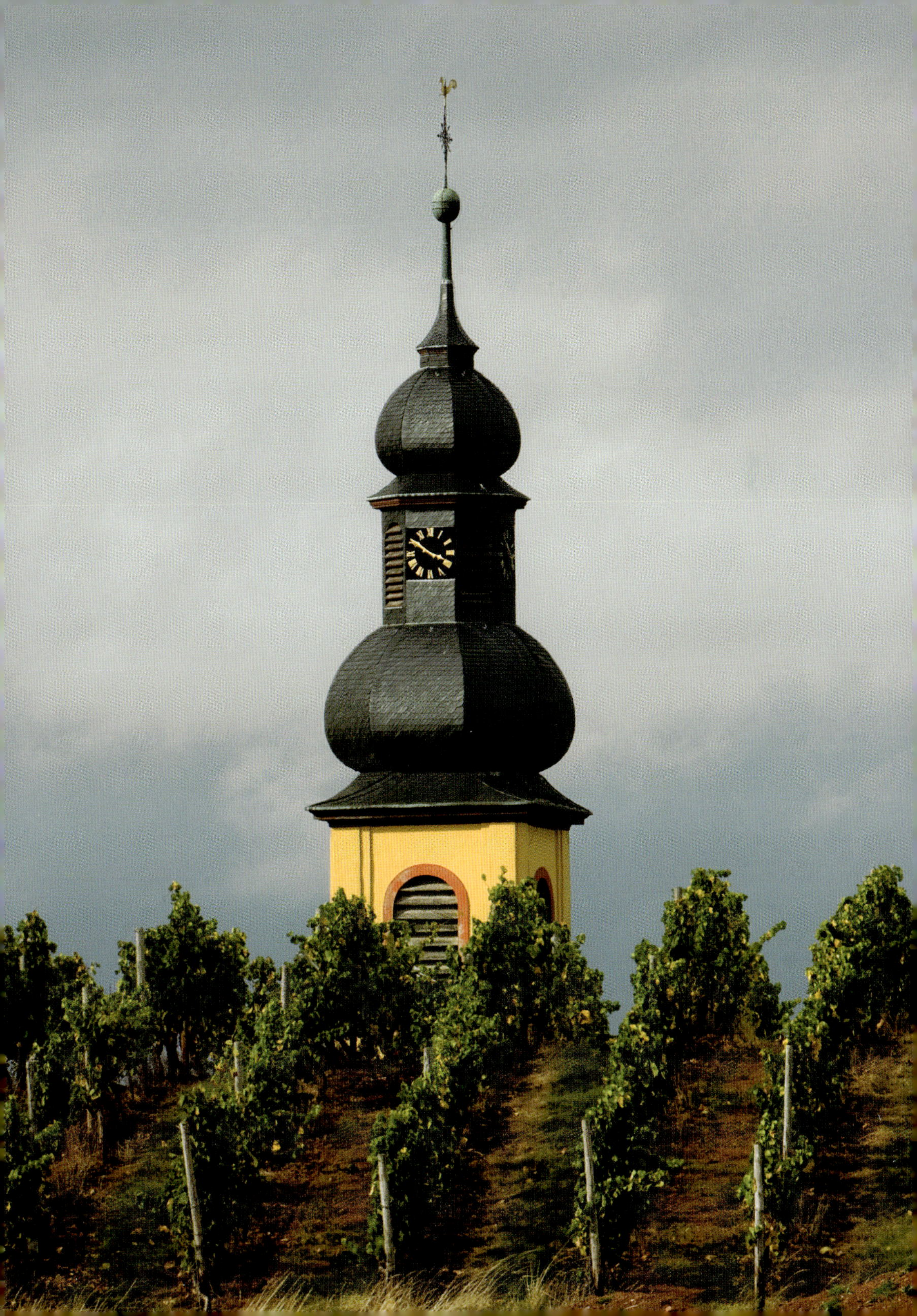

は少なくともワイン造りを、誰かに言われたからではなく、彼ら自身が行いたいと思ったために、受け継いだ人々である。さらに彼らは、何か特別なもの、伝統的な品種から素晴らしいラインヘッセンのワインを造りたいと考えていた。

「ライヘッセンで偉大なワインが造れる可能性は、ブルゴーニュやシャンパーニュに劣らないと私は思っています」と、オリバー・シュパーニアは言う。彼は、自信を持つ新たなトップクラスの生産者たちの典型でもある。「できるさ」というのが、設立以来のグループの気風である。そして28人のメンバーは、ライヘッセンでのワイン造りは楽しいということを示してきた。彼らはそのワインを、退屈なガラディナーではなく、格好いいパーティーで紹介した。メッセージ・イン・ア・ボトルの活力、精神、その成功は、ライヘッセンだけではなくドイツ中の若いワイン生産者に刺激を与えた。

古い世代の悲しむべき停滞は消え去っていないが、現在は、流行の先端を行く、男女を問わず若いスターに焦点がより向けられている。彼らは、新しい思想を取り入れ、十分に教育を受けていて、トップの品質を求め、互いにつながっている。彼らは皆、単独で行動していたのでは、この地方の不活発さを克服することは不可能だろうとわかっていたため、国際的な教育を受けた生産者たちは集まり、経験を交換し、新たな考えを発展させ、同じ目標を共有している。個人が集まるグループとして、彼らは、魅力的で個性があり、飲みやすい辛口ワインで、眠れるラインヘッセンを揺り動かしたいと考えた。そして、実際にそのようになっている。彼らは貴族的なラインガウをも動かした。というのもこの数年、人々が興奮したリースリングは、ラインガウではなくむしろ、ラインヘッセンで造られているからである。クラウス・ペーター・ケラー、フィーリップ・ヴィットマン、ハンス・オリバー・シュパーニア、カロリン・キューリンク・ジロー、ダニエル・ヴァーグナーといった設立メンバーは皆、現在ではスターである（そして現在でもグループに所属している）。一方、その他のメンバー、例えばクリスチャンとヨッヘン・ドライスィッヒアッカー、フローリアン・ファウト（ゼーホーフ）、ヨハネス・ガイルービールシェンク、ミヒャエル・グッツラー、マックス・ファンネベッカー、ヨハネス・テーレ、シュテファン・ヴィンターそしておそらくその他の15名のメンバーの何人かも、その方向に向かっている。

それでは、ニーアシュタインとナッケンハイムの間にある有名な「赤い斜面」に葡萄畑をもつ、ライン川沿いのラインフロントと呼ばれる地域の古いワイナリーには何が起きたのか？ 1990年代にトップクラスであったワイナリー、例えばグンダーロッホ（ここの2010年のワインはこの数年間で最高のものである）、ザンクト・アントニー、ハイルツー・ヘルンスハイム（後者は現在、前者が所有する一つのブランド）は、数年間の根本的な変化とあまり説得力のないワインを造った後、再び形を成しつつある。現在、この地で第一バイオリンを弾いているのは、ボーデンハイムのワイナリー、ヴァイングート・キューリンク・ジローで、カロリン・シュパーニア・ジローと、夫でワインメーカーのハンス・オリバー・シュパーニアが所有している。

この地方の北東部にあるニーアシュタインの地区は、ライヘッセンの3つのベライヒの中で最も有名で、ニーアシュタイン、ナッケンハイム、ボーデンハイム、オッペンハイムといった村があり、これらはすべてライン川に近い。最良のワインは、「赤い斜面」の有名な上部で造られている。ここは傾斜が急で、ナッケンハイムとニーアシュタインの上部のライン川に沿って、東、南東、南向きの斜面である。葡萄の多くはリースリングであるが、赤底統の赤い堆積物（砂岩、シルト、粘土）に植えられ、フルボディだがとても繊細で、エレガントで、偉大なフィネスを持つワインを産み出す。これらのワインは、絹のように滑らかなテクスチュア、わずかにハーブのニュアンス、ほとんどトロピカルな果実の風味、そして微妙なミネラル感で規定される。最高の畑は、ナッケンハイムのローテンブルクと、ニーアシュタインのペッテンタール、ブルーダースベルク、ヒッピング、グレック、エールベルク、オルベルである。これらの多くは、VDPにより、リースリングのグローセス・ゲヴェクスを生む畑に格付けされている。オッペンハイムでは、ザックトレーガーやクロイツ（ピノ・ノワール向け）があり、ボーデンハイムにはブルクヴェーク（やはりピノ・ノワール向け）がある。

第二の地区は南部のヴァンネガウである。葡萄畑の面積は764haで、ヴォルムスとアルツァイの間にあるヴェストホーヘンは、この地方で最も重要な村の一つである。北部の「赤い斜面」とは対照的に、ここでは葡萄は、巨大な石灰岩の岩を覆う石灰質の黄土、ローム、粘土質の土壌に植えられている。深い土壌の特徴は、高い比率の粘土質（80%）とその卓越した熱と水の保持力である。石灰質の比率が高いが、栄養分の供給は良い。しかし、石

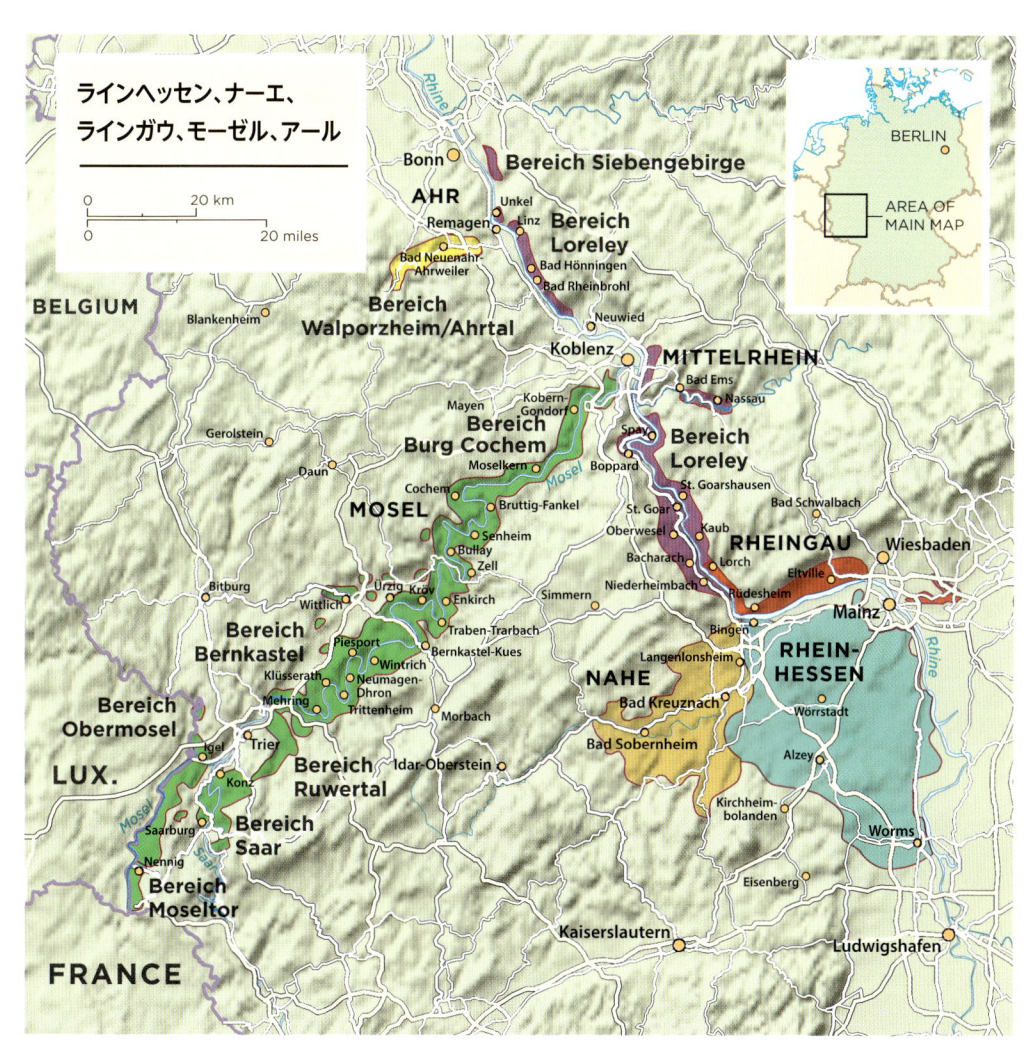

THE FINEST PRODUCERS AND THEIR WINES

の多い下層土は浸透しにくい。古い樹は、根がこの層を突き抜けているので、乾燥した年でも栄養分や水分を得ることができる。リースリング（最も石の多い土壌）やジルヴァーナー、そしてピノ・ブラン／グリ／ノワール、シャルドネ、すべてがこの場所ではとてもうまくいく。ワインはいつでも豊かで、堅固な構成があるが、すっきりしていてエレガントなミネラル感と、爽やかさと塩気が混ざった果実の風味により、とても純粋である。印象的な長さも持ち、瓶熟によりとてつもなく良くなる。偉大なヴィンテージでは、熟成能力は途方もない。

ここでの最高の畑は：ヴェストホーヘンのモルシュタイン（リースリングとピノ・ノワール）、ブルンネンホイスヒェン、キルヒシュピール、アウレーデ（すべてリースリング）。ダルスハイムのフープアッカー（リースリング）とビュルゲル（ピノ・ノワール）。フレーアスハイムのフラウエンベルグ（リースリングとピノ・ノワール）、メルスハイムのツェラー

RHEINHESSEN

ヴェーク・アム・シュヴァルツェン・ヘルゴット（リースリング）とビュルゲル（ピノ・ノワール）。そしてホーエン・ズルツェンのキルヒェンシュテュック（リースリング）である。オリバー・シュパーニアとヴァーグナー・シュテンペルのダニエル・ヴァーグナーは、忘れられていた、あるいはかつては認められなかったテロワールでも、正確に解釈をすれば素晴らしい品質のものとなるということを証明した。なお、ヴァーグナー・シュテンペルは、かなり西側のジーファースハイムにあり、葡萄樹は斑岩の土壌に植えられている。一方、ケラーとヴィットマンは、彼らの両親が20年以上前に始めたことを完璧なものとした。

ヴォンネガウの特に2000年以降の大成功は、少なくとも最高のグラン・クリュについて、ワインの価格を押し上げることとなった。ケラーの神秘的なゲー・マックス・リースリングは、ボトルあたり約80ユーロ、ヴィットマンやケラーのモルシュタイン・リースリングは約40ユーロである。葡萄畑の価格も急上昇している。「自分がやってきた方法で、今日、身を立てることはできません」と、1990年にキャリアをスタートさせたシュパーニアは認める。「というのも、人々はもはや葡萄畑を売ろうとしません。あるいは売ろうとしても、狂ったように高い価格です。彼らは、葡萄畑の偉大な可能性を引き出しているわけではありませんが、その葡萄畑を他の人に渡したくないのです。ケラーやヴィットマンのような人たちのワインの現在の価格を目の当たりにしたからです」。

第三のラインヘッセンの地区ビンゲンは、北西部にある。歴史はこの場所で、見事なワインを産み出すことが可能であることを示してきた。特にシャーラッハベルクは、珪岩ベースのグラン・クリュで、純粋で、エレガントで、生き生きとしたリースリングを産み出す。しかしその完全な可能性は、まだ十分に認識されていない。

生産的な競争か？

ラインヘッセンのリースリングのトップクラスの生産者であるフィーリップ・ヴィットマンとクラウス・ペーター・ケラーはとても重要なので、彼らの関係は議論に値する。彼らはいずれも、少なくともこの数年、ドイツで最高の部類に入るワインを造ってきた。驚くことではないが、クラウス・ペーター・ケラーとフィーリップ・ヴィットマンのどちらが、ドイツとはいわないまでもラインヘッセンの辛口リースリングの最も偉大な造り手であるかということについては、インターネット・ブロガー、ワイン・ジャーナリスト、小売商、ソムリエ、消費者の間で、多くの議論があった。

これはもちろん、堂々巡りの議論である。しかし、2人の主役とそのワインが、伝統的にも、地理的にも品質的にも近づけば近づくほど、そのワインの味わいは離れ、それぞれの支持者はより高いバリケードを築くのである。議論は、ドイツのワインサークルの中であっても、知的な言葉で行うことはめったになく、相手に対して攻撃的になる傾向がある。メッセージ・イン・ア・ボトルのグループのみならずヴォンネガウの地区をも牽引してきた2人の造り手について、個々の存在理由と、とても個性的なワインスタイルを確立してから、ばかげた噂も出回っている。

ケラーもヴィットマンもほぼ同い年であり、ほとんど同じグラン・クリュで葡萄を栽培し、どちらも10年以上、ワイン造りを行っている。ほとんど隣同士といえる彼らの大きな野望は、積極的な競争を生み出し、これにより、彼らのワインは毎年、さらに良くなり、さらに特色のあるものとなった。歴史のみが、どちらが、あるいはいずれもかもしれないが、より良いワインを産み出しているかを、語ることができるであろう。ワインが若い間は、ヴィットマンの純粋さ、エレガンス、フィネスを好ましいと思うか、あるいはよりエッジがあり、ミネラルの核と気品を持つケラーのワイン、これは同様に純粋だが、より長い時間を要するものだが、いずれを好むかは、個人の好みである。

しかし、ベートーベンとモーツァルトのいずれが、より良い作曲家であったかなどと決める必要が本当にあるだろうか？リンゴと洋ナシのどちらがより美味しいかなどと決める必要がるだろうか？ケラーもヴィットマンも、偉大な独創性のある、表情豊かな力を持つ、わくわくさせるリースリングを造っている。しかし彼らの人間性がとても異なるために、彼らのワインのスタイルも異なる。そして、そちらのほうがなおさら良い。

ヴィットマンは立派なワイン生産者であるだけでなく、VDPの葡萄畑の格付けを牽引し、政治的にも社会的にも積極的な人間である。一方、ケラーは自身の葡萄と家族経営のワイナリーのイメージに集中している。「Winzer（ワイン生産者）は私の職業であり、趣味でもあります。葡萄畑は、私がいたいと思う最も重要な場所です」と彼は言う。

ケラーは、自分のワインをワイナリー以外の場所で紹介しようという気持ちもなく、その時間もほとんどないが、

THE FINEST PRODUCERS AND THEIR WINES

ヴィットマンは展示会に必ず参加し、ヴァイングート・ヴィットマンのみならず、ラインヘッセンのエリートのワインも紹介している。これは伝統的だが、重要なマーケティングの手法である。これがなければ、ラインヘッセンも、そしておそらくケラーやヴィットマン自身も現在の名声は手にしていないであろう。

ケラーは自分のワインの販売と名声の拡大のために別のチャンネルを活用している。何人かのオピニオン・リーダーのウェブサイトや関係するインターネットのフォーラムを見ると、情報操作のプロやバーチャルのケラー・ファン・クラブが見つかる。実存するファン・クラブもある。将来のワインについても、すでにウェイティングリストがあるので、ケラーのグローセス・ゲヴェクスのボトルを見つけることは、バイロイト音楽祭でワーグナーのオペラ「ニーベルングの指環」のチケットを手に入れるより難しい。さらにゲー・マックス・リースリングという、ケラーのコミュニティの黄金の子牛ともいえる、至高の品質を誇る希少で高価なアイコン的ワインも造っている。熱狂的なワイン愛好家は、必要であればマグナムボトルでこのワインを買おうとする。それは、毎年行われるバート・クロイツナッハのオークションでばかげた価格で購入することができる。ヴィットマンは、オークション向けに150Tage (2007年) のような特別なリースリングのボトルは造っているが、そのようなアイコン的なワインは造っていない。

ケラーもヴィットマンも開拓者であり、神のような存在である。それはラインヘッセンの同僚に対してのみにとどまらない。彼らは、ドイツのワイン生産者の新世代をリードしている。例えば、1980年代、90年代にハンス・ギュンター・シュヴァルツが、1990年代、2000年代にレープホルツが行ったようなことである。ヴィットマンもケラーも砂漠に花を咲かせた。二人ともドイツのリースリングの将来の設計者である。彼らのいずれについても、その歴史的重要性を軽視する理由はない。

上:ドイツのリースリングの将来は、ケラーやヴィットマンのような活力ある若い生産者の手の中にある。

143

RHEINHESSEN

Weingut Keller　ヴァイングート・ケラー

　クラウス・ペーター・ケラーは、2001年にセラーを、2006年に一族のワイナリー全体を引き継いで以来、その素晴らしい一連のワイン、特にモルシュタイン、アプツエアデ、フープアッカーというようなリースリングのグラン・クリュのために、欧州中の多くの若いワイン生産者と熱狂的なワイン愛好家にとり、教祖的な存在となった。2011年の収穫時にキッチンの食卓で私が出会った若い労働者たちは、ケラーが造るワインに感服するだけでなく、彼の精神とワインについての情熱や知識を共有する手法を好んでいる。一日の葡萄畑での作業の後、クラウス・ペーターと妻のジュリアを含むチーム全員が夕食を囲み、最良のワインを飲みながら、それについて話し合う。そのワインとは主にブルゴーニュだが、アルザスやドイツの他の地域のリースリングも含まれている。「どのようなものを造りたいかという考えを持つことが大切です。飲んで理解するワインが素晴らしくなればなるほど、どうやってそれを造るかよく理解できるようになります。これは、現世代のためだけではなく、将来幾世代ものための計画です」とクラウス・ペーターは言う。

　彼は自分が何を語っているのかよくわかっている。彼の一族はスイスから、1789年にヴォンネガウのダルスハイムに移住してきて、ヴァイングート・ケラーを設立した。クラウス・ペーターは9代目であり、息子のマクシミリアンとフェリックスの10代目は、すでにこの計画に参加している。ダルスハイマー・オーベレル・フープアッカーは、ケラーの祖先が修道院から購入したもので、ケラーのワイナリーの中核であり、現在でも一族の最も大切な畑である。ケラーは、元々からフープアッカーである南東向きの畑4haすべてを所有している（この畑は、1971年に22.6haに拡大された）。このうち95%はリースリングを植えている。葡萄樹の多くは、ケラーの亡き母ヘドヴィックの故郷であるザール渓谷のオーバーエメルから持ってきた、マサル・セレクションの木で、1978年に植えられた。ケラーは概して、遺伝上の多様性に敏感である。彼は、モーゼルやザールの最も古い木だけではなく、アルザスや、ピノについてはブルゴーニュのトップのワイナリーからの数多くのマサル・セレクションの木を植えたり、接ぎ木している。

右：クラウス・ペーターとその息子のマクシミリアン。9代目と10代目がケラーの畑で刈込みはさみを使っていた。

144

その素晴らしい一連のワイン、特にモルシュタイン、アプツエアデ、フープアッカーといったリースリングのグラン・クリュにより、クラウス・ペーター・ケラーは、欧州中の多くの若いワイン生産者と熱狂的なワイン愛好家にとり、教祖的な存在となった。

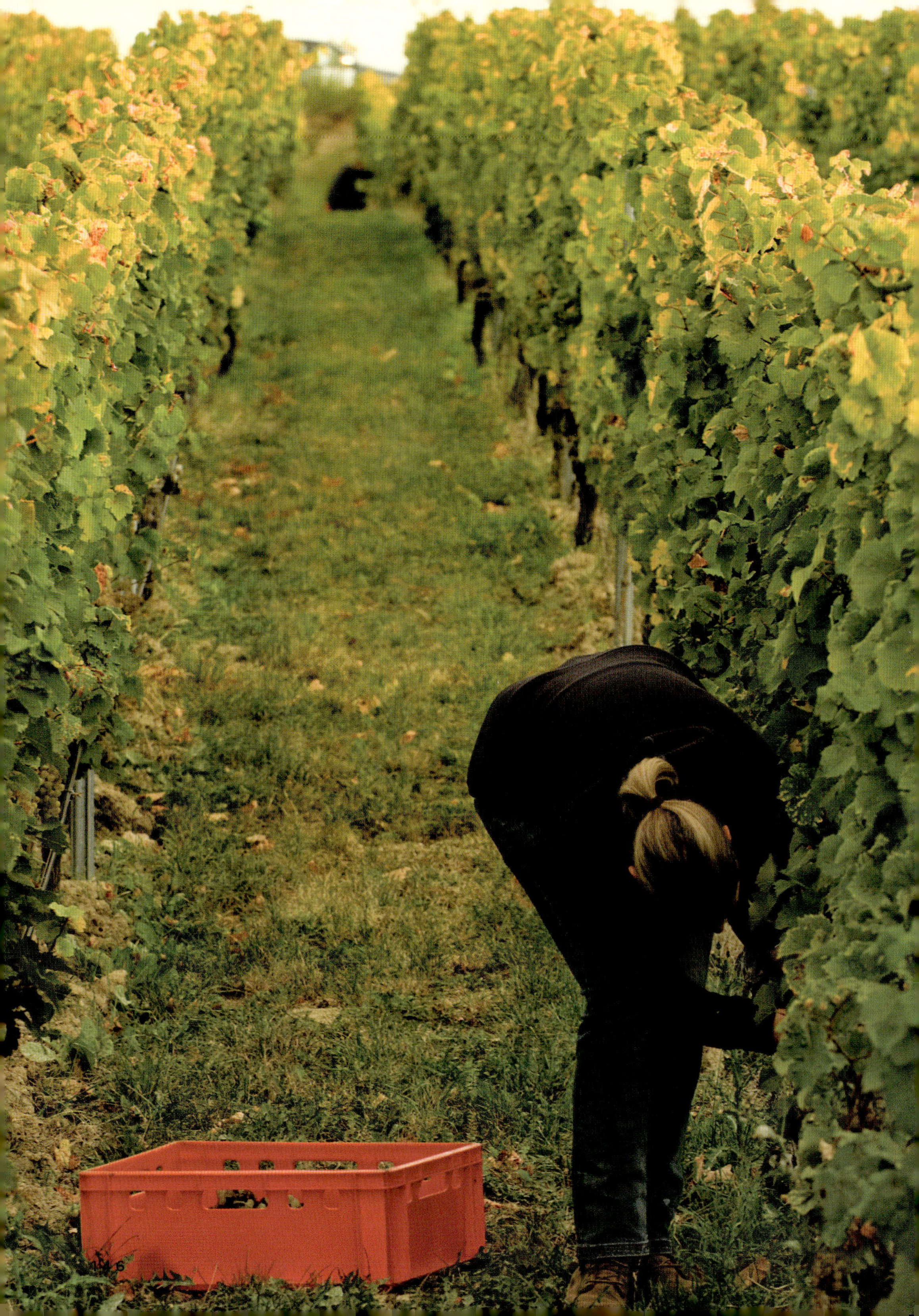

RHEINHESSEN

現在、ケラー一族は16haの葡萄畑で葡萄を栽培している。その95%はヴォンネガウに位置し、残りはニーアシュタインの「赤い斜面」にある。全体の約75%がリースリング、20%がブルゴーニュの品種（ピノ・ブラン、ピノ・グリ、ピノ・ノワール）、あるいはジルヴァーナー、5%がリースラナーとショイレーベである。辛口ワインは後者から造られ、前者は甘口ワインだけに使われている。ケラーの主軸は辛口ワインであるが、わずかながら甘口も造り、ドイツで最高の甘口の造り手の一人でもある。美味しいシュンペートレーゼ、エレガントで緻密なアウスレーゼ、とても気品のあるベーレンアウスレーゼとトロッケンベーレンアウスレーゼを生み出している。ケラーのワインのいくつかは、毎年バート・クロイツナッハで行われるオークションで、破格の値がつく。

実際、ケラーのグローセス・ゲヴェクスのボトルを探すのは容易なことではない。というのも、年間生産量のすべてが、ケラーがセラーを開放し、最後のワインをプリムールで注ぐ5月の2回の週末の間に売り切れてしまうのである。こうした機会の持てる幸運なドイツの高級ワイン商は、ケラーのワインの供給をボトル単位でのみ受ける。しかも、彼らの最高の顧客向けのみである。このように、ケラーの一族と長期にわたるケラーの顧客は、ほとんど閉じたコミュニティを形成している。そして、新参者がセラーのドアをたたき、点数の高いグラン・クリュやトロッケンベーレンアウスレーゼだけを欲しがるほど、そのコミュニティはより閉じたものとなっていくのである。グローセス・ゲヴェクスのワインに到達する道は、すでに印象的なベーシックや中価格帯のワインを経由する以外にない。例えば、ジルヴァーナー、グラウブルグンダー、リースリング・フォン・デア・フェルスなどである。なお後者は、すべてのグラン・クリュの若い区画をブレンドした辛口で、ケラーの主要なテーマ、すなわち岩がちの土壌でのリースリングということをとても特有な方法で表現している。

フープアッカーだけでなく、丘陵地帯のヴォンネガウの他の多くの興味深い葡萄畑をとても特別なものにしているのは、石灰岩の存在である。石灰岩は、ケラーが造る著名なヴェストホーヘンのグラン・クリュでも多くを占めている。キルヒシュピール(3ha)、アプツエアデ(2.6ha)、モルシュタイン（1.9ha）はすべてリースリングである。ケラーはワインの品質とスタイルには、葡萄畑の向きよりも、土壌のほうがはるかに重要と考えている。ヴェストホーヘンのクリュと近くのフープアッカーからのワインには、いつでもわくわくさせられる。レーザーのように精密で、牡蠣のように塩気があり、最善の状態では驚かされるものである。これとは対照的に、2009年から造られているペッテンタール・リースリングGGは、かなり繊細でエレガント、絹のように滑らかである。このワインの葡萄は、ニーアシュタインのグラン・クリュのとても傾斜が急な区画0.3haで造られ、ライン川の土手（赤い斜面）に沿った、有名な上部赤底統の赤い砂岩の土壌で栽培されている。2011年、ケラーはヒッピング・リースリングGGを造り始めた。これは、斜度約80%の0.5haの区画からのものである。「赤い斜面」にある畑で、樹齢は30年以上である。

ケラーのワインの最も魅力的な点の一つは、これらがとてつもなく豊かで複雑であるにもかかわらず、アルコール度が高くなく、このため消化しやすいことである。「偉大なワインというものは、その原産地を正確に映し出さなくてはならないが、楽なゆったりとした方法でなければならない。いつでも、そのワインを飲むことが楽しいように」と、ケラーは言う。彼は、ガイゼンハイムで学び、ブルゴーニュのドメーヌ・アルマン・ルソーとユベール・リニエで修業を積んだ。これらのワインが、ワイナリーではなく葡萄畑によって生み出されることは明らかである。

ケラーは、ワインだけではなく、葡萄畑にもバランスを求めて努力している。個々の畑や区画は、それぞれに栽培され、ヴィンテージごとに異なるニーズを尊重している。彼の最終目標は、緩やかな果房（ばら房）、小さく熟した果粒、厚く健全な果皮、強烈な風味、良い凝縮力、熟しているが生き生きとした酸味であり、ケラーは葡萄樹を、病気やカビにより強くなるように、「良い意味でのストレス」のかかる状態に置いている。このため植樹密度は6,500本/haから8,500本/haに増やし、樹冠は数年前よりも低くしている。「私たちは途方もなく高い糖度を求めているわけではありません。私たちのワインのアルコール度は12.5%以上であるべきではないですから」とクラウス・ペーターは説明する。

糖度よりもさらに重要なのは、アロマと風味の強烈さと正確さだとケラーは言う。このため、糖度が十分に上が

左：ヴェストホーヘンのグラン・クリュ、モルシュタインでの収穫。手摘みが、細心の注意を払って行われてきた葡萄栽培の最後の段階である。

147

り、天候が完璧であっても彼は収穫しない。彼は、偉大なワインを産み出すためには、忍耐ということが、最も高尚な徳の一つであると信じている。「分析上は、10月に多くの変化はありません」とケラー。「しかしながら、葡萄の風味はとても良くなります。10月の下旬に、果実は理想的に涼しい時期を享受するからです。夜間は凍るまでに気温が下がり、日中はまだかなり暖かい。このため、果粒にはフェノール類が素晴らしく蓄積され、熟した酸の構成が形成されます」。

できるだけ遅くに収穫することが目標なので、ケラーはゆっくりと持続して熟す過程を好む。これは、収量が低く抑えられていれば、涼しい年では問題ではない。「しかし、暖かい年にあまりにも早く収量を制限すると、熟すのを早めるばかりではなく、ボトリティス菌のリスクも生じます」。このため、暖かく早熟であった2011年には、ケラーは2010年や2008年よりも高い収量で収穫期に臨んだ。対照的に、晩熟の2010年や2008年は、収量が高ければ、完熟した葡萄は収穫できなかったであろう。2010年と2008年は、最後の葡萄が11月20日に収穫され、グラン・クリュの収量が30-35hl/haに抑えられたが、2011年と2009年は、収穫がすでに10月末か11月初めに終わり、収量は45hl/haであった。気候の変化により、ドイツのワイン生産者は、数年前よりもさらに極端な天候と直面しているが、「少ないことが必ずしも良いとは限らない」とケラーは主張する。

彼は毎年のヴィンテージを前もって予想するので、彼の戦略は、クリスマスと新年の間にすでに描かれる。「この15年余りで学んだことですが、2010、2008、2002といった偶数年は涼しくて収穫が遅い。一方、2011、2009、2007、2005、2003といった奇数年は、暖かくて早く熟す傾向があります」。

収穫チームは、子供を含めた一族に、20名の労働者が加わる。クリュについては、葡萄が完全に熟しているか、あるいはあと数日そのままのほうがよいかを決めることができる5名のスペシャリストとケラー自身がいる。

ワイナリーでは、クラウス・ペーターの父親であるクラウスが品質をチェックするまで、いかなる葡萄も圧搾室には持ち込まれない。2011年は彼の46回目の収穫であった。除梗するか否か、マセラシオンをするか否か(もしするのであればどのくらいの期間か)は、葡萄の品質により決ま

る。「我々は、怪物のようなワインを造りたいのではない。最高の内容物を抽出し、エレガントで楽しめる素晴らしいワインを造るために最適と考えることを行う」ということ以外にルールはない。ヴィンテージによっては、モストはステンレスタンクで発酵させる(多くは暖かいヴィンテージ)。その他の(より涼しい)年には、伝統的な木桶で発酵させる。澱引きの後、熟成は異なる容器で行うことが多く、クリュは8月まで熟成させる。多くのワインはステンレスタンクと木樽の両方を使う。

白ワインとともに、ケラーではシュペートブルグンダーも造っている。「どちらかといえば趣味」とケラーはいつも言う。ブルゴーニュにいたころ、ピノ・ノワールをよく知り、赤いリースリングと言っていた。彼は2つのシュペートブルグンダーのグローセス・ゲヴェクスを造っている。一つは、エレガントで果実味豊かで、絹のように滑らかなビュルゲルGGで、0.6haの区画に、ドイツの樹齢40年のピノ・ノワールの樹が植えられている。もう一つは、爽やかで純粋で、直線的なフラウエンベルクGGで、0.5haの区画に、トップのブルゴーニュのドメーヌからの樹齢の若い選ばれた木が植えられている。いずれのピノも自然発酵で、暖かい年は果梗とともに、涼しい年には果梗の量は少なく、あるいはなしで発酵を行う。ワインはフランス産のバリック(10-15%新樽)で、20ヵ月熟成させる。この間、ポンプによる果汁循環は行わず、清澄も濾過もせずに瓶詰する。ピノ・ノワールを造ることはケラーにとっては「趣味」であったろうが、2011年に、モルシュタインの樹齢70-75年のジルヴァーナーに、ブルゴーニュの有名なドメーヌ、ジャック・フレデリック・ミュニエの最も古い木のピノ・ノワールを接ぎ木してからというもの、趣味は、我々すべてが興味を持って従うべき野心となった。

極上ワイン

フォン・デア・フェルス、ジルヴァーナー。フォイアーフォーゲル、リースリング・シュペートレーゼ、そしてアウスレーゼからトロッケンベーレンアウスレーゼに至るワールドクラスの気品ある甘口ワイン(主にリースリングだが、リースラナーやショイレーべもある)といった素晴らしいワインがあるが、ヴォンネガウのリースリングのグローセス・ゲヴェクスが最も安定した極上ワインである。しかしその量は、フープアッカーGGを別にすればとても少ない。

キルヒシュピールGGは、東向きのとても痩せた石灰岩の斜面に植えられている。酸味はいつでも食欲をそそり、わずかにス

モーキーで、純粋で、エレガントでほとんど重さのないワインに、陽気なほどの気品を与えている。

モルシュタインGGは、樹齢50年の木で、まさしく一枚岩であり、ブルゴーニュの最高のグラン・クリュのように、果実味を気にしない深いミネラルの魂を持っている。ジャンシス・ロビンソンMWが、表情豊かなモルシュタインは考えるためにあるとかつて言っていたが、**アプツエアデGG**は、飲むために造られている。この驚くほどに爽やかで、純粋で、わくわくさせられるワインは、モルシュタインと同様に複雑だが、それほど力強くなく、輝かしい面がより強い。約600年前、これは、ヴォルムスの司教のお気に入りのワインであった。この畑はシャブリと同じように石灰質で、そのワインの純粋さ、活力、生き生きとした感じが、お気に入りとなった原因だと私は思う。

ゲー・マックスは、謎である。というのもケラーは、この産地については語らず、とても古いリースリングの木からとだけ言うからである。これは、曾祖父ゲオルク（かつてオーベレル・フープアッカーの石垣棚を壊した人物）とケラーの長男マクシミリアンに捧げるとあるので、フープアッカーで栽培された葡萄であろう。いずれにせよ、ワインは希少（1,500本）で高価で、さらに完璧に近いので、そのようなことは心配に値しない。

フープアッカーが一族にとり最も重要な畑であるということを前提に、ケラーは2011年9月、私にグローセス・ゲヴェクスの3ヴィンテージを注いでくれた。オーベレル・フープアッカーの区画は、巨大な黄色の岩が60-80cmの粘土の層に覆われているため、いつでも水分が適度に供給される。これは、年間降水量が600mmに満たないこの乾燥した地域では重要なことである。フープアッカーGG向けには、ケラーは樹齢20年以上の木の葡萄しか収穫しない。このためワインはいつでも表情豊かである。すっきりしていて、純粋で緻密だが、複雑さ、フィネス、エレガンスに欠けることはなく、酸、塩気、果実味の相互作用は素晴らしく繊細で元気がある。

フープアッカーGGは、数年前はより幅広く、太っていたと記憶していたが、2008年以降のその純粋さ、繊細さ、軽やかさに驚かされた。

Hubacker Riesling GG
フープアッカー・リースリング

2010★ これは、クラウス・ペーターが記憶している最も美しい収穫の一つからのもの。葡萄の果粒は小さく、とてもゆっくりと熟し、収穫時には黄金がかった黄色で、20年以上の間で最も高い抽出分を持っていた。収穫は11月12-15日であった。アルコール度は12.4％。香りは凝縮していてスパイシーで、熟した葡萄の美しいアロマが感じられる。濃密で塩気があり、とてつもないミネラル感のある味わいで、石灰岩が溶けているようだ。とても複雑なワインで、シュピールがあり、爽やかな柑橘類の風味が感じられ、信じられないほど長い。

2009 この葡萄が10月下旬にワイナリーに到着した際、ケラーの84歳になる祖父は、「完璧な葡萄だ。人生のなかでそう何回も見られるようなものではない」と言ったという。ワインにはまだ澱のニュアンスが残っているが、とても濃密で複雑な香り。フルボディで力強く、とてつもなく豊かな味わい。クリーミーなテクスチュアとともに、食欲をそそる酸味と爽やかさ、塩気も感じられる。まだ若く力強いが、明らかに偉大な可能性を持つ。

2008★ かなり涼しく、晩熟の年で、収穫はグラン・クリュでは11月20日まで終わらなかった。収量は30-35hl/haと低い。2001、2003、2005、2007年とドイツの生産者が過熟を避けようと努力したヴィンテージの後、2008年は正反対の問題を突きつけた。「だからこそ、私はこの仕事が好きなのです。次の年はどうなるのか全くわからないですから」とケラーは言う。「自然は恋人です。そしてその気まぐれに合わさなければならないのです」。2008年、葡萄は除梗を行わず、高い酸味を和らげるため、浸漬は18-20時間に及んだ。とてもよく凝縮していて緻密。濃密で食欲を刺激し、まっすぐな味わい。堅固な構成があり、ミネラル豊かで生き生きとしていて、純粋で塩気があり、余韻には活発な凝縮力がある。電気ショック療法のセラピーのようだ。

Weingut Keller ヴァイングート・ケラー
栽培面積：16ha、75％リースリング、20％ピノ・ブラン、ピノ・グリ、ピノ・ノワール、ジルヴァーナー、5％リースラーナー、ショイレーベ
平均生産量：10-12万本
最高の畑：ダルスハイム　フープアッカー、ビュルゲル、ヴェストホーヘン　モルシュタイン、アプツエアデ、キルヒシュピール、ニーアシュタイン　ペッテンタール、ヒッピンク
Bahnhofstrasse 1, 67592 Flörsheim-Dalsheim
www.keller-wein.de

RHEINHESSEN

Weingut Wittmann　ヴァイングート・ヴィットマン

ヴィットマン一族の葡萄栽培の歴史は1663年までさかのぼるが、初めてのヴィンテージが瓶詰されたのは1921年である。1990年代初頭まで、ヴァイングート・ヴィットマンでは、混合農業を行っており、以降、一族はワイン造りだけに集中し、ドイツ最高のリースリングの造り手の一つとして台頭した。

ワイナリーは、ライヘッセン南部の丘陵地帯であるヴォンネガウのヴェストホーヘンの歴史的な中心地に位置する。肥沃で氷河の作用によるライン渓谷の中で、緩やかな斜面とほとんど地中海的とも言える気候に恵まれ、ヴィットマン一族は25haの畑で葡萄を栽培している。これらの畑の土壌は、粘土質、泥灰質、黄土で、下にある石灰岩を覆っている。植えられている葡萄の三分の二はリースリングだが、その他に白向けには、ジルヴァーナー、ショイレーベ、アルバロンガ（貴腐の甘口のみ）、ピノ・ブラン、ピノ・グリ、シャルドネがある。またロゼと赤ワイン向けにはピノ・ノワールとサン・ローランも栽培されている。

1990年代から、ヴァイングート・ヴィットマンはワイン造りだけに集中し、ドイツ最高のリースリングの造り手の一つとして台頭した。

ヴェストホーヘンには村の北と北東に印象的な一連のクリュが並んでいる。モルシュタイン、ブルンネンホイスヒェン、シュタイングルーベ、キルヒシュピール、アウルエアデである。アウルエアデとキルヒシュピールの葡萄は、モルシュタインやブルンネンホイスヒェンよりも7-10日早く熟す。いずれもドイツ最高のリースリングのいくつかになう。シュタイングルーベを除くすべての畑は、VDPによってグローセ・ラーゲに格付けされており、ヴィットマンはそのすべてと、さらにシュタイングルーベに区画を所有している。シュタイングルーベはラベルには表記されていないが、素晴らしいブルゴーニュスタイルのヴァイサー・ブルグンダー・S・トロッケンとシャルドネ・S・トロッケンの原料となっており、いずれも石灰質の土壌に植えられている。

葡萄は、1990年から有機栽培で（ナトゥーアラント認証）、2004年からビオディナミで（デメテール認証）栽培されている。フィリップ・ヴィットマンは1998年にセラーを、2007年にワイナリーを引き継いだが、品質のために主にビオディナミ農法を行うことを決定した。「ビオディナミ農法で、木の大樽で自然発酵させることにより、よりバランス、真正感、張りつめた感じをワインに求めています」と説明する。

ヴィットマンの存在理由は、ワインの産地を可能な限り真正な方法でワインに映し出すことである。「私は、純粋で、率直で、果汁感が豊かで、深みがあり、爽やかさ、エレガンス、フィネスのあるワインを造りたい」と彼は言う。このため彼は、熟しているが過熟ではなく、アロマが強烈で、健全で全くボトリティス菌の影響を受けていない葡萄を求めている。

葡萄畑では、20年以上の間、除草剤、殺菌剤、化学肥料は使っていない。ヴィットマンは、ビオディナミ農法により、葡萄畑での自然のバランス、よりゆっくりとした成熟過程そして、低めの糖度だが、強烈なミネラルの風味を持つ生理学的に熟した葡萄を目指している。実際、ビオディナミ農法を実施して以来、果房は、「実付きがまばらで、果粒はより小さく、そして果皮はより厚く」なったとヴィットマンは言う。さらに現在では、100°Oeではなく、90-96°Oeで葡萄は完熟に達しているという。彼はそれを好んでいる。というのも、アルコール度12.5-13%以上のワインを造りたくはないからだ。

土壌を肥沃にし、腐植土の割合を増やすために、畝には一つおきに、種のあるハーブや野菜を植えている一方、その間の畝は夏の間に耕している。植樹密度は6,000本/haで、樹冠は短く保ち、開いている。開花のすぐ後に葡萄が実る位置の葉を軽くとるが、8月には葡萄の東側は完璧に除葉する。ヴィンテージにより、ヴィットマンは摘房よりも果房の半減を好む。2011年のような暖かく早熟のヴィンテージでは、いつもより多い収量で収穫を始め、最初の選果をしながらの収穫を通して、収量を落としていく。

グローセス・ゲヴェクスについては、樹齢20年以上のものだけを収穫する。遺伝子も、ワインの品質に重要な役割を果たす。父親のギュンター・ヴィットマンは、古い木からのセレクションを行ったが、フィリップもこれを続けている。彼は、遺伝子的な多様性を増やすために、アル

右：才気あふれるフィリップ・ヴィットマン。ビオディナミ農法に転換し、輝かしいワインを造り上げている。

150

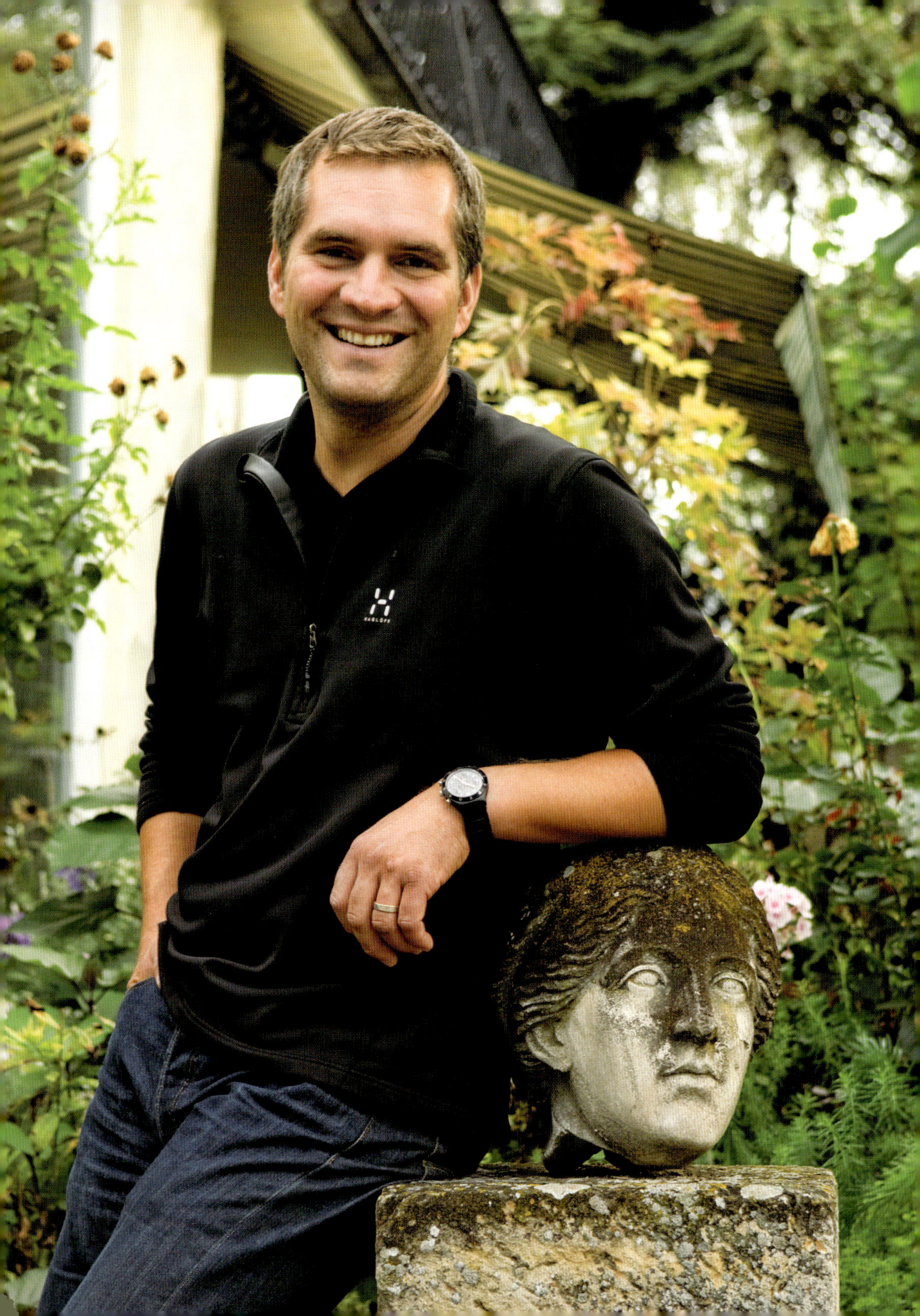

上：とりたてて古くも、飾り立ててもいないが、フィリップ・ヴィットマンはトップワインを木の大樽で発酵させることを続けている。

ザスとザールからのマサル・セレクションによる木も植えている。このほうが、ガイゼンハイムのクローンよりもわくわくさせるようなワインが造れると考えている。

収穫は手で行い、グラン・クリュは必ず遅い。葡萄が健全な場合は、スキン・コンタクトは長くなる。2010年のような年は24時間まで、より暖かい年は4時間である。静置した後、モストは自然に発酵させ、発酵はクリスマス前に大方終わる。グラン・クリュは少なくとも70％は樽発酵（1,200ℓのシュテュック樽と2,400ℓのドッペルシュテュック樽）で、より果実味主体のベーシックワインと村名ワインの50％はステンレスタンクで発酵、熟成させ、50％は1,200－5,400ℓのオーク樽で行う。ヴァイスブルグンダー（ピノ・ブラン）とシャルドネは、600ℓの樽と使用済みバリックで発酵、熟成させる。ヴィットマンは、4月（ベーシックワイン）または、6－9月（GG）の瓶詰めまで、ワインを澱と接触させておく。

ワインは95－98％辛口だが、その純粋さ、エレガンス、フィネス、さらにわくわくする複雑さ、直接さ、活力ある余韻が特徴である。ヴィットマンのベーシッククラスの品種名ワインは、輝かしい果実の風味に明確に焦点を当て、ライトボディで繊細で、とても良い。ヴェストホーヘンの村名ワインは、リースリングとジルヴァーナー（アウルエアデから）であるが、美味しく、コストパフォーマンスが良い。しかし、最良のものを反映しているのはグローセス・ゲヴェクスである。

極上ワイン

(2011年9月に試飲)

2010 Westhofener Riesling trocken ★ [V]
ヴェストホーフェナー・リースリング・トロッケン
　モルシュタイン（50％）、ブルンネンホイスヒェン、キルヒシュピールの若い木から。驚くほどに爽やかで、繊細でとても複雑で、魅力的な果実の風味がある。とても純粋で、エレガントで、気品のある味わい。繊細でスパイシー。洗練された酸が、長く続く塩気のある余韻へとつながる。美味しい！

152

RHEINHESSEN

Aulerde Riesling GG
アウルエアデ・リースリング

ヴェストホーヘンのすぐ北にある南向きのアウルエアデは、最も暖かいクリュである。ヴェストホーヘンの盆地の低い部分で、冷風からよく守られており、斜面は90m－120mとゆるやかに上る。土壌は深い粘土質で、岩はなく、下土は砂利と粘土・砂である。ヴィットマンのリースリングは樹齢50年で、いつでも熟して、豊かで、丸みがあり、強烈でほとんどトロピカルフルーツのような風味のあるワインを生み出す。ただ私は、このワインには、キルヒシュピールの持つわくわくするような純粋さや素晴らしいスパイシーさ、モルシュタインやブルンネンホイスヒェンの複雑さや気品がないと思う。**2010年**は輝かしく、深みがあり、スパイシーな香り。良い構成があり、長めの浸漬のおかげで、豊かなテクスチュアが刺激のあるミネラルと長い塩気のある余韻により引き立てられている。

Kirchspiel Riesling GG
キルヒシュピール・リースリング

キルヒシュピールは石灰岩が特徴で、上部の区画では、石の多い泥灰の表土が少なくなり、石灰岩が表面にまで現れている場所もある。東向きの畑で標高は150mまで上り、傾斜は急である。ここでリースリングは輝くように育ち、朝の太陽と夕方と夜の涼しさを享受する。いつでもミネラルが感じられ、食欲をそそる刺激があり上品だが、エレガントで、シュピールがあり、まさしくクラシカルなリースリングである。**2010年**はかなり強烈な色で、香りはとても純粋だが、最高のリースリングであり、ピュリニィ・モンラッシェを思わせる石灰岩の風味が感じられる。果実味は率直で、濃密で、わくわくさせるミネラル感と合わさり、長い、塩気のある余韻へと続く。とても良い熟成能力を持つ。

Brunnenhäuschen Riesling GG ★
ブルンネンホイスヒェン・リースリング

標高220m－240mの南向きの場所。この場所で最も興味深いことは、石灰質・泥灰質の土壌に鉄が含まれることで（テラ・ロッサ）、これがワインに豊かさ、わくわくするミネラル感、力強く複雑な余韻をもたらす。**2010年**は色もアロマも強烈。豊かで、深みがあり、凝縮していて、熟した果実の風味が、スパイシーなミネラル感、洗練された気品、銀線細工のように華奢だが持続力のある構成と結びついている。充実していてエレガント。とても純粋で、率直で、持続性がある。偉大で感動的なリースリングで、ブルゴーニュのモンラッシェの複雑さが感じられる。

Morstein Riesling GG ★
モルシュタイン・リースリング

南向きのモルシュタインは、標高280mまで上るが、ヴィットマンが所有している区画は、標高180m－220mと低めの場所にある。ここでは石灰岩が粘土質に覆われているが、その層はとても薄い。このため葡萄樹（大半は1982年と1986年に植樹）の根は岩にまでおよび、印象的なまでの深みがあり、複雑で、長い

が偉大な純粋さと多層的なフィネスを持つワインを生み出す。
2010★ とても深く、濃密で、際立ったミネラルが感じられる香り。完全に熟した果実のアロマを見せている。とても豊かな味わいで、粘着性があり、刺激は少なく、飲み初めはブルンネンホイスヒェンより繊細。その上品な純粋さと洗練された酸味が現れるまでに、数年とはいかないまでも、数分は必要。とても力強く、複雑で強烈。まだ先は長い。
2009★ おそらくこれまでで最も興奮させられるヴィットマンのモルシュタイン。とてもすっきりしていて緻密な香り（暖かい年であったにもかかわらず！）。味わいは繊細でエレガントで、踊るようなクリュそのもので、構成要素はミネラルと溶けた石以外にはないように見える。それほどに純粋である。フィネスとエレガンスには思わず息をのむ。
2008 控えめな香りだが、爽やかで洗練されている。果実はかなり成熟していて、豊かな果実感がある黄色の果実というよりは、よりドライで白い果実を感じる。このボトルは少し熟成が進んでいたが、とてもミネラル豊かで、エレガントでフィネスに満ちている。
2007 明快な香りで、熟したあるいはとても熟した果実の風味とわずかなミント。これはおそらく成熟の最初の印であろう。エレガントな味わいで、堅固なミネラルが力強さ、複雑さ、長さを与えている。2009年や2010年ほどではないにせよ、よく熟成するはずだ。
2005 乾燥した年。ゴールデンデリシャスのリンゴやハーブの控えめなアロマ。このワインのすっきりとした緻密さとミネラルの純粋さにはわくわくさせられる。クリーミーなテクスチュアで、余韻は、バトナージュ（澱の攪拌）のためにわずかに苦味がある。しかしエレガントで、塩気があり、まだ若いワインである。

Weingut Wittmann
ヴァイングート・ヴィットマン

栽培面積：25ha、65％リースリング
平均生産量：19万本
最高の畑：ヴェストホーフェン　モルシュタイン、キルヒシュピール、アウルエアデ
Mainzer Strasse 19, 67593 Westhofen
Tel: +49 6244 905 036
www.wittmannweingut.com/

153

RHEINHESSEN

Weingut Wagner-Stempel
ヴァイングート・ヴァーグナー・シュテンペル

1971年生まれのダニエル・ヴァーグナーは合計18haの葡萄畑で葡萄を栽培している。その中で最も重要な品種だけを挙げると、大半はリースリングだがピノ・ブラン、ピノ・グリ、ジルヴァナーも栽培している。ワイナリーと畑は、ジーファースハイム村に位置する。この村は、「ラインヘッセンのスイス」と俗に呼ばれる、バート・クロイツナッハ（ナーエ）とアルツァイ（ラインヘッセン）の間の中間にある。このワイン産地の西部の穏やかな丘陵地帯は、ヴァーグナーが1992年に一族のビジネスを受け継ぐまで、良質ワインの産地としては知られていなかった。彼は2004年から、VDPの会員になっている。ヴァーグナーのワインは、ラインヘッセンの中では最も厳寒の特徴を持つ。熟して強烈な黄色い果実の風味は、ヴォンネガウや「赤い斜面」からのワインと共通しているが、彼らのワインの持つすっきりとしていて、気品があり、ミネラル感とスパイシーさのある特徴は、ナーエのトップクラスのワインと似ている。

ジーファースハイム周辺の景観は、ラインヘッセンの他の場所とかなり異なる。風化した流紋岩（石英の含有率の高い斑岩）がここの土壌を形成しているので、生産性がとても低い。石が多く、酸性で、栄養分が少ない。ローム質の表土がかなり薄い（場所により50cm未満）ので、保水力はそこそこだが、熱を保持する力はかなり良い。葡萄樹（古いほど良い、特にリースリングの場合は）は、このような自然条件を好むが、最も古いオークの木でさえも、この場所を好んでいるというよりは、居心地が悪そうに見える。気候は、他のラインヘッセンの地域よりわずかに涼しいが、ナーエよりは暖かい。葡萄樹は、標高140－280mに植えられ、この地方の東部よりもゆっくりと熟し、果粒も小さい。このため収量は自然に少なく（あるいは若い木は低く抑える）、平均は2010年の20hl/haと2008年の40hl/haの間である。

ヴァーグナーの有機栽培の葡萄樹はかなり若く、新しい植樹が多いために、平均樹齢はわずか10年である。しかし最高の畑では、例えばより涼しいヘーアクレッツやより暖かいヘルベルクだが、これらの場所では、樹齢25年から40年に及ぶリースリングが植えられている区画があり、摘房やその他の方法で収量を抑える必要はない。

ダニエル・ヴァーグナーと妻のカトリン。魅力的なリースリングを造る時に使う古いオークの大樽の前で。

154

「ラインヘッセンのスイス」は、ヴァーグナーが1992年に一族のビジネスを
受け継ぐまで、良質ワインの産地としては知られていなかった。
すっきりとしていて、気品があり、ミネラル感とスパイシーさのある
彼のワインは、ナーエのトップクラスのワインと似ている。

このため、収穫された葡萄はすべて、両方の畑から造られるリースリング・グローセス・ゲヴェクスになり得るポテンシャルを持っている。

　植樹密度は、6,000 − 7,000本/haとかなり高い。というのも、ヴァーグナーは葡萄樹を、彼の言うところの「減量」させるのが好きだからである。樹冠はかなり低く、開いていて、果房が実るゾーンは、東側は6月初めに葉を取り除き、8月には完全に葉を取り除く。あまりにも小さい果房は7月に半減させる。

　ヴァーグナーは、健全で熟していて、しかし過熟ではく、100°Oe以下の果実を目指している。10月下旬より前に収穫することはめったになく、最も興味のあるヘーアクレッツの畑は、通常、11月まで収穫は行わない。しかし酸のレベルは高く、ワインは辛口に醸造する。可能な場合のみ、美味しいプレディカーツヴァイン（シュペートレーゼまたはアウスレーゼ）が造られる。

　ワイン醸造はとても伝統的である。手摘みされた葡萄は、軽く破砕し、ヴィンテージと果実の状況によるが、果皮とともに12 − 48時間接触させる。全く何も操作をしないモスト（酵母を加えない、ベントナイト処理をしない、亜硫酸も添加しない）は、ステンレスタンクか伝統的なオーク樽で2週間から3ヵ月、自然に発酵させる。しかし、ヴァーグナーは、より短い発酵を好む。ワインは、5月末まで澱と接触させたままにし、清澄せずに、珪藻土で濾過して瓶詰する。

　ヴァーグナーのジルヴァーナー、とピノはとても良いが、私は晩熟のリースリングが好みである。これは、この場所の特別な自然条件の恩恵を受けていて、品のある強烈さ、すっきりとした緻密さ、独特の率直なミネラル感がある。

土壌の鉄分が、さらなる迫力と凝縮をもたらしているようだ。とても純粋で、わくわくさせる余韻。

Höllberg Riesling GG
ヘルベルク・リースリング

　南、南東向きのヘルベルクは、それほど傾斜は急ではないが、とても乾燥していて、冷風から守られていて暖かい。風化した斑岩の土壌は、石が多く、熱を良く蓄えるので、伝統的なオーク樽で発酵されるこのワインは充実していて濃密だが、ミネラルの深みも爽やかさも欠けてない。**2010年**は、豊かで、たっぷりとした果汁感があり、スパイシーで、ヘーアクレッツと比べるとかなり暖かい特徴がある。

Heerkretz Riesling GG
ヘーアクレッツ・リースリング

　ヘーアクレッツは南／南西向きの傾斜のきつい斜面で、3.5kmにわたり延びている。ヘルベルクほど揃ってはおらず、葡萄は熟すまでに努力を要することが多い。土壌はとても複雑で、低い部分には赤いローム質が多く、上部の区画には、石や氷河の堆積物がより多い。ヘーアクレッツにはまた、砂利、玄武岩、頁岩・石灰岩の堆積物が帯状になっており、主に、地表まで突きぬけることもある流紋岩の上に層を成している。葡萄が11月前に熟すことはめったにない。樹齢30年からのグラン・クリュはステンレスタンクで発酵を行い、いつでも濃密で気品があり、とても繊細な香りと、純粋でほとんど塩気のような味わい。ボディはエレガントで持続性がある。

2010★　11月8日まで収穫が行われた。おそらくこれまでで最高のヘーアクレッツであろう。とてもすっきりとしていて爽やかな香りだが、熟して凝縮した果実のアロマも感じられる。塩気があり、生き生きとした味わいで、減酸の結果、純粋さはそれほどでもない。ワインは依然として完全で調和がとれている。
2009　輝かしい香りで、熟して豊かな果汁感のある果実のアロマ、しかし、やはり繊細なハーブのニュアンスを持つ2007年ほど誇張されていない。豊かで果汁感があるが同時に堅固で、食欲を刺激し、気品があり、素晴らしい深みと密度、長さを見せる。偉大な可能性があり、これよりも前のヴィンテージほど甘くない。

極上ワイン

2010 Porphyr Riesling trocken [V]
ポルフィル・リースリング・トロッケン

　ヘルベルクとヘーアクレッツのクリュの若い葡萄樹からのもので、このグーツヴァインは、この価格帯で、ドイツで最高の辛口リースリングの一つである。2010年は、黄色いリンゴの完熟した果実の風味を見せているが、同時にすっきりしていて、緻密で、スパイシーな香り。味わいは充実していてエレガント。口当たりは滑らかだが、構成はとてもミネラル感が強く食欲を刺激する。

Weingut Wagner-Stempel
ヴァイングート・ヴァーグナー・シュテンペル

栽培面積：18ha　平均生産量：15万本
最高の畑：ジーファースハイム　ヘーアクレッツ、ヘルベルク
Wöllsteiner Strasse 10, 55599 Sifersheim
Tel: +49 6703 960 330
www.wagner-stempel.de

RHEINHESSEN

Weingut Kühling-Gillot
ヴァイングート・キューリンク・ジロー

キューリンク・ジローは何世代にもわたり女性が運営してきた。カロリン・シュパーニア・ジローが2002年に、この運営を引き継いだ。彼女は醸造技師で、2人の子供がいるが、多くの才能を持っている。管理、販売、マーケティング、プレゼンテーション、エンターテイメント、ヴァイングート・カロリン・シュパニア・ジロー&HO・シュパーニアのイベント管理を行っている。会社は、カロリンがハンス・オリバー・シュパーニアと2006年に結婚した後に設立された。以来、それまで別々のものであった2つのワイナリーは、キューリンク・ジローとバッテンフェルト・シュパーニアという2つのブランドへと変化した。ボーデンハイムにある伝統的なキューリンク・ジローのワイナリーは改築され、イベントや環境音楽の施設を備えた、格好いい立方体のシャトーへと生まれ変わった。一方バッテンフェルト・シュパーニアは、今でも稼働しているワイナリーである。キューリンク・ジローの12haのぶどう畑と、バッテンフェルト・シュパーニアが所有する28haの土地の世話をするのは、HOとして知られるカロリンの夫である。彼は、ホーエン・ズルツェンで行われる醸造にも責任を持っている。

「赤い斜面」に、キューリンク・ジローは最高の畑3か所を所有している。ワインは、固有の果実のアロマ、エレガンス、爽やかだけでなく、ボリューム感や調和のとれた、絹のように滑らかな舌触りを持つ。

しかしワインの仕上げについて、すべての重要な決定とすべてのバレル・テイスティングは、カロリンとHOと共同で行う。というのもHOは、彼女の女性的な直感や味覚なしにワインを造りたくないからである。しかしHOが、「彼」と「彼女」のワインの違いを説明するのを聞いて、私は次のような背景に気づいた。少なくとも二つのかなり異なるテロワールがあり、2つの全く異なるタイプのワインを生み出すということである。一つは、ホーエン・ズルツェンとツェラータールの石灰岩の土壌からの、率直で目をみはるようなミネラルのある男性的なリースリング（バッテンフェルト・シュパーニア）、もう一つは、「赤い斜面」と呼ばれるところからの、洗練されてエレガントで調和のとれた女性的なリースリングである（キューリンク・ジロー）。

ナッケンハイムとニーアシュタインの間にある「赤い斜面」に、キューリンク・ジローは最高の畑3か所を所有しており、ほとんどリースリングを植えている。VDPグローセ・ラーゲのニーアシュタイン・エールベルク、ニーアシュタイン・ペッテンタール、ナッケンハイム・ローテンベルクである。さらにオッペンハイム（クロイツ）やボーデンハイム（ブルクヴェーク）にも畑があり、泥灰と粘土の土壌なので、主にピノ・ノワールとピノ・ブランを植えている。

しかしながら、険しい「赤い斜面」独特のリースリングを生み出しているのは、ナッケンハイムとニーアシュタインの間の赤い土壌である。この土壌は、2億8千万年前の赤底統の石灰を含む粘土、シルト、砂岩の堆積物で、ライン地溝と、川沿いの急傾斜の斜面の形成のために、第三紀の終わりに地表に再び現れた。風化した岩の地表は薄く、水分を十分に蓄える能力はなく、また根が、深い岩をたやすく突き抜けることもない。しかし、濃い赤い色や風通しがよいために、土壌はすぐに暖まり、炭酸塩が多く含まれる土壌は、養分とミネラル（主には鉄分）も十分にある。

この場所で、リースリングは最高の表情を現わし、ワインに固有の果実のアロマ、エレガンス、爽やかだけでなく、ボリューム感や調和のとれた、絹のように滑らかな舌触りを与える。特に水分の供給が良かった年には、とても良い熟成能力を備えているが、乾燥した年だと、わずかなストレスが感じ取れたり、早くに熟成したりする。

このためぶどう栽培は、毎年の必要性に合わせなければならず、HO・シュパーニアは、ビオディナミも少し取り入れた有機栽培を始めてから、葡萄樹はよいバランスにあるという。乾燥した年は、畝は麦わらで覆い、草などの植栽はかなり短くしておく。シュパーニアは、必要な時にわずかに堆肥は使うものの、肥料は使わない。「土壌と葡萄樹のバランスが取れていれば、ワインもそうなります」と言う。

ハンス・オリバーがキューリンク・ジローのワインを造るようになってから、このワインは、品質でも表情の点でも、「赤い斜面」の代表的な銘柄の一つとなった。ワインの品ぞろえはうまく整備されていて、HOによると、「99%は辛口」である。白であれ、ロゼ、赤であれ、良い品種名ワインはよりどりみどりで決めかねてしまう。さらに2つの素晴らしいプルミエ・クリュもある。オッペンハイム・リースリングとニーアシュタイン・リースリングである。私はピ

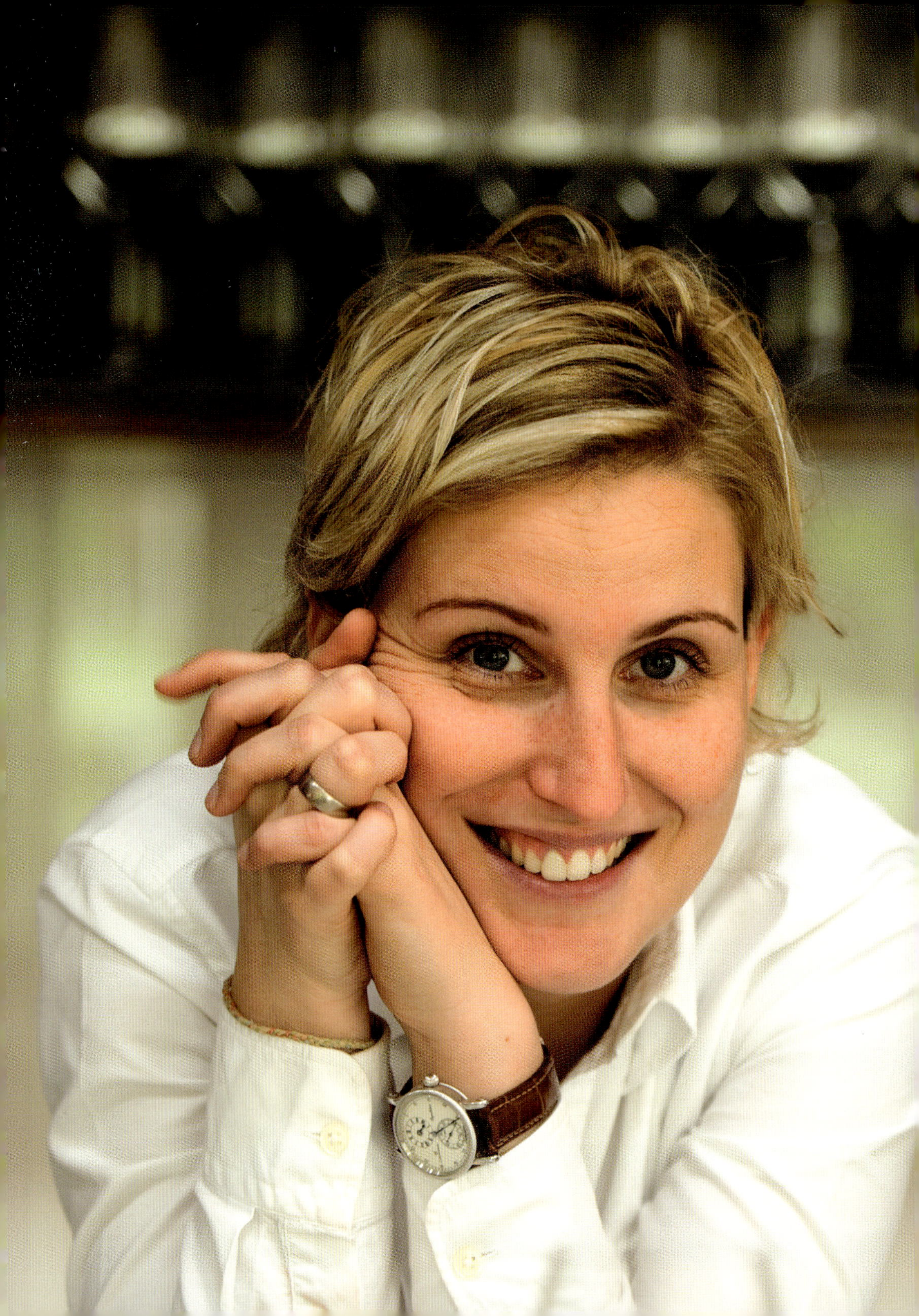

ノのことはよく知らないが、2008 シュペートブルグンダー・クロイツは、深く、熟していて、爽やかで、繊細なタンニンと良い長さを持っており、カロリンが私に出してくれたイノシシのレバーと完璧に合った。それは2011年の秋のことで、以下のワインを試飲した後だった。

極上ワイン

Ölberg Riesling GG
エールベルク・リースリング

このワインの葡萄は、「赤い斜面」で最も南に位置する畑で、唯一南に向いている場所である。斜度は60%以上で、日差しは強い。このためワインはいつでも、フルボディで、たっぷりとしていて、強烈だが、エレガンスや緻密さに欠けることはない。**2010**は洗練されていて、絹のように滑らかだが、同時に複雑で気品があり、塩気がある。

Rothenberg Riesling GG
ローテンベルク・リースリング

ローテンベルクは「赤い斜面」の北端に位置する。キューリンク・ジローの区画は、南東向きの斜面の最も高い部分にあり、わずか0.5haで、最も傾斜が急な場所の一つであり、ブルゴーニュのクロのように石垣に囲まれている。葡萄は、ライン川が反射する朝の陽ざしと光に恵まれている。土壌はかなり柔らかいので、根は深くまで入り込む。カロリンによると、葡萄樹は1933年に植えられたもので、接ぎ木をしていない。**2010年**は豊かで、柔らかく、気品のある香りで、繊細なスパイスの感じを見せている。エレガントで絹のように滑らかなこのリースリングは、気品と活気づける塩気と、素晴らしい凝縮力により特徴付けられる。余韻は長く、熟成能力はとても良い。

Riesling Pettenthal GG
リースリング・ペッテンタール

ニーアシュタイナー・ペッテンタールの中で、斜度70%以上、標高170mまで広がるキューリンク・ジローの東向きの区画はおそらく、ラインヘッセンで最も急傾斜の畑である。表土がとても薄いため、根は「赤い斜面」のかなり柔らかな岩に深く入り込んでいる。機械を使うことはできないので、すべての畑作業は手で行う。カロリンは収穫時に、葡萄にディーゼルオイルのような香りを感じるというが、幸いにもワインにそのようなアロマはない。そのかわりに、レモンタイムやマジョラムなどの繊細なハーブのアロマと、ほとんどトロピカルフルーツに近い果実の風味が特徴。いつでもフルボディだがエレガントで調和が取れていて、暖かく

乾燥した年でもフィネスがある。このような年は面白いことに、偉大なペッテンタールのワインの中でも最高のものを生み出す。
2010 とても洗練された香り。緻密でスパイシーな果実のアロマには、花のような、ハーブのようなニュアンスが感じられる。とても繊細でエレガントで、豊かな果汁感があるが、輝かしく、陽気で、気品がある。とても良い熟成能力を持つ。
2009 ★ 深く、すっきりとして強烈な香りで、ハーブのようなアロマや、わずかに甘草、熟した果実の風味が感じられる。とても豊かで濃密な味わいだが、活気に満ちた酸と食欲を刺激するミネラルも感じられる。ワインはその緻密さ、エレガンス、フィネスを失っていない。余韻は豪奢で長く続くが、その神髄は依然として北部のものである。
2008 輝かしい香りで、このワインもハーブのようなアロマや熟した果実の風味が感じられ、ペッテンタールのテロワールが明確に現れ始めている。塩気がありジューシーな味わいで、繊細ですっきりとして、気品のあるペッテンタールで、堅固な構成と良い長さがある。しかし後に続くヴィンテージよりも輪郭がはっきりしている。
2006 収穫は11月初めと驚くほど遅い。というのも、この年は雨が多く、暖かく、ボトリティス菌が広がったために、多くのドイツの生産者はこれよりも1ヵ月早く収穫しているからである。しかしペッテンタールは乾燥していて、このワインは相変わらず明快で純粋な香りであった。口に入れると、いつもよりも滑らかで、特徴であるすっきりとした感じやスパイシーなミネラル感、繊細な気品がない。しかし食事と共に楽しめる。

左：多彩な才能を持つカロリン・シュパーニア・ジロー。ボーデンハイムの一族のワイナリーを運営してきた女性の系譜を受け継ぐ。

Weingut Kühling-Gillot
ヴァイングート・キューリンク・ジロー
栽培面積：12ha、60%リースリング、その他、グラウブルグンダー、ショイレーベ、シュペートブルグンダー
平均生産量：8万本
最高の畑：ニーアシュタイン　エールベルク、ペッテンタール、ナッケンハイム　ローテンベルク
Ölmühlstrasse 25, 55294 Bodenheim
Tel: +49 6135 2333　www.kuehling-gillot.de/

RHEINHESSEN

BattenfeldSpanier バッテンフェルト・シュパーニア

1971年生まれの、ハンス・オリバー・シュパニアは、1990年に家族のワイナリーを引き継いだ。当時の畑は8haだった。「すべて使いものにならないものでした」と、現在彼は言う。ハイル・ツー・ヘルンスハイムのジルヴァーナー・トロッケン1990を飲んだ時、何を造りたいかわかったという。「辛口で、産地を反映した最高品質のワイン」である。ラインヘッセン南部の可能性は、安くて甘いというイメージをはるかに超えた素晴らしいものを持っていると確信していた。「リースリング、ジルヴァーナー、ピノ・ノワールといった高品質の葡萄のための最高の畑を持っていなければならない」。このため彼は葡萄畑の購入や、交換を始めた。「良い畑になればなるほど、当時、手に入れるのは容易でした。というのも、良い畑での作業は必ず人手が必要で、1990年代、多くの葡萄とワインの生産者は、可能な限り時間と労力を使わずに収入を得ようとしていたからです」。

「偉大で本物のワインは、心地よくリラックスしたものでなければならない」と、
シュパーニアは言う。
20回目のヴィンテージに、彼はついに
ゴールに達した。彼のグラン・クリュは特に、
かつてないほどに良い。

　数年の後、シュパーニアは、19世紀末から良く知られていたが、完全に忘れ去られた畑で、いくつかのとても良い区画を獲得した。現在彼は、ホーエン・ズルツェン、モンスハイム、メルスハイムで、バッテンフェルト・シュパーニア向けとして28haの畑で葡萄を栽培している。2004年からは、妻のカロリン・シュパーニア・ジローとキューリンク・ジローのブランド向けに、オッペンハイム、ナッケンハイム、ニーアシュタイン、ボーデンハイムの12haも栽培している。バッテンフェルト・シュパーニアの葡萄の60％以上はリースリングだが、ジルヴァーナー、ピノ・ブラン、ピノ・ノワールも栽培している。ビオディナミ農法で栽培している畑は、ドンナースベルクからツェラータールを通りヴェストホーヘンまでに見られる石灰岩の細長い地帯に広がる。この石灰岩により、アム・シュヴァルツェン・ヘルゴット、フラウエンベルク、キルヒェンシュテュック、ビュルゲル、フープ アッカー、モルシュタインのような畑がVDPグローセ・ラーゲの地位に押し上げられたのだ。「白亜質の土壌-これが我々のワインに何かの要素を与えてくれます。それは深みであり、スリリングな味わいの長さです」とシュパーニアは主張する。

　すべての畑は、必要に応じて、異なる方法で栽培していると強調する。収量は少なく、35−40hl/ha。軽く破砕した後、葡萄は8時間から3日間まで、果皮と接触させておく。そして少なくともグローセス・ゲヴェクスのワインは、伝統的な木の樽で自然発酵させる。ワインは、濾過をして瓶詰する一日前まで、澱と接触させておく。

　「偉大で本物のワインは、心地よくリラックしたものでなければならない」と、シュパーニアは言う。2010年は彼の20回目のヴィンテージとなり、彼はついにゴールに達した。彼のグラン・クリュは特に、かつてないほどに良い。

　ここは、良く体系づけられた品揃えで、すべてが辛口、可能な限りボトリティス菌のない葡萄から造られている。特徴あるグーツヴァイン（リースリング、ヴァイスブルグンダー、ジルヴァーナー、シュペートブルグンダー）の上に、複雑な村名ワインがある（メルスハイムとホーエン・ズルツェンのリースリング、ホーエン・ズルツェンのヴァイスブルグンダーとジルヴァーナー）。さらにその上に、4つのグローセス・ゲヴェクスが位置する。シュテュック樽で発酵させたキルヒェンシュテュック・シュペートブルグンダーと、3つのリースリング、アム・シュヴァルツェン・ヘルゴット（メルスハイム）、フラウエウンベルク（ニーダー・フレーアスハイム）、キルヒェンシュテュック（ホーエン・ズルツェン）である。

極上ワイン

Zellerweg am Schwarzen Herrgott Riesling GG
ツェラーヴェーク・アム・シュヴァルツェン・ヘルゴット・リースリング

　プファルツとの境界にあるツェラータールの東側、南向きの畑から。シュパーニアの1.5haのグローセス・ゲヴェクスのリースリングの葡萄樹は、石灰岩の破片のとてもやせた土壌に植えられ、暖かい日中と涼しい夜間の恩恵を受けている。最初のヴィンテージである**2010年**は、深く、とてもミネラル感があり、堅固な構成だが、エレガントで洗練されている。

Kirchenstück　Riesling GG
キルヒェンシュテュック・リースリング

　穏やかな3haのクリュで、深い石灰質・泥灰の土壌。樹齢は平

上：ハンス・オリバー・シュパニア。20年を経て、「辛口で、産地を反映した最高品質のワイン」を造るという野心を達成した。

均35年で、ワインはいつでも豊かで、濃密で力強い。**2010年**は、率直で、純粋で、ミネラル感があり、気品のある酸味。

Frauenberg Riesling GG
フラウエンベルク・リースリング

　フラウエンベルクでは6.5haを所有するが、最も痩せた石灰岩の土壌は、最も高い部分（260mまで）にあるので、グローセス・ゲヴェクスの区画はわずかに1.5haである。フラウエンベルクGGは、深み、気品、深いミネラル感と純粋さ、エレガンス、フィネスが結びついており、これらのグラン・クリュの中では最も繊細。

2010★　収穫は11月4日。すっきりとしていて、スパイシーでエレガントな香り。以前ほどの果実味はないが、その純粋さ、透明感、フィネスには息をのむ。とても長く、複雑。

2009　これも11月初旬に収穫された。色はより深く、ほとんど黄金色で、香りは豊かで、熟していて、ハーブのようなニュアンスがある。豊満でとても強烈な味わい。重みがありかなり甘いが、まだわずかに苦味があり、緑のような若さを感じる余韻。

2008　11月16日に、88°Oeで収穫。エレガントで気品があり、洗練されている。乾燥した白い果実の風味が、このワインの成熟度を見せている。甘いが、わずかに乾いた余韻。

2001★　ほとんど黄金色。とてもよい熟度となっていて、繊細なハーブのアロマが感じられる。気品のある構成で、洗練された酸はまだ活気に満ちて凝縮力があり、後味にはハーブのニュアンスが繰り返し現れる。

Riesling CO
リースリング

　2007、2009、2010年といった偉大なヴィンテージには、最高のリースリング・COが少量造られる。シュヴァルツァー・ヘルゴットとフラウエンベルクの選ばれた葡萄樹から造られ、これらの葡萄は最後に収穫される。浸漬は56時間まで続き、ワインは、600ℓの木の発酵槽で自然に発酵される。収穫から3-4年後にようやく販売され、ケラーのゲー・マックスのように高価。

2010★　とても豊かで複雑で、緻密に織られており、余韻には塩気が驚くほど長く続く。

2009　残糖は4g/ℓ未満だが、より幅広く、より甘い感じ。

BattenfeldSpanier
バッテンフェルト・シュパニア

栽培面積：28ha、60%リースリング、さらにジルヴァーナー、ヴァイスブルグンダー、シュペートブルグンダー。
平均生産量：12万本
最高の畑：メルスハイム ツェラーヴェーク・アム・シュヴァルツェン・ヘルゴット（リースリング）、ニーダー・フレーアスハイム・フラウエンベルク（リースリング）、ホーエン・ズルツェン　キルヒェンシュテュック（リースリングとシュペートブルグンダー）
Bahnhofstrasse 33, 67591 Hohen-Sülzen

161

12 | 優れた生産者とそのワイン

ラインガウ Rhiengau

ラインガウは美しいだけでなく、リースリングのおかげで、世界で最も名声のある、小さなワイン産地である。リースリングはこの地で、遅くとも1435年から栽培されてきた。リースリングは数多くの伝説的なワインに貢献し、天井知らずの高いオークション価格を生み出し、現在3,107haの葡萄畑の79%を占めている。多くの教会や城と同様に、リースリングがラインガウを有名にし、繁栄させたのである。

リースリングは最高の畑に植えられ、素晴らしい自然条件を享受してきた。ピノ・ノワールは、リースリングに次いで二番目に重要な品種で、1107年にヴォージョのシトー会修道士が持ち込み、現在では380ha（全体の12.2%）を占めている。シャルドネとミュラー・トゥルガウも栽培されているが、さらに興味深いのは、古く希少な品種である。例えばジルヴァーナー（主にロルヒとロルヒハウゼンに植えられている）、ゲルバー・オルレアンスやヴァイサー・ヘニッシュ（いずれもゲオルク・ブロイアーで少量栽培）、ラインガウの生産者グループ（アレンドルフ、プリンツ、クニプハウゼンを含む）が再興したローター・リースリング（サヴァニャンと同じと言われている）などである。

ライン川は、スイスから北海に向かう長い川で、ドイツでは北に向かって流れている。しかし、ヴィースバーデン（ヘッセン州の州都）とマインツ（ラインラント・プファルツ州の州都）のライバル同士の町の間で方向を変え、30kmほど西に向かい、堂々として巨大なタウヌス山脈（p.141地図参照）の山すそを流れる。リューデスハイムを過ぎると、ライン川は再び北に向かって流れ、より浸透しやすいラインの粘板岩山地を侵食し、ユネスコの世界遺産に指定された絵のように美しいライン渓谷を生み出している。これはビンゲン／リューデスハイムからコブレンツまで広がり、ミッテルラインを含んでいる、そこには気品のあるリースリングと、バッハラッハー・ハーンやボッパルター・ハムのような見事なグラン・クリュがある。

ラインガウは、東はフレーアスハイム・ヴィッカーとホッホハイム・アム・マインから、西のロルヒとロルヒハウゼンまで広がり、川の右岸なので、多くの葡萄畑は南を向いている。川とタウヌス山脈の間に位置し、冷たい風と雨から守られるので、葡萄栽培に理想的である。

ラインガウはドイツの中では最も均質な産地の一つであるが、それでも3つの部分に分けるとわかりやすい。最も東側のホッホハイム周辺のリースリングは、ヴァルフからリューデスハイムまでの中央部のものとはとても異なる。またこの中央部のものも、アスマンスハウゼンから上流のロルヒハウゼンのものとは違うのである。

ホッホハイムは、我々が本当のラインガウと呼んでいるものとは少し異なる。というのも、ホッホハイムは、ライン川ではなく、マイン川沿いにあるためである。ホッホハイムの西約6kmのコストハイムで二つの川が合流する前に、マイン川の右岸は、南向きで日陰のない斜面を形成し、土壌もかなり深く暖かい。砂とローム質の層が、砂利と石灰岩の小石が混ざった粘土と石灰質・泥灰質の土壌を覆っている。このため、ホッホハイムの最高のワインは、豊かで力強いが、絹のように滑らかでエレガントである。これらのワインはミネラル豊かな岩盤の上に育つため、純粋で率直で、かなり塩気があるが、同時にすばらしく長命である。

ヴァルフ（ここも堆積によって生じたローム質の土壌だが、下土は砂利質）から、ラインガウの中央部であり、最も有名な場所が始まる。エルトヴィレとラウエンタール、エアバッハとキートリッヒ、ハッテンハイムとハルガルテン、エストリッヒとヴィンケル（シュロス・フォルラーツがある）、ガイゼンハイムとシュロス・ヨハニスベルク、そしてリューデスハイムなどである。最も著名なワイナリーが存在するのはこの場所である。

葡萄畑が川から離れれば離れるほど、畑の標高は高くなり、土壌はより石が多くなり、試飲するとより面白いワインがある（もちろん、エアバッハ・マルコブルンやミッテルハイム・ザンクト・ニコラウスのように、川のそばにありながら最高の葡萄畑という例外もある。前者は1867年のナッサウ・ラインガウ地方のワイン生産地図ですでに格付けされている）。ライン川から離れると、黄土、ローム、粘土質が主体となり、タウヌス山脈からの珪岩と粘板岩がより高い比率で混ざり、西に行けばいくほど、粘板岩は純粋になる。傾斜が急になるほど、そして西に行くほど、土壌は軽く、石が多くなる。リューデスハイマー・ベルクは、ラインガウ中央部で最高の名声を得ている。ベルク・ロットランド（これも1867年に格付けされた）、ベルク・ローゼンエック、ベルク・シュロスベルクは息をのむほどに急傾

右：ラインガウの多くの有名な、急傾斜畑の中の一つであるグレーフェンベルク。ここのワインは、世界でも最も高価な部類に入る。

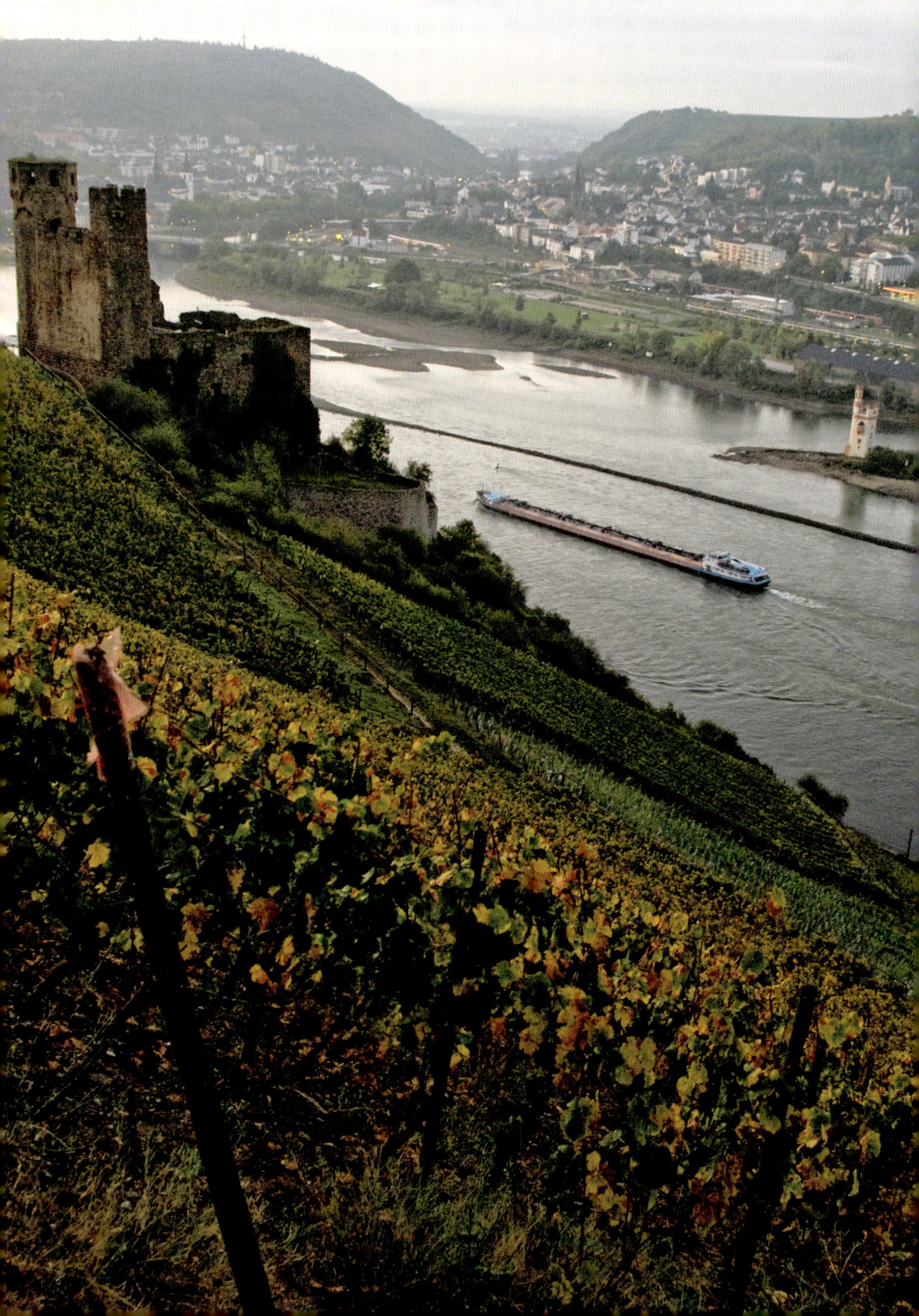

斜で、土壌はかなりやせていて、黄土が珪岩と粘板岩と混ざり、夏の気温は40°まであがる。

ライン川が再び北に向かうところには、アスマンスハウゼン（900年以上にわたりシュペートブルグンダーで名高い）、ロルヒ、ロルヒハウゼンがラインガウの第三の地域を形成する。これらの村はライン粘板岩山地の一部にあたり、土壌は粘板岩が主体で、これがロルヒのリースリングには特に、個性を与えている。10年前と比べると、より熟していて、それほど鋼のような感じはなくなったが、輝かしい果実の風味と気品ある酸味、長く口中にただよう塩気が依然として特徴的である。

土壌の水はけがよいほど、ボトリティス菌を避けるのはたやすくなる（リューデスハイム、アスマンスハウゼン、ロルヒではボトリティス菌はきわめてまれである）。しかしその反面、乾燥期には、旱魃のストレスから免れることがより難しくなる。この数年間、シュロス・シェーンボルンは、葡萄樹をストレスから守り、エアステス・ゲヴェクスのワインの余韻に、わずかなフェノールを感じさせる（これは最近の乾燥した年ではより明らかになってきたが）のを避けるために、リューデスハイムのベルク・シュロスベルクの葡萄畑を灌漑してきた。今のところ、シェーンボルンは灌漑をしている唯一のトップクラスの生産者である。

ラインガウは北緯50度に位置するが、気候はほとんど地中海性で、平均の日照時間は1603時間、年間平均降雨量（1971-2000年）は582mmである。これはライン川の穏やかな影響のおかげで、その川幅はエストリッヒ近辺で1kmに及ぶ。このため、アーモンドやレモン、イチジクも熟すことができる。夏の日照のおかげで、晩熟のリースリングは、それほど高くない気温の時でも完璧に熟す。リースリングはゆっくりと熟すので、酸のレベルは高いままで、風味も強い。これがラインガウのリースリングを有名にし、18世紀、19世紀、20世紀初頭において世界中で最も高価なワインの一つとなった理由である。

しかし葡萄栽培は、はるか以前から行われていた。それはローマ時代にさかのぼる。そしてヴァルフに770年には葡萄畑があったという文書も残されている。ヨハニスベルクは、遅くとも850年までに葡萄が植えられていたと考えられている。1155年には、マインツの大司教アダルベルト一世が、シトー会修道院に、シュタインベルクとして知られている畑（現在はクロスター・エバーバッハが所有）を譲渡している。18世紀まで、多くの葡萄畑は貴族や教会、そして農民が所有していた。後に富裕なブルジョワ層が、いくつかのトップの葡萄畑を所有した。その中には、パリのソルボンヌ大学でドイツ語の教授をつとめていたロバート・ヴァイルも含まれていた。彼は1875年にキートリッヒで新しい人生をスタートさせたが、キートリッヒには1867年にすでに格付けされていたラインガウの9つの畑の一つであるグレーフェンベルクも含まれていた。

気候の問題に戻ると、リースリングがこの10年の間に、1990年代よりも1-3週間早く熟す傾向にあることは注目に値する。2003年（酷暑で乾燥した年）、2006年（ボトリティス菌が早く広がった年）、2011年（開花も成熟も早かった年）には、収穫は10月初めに終わっていた。2008年や2010年のような涼しい年は、最高の葡萄は10月半ばまで収穫されなかった。

「天気はもはや信用できません」とアウグスト・ケッセラーは言う。「葡萄が砂漠のような状況で熟さなければならないこともあるし、あるいは8月、9月に豪雨に見舞われるということも多くなりました」。

「成熟度というのは、私たちの祖先の時代ほど挑戦的なことではありません。というのも平均気温が20年前より上昇しているからです」と、ヴァイングート・ロバート・ヴァイルのヴィルヘルム・ヴァイルは言う。「このため現在の、より早く、より暖かく、より短い期間に、選果を厳しくしながら収穫することがきわめて重要です」。

実際、昔は、ラインガウでの収穫はほぼ3ヵ月かかっていたが、現在では3週間程度である。良くない果実は収穫前に取り除くことが普通になったので、収量は以前よりも低くなる傾向がある。特に、2009年や2010年には、収量ロスは40％に及んだ。

葡萄のハングタイムを伸ばし、繊細、エレガンス、フィネス、芳香性というリースリングの理想的なイメージを保つために、一部の生産者はより標高が高く、涼しい畑に投資を開始した。2008年、ロバート・ヴァイルは巧妙にも、自社の能力、可能性、持続性を強調するために、キートリッヒの丘陵にある3か所（グレーフェンベルク、トゥルムベルク、クロースターベルク、なおクロースターベルクは標高200m以上）のクリュのワインを提供し始めた。キューン（ハルガルテン・ヘンデルベルク、250m）、ライツ（リューデスハイム・ベルク・カイザーシュタインフェルス、220m）、ケッセラー（ロルヒ・シュロスベルク、200mまで）もまた、より標高が高く、わずかに涼しい畑で、リースリングの栽

上：北緯50度の線が、シュロス・ヨハニスベルクの畑を通っているが、気候はライン川のおかげで穏やかである。

培を成功させた。

　大半の葡萄畑は川にかなり近く、平均の標高は80－150ｍであるため、場所は限られている。しかしながらキューンは、低く暖かい場所でも理想的なリースリングの特徴を保持することが可能であることを証明した。高い密度での密植、畝間草生、そして樹冠管理などの特別な栽培技法を通じて、95°Oe未満の完熟した葡萄を生み出している。

　40年以上前と異なり、ラインガウ・リースリングは甘口よりもむしろ辛口に仕立てられ、伝統的なシュペートレーゼの生産量はかなり少なくなっている。にもかかわらず、シュペートレーゼは歴史的遺産の一部と考えられ、シュロス・シェーンボルンのプファッフェンベルガー、ヴァイルのキートリッヒ・グレーフェンベルク、ケッセラーのロルヒ・シュロスベルク・アルテ・レーベン、あるいは見事なシュロス・ヨハニスベルガーのように美味しいワインも依然として存在する。

　ラインガウは、その美しさ、歴史、ワインの品質に正当な誇りを持っている。しかし過去20年以上にわたり、ラインヘッセン、プファルツ、ナーエなどのその他のドイツのワイン産地も素晴らしいリースリングを産することを学び、今日のドイツのリースリングの前線で、これらのワインがより多くなっている。しかし悲しいことに、多くのラインガウの生産者（2010年7月現在853軒、このうち274軒だけが10ha以上を耕作している）は、このことから目をそむけ、典型的なラインガウ・リースリングが依然として最高であると考えている。

　この地域の偉大な可能性と、リースリングとピノ・ノワールの将来性、今日のドイツの他の産地のワインの品質を考えると、多くのラインガウのワインは、この数年間、かなり退屈で刺激のないものだと私には映る。しかし富裕なライン・マイン地域で、豊かで、柔らかく甘いラインガウ・リースリングを好む人々がいる限り、大半の生産者にとって、その中途半端なワインのスタイルを変更したり、時には傲慢で自己陶酔的な考え方（その多くは過去の栄光に基いているものだが）を変える理由もないのであろう。

　いずれにせよ、ラインガウは今や動的な産地ではない。1990年代に多くの評価の高いワイナリーが終わりを迎

上：ラインガウの中心に位置する偉大なベルク・シュロスベルクの畑。石の多い土壌で鉄分の含有率が高いために赤い色になっている。

え、オーナーが変った。以来、すべてのことがかなり落ち着いてきたが、新規参入者や独創的なワイン造りの技術はまだ数少ない。

リューデスハイムのヨハネス・ヨーゼフ・ライツが行った変革は最もよく知られているが、彼の急速な上昇も25年以上前に始まったことである。ライツの前セラー・マスターであるエヴァ・フリッケは近年、ロルヒに自身のワイナリーを設立した。一方、ペーター・ヤコプ・キューンは、2002年にその辛口のワインのスタイルを劇的に変えたが、最近になってようやく、自然派ワインの愛好家のみでなく、野心的な高級ワインの愛好家をも説得するに至った。彼の表情豊かなビオディナミのワインは、ラインガウの外でのほうが評価が高く、ラインガウでは、彼のトップの

ワインはあまりに複雑すぎて、ラインガウワイン生産者協会のエアステス・ゲヴェクスの官能検査に合格しないのである。

それというのも、「エアステス・ゲヴェクス」というのが、多くのラインガウの生産者と役人が持つ盲目的なプライドの一つだからなのであろう。エアステス・ゲヴェクスは、ドイツで唯一の合法的な葡萄畑の格付けであり、ヘッセン州だけで有効である。そのメッセージは明らかだ。それは、トップクラスのワインは、トップクラスの土壌で育つということである。2000年に地図の形で提示されたこの格付けは、ラインガウワイン生産者協会が、その一年前に行ったリースリングのモスト量の可能性についての科学的調査に基づいている。これはまた、1961年か

ら1990年までの29年にわたる、モスト量に対する気候、向き、土壌の影響も計算に入れている。最終的に、総計118の単一畑のうち79が、エアステス・ゲヴェクスを生産しうる畑として分類された。合計1,100haで、葡萄畑の総面積のおよそ三分の一にあたる——これは多すぎる。

エアステス・ゲヴェクスとして認められるためには、ワインは格付けされた畑の一つで栽培されたリースリングかピノ・ノワールだけで造られなければならない。栽培上の規定では、1平方メートルあたり最大6芽で、最大収量は50hl/ha、手摘みでなければならない。リースリングの果汁の重量は最低で85°Oe、ピノ・ノワールは90°Oeである。リースリングはアルコール度12.5%以上で、13g/ℓ以下の残糖を含み、ピノ・ノワールはアルコール度が13%以上で、残糖6g/ℓ以下という条件を満たす辛口でなければならない。ワインはQbAとして瓶詰されるので、補糖やズースレゼルブの使用に関して規制はない。ましてスタイル的な定義もない。ある独立系の試飲団体が、ワインがエアステス・ゲヴェクスのラベルにふさわしいかどうかを決定している。

しかし1999年ヴィンテージでエアステス・ゲヴェクスを導入して以来、あまりに多くの凡庸なワインがエアステス・ゲヴェクスとして認められたのみならず、スタイルの統一性もなかった。辛口のワインもあればそうでないものもあった。テロワールを反映したものもあれば、そうでないものもあった。瓶熟成で複雑になるワインもあれば、2年以上はおそらくもたないであろう、すぐに飲むべきワインもあった。

一部の著名で歴史的なラインガウの生産者は、この本に掲載されていない。ドメーヌ・アスマンスハウゼンやクロースター・エバーバッハ（いずれもヘッセン州立ワイン生産所）、シュロス・ラインハルツハウゼン、シュロス・フォルラーツ、プリンツ・フォン・ヘッセン、ラングヴェルト・フォン・ジメルン男爵家生産所（最も著名なところだけを列挙した）は、現在でも良いワインを生み出している。しかしそれらはもはや、1890年代、1920年代、40年代、60年代あるいは70年代にそうであったようなラインガウ・リースリングのスタイルではもはやない。

今日最も語る価値のあるワインは、私の考えでは、より興味をそそり、より小さな家族経営のワイナリーで瓶詰されるものである。例えば、アスマンスハウゼンのケッセラー（彼の最高のワインの大半が赤であるからだけではない）、リューデスハイムのライツ、ブロイアー、エストリッヒのキューン、ヴァルフのベッカー、ホッホハイムのキュンストラーである。ロバート・ヴァイル（大半をサントリーが所有）も10年以上にわたり、とても良い実績をあげてきた。またシュロス・ヨハニスベルクやシュロス・シェーンボルンも印象的なワインとともに、かつての貴族社会をいまでも代表している。

その他の野心的な家族経営のワイナリーも、スペースがあったら含まれていたであろう。例えば、グラーフ・フォン・カニッツやエヴァ・フリッケ（ロルヒ）、シュプライツァーとクヴェアバッハ（エストリッヒ）、ヴェーゲラー（エストリッヒ・ヴィンケル）、ヨハネス・エーザー・ヨハニスホーフ（ヨハニスベルク）、プリンツ（ハルガルテン）、フリック（フレアースハイム・ヴィッカー）である。これらすべてのワイナリーのワインは、追い求める価値がある。

RHEINGAU

Weingut August Kesseler
ヴァイングート・アウグスト・ケッセラー

アウグスト・ケッセラーは、ロルヒ（シュロスベルク）、アスマンスハウゼン（ヘレンベルク、フランケンタール）、そしてリューデスハイム（ベルク・シュロスベルク、ベルク・ローゼンエック、ビショフスベルク）の最高の畑に、21haの葡萄畑を所有し、葡萄を栽培している。これらの大半はとても傾斜が急な場所で、南、南西向きである。約55％がリースリング、5％がジルヴァーナー、40％がピノ・ノワールである。ピノ・ノワールはケッセラーを有名にしたが、2009年ヴィンテージよりも良いものはない。2009年では、ケッセラーは2つの記憶に残るグラン・クリュを瓶詰した。「自然が2009年に与えてくれた巨大な可能性を最大限に生かすため、私たちはこれらのピノについて、かつてないほど厳しく選びました」という。

アウグスト・ケッセラーは1958年生まれで、1977年に家族のワイナリーを受け継いだ。アウグスト・ケッセラーのブランドは、ラインガウがリースリング以外の何物でもないドイツよりも、アメリカ、イギリス、日本、スカンジナヴィア諸国での存在感のほうが大きい。しかし、クロースター・エバーバッハのシトー会のおかげで、ピノ・ノワールは特にアスマンスハウゼンで、千年にわたり栽培されてきた。このヘレンベルクの畑は、斜度が50－65％で、主に千枚岩の土壌で、ヘッセン州立ワイン生産所のドメーネ・アスマンスハウゼンが少なくとも1940年代後半まではワールドクラスのシュペートブルグンダーを造っていた。現在、この偉大な伝統を受け継いでいるのがアウグスト・ケッセラーである。

ケッセラーのピノは、とても深く、強烈で、熟していて甘く、その舌触りは丸みがあり、ビロードのようだが、同時にエレガントで洗練されている。その力強さと豊かさにもかかわらず、冷たい風や北部独特の透明感を持っている。これがこのワインを、世界とはいわないまでもドイツの中で独特なものとしている。

いくつかの議論が、この論理を支持している。まず、ケッセラーのピノ・ノワールはシュペートブルグンダーである。他のトップクラスのドイツの生産者とは対照的に、新しく植樹するものについて、ケッセラーはディジョンのものよりガイゼンハイムのクローンを好む。「私たちは本来のアスマンスハウゼンのスタイルを守りたいのであり、ブ

右：アウグスト・ケッセラー。彼の村の数世紀にわたるシュペートブルグンダーの名声に対し、敬意を表さざるを得ない。

その力強さと豊かさにもかかわらず、ケッセラーのピノは、冷たい風や北部独特の透明感を持っている。これがこのワインを、世界とはいわないまでもドイツの中で独特なものとしている。

ルゴーニュを真似するつもりはありません」と彼は言う。ケッセラーはドイツのクローン（一部はヴァインスベルクからのもの。大半はガイゼンハイムから）について、「常に改良と発展が加えられてきて、私たちの土壌と気候に適合している」と論ずる。彼はまた、ドイツのシュペートブルグンダーのより薄い果皮を好む。というのも、より軽く、爽やかで、より洗練されていてエレガントなピノのスタイルが好きだからである。

ケッセラーの葡萄樹の大半は、とても古い。ベルク・シュロスベルクのシュペートブルグンダーは樹齢50年であり、最も古いヘレンベルクの木は樹齢90年である。これらは接ぎ木されておらず、低収量で、葡萄の味わいは比類なきものである。両方のグラン・クリュともに植樹密度は高く、1haあたり8,000本（シュロスベルク）－10,000本（ヘレンベルク）である。新しい植樹でも、平均して9,000－10,000本/haである。葡萄樹を水不足から守るため、ケッセラーは畝間を草で覆うことはしない。

最後に大事なことをもう一つ。畑が、とても特別なのである。アスマンスハウゼン・ヘレンベルクは、険しく、南西向きの急斜面で、水はけが良く熱を蓄える千枚岩とタウヌス山脈の風化した珪岩が混ざった土壌である。このため葡萄は平等に完熟に達し、根が深いために、ストレスも感じない。ヘレンベルクは、南向きのリューデスハイムのベルク・シュロスベルクよりもわずかに涼しく、また千枚岩の土壌であるために、とてつもなく豊かで燃え立つようなリューデスハイムのものにくらべて、ヘレンベルクのシュペートブルグンダーはより洗練されていて、高貴である。

ベルク・シュロスベルクは、斜度が70％までに達し、ラインガウで最も険しく暑い場所である。ケッセラーは、リースリングで世界的に有名なこの畑で、シュペートブルグンダーを栽培する唯一有名な造り手である。彼のワインは大きく、豊かで、熟しているが、複雑で、驚くほどに爽やかで、エレガントでもある。「ラインガウでは、長い成熟期間と遅い収穫により、私たちは完全に熟した、新鮮な葡萄を得ることができます。特にアスマンスハウゼンとリューデスハイムではそうです」と、ケッセラーは指摘する。ベルク・シュロスベルクでは、シュペートブルグンダーにせよ、リースリングにせよ、葡萄は深く根を下ろしている。その土壌は、水はけが良く、熱を蓄える千枚岩で、砂質の黄土とロームの混合物とタウヌスの珪岩も含まれている。「北西からいつもそよ風が吹く、これが少し涼しくして葡萄を

健全に保つのです」とケッセラーは言う。「そして、ローム層が水分を維持し、暑さとうまくバランスを取っています」。そうであっても、ベルク・シュロスベルクの「地獄」を生き抜くためには、葡萄樹は深く根をはらなければならない。そしてケッセラーは、これらの古い葡萄樹こそが、彼のベルク・シュロスベルクに、「複雑で見事なミネラル感」をもたらしていると考えている。

ピノは手摘みで、10月前に収穫されることはめったにない。選果は畑で行われ、ケッセラーはとても厳しく行う。最高の葡萄だけが使用される。さらに、ケッセラーの品揃えでは、グラン・クリュの下に2種類のシュペートブルグンダーがある。キュヴェ・マックスは、ヘレンベルクとベルク・シュロスベルクの格落ちした葡萄のブレンドで、素晴らしい。ラインガウ・シュペートブルグンダーは、マックス向けの中で格落ちした葡萄と、アスマンスハウゼン・フランケンタールの葡萄から造られた、とても良いサードワインである。

グラン・クリュは除梗して、2－3日間の低温浸漬の後、「セニエ」という、やや辛口のロゼワインのために、果汁の5－7％を澱引きした後、ステンレスタンクの開放槽で発酵させる方法で行う（培養酵母を加えない）。収穫量を低くすることと、セニエ法以外に、さらなる抽出はないとケッセラーは言う。20日後に、若い赤ワインは、ブルゴーニュのバリック（30－40％が新樽）に澱引きし、この樽内で14－18ヵ月熟成させ、清澄はせずに濾過だけをして瓶詰する。

ブラインドテイスティングで、ケッセラーのシュペートブルグンダーを見分けることはとてもたやすい。というのも、残糖が約3g/ℓと、他のトップクラスのドイツのピノよりも明らかに甘いからである。ブラインドテイスティングのような状況では、私は必要以上にこのワインを嫌ってしまうことが多いが、それだけで飲んだ時には、いつでも深く感銘を受ける。またこれらのワインは、何十年も熟成すると私は思う。ちょうど、スタイル的に似ているドメーヌ・アスマンスハウゼンの古いシュペートブルグンダーのようにである。数年前に試飲したドメーヌ・アスマンスハウゼンの1945年と1947年は依然として素晴らしかった。

「私たちは、貴腐菌のついた最上のシュペートブルグンダーのBAとTBAの果粒をピノに加えています。これによりワインがより丸くなり、飲みやすくなり、より長い瓶熟成を保証するからです」と、ケッセラーは根気よく説明してく

れた。

彼は、畑とラインガウの特別な気候を、彼の最高の品質のワインに表現しようとしている。このために、ケッセラーは葡萄畑に力を集中し、健全で生理学的に完全に熟した葡萄だけを、できるだけ遅くに収穫する。手作業で大量の労働力を投入する葡萄畑の管理は、厳しく品質を求めるためである。剪定、芽かき、収量削減、ピノの果房を半分にする、摘房、厳しく選果しながらの収穫、これらすべてがそうである。しかし、ケッセラーの最高のワインは、毎年造られるわけではない。ピノのグラン・クリュは、2000年、2006年、2008年、2010年、2011年には造られなかった。またベルク・ローゼンエックとベルク・シュロスベルクのエアステス・ゲヴェクスのリースリングは、2002年、2003年、2006年は造られなかった。

我々は、ケッセラーが辛口から貴腐の甘口まで、様々なスタイルの美味しいリースリングを生み出していることを忘れてはならない。特に、彼のロルヒ（アスマンスハウゼンの8km北）からのリースリングは現在とても印象的である。気候の変化により、混ざり物がなく、水はけのよい粘板岩土壌の、より涼しい畑は、「近い将来、ラインガウを牽引する畑となる」ことを、ケッセラーは確信している。

Lorcher Schlossberg Riesling Spätlese Alte Reben
ロルヒャー・シュロスベルク・リースリング・シュペートレーゼ・アルテ・レーベン

リューデスハイムのベルク・シュロスベルクとローゼンエックの見事なエアステス・ゲヴェクスのリースリングと同じように、ロルヒャー・シュロスベルクの樹齢75年の葡萄も除梗し、1−2日浸漬した後、ステンレスタンクで約18℃で発酵し、そのまま瓶詰前の6月まで置いておく。**2009年**は、熟して複雑なリースリングのアロマを現わし、スパイシーな粘板岩の香りも感じられる。味わいはエレガントで気品があり、また深みがあり、肉付きが良く、堅固な構成がある。余韻は食欲を刺激するもので持続性がある。この美味しいシュペートレーゼ（残糖12.1g/ℓ、総酸7.1g/ℓ）は、少なくとも10年は熟成する。**2010年**はまだ若いがすでに凝縮していて、2011年9月に試飲した時にはすでに緻密で、熟したマルメロと、スパイシーな粘板岩のアロマが香りに感じられた。口に含むと、ワインには丸みがあり、果汁感が豊かだが同時に、率直で緻密に織られた味わいで、長く続く塩気と食欲を刺激する酸味によってバランスが取れている。収穫後15年で最高に達するはずの模範的なもの（残糖13.2g/ℓ、総酸9.1g/ℓ）。

2010 Rüdesheim Berg Schlossberg Riesling Auslese Goldkapsel [V]
リューデスハイム・ベルク・シュロスベルク・リースリング・アウスレーゼ・ゴールドカプセル

とても純粋で濃密な香りで、スパイシーなレーズンが感じられる。果汁感が豊かで、甘く、丸みがあり、深く、複雑で、ミネラル感（塩気）を感じ、スパイシー。活気に満ちた、食欲を刺激する酸味に掻き立てられる。今後が大いに期待される。

極上ワイン

2009 Assmannshausen Höllenberg Spätburgunder ★
アスマンスハウゼン・ヘレンベルク・シュペートブルグンダー

濃い色。深みがあり強烈な、カシス、チェリー、ブラックチェリーのアロマが感じられる香りは、非常に洗練されていて、爽やかで、気品がある。豊かで、滑らかで、甘いが、すっきりしていてアロマ豊かで、エレガンスとフィネスに溢れ、気品があり絹のように滑らかなテクスチュア。とても長い余韻。少なくとも20年は美しく熟成するはずである。1,379本しかないのが残念。

2009 Rüdesheim Berg Schlossberg Spätburgunder ★
リューデスハイム・ベルク・シュロスベルク・シュペートブルグンダー

とても深い色。ブルゴーニュのピノのようなアロマが感じられる香りで、わずかにライムや燻製したベーコンも。とても深く複雑。味わいはとても豊かで、強烈で、凝縮していて、ヴェルヴェットのようで官能的。ボディ、ミネラルのバックボーン、繊細な酸味そして細かいタンニンにより味わいのバランスが取れている。印象的なほどに複雑で、持続性がああある。このワールドクラスのワインは、豊かさとフィネス、力強さと気品、熟度と爽やかさを併せ持つ。忘れられないワインだがとても希少（841本）。

Weingut August Kesseler
ヴァイングート・アウグスト・ケッセラー

栽培面積：21ha、55%リースリング、40%ピノ・ノワール、5%ジルヴァーナー
最高の畑：ロルヒ　シュロスベルク、アスマンスハウゼン　ヘレンベルク、リューデスハイム　ベルク・シュロスベルク、ベルク・ローゼンエック
平均生産量：11万本
Lorcher Strasse 16,
65383 Assmannshausen am Rhein
Tel: +49 6722 2513　　www.august-kesseler.de

RHEINGAU

Weingut Peter Jakob Kühn
ヴァイングート・ペーター・ヤーコプ・キューン

ラインガウには数多くの城があるが、輝く甲冑を付けた大胆不敵な騎士はかなり少ない。しかしペーター・ヤーコプ・キューンはその一人である。2002年ヴィンテージ以降、彼はドイツの中でも最も評価のわかれる生産者の一人である。ある者にとっては風変わりな人間であり、ある者にとっては神である。私は彼を神とは呼ばないが、エストリッヒ周辺のあまり称賛されていない畑で造られる彼のリースリングは、ブルゴーニュのアンヌ・クロード・ルフレーヴの最高のモンラッシェのように私に衝撃を与えた。もちろん、ある意味において、両者は比較できない。ラインガウのリースリングは、ローム層に覆われた珪岩の土壌であり、一方ブルゴーニュのシャルドネは、石灰質の土壌である。にもかかわらず、どちらのワインも魅惑的で、刺激的である。複雑で、純粋で、繊細で、活力に満ち、張りつめた感じがあり、最高の状態では、神秘的である。

ラインガウには数多くの城があるが、輝く甲冑を付けた大胆不敵な騎士はかなり少ない。しかしペーター・ヤーコプ・キューンはその一人である。ある者にとっては風変わりな人間であり、ある者にとっては神である。

ラインガウの生産者にしては異例なことだが、一族が1703年に創業し、現在では20haの畑で葡萄を栽培するキューンは、わくわくするようなワインを瓶詰している。一方、私はあえて議論したいが、彼の同僚たちの多くは、数十年にわたり、地元の顧客の要望に応えて、リースリングと呼ばれるソフトドリンクを造ってきた。キューンのステンレスタンク発酵、果実味主体のワインは、2001年ヴィンテージまで、高い点数と、欲しいという人たちを獲得していた。彼らが造ったワインに満足していなかったのはペーターと妻のアンジェラであった。

「私たちのワインは、わずか数か月前に収穫した葡萄のような味がしなかったのです。そしてその味のために、私たちは多くの時間と労働を葡萄畑で費やしていました」アンジェラは葡萄がどのような味わいだったかを述べる前にこう認めた。「葡萄は熟していて、強烈で、食欲を刺激し、とにかく美しい」。

「しかし、私たちは、一つの側面しか持たないようなワインの中で、このすべてを失っていたのです」と、ペーターは続けた。彼は、ワインに、その自然の美しさを語らせたいと思っている。「それで我々は、果汁の調整や、発酵、清澄のために行われていたすべてのものを取り除くことを決心し、セイフティネットなしでのワイン造りを始めたのです」。

最初の2002年は、キューンはおそらく野心的すぎるのであろう。かなり長い浸漬の時間と果皮と接触させた発酵を行った。より構成のしっかりとしたワインで、彼は新たなファンを獲得した一方で、既存の顧客の多くはショックを受けた。ワインがスクリューキャップで瓶詰されただけに、なおさらそうであった。キューンのリースリングは、ドイツの最高のワインリストのいくつかから消された。

しかし環境保護主義の騎士であるペーター卿は、彼にとっての聖杯を追求し続けた。すなわち、テロワールの最も純粋で、最も自然な表現である。一族は、シュロス・ヨハニスベルガーやリューデスハイマー・ベルク・シュロスベルクといった世界的に有名な畑は所有していないが、ミッテルハイム・ザンクト・ニコラウスやエストリッヒ・ドースベルク、ハルガルテン・ヘンデルベルクなどのエアステス・ゲヴェクスに興味深い区画を所有している。エストリッヒ・レンヒェンからは、カビネット、シュペートレーゼからベーレンアウスレーゼ、トロッケンベーレンアウスレーゼまでに至る、甘口のプレディカーツの傑出したワインがある。

優れたテロワールの畑を所有しているということと、それを発見し、訳すということは別のことである。キューンは、天気が良い限り、葡萄畑は草を生やしたままにしておく。ワインの自然の美しさに否定的な効果をもたらす、セラーでのすべてのものを放棄した後、彼は2004年にビオディナミ農法に切り替えた。そして2009年以降、デメテールの認証を取得している。

「ワインの中の深み、複雑さ、調和、平穏さには、葡萄畑でのバランスと多様性が必要」とペーターは信じている。このため彼が主に焦点をあてているのは、葡萄畑の環境システムと、土壌の活力である。彼は、葡萄畑の畝1列お

右：ペーター・ヤーコプ・キューンと妻のアンジェラ。違う方向へと踏み出した彼らの勇気は、十分に報われている。

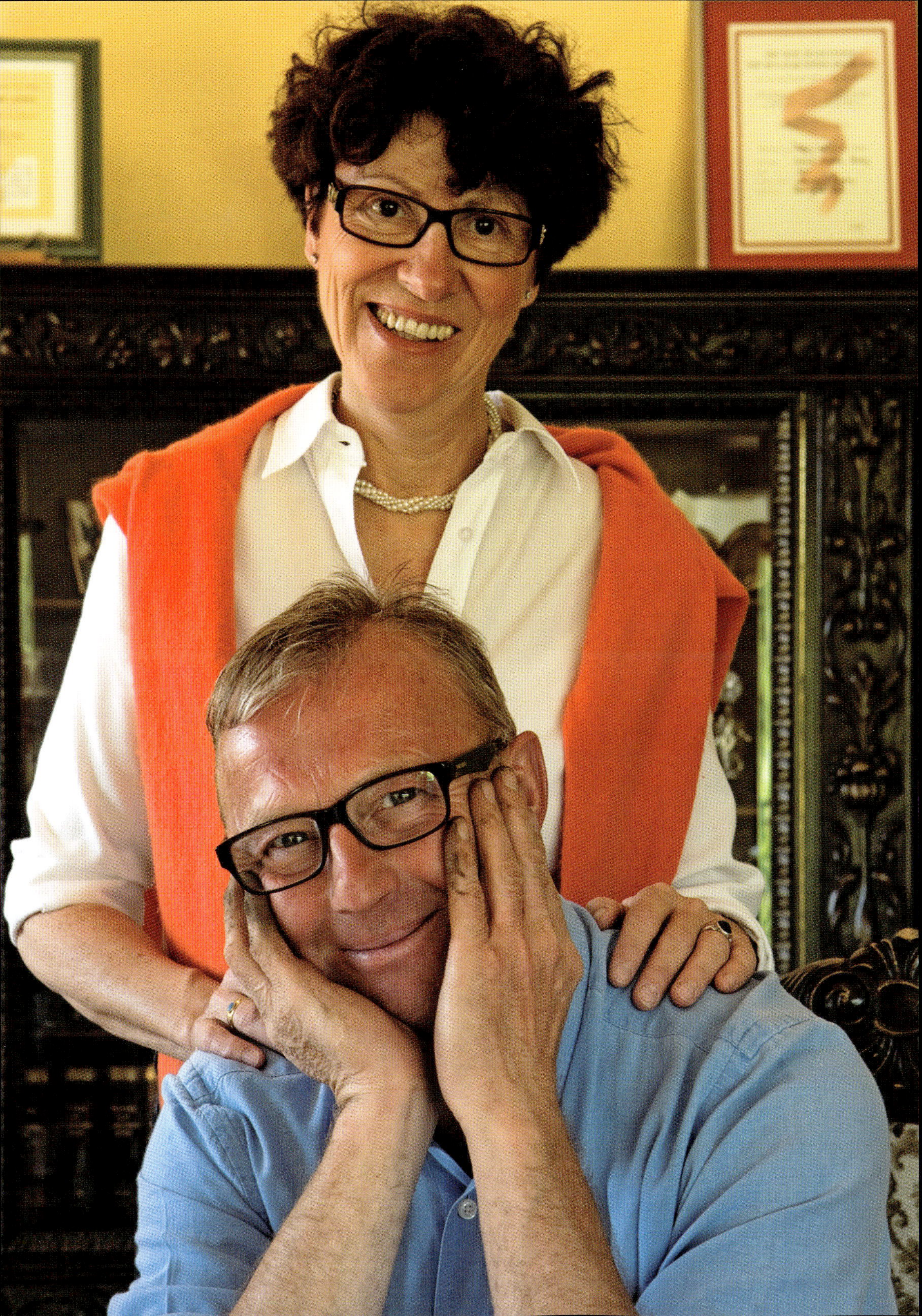

WEINGUT PETER JAKOB KÜHN

きにに、30種類までのハーブを植え、葡萄樹のまわりには、60種類の果実とナッツの樹を植えて、植物の多様性を豊かにしようとしている。ビオディナミの基準をはるかに超えて、8,500 - 10,000本/haという高密度の植樹に切り替え、葉を取った果房が実るゾーンを地面近くに誘引する一方で、葉の壁は高くし、風通しの良いようにしている。ドースベルクとザンクト・ニコラウスでは、新芽の先端は切らずにまきつける。「これにより、葡萄樹と果実のすべてが、その意図する目的を達成できるように」とキューンは言う。

数年間の実験と、試行錯誤の後、今は結果にかなり満足していると彼は認めている。葡萄は安定して熟すようになり、少し早目に、より健全に、そして10年前のような高い糖度ではないが、良い糖度に達すると彼はいう。再び彼は、ワインを容易に、うまく販売できるようになり、方法について尋ねてくる仲間にも売っている。「すでに長い道のりを来たが、まだ目的には達していない」と言う。

収穫は手摘みで行い、葡萄は畑で選別する。除梗はせず、ヴィンテージによるが、8 - 24時間、果皮と接触した状態にする。圧搾、静置の後、軽く亜硫酸を加えた果汁は自然に発酵する。発酵にはステンレスタンク、グラスファイバー製のタンク、そして（シュレイドルンを含むグラン・クリュには）600 - 2,400ℓ入りの大きな木の発酵槽を使う。これらを安定させるために、すべての樽発酵のリースリングは、マロラクティック発酵を行う。グラン・クリュは清澄も濾過もしないために、マロラクティック発酵は特に必要である。2005年と2009年、キューンはアンフォラ・リースリングも造った。これは果皮と接触した状態で8 - 9ヵ月、2つの300ℓ入りの彫刻したスペイン製のアンフォラで発酵させ、そのまま約2年間熟成させたものである。

キューンは、セラーではブルゴーニュで教育を受けた息子のペーター・ベルンハルトに、管理面では妻のアンジェラと娘のサンドラとカトリンにうまく助けられ、素晴らしいシュペートブルグンダーとゼクトも造っているが、最も印象的なのはリースリングの品揃えである。ドル箱であるべきエントリーレベルのワイン、ヤコブス・リースリング・トロッケンでさえも、とても複雑である。すべてのワインに、スクリューキャップを使用している。

キューンは、独自の格付けのシステムを持っている。ヤコブスのようなかなり「シンプルな」ワインには、ラベルに

上：葡萄で飾られた表札とキューンの聖杯。最も純粋で、最も自然なテロワールの表現。

RHEINGAU

葡萄マークが一つ付いている。素晴らしい中級のワインには葡萄マーク2つ。これには、ドースベルクの若めの木からの、塩気のある"クワルツィット"、ドースベルクの特別な区画で、とても深い粘土質の土壌の樹齢約40年の木からの、力強くミネラル分が豊かな"ラントゲフレヒト"を含む。さらに、グラン・クリュには葡萄マークが3つ付いている。グラン・クリュは、ラインガウ・ワイン生産者協会によるエアステス・ゲヴェクスの公式な官能検査の通過に、時々問題となる。というのも、これらのワインは「あまりに濃い」あるいは「あまりに風変わり」と見られるからである。しかし、エアステス・ゲヴェクスとして公的に認められるまで待つべきではない。ちょうど、キューン自身がそうしているように、葡萄に信頼を置くべきである。

極上ワイン

Oestrich Doosberg Riesling trocken
エストリッヒ・ドースベルク・リースリング・トロッケン

ドースベルクは101haの畑だが、キューンの最高の区画は、わずか1haで、南／南西向き、標高150mにある。古い木（平均樹齢45年）は、ほとんど粘土のない黄土とローム層のところに植えられているが、下に多くの珪岩の薄層があり、これがキューンのドースベルクに、とても純粋で、塩気のある特徴をもたらしている。たっぷりとしていて、豊かで絹のように滑らかなザンクト・ニコラウスと比較すると、ドースベルクはかなり貴族的である。すっきりしていて、緻密で、気品のある香りには、黄色というよりは白い果実と繊細な花やハーブのアロマが感じられる。口に含むと、この率直だが輝かしく、エレガントなワインは、わくわくするようなミネラル感と、上品な酸味、凝縮力のある構成に支えられている。風味もやはり、黄色よりは白い果実味で、余韻で再び、花やハーブのようなアロマに持ち上げられる。これが、2010年11月にキューンが私に注いでくれた8つの異なるヴィンテージに共通する特徴である。最高のヴィンテージは：**2004★**（焼いた果実、軽いキャラメル）、**2005★**（ドライフルーツ、とてもスパイシー）、**2006★**（とてもアロマ豊かで凝縮している）、**2008★**（とても固く複雑。偉大な熟成能力あり）、**2009★**（豊かでかなり甘美）。

St.Nikolaus Riesling torcken
ザンクト・ニコラウス・リースリング・トロッケン

このかなり平坦な38.3haの畑で、キューンは3haの借地を持っている。しかしライン川に近いわずか1haとシュレイドルンが「3つ葡萄マークのワイン」に使われている。ザンクト・ニコラウスのクリュに選ばれた葡萄樹は、樹齢60年で、深い沖積土と石灰質の黄土の土壌に植えられている。葡萄は容易に熟す。これは特に、この場所のライン川の川幅が1kmあり、気温が夜間であってもかなり高いためである。しかしキューンは、重い、あるいは豊満なワインを瓶詰しようとは思っていない。彼はむしろ、輝かしく、エレガントで、芳醇なニコラウスが好みなので、葡萄を控えめな90-92°Oeで収穫する。しかしワインは、洗練され活気があるだけではなく、豊かで複雑である。これまでの最高のヴィンテージ：**2006★**（良い熟度、大柄で凝縮している。とても固く印象的）、**2007★**（とても深く甘美だが、良い凝縮力があり、とても塩気がありエレガント）、**2008★**（驚くほど明快で純粋、気品のある香り。とても繊細でバランスの良い味わい。長く続く塩気がある）、**2009★**（とてもアロマ豊か、豊満、濃密、官能的だが同時に活力に満ち、長い）。

Riesling trocken Schlehdorn
リースリング・シュレイドルン

これは、樹齢80年のニコラウスの最も古い区画からの樽発酵のワインで、とても印象的で高価である。いつでも繊細で緻密な香りは、深みがあり、スパイシーな果実の強烈さを見せる。口に含むと、この一枚岩のようなモンラッシェを思わせるリースリングは、至高の表情を見せる。充実し、凝縮していて、たっぷりとしているが緻密で、美しいバランスがあり、目の覚めるようなエレガンスがある。液体の形の中での平穏さ。キューンは2011年9月にすべてのヴィンテージを注いでくれた。ファーストヴィンテージである**2006**は、濃密で豊かな果汁感があり、かなり滑らかで、幾分かボトリティス菌が感じられる。**2007**は、香りも味わいもとてつもなく豊かで力強く、ほとんどトロピカルフルーツような果実味を見せている。とても濃密で豊かな果汁感が印象的。すでにかなり熟成している。**2008★**は、深く、熟しているがすっきりしていて、緻密で、香りも味わいも食欲を刺激する。とても複雑で長いが、フィネスと気品がある。**2009★**は、大きく、熟していて、凝縮しているが、2007年よりもエレガントで、絹のように柔らかく、よりバランスが良い。ゆったりとして、雄大に口の中を流れていくが、余韻は表情豊かで力強い。**2010★**は、とても明快。リースリングの魅惑的な光線であり、とても純粋で、緻密で、張りつめた感じに溢れ、フィネスがあり、刺激的な塩気がある。一枚岩のワインで、深みと力強さを、エレガンスと気品に驚くような方法で結び付けている。偉大な熟成能力を持つ。

Weingut Peter Jakob Kühn
ヴァイングート・ペーター・ヤーコプ・キューン

栽培面積：20ha　平均生産量：12万本
最高の畑：ミッテルハイム　ザンクト・ニコラウス、エストリッヒ　ドースベルク、ハルガルテン　ヘンデルベルク
Mühlstrasse 70,65375 Osetrich
Tel: +49 6723 2299　www.weingutpjkuehn.de

RHEINGAU

Weingut Künstler　ヴァイングート・キュンストラー

ヴァイングート・キュンストラーの起源は、チェコ共和国のモラビア南部である。1648年、ウィーンの北80kmのウンタータノヴィッツに設立されたが、第二次世界大戦直後、ドイツ語を話す一族は国外追放となったため、12世紀以来の一族の故郷の地を離れ、1965年にフランツ・キュンストラーが、ホッホハイム・アム・マインに再興した。1992年に、フランツの息子のグンターが後を継ぎ、以来グンターは、ドイツで最も傑出したリースリングの造り手の一人である。

グンターと妻のモニカは、ホッホハイムとその近郊の最高の畑37haで、葡萄を栽培している。畑の約80％はリースリングで、12％以上はピノ・ノワールである。一族の葡萄畑の約76％は、エアステス・ゲヴェクスに格付けされており、キュンストラーは8つものグラン・クリュを造ることができる。しかし毎年、4つのグラン・クリュしか瓶詰しない。コストハイム・ヴァイス エアド・リースリング、ホッホハイム・キルヒェンシュテュック・リースリング、ホッホハイム・ヘレ・リースリング、ホッホハイム・ライヒェスタール・シュペートブルグンダーである。「私たちはワールドクラスの品質を目指しています。このため、まさに最高のワインしかエアステス・ゲヴェクスとして瓶詰しません」と、グンターは説明する。2008年や2007年の傑出した年にはゴールトカプセルで、キルヒェンシュテュックやヘレ（樹齢50年に及ぶ）の最も古い区画から、リースリングの特別セレクションも瓶詰している。

キュンストラーの葡萄の50％以上は樹齢20年以上、14.6％は30年以上、16.8％以上は40年を超えている。「根が深くはっていない限り、テロワールの味は表現できません」と、キュンストラーは指摘する。このため、ヴァイス エアドの畑のリースリングを1998年から2001年の間に植え替えた後、2009年まで彼はエアステス・ゲヴェクスのワインの販売を待った。

「春と夏に仕事をすれば、圧搾後に行うことは何もありません。ワインの誕生を見守るだけです」とキュンストラーは主張する。このため彼は、葡萄畑に多大な努力と資金、時間をつぎ込み、どのヴィンテージでも完全に熟して健全な葡萄を得られるように努力している。畝の幅は

右：グンター・キュンストラー。彼の実直な基準は、造ることのできるエアステス・ゲヴェクスの数の半分しか提供していないことを意味している。

グンター・キュンストラーは、ドイツで最も傑出したリースリングの造り手の一人となった。純粋で深みがあり、力強く、テロワールが主体の彼のリースリングは、20年まで上品に熟成することができる。

上：セラーの鉄細工は精巧だが、キュンストラーのワイン造りの哲学は、できるかぎりシンプルに物事を保つことである。

広いが、これは多くが1950年代、60年代に植えられたことに加え、そうしなければ風通しが悪くなってしまうからである。深い黄土・ロームと泥灰の土壌は水分を蓄えるので、湿度が高い年でも、すべての畝には草を生やしている。果房が実るゾーンは、開花直後に一部を除葉し、ピノ・ノワールの果房を半分にした8月以降は完全に除葉する。「リースリングは、ピノ・ノワール同様、果皮が薄いです。リースリングのすべては果皮にあるので、私は果粒がボトリティス菌の影響を受けないようにしたいのです」とグンターは説明する。

しかし、まだ気温が高い8月に雨が多いと、ボトリティス菌はいつも避けられるとは限らない。問題はどのようにしてそれを取り除くかである。厳しい選果はドイツ全土で近年、最も重要なこととなっている。

グンターによると、収穫の開始は、10−20年前よりも現在はかなり早くなっているという。「1990年代、私たちは、素晴らしい畑を誇りにしていました。収量を減らしても、葡萄は、気温がとても涼しくなる10月中旬前には熟しませんでした。現在では、葡萄は3−4週間早く、まだ暖かくてかなり湿気のある時に熟します。このために、腐敗のリスクは上昇し、収穫の費用はより高くつきます。収穫者には、そのような葡萄は摘まないで捨ててもらいますが、その分は支払っているからです」。

グンターには、10月までハングタイムを伸ばすために、葡萄の成熟を止める必要がある。少なくとも、2008年や2010年のような涼しくて雨の多い年には、素晴らしい秋のおかげで、遅くに収穫した人間にとっては、最初は問題の多かったヴィンテージが偉大な模範年となった。「しかし、数年前に行っていたよりも多くのリスクがあります」という。

ここの機能的なセラーでは、現代的なテクニックと伝統的な技術が共存している。辛口向けのリースリングは除梗した後、圧搾する（全房圧搾は、貴腐の甘口とスパークリングワインに行う）。静置した後（必要であれば、遠心分離機にかけたり、果汁の調整を行う）、あざやかな果汁はステンレスタンクか、伝統的な木桶で発酵させる。キュンストラーは濁った果汁も、自然酵母も好まない。いずれもテロワールの純粋な表情を曇らせると考えている。彼は、17−20℃で、エペルネイから調達した選抜酵母を加えながら、ゆっくりと、継続的に行う発酵を好む。ワインは瓶詰まで、細かい澱と接触した状態で熟成させる。バトナージュ（澱の攪拌）は、ワインを丸くし、酸のレベルをより高くするために行われる。

キュンストラーは、純粋で深みがあり、力強く、テロワールが主体のリースリングで、20年位は上品に熟成することができるワインで知られている。また本格的なシュペートブルグンダーのトップの造り手の一人でもある。ライヒェスタール・シュペートブルグンダー・エアステス・ゲヴェクスは、フルボディで、熟していて、偉大なエレガンスとフィネスを備えた強烈なピノである。砂を含んだ黄土・ローム層が、より深い石灰質の泥灰岩を覆う地層に植えられている。このワインは少なくとも10年の瓶熟成でさらによくなる。

極上ワイン

2011年9月、グンター・キュンストラーは、キルヒェンシュテュックとヘレの2005年から2010年までの垂直試飲の機会を私に与えてくれた。いずれもエアステス・ゲヴェクスのリースリングで、いつでもラインガウ最上のものである。「二つの畑の最も大きな違いは、標高の差が40mあるということです」とキュンスト

ラーは説明する。ヘレは(48.7ha、約86%がエアステス・ゲヴェクス)は、直接マイン川に接している一方、キルヒェンシュテュック(15.1ha、100%エアステス・ゲヴェクス)は、上方に位置する。どちらの畑も南向きで、ホッホハイムの村に守られている。斜度は15%で、急傾斜ではない。どちらも少なくとも1271－73年以来、葡萄栽培が行われており、1803年までマインツの大司教の管区にあった。黄土・ローム層のキルヒェンシュテュックの土壌は、ヘレ(11世紀から14世紀、または16世紀まで話されていた中高地ドイツ語では文字通り「険しい斜面」の意味)の肥沃な石灰質・泥灰質の土壌よりも軽く、エレガントで、絹のようなテクスチュアのリースリングを生み出す。一方ヘレは、豊かで力強く、偉大な熟成能力を持ったワインを造る。キュンストラーはウィンクをしながら、キルヒェンシュテュックを、「ラインのラフィット」と述べた。そして、堂々として持続性のあるヘレを、「ラインのラトゥール」と呼んだ。いずれのワインも1,200～2,400ℓ入りの伝統的な木桶(シュテュックファスとドッペルシュテュック)で発酵・熟成させる。試飲で私の気に入ったワインを以下にあげる。

Hochheim Kirchenstück Riesling Erstes Gewächs
ホッホハイム・キルヒェンシュテュック・リースリング・エアステス・ゲヴェクス

2010 このヴィンテージは、まさしく伝統的なものとなった。貴族的で食欲を刺激する香りには、美しく熟し、凝縮したリースリングのアロマが感じられる。味わいは絹のように滑らかで、豊かな果汁感があり、強烈だが、エレガントで、とても緻密で、塩気があり、長い。20年かそれ以上はたやすく熟成するはずの偉大なワインである。**2009年**はより豊満で、幅広く、豊かな香りと味わいだが、やはり食欲を刺激し、塩気があり、構成も良い。**2008年**はとても明快で濃密。本格的な香りの中に、成熟を示す最初の証が感じられる。エレガントで完璧にバランスの取れた味わい。食欲をそそり、甘美で長く続く。**2007年(ゴールトカプセル)** ★は、完璧に熟し、柔らかな香り。ほとんど焼いたような、モモやアプリコットの強烈なアロマ。しかしこのワインにも、純粋で、すっきりとしていて、スパイシーな深みがあり、甘いオレガノも感じられる。口に含むと、この偉大なワインは、がっしりとしているよりもむしろ繊細に感じられる。しかし依然として美しく、豊かな果汁感があり、濃密で、洗練された酸と長く続くミネラル感のために、食欲を刺激し、エレガントで、完璧なバランスがある。良い凝縮力。

Hochheim Hölle Riesling Erstes Gewächs
ホッホハイム・ヘレ・リースリング・エアステス・ゲヴェクス

2010 ★ [V] とても深く、気品のある香りには、わずかに熟した果実も感じられる。豊かで、丸みがあり、純粋な味わい。大きく力強いワインで、深みと緻密さ、力強さとミネラル感、フルボディとエレガンス、豊かな果汁感と活気を併せ持つ。永く残る記念碑的存在で、ゴールトカプセルでも容易に販売できたであろう。**2009年**は緻密で純粋で、熟した果実のアロマが感じられる。官能的で、塩気があり、エレガントな味わいで、堅固な構成があるが、舌の上でじゃれてくるような感じがあり、バランスが良い。**2008** ★は、繊細だが強烈な香りで、食欲を刺激する果実のアロマが、この年もまた伝統的なものであることを予感させる。いつものように力強くも豊かな果汁感があり、エレガントで持続性があるが、とても気品があり、完璧にバランスが取れている。**2008 (ゴールトカプセル)** ★は全く閉じているが、将来にとても期待が持てる。通常のヘレよりも軽いが、とても繊細で、その活気と複雑さにわくわくさせられる。ボディ、果実味、酸味、ミネラル感は完璧なバランスである。**2007(ゴールトカプセル)** は熟していて、濃密で、複雑な香り。このヴィンテージは穏やかであるにもかかわらず、味わいは太ってもいなく、幅広くもない。しかし充実していて、丸みがあり、豊かで、とてもスパイシーで、複雑で、エレガントである。

1992 Hochheimer Reichestal Riesling Auslese trocken ★
ホッホハイマー・ライヒェスタール・リースリング・アウスレーゼ・トロッケン

野心を抱いた若きグンター・キュンストラーの最初の力作の一つは、偉大で、ほとんど年月に関係ないワインとなった。熟成したラインガウのリースリングのすべての美点を備えている。アルコール度数はわずか12%だが、熟成は完了し、今日でもなお、何も失われていない。成熟しているが、まだ凝縮していて、食欲を刺激する香り。ほぼ20年を迎えたこの辛口のアウスレーゼは、強烈で、滑らかで、エレガントで、持続性があるが、同時に驚くほど純粋で、軽く、極めて食欲をそそる。

Weingut Künstler
ヴァイングート・キュンストラー

栽培面積：36ha、79.2%リースリング、12.4%ピノ・ノワール 平均生産量：20万本
最高の畑：ホッホハイム ヘレ、ライヒスタール、キルヒェンシュテュック、シュティールヴェーク、ドムデヒャナイ、コストハイム ヴァイス・エアド(76%の畑がエアステス・ゲヴェクス)
Geheimrat-Humme-Platz 1a,
65239 Hocheim am Main Tel: +49 614 683 860
www.weingut-kuenstler.de

RHEINGAU

Weingut Josef Leitz
ヴァイングート・ヨーゼフ・ライツ

以下は、過去25年間で最も興味深いラインガウのワイン生産者の一人、ヨハネス・ヨーゼフ・ライツの話。（骨を砕かれてしまいそうな握手に耐えたおかげで、彼をヨシと呼ばせてもらえることになった。この話でもヨシと呼ばせてもらおう）。1985年、最初のヴィンテージ・ワインを造ったとき、彼は若干21歳だった。1965年に父親を早くに亡くした。その後20年間、葡萄の世話をしたのは母親だった。最初は幼いヨシを膝に乗せ、次は背中にしょって。「葡萄畑は僕のお砂場だったよ」とヨシ。テロワールの特徴を引き出す最上級ワインを造りたいという夢に気づいたとき、彼の葡萄園は栽培面積が3ha以下で、地下室には1950年代の器具があった。ヨシの祖父ヨーゼフ・ライツが第二次世界大戦で灰燼に帰したワイナリーを1950年代に再建、以後、何も変わらなかった。1985年までは。

すでに10年以上、ライツは海外でスーパースターとしての評価を得ている。しかし、ドイツのワイン愛好家が彼のワインの質に気づいたのはつい最近のことである。

それから、ヨシは近代的なセラーへの投資はせず、家中のカネをかき集めてより良い畑の入手に努めた。今では、ワイン造りよりも畑のユニークな素性こそが偉大なワインを造る決め手となっていると以前にも増して確信している。何年もかけて、特に1989年に家業を引き継いでからは、リューデスハイム地区内の最高の場所にある単一畑をすすんで買ったり借りたりしてきた。これらの畑は標高が高く、急斜面にあるので──ベルク・シュロスベルク、ベルク・カイザーシュタインフェルス、ベルク・ローゼンエックなど──今より当時の方がずっと求めやすかった。なぜか？　最大59度の斜面での葡萄栽培は、機械は使えず頼りになるのは人力、つまり、健康、筋力、忍耐、情熱、ビジョンだけだからだ。つまり、年間24,730時間の労働になる。

現在、ヨシ・ライツは39.4haの畑を栽培している。そのほとんどがリューデスハイム（29.36ha）とガイゼンハイム（4.68ha）にあり、葡萄樹の多くはエアステス・ゲヴェクスに格付けされたところで栽培され、品種はリースリングである。ヨシは放棄されていた畑を復活させ、壊れた土手や棚畑を再建し、わずか10年前までは雑木地だったベルク・カイザーシュタインフェルスをラインガウで最も興味深い地区の一つに変えた。ライツはこの10年間ノルウエーとスエーデンで（主として彼の辛口ワインの）スーパースターである。アメリカではもっと長い間（主として中辛口の）スーパースターだ。英国も日本も重要なマーケットであり、ワインの約90パーセントが輸出されている。ドイツでは最近になって初めてワイン愛好家がライツ・ワインの質の良さを発見している。

主に粘板岩と珪岩の土壌で育ち、辛口としてボトリングされたライツのリースリングなほど遅摘みで過熟なワインは、こくと深みがある一方、構造が重々しいとまでは言わないが、常に純粋でしっかりしている。若いうちに飲んでも（デカンターに移してから！）印象深いが、年月を経ればどんどん良くなる。早飲み用で飲みやすい（しかし、かなり率直な）輸出用花形アインス・ツヴァイ・ドライ・リースリングは、主に、ガイゼンハイムのエアステス・ケヴェクス畑のローゼンベルクで産出されるが、最も興味深いワインは、リューデスハイマー・ベルクから造られる。ヨシのマジック・マウンテンは──事前に選定された葡萄とリューデスハイム・クリュで格付けから外された葡萄を樽発酵させたブレンド──良質の非常に複雑なワインで、飲めば、何百年に渡り世界的に有名な急勾配畑のベルクラーゲンのマジック・ワールドに入った心地がする。

リューデスハイマー・ベルクは、南から西に緩やかに向きを変え、最大59度の傾斜で海抜105mから275mまで立ち上がっている。葡萄樹は石ころが多く排水の良い土壌に育つが、水を求め夏の暑さを乗り切るためには地中深く根を張らなければならない。「葡萄は苦しまなければならない。そうでないと、実は我々が懸命に求めている強烈な風味を得ることができないからだ」ヨシはそう信じている。

最も古い樹は樹齢80年にもなるが、最上のワインはおよそ50年の樹から造られる。平均樹齢は35から40年。新しい樹は、ヘクタールあたり8,000から9,000本と密生させている。1996年以来、畑への施肥はわずか2度で、ヨシは、自分がラインガウで最初に樹間を草で覆った草

右：ダイナミックなヨハネス・ヨーゼフ・ライツ。1985年に葡萄園を引き継いで以来、精力的に一流のワイナリーに育て上げた。

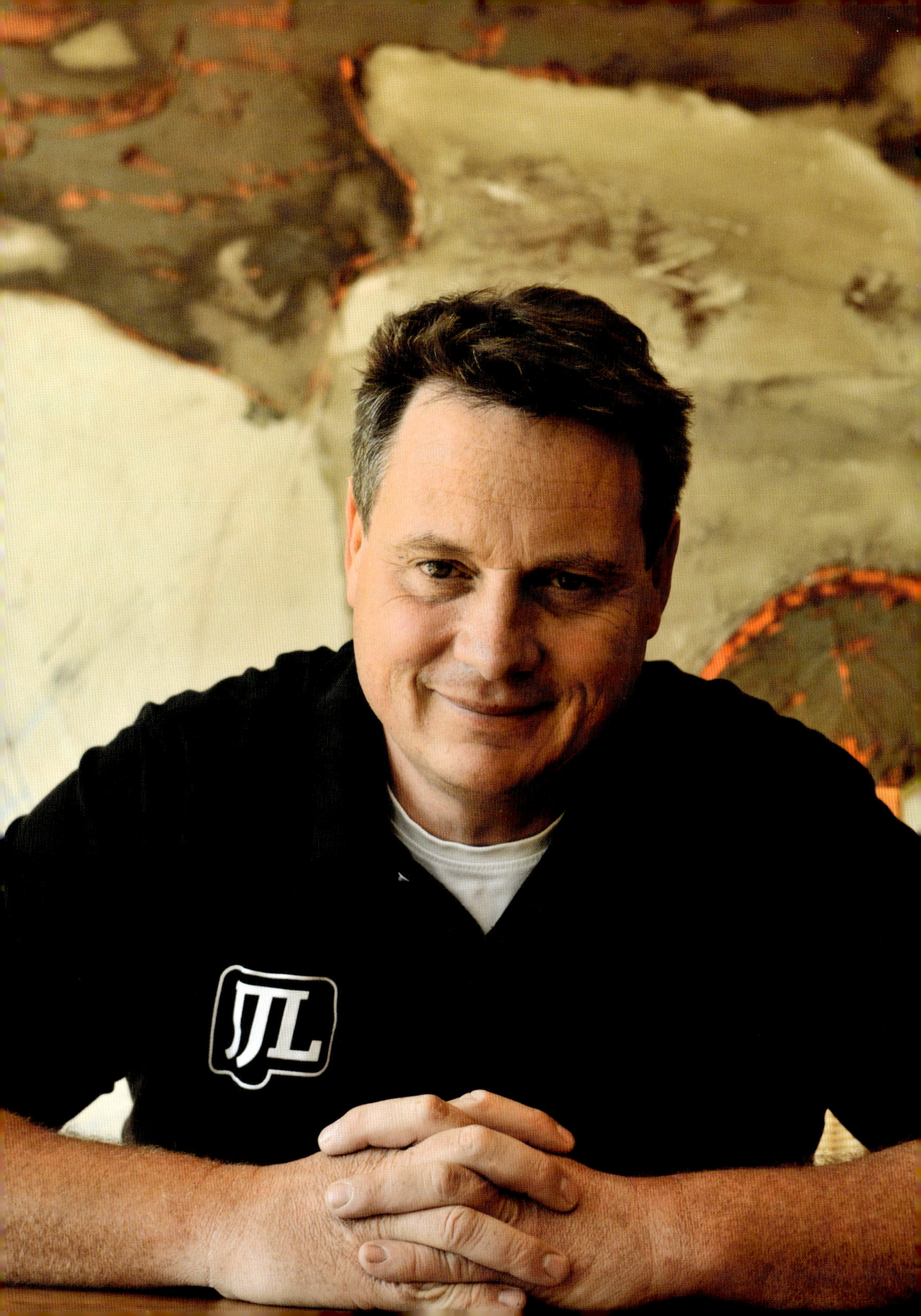

WEINGUT JOSEF LEITZ

上：ライツの最上級のワインを発酵させる木製の樽。ベルク・シュロスベルクとベルク・カイザーシュタインフェルスの樽もある。

生栽培家の一人だと信じている。後者の手法は葡萄の活力を抑え、根を深く張らせるのに決定的に重要だ、とヨシは報告している。「厳しく剪定するコルドン方式に変えてからは、以前よりもずっと濃密な葡萄を収穫している」

最後に大事なことは、収穫量が驚く程低いことである。余剰緑果摘除作業（グリーン・ハーヴェスト）を行ったあとは、一枝に一房しか残らず、樹冠はかなり高い。遅く収穫された葡萄の糖度も非常に高くなっている。手摘みされるときの葡萄の実は、小さくまばらで黄色より金色に近く、中にはブロンズ色をしている実もある。ラインガウの一流生産者の中でライツほど遅く収穫する人はいない。しかし、「マジック・マウンテン」ではボトリティスは許容されないし、それほどよく見られる現象でもない。

熟しすぎた葡萄は房ごと圧搾するが、完熟した健康な実は破砕し36時間果皮浸漬する。澱がしずむと、ステンレス・スティール・タンクの中で培養酵母を使って軽くてフルーティなワインを発酵させ、スクリュー栓つきのボトルに詰める。しかし、リッチで力強いリースリングは、大きな木の樽の中で自然発酵させ、ボトルに入れてコルク栓をする。全てのワインは還元的に醸造されるので、ボトリングをするまでは澱の上に寝かせておく。しかし、もっとスケールが大きくリッチなワインは、マイクロオキシジェネーション（タンク内のワインに極微細な泡が出る装置を置いて酸素を供給）を行う。残糖は大いに結構。

ヨシはエアステス・ゲヴェクスの格付けを受け入れていないから、自分のボトルにその表記をしない。2010年までは、リューデスハイムの畑からとれる彼の最高級ワインは、ボトルにアルテ・レーベン（古木）と記載されている。しかし、この名称は、樹齢がわずか15年の葡萄にも広く使われているので、ベルク・カイザーシュタインフェルスにはテラッセン、ベルク・ロットランドにはヒンターハウス、ベルク・シュロスベルクにはエイレンフェルスと新しい名称

を付け加えることにした。2010年は、これら古木から造られたワインの生産量は少なかったが、人を恍惚とさせる特選品だった。2011年以降、アルテ・レーベンから新しい名称に変わる。

極上ワイン

Berg Roseneck Riesling trocken Alte Reban
ベルク・ローゼンエック・リースリング・トロッケン・アルテ・レーベン

　黄土ロームを含む粘板岩と珪岩の岩屑の上で栽培されているこのリースリングは、比較的エレガントでほっそりし、輝かしい果実味と濡れた石のようなアロマを醸し出す。口に含むと、はっきりしたミネラルが感じられ、独特の酸によって長寿を与えられている。2009年はみずみずしく、まろやかで、リッチ。一方、2010年は非常にすっきりとし、濃密で、ピリッとして、完熟したリースリングの見事なアロマが香る。

Berg Rottland Riesling trocken Alte Reban/ Hinterhaus
ベルク・ロットラント・リースリング・トロッケン・アルテ・レーベン／ヒンターハウス

　北風から保護された南向きのロットランド畑は、歴史的な町リューデスハイムの真後ろにある山の低斜面にあり、葡萄樹は風化したグレーの粘板岩を高い割合で含む、より深い黄土ローム土壌に植えられている。ワインは非常にリッチで力強く、果実味は南洋を思わせる。しかし、その複雑さと長い余韻と塩味は、どれも同じように気持ちをわくわくさせてくれる。**2010年ヒンターハウス★**（最も完璧な葡萄の実から造られたユニークな特選品）は、極めてリッチでありながら、エレガントで、洗練された酸味と長く残る塩味によって見事なバランスがとれている。

Berg Schlossberg Riesling trocken Alte Reban
ベルク・シュロスベルク・リースリング・トロッケン・アルテ・レーベン

　リューデスハイムの王様。鉄分の割合が高い純粋な珪岩とグレーの粘板岩上で栽培された、最も高貴で複雑なラインガウ・リースリングの一つ。ライツの畑はエイレンフェルスの城跡近くにあり、西向きで勾配は58度。**2009年★**は、香りはまろやかでスパイシー、レモンと塩のアロマがあり、口に含むと複雑でまろやか。この力強くて持続性があるリースリングは偉大な優雅さとフィネスも持っている。**2010年★**は、わくわくするほどすっきりしていて、純粋で、スパイシーな香りがするが、口に含むとビロードのようになめらかで、非常に複雑かつエレガント。塩味がかった後味は限りなく続くように思われる。**2010年エイレンフェルス★**は、あまりにも希少で素晴らしいので多くの言葉を費やすことはできないが、そのクールさ、高貴さ、崇高な濃密性、みずみずしさ、そして持続性がこのワインをユニークなものにしている。おそらく、これまで私が出会ったベルク・シュロスベルクの中で最上のもの。

Berg Kaisersteinfels Riesling trocken Alte Reban/ Terrassen
ベルク・カイザーシュタインフェルス・リースリング・アルテ・レーベン／テラッセン

　この再建された1.5haのテラッセンラーゲ（古いテラス畑）は、ベルク・シュロスベルクの上部の森の近くにあり、ここの古木（樹齢70年まで）は、非常に石ころの多い、赤い粘板岩と珪岩の土壌に育つ。ライツは、珪岩で育つリースリングは残糖の恩恵を受けることを知ったので、このエレガントで洗練されたワインは、2004年以来中辛口になっている（およそ10g/lの残糖）。収量は当然低く、収穫はベルク・ローゼンエックより少なくとも1週間は遅い。この好き嫌いの分かれるリースリングは、非常に表情豊かで、驚くほどテロワールの特徴がよく現れている。**2004年★**はアルコール度があわずか11.5%だったが、今でも美味しい。果実は輝かしいようで、ミネラル感があり、スパイシーだが、成熟の兆しも感じ取れる。口に含むとドライで、軽く、繊細なリースリング。ピリッとして、果汁たっぷりで、非常にエレガントで、ドライ・アプリコットの素敵なアロマがある。**2010年テラッセン★**は、香りが非常に濃厚で、複雑、ミネラル感があり、洗練されている。味は非常に純粋で、際立っていて、しかも口当たりが見事で、高貴。切れ味は完璧な酸味と後を引く塩味がある。おそらく、史上最良のカイザーシュタインフェルス。

Weingut Josef Leitz
ヴァイングート・ヨーゼフ・ライツ

栽培面積：39.4ha　　100％リースリング
平均生産量：400,000本
最良の畑：リューデスハイム・ベルク・ローゼンエック、ベルク・ロットランド、ベルク・シュロスベルク、ベルク・カイザーシュタインフェルス
Theodor-Heuss-Strasse 5
65385 Rüdesheim am Rhein
Tel: +49 6722 48711
www.leitz-wein.de

RHEINGAU

Weingut Robert Weil
ヴァイングート・ロベルト・ヴァイル

ロベルト・ヴァイルは長年、ドイツワイン文化の一つの象徴であった。パリ・ソルボンヌ大学の前教授、ロベルト・ヴァイル博士が1875年に設立。キートリッヒにある80haの葡萄園は、現在ヴァイル家四代目のヴィルヘルムが指揮している。1988年以来、この美しい葡萄園は主にサントリーが所有しているが、経営は、ここを品質、規模、評価に関して一流のドイツワイン生産所の一つにまで再建したヴィルヘルム・ヴァイルが行っている。

生産されるのは最高級のリースリングだけである。100年以上前と同様、ワインは素性とスタイルの両方で際立っており、4つの異なったカテゴリーで提供される。ベーシックのラインガウ・リースリング辛口は、キートリッヒ・ザントグループとヴァッセロスから造られる。キートリッヒャー・リースリング辛口は、トゥルムベルク、クロスターベルク、グレーフェンベルクの若い葡萄から造られる。クロスターベルクとトゥルムベルクはプレミアク・リュで、1867年にすでに1級畑に格付けされていたグレーフェンベルクはグラン・クリュである。畑はすべて、樹齢15から60年の葡萄樹が植えられているが、今までのところグレーフェンベルクだけがエアステス・ゲヴェクス（将来はVDPグローセ・ラーゲ）に格付けされている。

肩書付上質ワイン（プレディカーツヴァイン）も、格付け畑で手作業で収穫される。グレーフェンベルクでは1989年以来、毎年すべての肩書付上質ワイン、つまり、シュペートレーゼ、アウスレーゼ、ベーレンアウスレーゼ、トロッケンベーレンアウスレーゼ、アイスヴァインを産出している。格別に濃密で甘いプレディカーツヴァインは、金カプセルのボトルに入れて、クロスター・エバーバッハで年一回開かれるワイン競売会でオークションにかけるが、ヴァイルのリースリングは最高値で買い取られている。

トゥルムベルク（3.8haのモノポール）とクロスターベルク（4ha）とグレーフェンベルク（10haのほぼモノポール）は、互いに500m以内で隣り合っていて、ライン峡谷のもっと高く涼しい側にはワイナリーが望まれる。標高が180m（グレーフェンベルク）、200m（トゥルムベルク）、260m（クロスターベルク）で、南から南西向きの斜面は

右：ヴィルヘルム・ヴァイル。彼のもとでロベルト・ヴァイルは、再び、品質、サイズ、評価の点でドイツのトップクラスのワイナリーになった。

ロベルト・ヴァイルは長年、ドイツワイン文化の一つの象徴であった。
生産されるのは最上級のリースリングだけである。
100年以上前と同様、ワインは素性とスタイルの両方で際立っている。

山とは考えられないかもしれないが、勾配は60度に達するところもある。これらはタウヌス山脈からライン川に向かって吹き下ろしてくる涼しい夜風ばかりでなく、強烈な陽光の恩恵も受けている。

「我々は気候変動の受益者だ」とヴァイルは信じている。「昔、祖父たちが完熟の葡萄から最高級のリースリングを造ることができたのは、10年に2度しかなかった。現在、毎年得られる生理的成熟は自然の恵みである」

最高級のプレディカーツには、
熟練者が同じ畑に15から17回も入って、
一粒一粒選んで行く。

摘果を遅らせることは、最高級のリースリングを生産する上で極めて重要である。9月末以前に摘果を行うことは滅多になく、11月前に終わることもない（2003年と2011年だけは、10月初めにほぼ終了した）。

千枚岩がベースの、石ころが多くて排水の良い土壌は、葡萄の生育を制限する関係で、実った葡萄は房がまばらで粒が小さい。ヘクタール当たり6,000本の植樹、厳しい剪定、草生栽培、樹冠管理、房の半減、グリーン・ハーヴェストなどは全て、摘果を遅らせることと健康で完熟した実を収穫するためのテクニックである。最上の畑では、収穫量は最高45－50hl/ha。収穫は手作業で精選。最高級のプレディカーツには、熟練者が同じ畑に15から17回も入って、一粒一粒選んで行く。

短期間の果皮浸漬または房ごとの圧搾後、早めに瓶詰めされる葡萄園元詰めワインとキートリッヒャーは、肩書付上質ワイン同様、低めの温度に設定したステンレス・スティール・タンクで培養酵母を使って発酵させる。遅摘みの葡萄は、7時間果皮浸漬した後、高めの温度で、伝統的な1,200リットルの樽で自然発酵させる。20%まで果皮に浸したまま発酵させ、その後ブレンドする。ワインは攪拌された澱の上でより長く寝かせ、7月か8月にボトリングする。

「スティールか木製の樽かの問題は、品質ではなく、スタイルが異なることをさす」とヴァイルは主張する。「優雅さとフィネスを伴うフルーティなリースリングを造るには、ステンレス・スティールより良い容器はない。一方、本来の果実味よりもテロワールを表現しがちな古木から採れる完熟の葡萄は、力と深みを伴うフルボディのワインを造る。これには、複雑さを際立たせ、長寿を与えるために木製の樽が必要だ」

千枚岩と黄土ローム土壌から成る非常に急峻で南西向きのグレーフェンベルクは、ベルクラーゲン・トリオの中で最も複雑でリッチなリースリングを生む。畑は12世紀にはすでに知られており、19世紀末のヴァイル・グレーフェンベルク・アウスレーゼは、世界で最も高価なワインの一つに数えられていた。

2011年9月ヴァイルは、エアステス・ゲヴェクスとグレーフェンベルク・シュペートレーゼという二種の垂直テイスティングを手配した。「エアステス・ゲヴェクスとシュペートレーゼは、本当のグランクリュ・カップルですよ」ヴァイルは言った。「両方とも、充分に在庫があります（エアステス・ゲヴェクスは、30,000本から40,000本、シュペートレーゼは8,000本）。どちらのワインも一人で簡単に飲みきれます」しかし、もっと上級のプレディカーツは瞑想のワインだから、非常にゆっくり少量飲むのが良い。もちろん、ヴァイルのグレーフェンベルク・アウスレーゼ、BA、TBA、アイスワインは世界トップクラスの品質を誇る。リッチで、複雑でありながら、明確で、完全にバランスがとれ、非常にエレガントである。しかし、私はあまりこういったワインを飲んだ経験がない。理由は、高価なことと極端に濃密で甘いからだ。孫にワインを貯蔵しておくほどの情熱はないし……。

極上ワイン

Kiedrich Gräfenberg Riesling Erstes Gewächs
キートリッヒ・グレーフェンベルク・リースリング・エアステス・ゲヴェクス

このグラン・クリュの長年に渡る安定性は印象的。毎年、最高級のラインガウ・リースリングの仲間入りをする。常に熟成し、力強く、複雑だが、またすっきりとしていて、エレガントで、洗練され、際立った酸味といつまでも残る塩味によって構成されている。**2001年★**は、実に熟成した香りをもち、口当たりはなめらかだが、切れ味はかすかに干涸びた感がある。**2002年★**は、深みがあり、純粋率直で、生気に溢れている――非常に塩味のある後味が長く残る。偉大でまだ若い。**2003年**は、非常にリッチで力強いが、しっかり構成され、塩味と独特の風味とミネラル感がある。しかし、夏の早魃のため、切れ味はかすかに干涸びたていた。**2004年★**は、繊細な香りで、ハーブと片岩のアロマがある。口に含むとまろやかでピリッとする。構造は実にしっかりしてい

RHEINGAU

て、通常よりもう少し印象的。まだ非常に若い。**2005年**は、すでにかなり成熟していて、非常にリッチで、滑らかな口当たり。しかし、その精髄は未だに生き生きとして塩味がある。食事の時にゆっくり飲むと良い！　**2006年**は、いつもほどリッチでも、力強くも、ピリッとしたところもない。熟成した濃密な果実香があり、滑らかでエレガントだが、今が飲み頃。**2007年**は、テイスティングではあまり良くなかった。香りは弱く、ナッツの風味があり、切れ味は少しきつすぎすして苦い。**2008年★**は古典的。クールで、すっきりして、容赦を与えない感じ。果実味は繊細かつ凝縮しているが、千枚岩土壌が香りと味の双方に強い影響を与えている。ワインは純粋でスパイシー。フィネスとシュピールに満ち、非常にミネラル豊かで、エレガント。しかし、2015年から20年以前に飲むべきではない。**2009年**は再びおおらか。非常にリッチで、まろやかで、みずみずしく、しかも本来のアロマが特徴的。**2010年**は、非常に純粋で、ミネラル感と、独特の風味がある。充分な時間が与えられれば、これも最高級ワインに生長するはず。

Kiedricher Gräfenberg Riesling Spätlese
キートリッヒャー・グレーフェンベルク・リースリング・シュペートレーゼ

　シュペートレーゼは、完熟と微かに過熟だが健康な実から造る。テロワールの特徴を出すというより果実味に的を絞っているが、特に恵まれてトゥルムベルクやクロスターベルクのシュペートレーゼと比較できれば、結局はグレーフェンベルクの個性が伝わってくる。このワインは実に濃密で、リッチで、甘いため、分析的にも審美的にも、スタイルにおいてほぼアウスレーゼである。しかし、ヴァイルの目標は、「甘すぎず、果実味と酸味、残糖、ミネラルの魅惑的なバランスを祝うシュペートレーゼ・スタイルを造ること。そうすれば簡単にボトルを一人で飲み干すことができる」である。**2001年**は、口に含むと官能的で非常に甘く、後味に繊細な塩味がある。**2002年**は、クールでスモーキーなアロマを醸すと同時に、合法大麻の風味もある。味わいは非常に純粋でピリッとしているが、生き生きとして、気持ちをわくわくさせる。**2003年**は、肉感的で洗練され、生き生きとした官能性がグレーフェンベルクの貴族性と結びついている。**2004年★**は、熱帯果実の風味があり、際立った酸味と塩味がかったミネラル味で構成されている、非常にみずみずしく濃密な肌理で口中が満たされる。**2005年**は、官能そのもので、万人の恋人。**2006年**は、非常にしなやかで甘いが、どことなく律動感に欠ける。**2007年**は、熟したスパイシーな果実のアロマを醸し出し、かなり甘いが、エレガントで洗練され、長く残る塩味がかった後味が喜ばしい。**2008年★**は、貴族のごとし。香りはクールで純粋。粘板岩と健康なレーズンの素敵なアロマ。口に入れるとみずみずしく、ピリッとした酸味と長く残るミネラル感によってバランスがとれている。完璧なシュペートレーゼ。熱帯果実のような**2009年★**は、ものすごくリッチだが、エレガントで、洗練され、構造も良い。このワインは豊潤さとともに優美さも備えている。優に20から30年は熟成するはず。**2010年**は、非常に純粋でスパイシーな香り。口に含むと精密でで、ほっそりして、独特の風味がある。

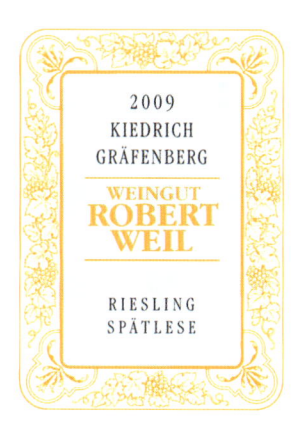

Weingut Robert Weil
ヴァイングート・ロベルト・ヴァイル

栽培面積：80ha　100％リースリング
平均生産量：600,000本
最良の畑：キートリッヒ・トゥルムベルク、グレーフェンベルク
Mühlberg 5, 65339 Kiedrich Tel: +49 6123 2308
www.weingut-robert-weil.com

RHEINGAU

Weingut Georg Breuer
ヴァイングート・ゲオルク・ブロイアー

リューデスハイムのこのワイナリーは1990年代に、ベルンハルト・ブロイアーと、彼がリューデスハイム・ベルク・シュロスベルクとラウエンタール・ノンネンベルクで造ったリースリングによってその名声を得ている。ブロイアーは2004年5月に突然死亡。そのとき1984年生まれの娘テレーザは学校を卒業するところだった。彼女は叔父のハインリッヒ・ブロイアーと共にワイナリーを経営しながら、ガイゼンハイムの醸造学校で2004年から2007年まで学んだ。2011年からは一人で経営しているが、父親の右腕だったヘルマン・シュモランツの助けを借りている。また2004年以降は、若いスエーデン人のセラー主任マルクス・ルンデンに助けられている。

テレーザは166の様々な畑を所有。栽培面積はリューデスハイムとラウエンタールで合計33ha、リースリング（80％）、ピノ・ノワール（12％）、ピノ・グリとブラン（7％）、歴史的特産品ヴァイサー・ホイニッシュとゲルバー・オルレアンス（1％）を栽培。最上級の畑は、リューデスハイマー・ベルク・シュロスベルク、ベルク・ローゼンエックとモノポールのラウエンターラー・ノンネンベルク。畑はすべて南向きの急斜面にあり、土壌は純粋な粘板岩と珪岩で、（ノンネンベルクを除いて）エアステ・ラーゲに格付けされている。しかし、父親も物議を醸したが、テレーザもエアステス・ゲヴェクスとして発売することを拒否している。

しっかり構成されているワインの品揃えも以前と変わらず、トップに上述の4つのクリュを置く。次にテラ・モントーサをリューデスハイム・クリュのセカンド・ワイン。リューデスハイム・エステートとラウエンタール・エステートは村名ワイン、ソーヴェージは辛口、シャルムは中辛口のリースリングにしている。他に優れた樽発酵のグラウアー・ブルグンダー、生き生きとしたシュペートブルグンダーや、ピノ・グリ、ピノ・ブラン、ピノ・ノワールから造るがリースリングを適量添加して造る複雑なヴィンテージ・ゼクトがある。テレーザは見事なアウスレーゼも注意深く選んで造っている。事実、金色のカプセルのついたものは、格下げしたベーレンアウスレーゼと言える。BA（2008年）とTBA（2005年、2007年、2009年）は適切な年にのみ生産される。

畑では除草剤を避け、化学肥料の代わりに有機肥料を使用。収穫は45hl/haと低く抑えている。収穫はピノから始め、リースリングを10月前に摘むことはほとんどない。摘み取りは手作業で、精選する。辛口ワインに対してはボトリティス菌をつけさせない。熟した健康な実だけを使用。葡萄は除梗せずに軽く破砕し、年によるが、最長6時間以内で果皮浸漬する。澱が沈むと、格付け畑の発酵果汁は伝統的な木製樽とプファルツ産オークの大樽で、培養酵母を使って発酵させる。それほど複雑でないワインは、小さめのステンレス・スティール・タンクで発酵させる。発酵は最長で4ヶ月かかる。もっと飲みやすいワインは4月まで澱に浸けておく。より上級のワインは7月まで。ピノは（ほとんどが古い）樽か大きな木製の桶で発酵させる。

年月を経て、テレーザのワインはより良く、より洗練されてきた。私は、ベルンハルト・ブロイアーの個性に溢れ、人の心を捉え、しかも厳しく、かすかにフェノール臭のするワインが大好きだが、テレーザのワインはもっと輝かしく、エレガントかつ純粋で、果実味があり、バランスがとれていると思う。「今は年間を通じて父の代よりも多くの人が畑に出ているので、タイミングが良くなっています。以前より効率的で、より良い葡萄が採れます」とテレーザは説明している。早摘みのリースリングは、他のものよりアルコール度が1-1.5％低いため、色は薄くボディが軽く、香りが素晴らしく、口に含むと（鋼鉄を思わせないまでも）独特の風味がある。開栓まで少なくとも3年待つ必要がある。

2010年、テレーザは優れた、しかも全く異なったヴィンテージという四重奏を完成させた。2007年は、力とこくをすっきりとして正確なミネラルの真髄と結合させ、長く複雑な切れ味を見せた。2008年は濃密で、力強く、非常にミネラル感がある。真価が現れるには2-3年必要な正真正銘のラインガウ・クラシック。2009年は力強くリッチだが、同時にエレガントで生気にあふれている。格付けワインでさえ、いつもより早く真価が現れ始めている。2010年は、収穫の1年後に試飲した時はまだ若すぎたが、リースリングの凝縮感、純粋性、鋼鉄のような酸味を味わうことができた。

右：テレーザ・ブロイアー。厳しい状況の中で家族経営のワイナリーを相続したが、評判を大いに高めた。

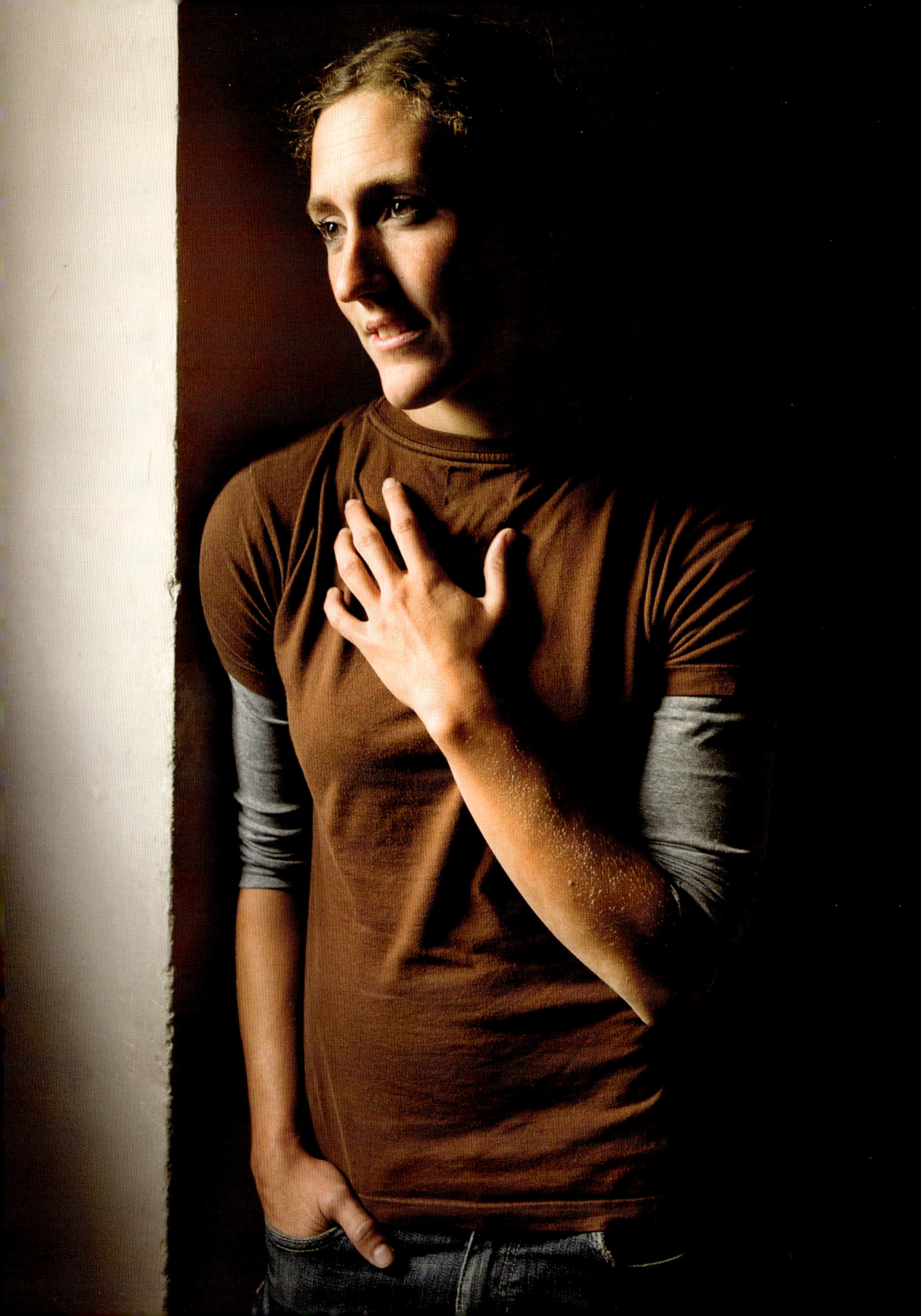

上：異なったサイズの樽を使って、父親ベルンハルトのワインよりさらに素晴らしいワインを造っている。

極上ワイン

Rüdesheimer Berg Schlossberg Riesling trocken
リューデスハイマー・ベルク・シュロスベルク・リースリング・トロッケン

　年ごとに変わるアーティスト・ラベルを張ったボトルに詰められるベルク・シュロスベルク・リースリングは、正真正銘のグラン・クリュ。これに匹敵する熟成、深み、複雑さ、長い余韻を持つワインは他にない。ライツとブロイアーのベルク・シュロスベルクは共に、ラインガウの傑出したリースリングに数えられる（夏が暑すぎず、乾燥しすぎない限りだが）。両方とも、印象的な複雑さと優雅さとフィネスを本当に表し始めるまでは、2－3年の瓶熟が必要。ブロイアーのベルク・シュロスベルクは、痩せて風化した粘板岩土壌で栽培されている樹齢25－30年の樹から造る。深みと強烈さにかかわらず、常に優雅さとフィネスに満ち、ついつい杯を重ねてしまう一種独特の塩味がある。
　2007年★は、香りは非常にはっきりしているものの、まだ抑制されている。クールででハーブの香りがする典型的なテロワールのアロマを醸し出す。口に含むと、リッチで力強く、多層的で、非常に塩味があり、生き生きとして、後味はわくわくするほど複雑で長い。
　1997年★は、まず香りが素晴らしく、エレガントでスパイシー。次に口に含むと非常に純粋で、独特の風味と活気があり、口当たりはみずみずしく、素敵な甘さと完璧な熟成と見事なバランスを併せ持つ。長く尾を引く後味は塩味があり、ピリッとして食欲をそそる。

Rauenthaler Nonnenberg Riesling trocken
ラウエンターラー・ノンネンベルク・リースリング・トロッケン

　南東向きの5.8haのモノポールから造られる。そこでは樹齢40－60年の古木が1.5－3mの黄土ローム層を通って千枚岩土壌まで深く根を下ろしている。この最上の畑の2haの心臓部から採れるリースリングは、最も古い樹のもので、実に豊潤で力強く、熱帯果実のフレーバーと一種独特で食欲をそそる酸味が一対となっている。酸度が高めなため、常に他の格付け畑のものよりも残糖が多い（7－9g/ℓ）。最上のノンネンベルク・ワインは、暖かく乾燥した年にできるが、そういう年はリューデスハイムの畑は旱魃と格闘している。**2007年★**は、おそらく過去最高のノンネンベルクだった。輝かしくてピリッとしたリースリングのアロマが粘板岩の香りと一対になって立ち上ってくる。口に含むと、エレガントで、強烈で、洗練された酸味によってバランスがとれている。後味は長く、複雑で、みずみずしい。

Weingut Georg Breuer
ヴァイングート・ゲオルク・ブロイアー
栽培面積：33ha　平均生産量：240,000本
80%リースリング、12%ピノ・ノワール、7%ピノ・グリ、1%ゲルバー・オルレアンスとヴァイサー・ホイニッシュ
Graben Strasse 8, 65385 Rüdesheim am Rhein
Tel: +49 6722 1027　www.georg-breuer.com

RHEINGAU

Schloss Johannisberg シュロス・ヨハニスベルク

900年以上に渡る葡萄栽培と所有者の変遷を経たシュロス・ヨハニスベルクは、確かにドイツで最も有名かつ伝統的なワイン生産所の一つである。1720年以来、ヨハニスベルクは――1716年にフルダの領主司教によって建てられた黄色い城の麓にある急斜面――リースリングだけを栽培しているため、世界最古のリースリングワイナリーとされる。それだけでは不十分と言いたげに、このワイナリーのマネージャーは、過熟で部分的にボトリティス菌のついた最初のシュペートレーゼが1770年に、最初のアイスワインが1858年にここで造られたとずっと主張し続けている。

私は、シュロス・ヨハニスベルクと1815年から1992年までの所有者メッテルニヒ侯爵家の歴史なら何頁も書くことができるが、ワインよりもこの歴史に興味のある人には、すでに多くの情報源（このワイナリーのウエブサイトの情報を含め）があるだろうから、そこは省略して現在を語った方がいいだろう。

シュロス・ヨハニスベルガーは――ドイツで村名ワインを持たない数少ないワイナリーの一つ――南向きで、斜度は最大45％に達し、標高は112－180m。約20haはエアステス・ゲヴェクスに格付けされ、北緯50度線が畑を通っている。葡萄は、上部70cmから下部250cmに達する厚い黄土ローム層に覆われた珪岩に育つ。平均樹齢は20年だが、最古の樹は60年以上になる。

フォン・メッテルニヒ侯が、かつて所有していたことがあるシュロス・ヨハニスベルガーは、当然「上品で、趣があり、楽しめるワインである」。2004年以来、経営主任を務めているクリスティアン・ヴィッテは今もそう思っている。35haの畑は「環境に優しい」やり方で耕作され、収穫は低く抑え、摘果は数回にわけて手作業で念入りに行われる。――できれば、10月後半より早くは行わない。圧搾と醸造中は、葡萄と発酵果汁を注意深く取り扱う。「ゲザムトクンストヴェルク（総合芸術作品の意）・ワインは、自然に従って初めて生まれる」。ヴィッテは、リヒアルト・ワーグナーの言葉を借りてそう言っている。

しかし、ワイン醸造はかなり近代的である。房ごと圧搾した後、発酵果汁は90年にもなる木製の大樽だけでなく、温度管理されたステンレス・スティール・タンクで培養酵母を使って発酵させる。ワインはボトリングされるまで、繊細な澱の上に寝かせておく。

1820年以来、シュロス・ヨハニスベルクは、品質(現在のプレディカーツ）の違いを異なった色のワックス・シール（現在はカプセル）によって次のように区別している。黄色は辛口または中辛口のクヴァリテーツヴァイン（上質ワイン）。赤はカビネットで、辛口、中辛口、甘口がある。グリーンは甘くしなやかなシュペートレーゼ。シルバーはこくがありエレガントだが、それほどわくわくしないエアステス・ゲヴェクス。ピンクはアウスレーゼで高貴な甘さと最高の酸味が特徴。ピンクゴールドは蜂蜜のようだがエレガントで優美なBA。ゴールドは華麗なTBA（2009★）。そして最後にブルーは、輝かしく、濃密でピリッとしたアイスワイン（2008年★）。なんとまあ、やっかいなことだろう…

シュロス・ヨハニスベルガー・ワインは、
常にフルボディで、エレガントで、
熟した果実味がピリッとした酸味と
繊細なミネラル感とよくマッチしている。
辛口でも、甘口でも、貴腐甘口でも
瓶熟により向上し、最高級のものは
非常によく熟成する。

簡潔に言うと、シュロス・ヨハニスベルガー・ワインは、常にフルボディで、エレガントで、熟した果実味がピリッとした酸味と繊細なミネラル感とよくマッチしている。辛口でも、甘口でも、貴腐甘口でも、瓶熟により向上し、最高級のものは非常によく熟成する。それは、1721年に建てられたセラーの下の地下収蔵庫によって充分に証明されている。ここには1748年まで遡るものも含めておよそ11,000本のワインが貯蔵されている。これら稀少ワインは、2、3年ごとにクロスター・エーバーバッハのワイン・オークションにかけられ、高額で落札される。

65haのゲーハー・フォン・ムムシェス・ヴァイングートも1979年からシュロス・ヨハニスベルクに属しているので、シュロス・ヨハニスベルク・ワイン生産所管理会社（Dr.エテカーが所有）は、ラインガウ最大の民間ワイン生産者となり、栽培面積は100haに達する。しかし、両者とも自分自身の畑を持ち、ワイン醸造も別々に行っている。

SCHLOSS JOHANNISBERG

RHEINGAU

極上ワイン

Schloss Johannisberger Grünlack Riesling Spätlese
シュロス・ヨハニスベルガー・グリューンラック・リースリング・シュペートレーゼ

　実際にシュペートレーゼがシュロス・ヨハニスベルクで創りだされたのか、あるいは他の場所だったかは、偉大でたぐいまれな現在の品質を考えれば取るに足らないことだ。ブーケが実に洗練されている。熟してリッチでセクシーなところが、新鮮で高貴で正確なところと一対になっている。2010年8月に出されたビッグなワインの中で、私は次の三つに完全に屈服してしまった。

2009年★　ものすごくリッチで甘いだけでなく、照り輝き、ピリッとして、みずみずしい。バランスのとれたボディと、甘さ、ミネラル感、酸味を完璧に備えている。今飲めば大いに楽しめるが、浪費になる。

2009年★　ブーケが、固いスパイシーさを伴う熟した果実と蜂蜜のアロマとにマッチしている。口に含むと、官能的なリッチさに対抗するピリッとした酸味と、余韻の長い塩味がある。このエレガントで陽気なシュペートレーゼは、今飲むと本当に楽しめるが、やはり優れた才能の浪費だ。

1964年★　ラインガウのレストランでクリスティアン・ヴィッテと飲んだとき、このワインは46年を経たものだった。色は光り輝くようなグリーンイエロー。ブーケは非常に感動的で、キャラメルとドライ・カモミール、煮たマルメロ、桃、りんごのアロマを伴っていた。口当たりは甘美でやわらか。完璧な理想の芸術作品は豪華そのもの――非常にみずみずしく、強烈で持続性があり、しかも軽くて陽気でバックボーンにミネラル感がある。飲んで良い。充分年数を経ている。

左：経営主任のクリスティアン・ヴィッテ。シュロス・ヨハニスベルクの長い歴史と名誉にふさわしいワインを管理している。

Weinbau-Domäne Schloss Johannisberg
ヴァインバウ・ドメーネ・シュロス・ヨハニスベルク
　栽培面積：35ha　　100％リースリング
　平均生産量：250,000本
　最良の畑：シュロス・ヨハニスベルガー（モノポール）
　65366 Geisenheim-Johanisberg
　Tel: +49 672 270 090　www.scholoss-johanisberg.de

RHEINGAU

Domänenweingut Schloss Schönborn
ドメーネンヴァイングート・シュロス・シェーンボルン

こもドイツで最古最大の民間ワイン生産者に数えられる。1349年以来、ドイツで最も重要な貴族の名門シェーンボルン伯爵家が28を越える世代に渡って所有してきた。現在、ハッテンハイムのワイナリーばかりでなく、ハルブルク（フォルクアッハ、フランケン）のシェーンボルン伯爵家のワイナリーとポルトガルのカサ・カダヴァルのワイナリーの代表を務めているのは、パウル・グラーフ・フォン・シェーンボルン・ヴィーゼントハイドである。この家の宝のようなワインは、ドイツで最も壮観なものの一つ。ボトルに入った最古のドイツワイン、1735年のヨハニスベルガーがある。一つのボトルは、別のボトルに移された後1987年にオークションにかけられ、53,000ドイツマルクで落札された。このワインは、色がゴールデン・イエロー、澄んでいて光を通し、軽い沈殿物があり、芳香は繊細で、アロマチックで、シェリーを思わせる。フルボディで、充分に熟し、圧倒的な果実味があった。

2001年からラインガウのワイナリーの運営主任であるペーター・バルトは、2011年9月、シェーンボルンの収穫を行った。彼が責任者になって以来、1980年代と90年代にはぱっとしなかったシュロス・シェーンボルンのワインが再び地区のエリートの仲間入りをしている。確かに、シュロス・シェーンボルンのポテンシャルはものすごい。ホッホハイムとロルヒの間に80haの畑を持っているが、品質保持のため生産しているのは50haのみ。38箇所のうち──ほぼ全てのラインガウの村にある──約80％がエアステス・ケヴェクスを生産できる畑に格付けされている。

しかし、毎年生産される30種のワインのうち（97％リースリング、70％辛口）、エアステス・ケヴェクスはリューデスハイム・ベルク・シュロスベルク、ハッテンハイム・プファッフェンベルク、エアバッハ・マルコブルン、ホッホハイム・ドームデヒャナイの4種しか発売されない。「このトップレベルでは、最上のものに集中したいからです」、最も名高い畑の最も古い樹からグラン・クリュを造っているバルトは、そう説明する。ジェネリック物のリースリングでさえ、高名な畑の葡萄を使っている。

トップクラスのエアステス・ケヴェクスは、単一畑のカビネット・トロッケン・リースリングをベースにしているが、トップクラスの畑からはプファッフェンベルガー・シュペートレーゼのような美味しく甘いシュペートレーゼも造る。これは快活で（アルコール度7.5－9％、残糖80－90g/ℓ、総酸8－9g/ℓ）、非常に精密でピリッとして、見事な優雅さとフィネスと上品さを備える。アウスレーゼからTBAまでのハイクラスも可能ならば生産する。傑出しているが稀少なため、9月末に年1回開かれるクロスター・エーバーバッハのワイン・オークションに出品される。熟したシェーンボルンの稀少ワインもここで購入できる。

シュロス・シェーンボルンは協同組合というより家族経営に近い。畑の3/4は機械で収穫できるが、数回の試選果と最終収穫のときには35人のパートナーを雇用する。バルトは濃厚さと強烈さを追究しているので、完熟か、わずかに過熟だが健康な葡萄をできるかぎり遅く手摘みする。しかし、辛口ワインに貴腐菌は御法度である。

葡萄は軽く破砕圧搾するが、浸漬はしない。清澄化された発酵果汁には酵母を加え、14－16度に保たれたステンレス・スティール・タンクで4－6週間発酵させる。マルコブルン・エアステス・ゲヴェクスのようなワインは、2,400リットルのドッペルシュテュック（大樽）で発酵熟成させる。ワインはすべてボトリングするまで微細な澱の上で寝かせておく。3月にはより多くのジェネリック・ワインがボトリングされる。5月にはエアステス・ゲヴェクス・リースリング。こういったワインは収穫の1年後に発売されるが、グラン・クリュは真価を発揮するまでにさらに3年、できれば5年が必要。一方、すっきりして新鮮なカビネットは、収穫後1年で美味しく飲める。

シュロス・シェーンボルンが造った一連のリースリングを味わうことは、ラインガウの複雑さと多様性をすべて経験することになる。これをもっと現実的に最高レベルで経験したいと思ったら、ここの4つのグラン・クリュを試飲すれば良い。

極上ワイン

Rüdesheim Berg Schlossberg Riesling Erstes Gewächs
リューデスハイム・ベルク・シュロスベルク・リースリング・エアステス・ゲヴェクス

最も急峻で最も暑いラインガウの一つの黒ずんだ千枚岩の上で栽培されている。ワインは極めて力強く複雑。塩味が長く残り、偉大な余韻がある。しかし、シェーンボルンの畑が灌漑され

右：ペーター・バルト。シュロス・シェーンボルンを再びエリートに育て上げた。伝統的なオーク樽の間に妻と子供たちと。

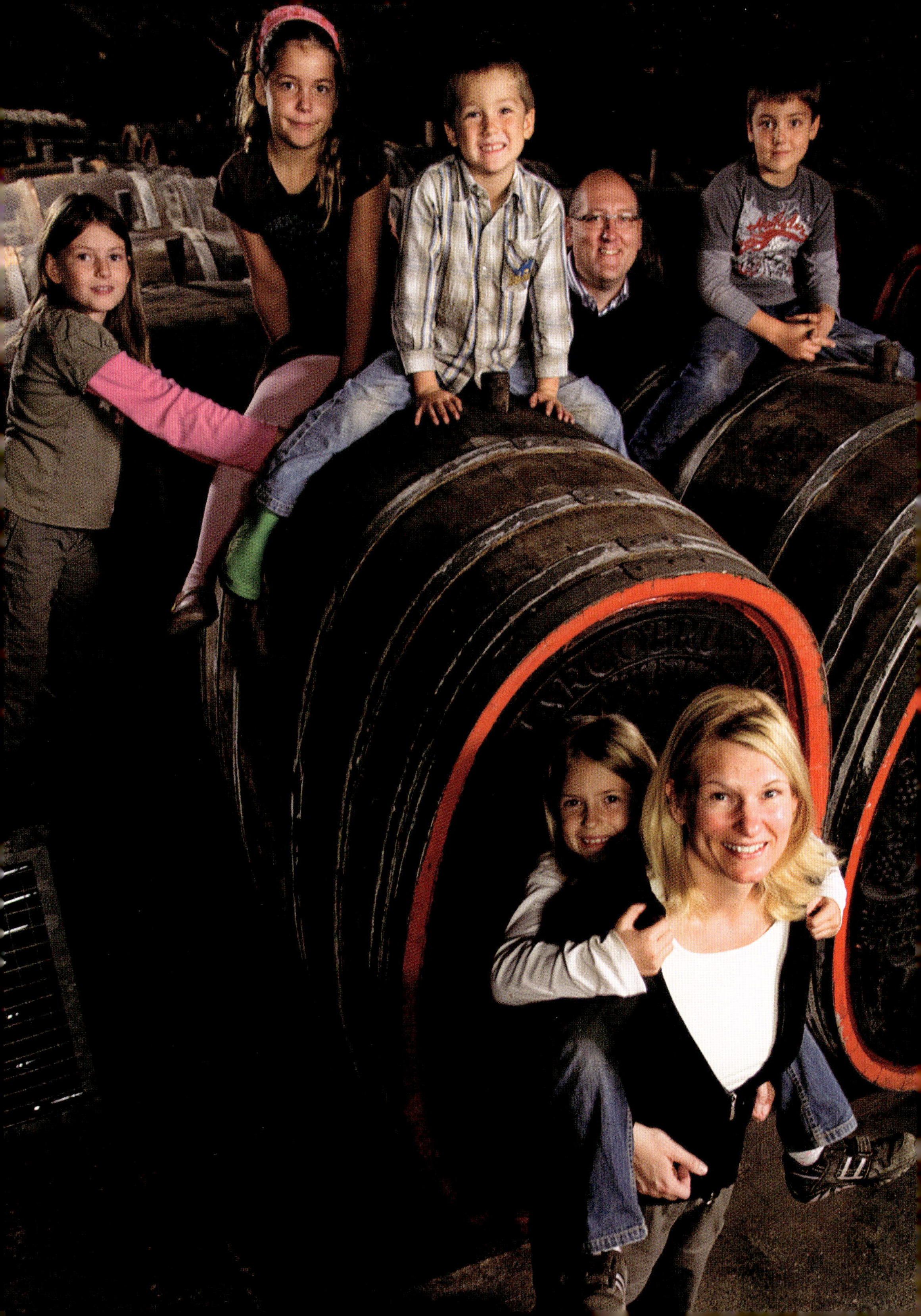

SCHLOSS SCHÖNBORN

るようになってから、性格が変わったように思われる。そのため**2009年**（9月に1滴の雨も降らなかった）のようなヴィンテージは、ビッグで強烈で力強く、リューデスハイムのクラシックというよりラインガウのスマラクト（訳注：オーストリア、ヴァッハウのブランドワインの名）に近い。一方で**2010年**（雨の多い夏と黄金色の秋の後、アルコール度は14.5%）は、フルでまろやかで、フェノールや他のストレスを感じさせる徴候は何もない。あとの問題は、どのように熟成するかだ。

Hattenheim Pfaffenberg Riesling Erstes Gewächs
ハッテンハイム・プファッフェンベルク・リースリング・エアステス・ゲヴェクス

ライン川に近く、ワイナリーの隣の、緩やかに南面するプファッフェンベルクは、6.5haのシェーンボルンのモノポール。砂利を含む深い石灰混じりの黄土土壌は、エレガントな酸味を伴うフルーティで、リッチで、滑らかなリースリングを生む。**2010年**は残糖のおかげで非常にすっきりして魅力的だが、複雑で、独特の風味も楽しめ、塩味がある。**2003年**と**2007年**には、更に**プファッフェンベルク・ファス161★**（2003年はエアステス・ゲヴェクス、2007年はアウスレーゼ・トロッケン）を出した。この2つは大樽（2,400リットル樽）で1年以上自然発酵させたもの。2009年9月に試飲したときは、こくとリッチさとみずみずしさが、正確さとミネラル感と純粋さと一対になり、両方ともゴージャスだった。

Hochheim Domdechaney Riesling Erstes Gewächs
ホッホハイム・ドームデヒャナイ・リースリング・エアステス・ゲヴェクス

ラインガウ低地の深い泥灰土で栽培。ワインはゆっくり成長しているが、偉大な深みと測り知れない力と複雑さを伴い、持続性がある。**2010年**は、非常に将来性があり、貴腐熟の果実味とナッツのような風味——フルでありながらエレガントでみずみずしいボディは、繊細な酸味によってバランスがとれ、複雑なミネラル感と偉大な持続性によってますます向上。

Erbach Marcobrunn Riesling Erstes Gewächs
エアバッハ・マルコブルン・リースリング・エアステス・ゲヴェクス

この有名なグラン・クリュの中で、シュロス・シェーンボルンは最大の2.3haを所有。葡萄は樹齢60年で、水と熱をよく保つ泥灰土に深く根を伸ばしている。2001年以来、2,400リットルの大樽で発酵熟成させたエアステス・ゲヴェクスは、常に並外れた熟成潜在能力を備えた偉大なワイン。リッチで力強く複雑で持続性のあるリースリングで、輝くようで、ピリッとした果実のアロマがある。
2010年★ まだ抑制されているが、しっかりした構成と充分なミネラル感と完璧なバランスがある。私なら早くても2015年では手をつけない。
2009年 非常にフルボディで、甘美でみずみずしく、熟した桃とマンゴーの風味がある。しかし、深い土壌のおかげで、このように乾いた暖かい年でも、全体的な性格はクールなミネラル感を保っている。

2008年★ またも冷涼な年。そのためマルコブルンの香りは非常に精緻で、味はまだ閉じて固いけれど、極めてはっきりしてエレガント。凝縮度は優れ、酸味は非常に素晴らしく、切れ味は長く塩味がある。
2007年 涼しい夏と小春日和の両方を反映。バランスがよくエレガントで、もう飲んでも素晴らしい状態になっているが、新鮮で塩味のある切れ味は胸をわくわくさせるほどで、更なる成長を約束している。
2004年★ 2008年に似ている。香りは繊細で正確でありながら、熟した熱帯果実のような風味。甘みと輝かしい酸味は完璧なバランスを保ち、果実味とミネラル感が凝縮している。わくわく感はこの上なく、塩味がかった後味には驚嘆すべきものがある。
2003年★ 古木と深い土壌の組み合せが砂漠的気候（訳注：この年は猛暑だった）を管理でき、ワインが予想以上にうまく熟成できることを印象的に示している。ワインは強烈で豊潤だが、深みがあり、クールで正確でもある。口に含むと非常にリッチでまろやかでしなやか。塩味がかったミネラル感とマルコブルンの永遠に続くとも思える活気を易々と達成している。

Domänenweingut Schloss Schönborn
ドメーネンヴァイングート・シュロス・シェーンボルン
栽培面積：50ha　97%リースリング、70%辛口
平均生産量：350,000本
最良の畑：リューデスハイム・ベルク・シュロスベルク、エアバッハ・マルコブルン、ハッテンハイム　プファッフェンベルク、ホッホハイム・ドームデヒャナイ
Hauptstrasse 53, 65347 Hattenheim
Tel: +49 672 391 810　　www.schoenborn.de

RHEINGAU

Weingut JB Becker
ヴァイングート・ヨット・ベー・ベッカー

ハンス・ヨーゼフ（ハヨ）・ベッカーは最後の偉大なラインガウ・ワインの造り手である。ワインは、ほとんどがリースリングで、非常に伝統的なやり方で造られているが、2002年以来ガラス製のヴィノロック栓を使用している。リースリングは600－3,000リットルの古い木製の樽で発酵させ、できる限り長く澱の上に寝かせ、リッチでミネラル感があり、しっかりした構造で、真に辛口の、非常に厳しく、驚くべき熟成能力を持ったワインとして、清澄せずにボトリングする。「私のワインはリッチで力強いから、残糖は必要ない」とベッカーは言う。彼のワインは通常、普通のワインが残糖7－9g/ℓに対し5g/ℓである。

ベッカーは祖父のジャン・バプティスト・ベッカーが1893年に設立したワイナリーを、1971年から妹のマリアと一緒に経営し、見事な口ひげだけでなく、仲間と衝突しがちな意見も育んでいる。たとえば、魅力的な本来の果実のアロマにこだわらない。「我々はここでリースリングを造っている。リースリングは、セラーとボトルで長く寝かせる必要がある本格的な品種なんだ」ベッカーにとって、リースリングは食物に奉仕しなければならない。だから、熟成して初めて興味深いワインになる。ワインは木製の樽で発酵させなければならない。「なぜなら、そうしなければ、リースリングをあれほど特別なワインにしている複雑なアロマが得られないからだ。マイクロオキシジェネーションも熟成能力をさらに高める」と主張している。

ベッカーはヴィースバーデンの西にあるヴァルフとエルトヴィレで11.5haの畑を耕作。78％はリースリングである。彼の最良の畑は、標高120－150m、斜度10－18％の南西に面した18.5haの単一畑（アインツェルラーゲ）、ヴァルファー・ヴァルケンベルクである。土壌はかなり深く、砂利の多い底土を黄土とロームが覆っている。最良のワインは樹齢60年に達する樹から造るが、その畑は1.5haしかない。リースリング・カビネット・トロッケン、シュペートレーゼ・トロッケン、シュペートレーゼ・トロッケン・アルテ・レーベン、そしてアウスレーゼ・トロッケンである。可能ならば、貴腐ワインのリースリングも造る。これは食物と合わせたいため他のワインほど甘くないが、アルコール度は高い。彼のヴァルケンベルク・シュペートブルグンダーも美品。樽香がなく、エレガントで純粋で絹のようだ。

極上ワイン

Wallufer Walkenberg Spätlese troken Alte Reben
ヴァルファー・ヴァルケンベルク・シュペートレーゼ・トロッケン・アルテ・レーベン

私はアウスレーゼ・トロッケンよりヴァルケンベルク・リースリング・シュペートレーゼ・トロッケン・アルテ・レーベンを好む。アウスレーゼ・トロッケンは、力が強すぎ――常にアルコール度14.5％――アルコール度が高すぎて私の好みではない。一方、古木から造るシュペートレーゼ・トロッケンは純粋で、堅固で力強く、複雑で、アルコール度はわずか12－13％。楽しめるボディと、10年以上成長する優れた熟成能力を伴っている。

醸造に関しては、ボトリティス菌が付着していない実を除梗し、軽く破砕してから、必ず12－24時間果皮浸漬する。澱が沈み清澄すると、異なったサイズの木製の樽で果汁を発酵させ（2007年からは自然発酵）、翌年の9月にボトリングするまでは澱の上に寝かせておく。

2010年 はっきりとして新鮮で熟した果実のアロマが、素敵なミネラルの香りと混じり合っている。口に含むと非常に塩味があり、力強く、非常に複雑だが、長く樽の中で澱に浸かっていたため肉付きが良すぎたり、重すぎたりすることはない。

2009年 総酸が8.2g/ℓのこのリースリングは、暖かかった2009年にしては誇るべき酸度である。しかし、残糖は低い（5.2g/ℓ）ため、ワインは非常に純粋で率直で、凝縮感があり構造がしっかりしている。フルでエレガントなリースリングの風味が、ミネラル風味と一対になっていて、後味は食欲をそそるほど塩味がある。

2008年 口に含むとすっきりとしてみずみずしく、かなり印象的。非常に堅固でありながらエレガントで、はっきりとした酸味がある。切れ味はかすかに干涸びて苦く感じるが、2－3年もすれば非常に楽しめるクラシックワインになるだろう。

2002年 アルコール度が12％、残糖が9.9g/ℓのこのワインは、どちらかというとモダンなラインガウ・クラシックと言えよう。ブーケは明らかでピリッとし、煮たマルメロの見事なアロマを醸し出す。口に含むと、この純粋で真っすぐなリースリングは、きめが固く詰まっていて、非常にミネラル感があり、後味が長く、塩味がいつまでも残っている。

Weingut JB Becker
ヴァイングート・ヨット・ベー・ベッカー
栽培面積：11.5ha　78％リースリング、20％ミューラー・トゥールガウ、2％ピノ・ノワール
平均生産量：55,000本
最良の畑：ヴァルフ・ヴァルケンベルク
Rheinstrasse 5, 65396 Walluf
Tel: +49 612 374 890

ナーエ Nahe

ワイン生産地・ナーエは1971年に画定されたが、2000年以上の葡萄栽培の伝統がある。暖かなドイツ南西部に位置し、ナーエ川がライン川に注ぎ込むビンゲンに始まり、上流のモンツィンゲンとあまり知られていないマルティンシュタインに至る。北はズーンヴァルド・ナーエ自然公園、南は北プファルツ山地、西はフンスリュック高地が境界になっている。そのため、この地区の大部分は標高500－800ｍの山々に保護され、東のワイン生産地ラインヘッセンの丘陵地帯に向かってだけ開けている。この地形環境は、気候（変動がなく、穏やかで、乾燥）のみならず、非常に特徴的で多様な土壌状態、とりわけナーエ・ワインの典型的な性格に影響を与えている。

4,078haにも及ぶ畑は、ナーエ川とその支流に沿い、ほとんどがなだらかな斜面にあるが、急峻な山腹に位置するものもある。378の単一畑があるが、現在栽培されているのは258だけであり、最良質のワインはこの中の約10％の畑から産出されている。この単一畑のワインのほとんどがリースリングだが、その多くは世界で最良の白ワインに数えられている。リースリング（全葡萄の27％）の次にミューラー・トゥルガウ（13％）、赤のドルンフェルダー（11％）と続くが、後者2種からは偉大なワインが造られていない。ジルヴァーナーからは良いワインもある。ピノ・ブランとピノ・ノワールは、特にこの低地部では優れていると言わないまでも、非常に良いワインになりうる。全体として、ナーエは75％が白で、25％が赤の品種である。

ナーエ渓谷は3つの区域、下流域、中流域、上流域に分けると便利である。下流域はビンゲンからバート・クロイツナッハまでで、ラインヘッセンの暖かい気候の影響を受ける。生育期は他の区域より早く始まり、丁度500mmの平均年間降水量（非常に雨の多かった2010年は例外）は、健康な実をもたらすベスト・コンディションを保証している。土壌は粒子が細かくて深く保水能力が高いため、葡萄は旱魃で苦しむことはない。ここでは、ピノ・ブラン、ピノ・グリ、ピノ・ノワール、リースリングが非常に良いワインを生む。モスト量は常に高く、酸度は中庸で、その結果、柔らかな酸味によってバランスのとれた、フルボディでまろやかなワインができる。

中流域と、北と南の支流域では、気候が周りの樹木の多い山脈から吹く冷涼な空気からの影響をより多く受ける。従って、バート・ミュンスター・アム・シュタインとシュロスベッケルハイムの間の区域は、ナーエ下流域と比べて成育期が夏で最大8日、秋で12日ほど遅くなる。このようなわけで、葡萄は下流域より遅く、冷涼な条件のもとで熟す。これはリースリングにとって、長い成熟期間だけでなく高い自然酸度からも恩恵を受けられる完璧なステージである。というのは、遅霜やボトリティス菌のリスクは、ほとんどの畑が山腹にあるため最小限に抑えられ、初期の成熟不足は修正されるからだ。これは、世界の優秀ワインの中で高く評価されているスリムなボディをもった、フルーティで独特の風味がある、ストレートなリースリングにとって決定的に重要な要素である。

ナーエ渓谷の上流域は、シュロスベッケルハイムからマルティンシュタインの西の畑まで延びている。

ナーエの最も魅力的な特徴は、気候よりもさまざまなテロワールの土壌構成にある。ラインの粘板岩山地（ライン山塊）と、丘陵地勢のザール・ナーエ盆地と、マインツ盆地の接合点であるナーエ渓谷は、4億年以上前の激しい地質活動の産物であり、これが大きな地質上の多様性をもたらした。専門家は、180以上の異なった土壌があり、最小の畑でさえ入り混じっていると考えている。大雑把に言えば、葡萄は片岩、火山土、あるいは、黄土と粘土の土壌で栽培されている。しかし、現実はこれよりずっと複雑である。それは、次の数頁にわたるこの渓谷の最も良質なワインについての記述を読めばわかるだろう。

右：モンツィンゲンの古い家に掘られている葡萄のモチーフ。長い伝統を誇るナーエの葡萄栽培を表わすものである。

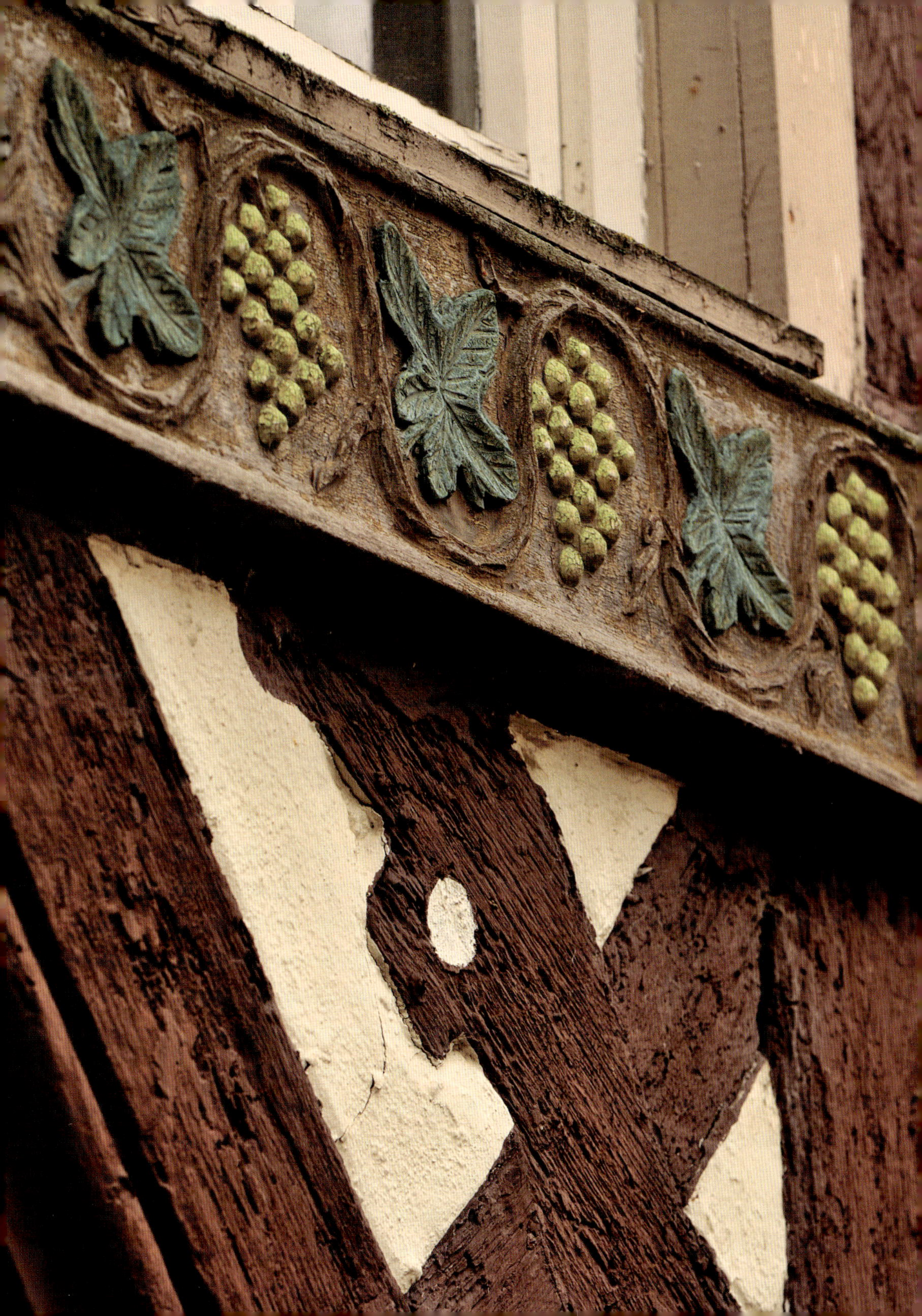

NAHE
Weingut Dönnhoff ヴァイングート・デンホフ

若いとき、ヘルムート・デンホフはよく自問していた。「ここにいなければならないなんて、俺は何という間違いをしでかしたんだろう？」。若いデンホフにとって、周りのすべてが彼の野心の妨げになっているように思われた。「世界にはこの狭く冷涼なナーエの中心部より葡萄を育てやすいところが幾らでもあるだろうに」。2010年9月末のある晴れた日、彼は私にそう語った。「畑は非常に急峻で、極端にやせて岩だらけだ。年間降水量は500mm以下。砂漠に住んでいるようなものだ」

　しかし、その気持ちは続かなかった。やがて、呪われているのではなく祝福されていると感じるようになった。「まさにこのような状況こそがリースリングにとって最良の前提条件だということがわかったんだ。リースリングは苦難を愛する。昼夜の大きな温度差からも恩恵を受けている。5月の霜は例年脅威だが、遅霜の期間はとてつもないアイスワインを造ることができる。酸度が常に高くとどまり、果実が完璧な健康を保つからだ。それに、リースリングは違いを好む。ここのワインは非常に多様だ。なぜなら、土壌が非常に異なっていて、100mごとに変わるからだ。人々がテロワールについて語るのを聞くと、私はいつも自問しなければならなくなる。『彼らは旧世界と新世界のワインを飲み比べるとき、ただその違いを説明するために、テロワールについて語っているのではないだろうか？』」

　デンホフは微笑し、オーバーハウゼンのヘルマンズヘーレ・グローセ・ラーゲの畑から一握りの異なった形と色の小石を拾い上げてきた。指で小石こすると、臭いを嗅いで言った。「いいですか、これこそが」テロワールです。ここのワインの味見をしてから、あそこのワインの味見をしたとする。味が違う。ただそれだけでなくて、こちらのワインと向こうのワインはまた異なった味わいを出しているのだ」。彼はナーエ川の対岸の支流域にある、私のお気に入りのカビネットを造っているライステンベルクの畑を指差した。「ナーエ川の中心部より上流地域では、リースリング（デンホフはいつもリスリンクと発音する）という品種の特性について話をすることはない。ただ、畑の名前を問題にするだけだ。ライステンベルクとか、ヘルマンズヘーレとか、クプファーグルーベとか、フェルゼンベル

左：非常に熱心で思索的なワインメーカー、ヘルムート・デンホフは、現在息子のコルネリウス（右）と一緒に働いている。

クとか、ハーレンベルクとかね。どれもがみんなリースリングだ。しかし、みんなまるっきり違うんだ」

デンホフの25haの畑のおよそ80%と、5haの借地にはリースリングが植えられている。デンホフのリースリングは、長い間、世界の良質ワインとして評価されている。ワインは全てのスタイル、つまり、辛口、中辛口、甘口、貴腐甘口で造られ、どれもが栽培されている土壌の性格を帯びている。風化した粘板岩の土壌は優雅さとフィネスに満ちた、結晶質の、直ぐに飲めるワインを生む。火山土(斑岩、黒ヒン岩)は、非常に純粋でスパイシーでミネラル感のあるワインを生む。石灰質の土壌からは、おおかたフルーティだが複雑で、辛口のワインが生まれる。熱心なワイン愛好家や専門家にとっては、これらのリースリングは世界で最も良質の白ワインに入る。ワインの50%が輸出されている今、価格が非常に手頃であるにもかかわらず、ほぼ20年間でデンホフがドイツの人気銘柄——ワインのメルセデスとかポルシェ——になったことは明らかである。

現在、デンホフは、シュロスベッケルハイム、オーバーハウゼン、ニーダーハウゼン、ノルハイムの村々に畑を所有。全体で、そのうちの8つの畑がVDPグローセ・ラーゲに格付けされ、グローセス・ゲヴェクスを産出する資格がある。しかし、デンホフはこれまでのところフェルゼンベルクGG(テュルムヒェン)、ヘルマンスヘーレGG、デルヒェンGGの3つのGGしか産出していない。土壌は痩せて石ころだらけなので、収穫量は当然低い(平均でおよそ50hl/ha)。特に葡萄が樹齢65年を越えるものでは低い。葡萄にもっと頑張らせるため作付け密度は非常に高く、ヘクタール当たり6,000本に達する。「葡萄に苦しんでもらいたい——苦しみ過ぎはいけないが、足りないのもだめだ」とデンホフは言っている。結局、彼が追い求めているものは、畑とワインにおけるバランスである。

しかし、デンホフにとって、立地やモスト量、収穫量よりも重要なことは、どの畑でもそこに最も適したワインを造るということである。たとえば、南から南東向きの急斜面で、風化が進んで粘土のようになった粘板岩土壌のオーバーホイザー・ライステンベルクでグラン・クリュや、アウスレーゼやシュペートレーゼのような上級の肩書付ワインを造ることはほぼ不可能だ。畑は朝の日射しの恩恵を受けるが、午後は日陰になる。ナーエ川の支流渓谷に位置しているため、他より冷涼で風に晒される。葡萄は他より生理学的成熟に達するのが遅く、ボトリティス菌が着くこともほとんどない。そのため、より上級の肩書付ワインに要求されるモスト量に達することは絶対にないし、アウスレーゼ用の葡萄になることもない。しかし、ライステンベルクは決して並みの畑ではない。それどころか、アルコール度は中位だが(あるいは、中位であるべきだが)、すっきりした、明確な果実味と、際立った酸味を持つカビネット・スタイルには、まさに最適の畑の一つだ。「リースリングは岩清水か、山の渓流水のようなものでなければならない」とデンホフは言う。「初めは恥ずかしがるかもしれないが、口の中でダンスをするほどの持続力と酸味を持つべきなのだ」。

デンホフの摘果は非常に遅く、10月中旬前になることは滅多になく(「まずジャガイモ、それから葡萄だ」)、11月中旬まで続く。アイスワインは、できれば12月末にかけて摘果をほとんど終わらせる。辛口ワインについては、最大5%までのボトリティス菌は許容する。多くの畑で少なくとも3回の摘果を行う。2010年のような年は、その2倍以上の回数だった。甘口ワインは、ステンレス・スティール・タンクで発酵と醸造を行うが、トップクラスの辛口ワインには、特に酸度の高い年では、木製の樽を使う。

デンホフの畑では、最重要なところしか見ることができないが、すべて"リスリング"の畑である。底土が風化した斑岩で極端に石ころだらけの土壌を持つシュロスベッケルハイムの急峻で南向きの畑、フェルゼンベルクのグラン・クリュでは、2種のリースリングが産出される。フルボディで、ミネラル感があり、かすかにスモーキーなフェルゼンベルクと、畑の中心部からとれる強烈で複雑で力強いフェルゼンベルク・GG・テュルムヒェン(小さな塔の意)である。

ノルハイムの南向きの畑から造られたデルヒェンGGはリッチでみずみずしく官能的。畑は垂直の火山岩が境界となっており、石垣で完全な段々畑になっている。葡萄は特殊な中気象だけでなく、粘板岩と風化した火山岩が混在している複雑な土壌の恩恵を受けている。ニーダーハウゼンにある急斜面で南向きのヘルマンスヘーレは、デンホフの畑の中で最も有名だが、おそらくナーエ渓谷で最上の畑だろう。リースリングは石灰岩と斑岩の混じった黒とグレーがかった粘板岩の上で栽培され、高貴なグローセス・ゲヴェクスと世界的な肩書付ワインを生み出している。

NAHE

デンホフは辛口ワインも甘口と同じ情熱をもって造っているが、彼の国際的評価は主として貴腐ワインにある。ミネラル風味と甘美な果実味をもつシュペートレーゼは、ノルハイマー・キルシュヘックから造られる。オーバーホイザー・ブリュッケ——グレーの粘板岩の上で粘土と混じり合っている厚い黄土層の上の堤防に位置する専有畑——からは、規則的に素晴らしいアイスワインと、独特の酸味とピリッとした果実味をもった絶妙なシュペートレーゼを生産している。

極上ワイン

(2010年8月と9月に試飲)

2009 Felsenberg Türmchen GG ★
フェルセンベルク・テュルムヒェン

非常にすっきりしている。葉っぱとライムのアロマ。純粋で抑制されているがリッチで、官能的、絹のようで、エレガント。的確な果実風味。完璧なバランス。記憶に残る持続力。

2009 Hermannshöhle GG ★
ヘルマンスヘーレ

すっきりとしていて純粋で繊細な香り。柑橘類と白桃の香りもする。濃密でみずみずしく、非常にエレガントで、舞っているような躍動感があるが、力強く非常に持続性もある。

2009 Schlossböckelheimer Felsenberg Türmchen Spätlese [V]
シュロスベッケルハイマー・フェルゼンベルク・テュルムヒェン・シュペートレーゼ

純粋で大地の香りがする。少しナッツのようで、スモーキーで、火打石を思わせる。強烈で濃密、非常に持続力があり、石が溶けているようなミネラルの力を感じる。印象的。

2009 Niederhäuser Hermannshöhle Spätlese ★ [V]
ニーダーホイザー・ヘルマンスヘーレ・シュペートレーゼ

スモーキーで完熟した果物のアロマ。乾ブドウから造ったワインのようだが、洗練されていて、精密で、香草の匂いと食欲を起こさせるピリッとしたミネラル感がワインの骨組みを形成している。口に含むとリッチでまろやか。凝縮感があり、洗練されたエレガントな酸味がピリッとした片岩のアロマによって高められている。非常に長い塩味のある後味。複雑で緊張感に満ちている。

2009 Norheimer Dellchen Spätlese (Auction) ★
ノルハイマー・デルヒェン・シュペートレーゼ (オークション)

極端に澄み切った、洗練されたブーケだが、まだ抑制されている。肌理は濃密で、高貴な酸味によって完璧なバランスを得ている。非常に塩味があり、後味はスパイシーだが、超複雑で持続性のあるバウハウス・リースリング。非常に厳しく、その純粋さで (シュペートレーゼにしては) ほとんど辛口である。

2009 Niederhäuser Hermannshöhle TBA ★
ニーダーホイザー・ヘルマンスヘーレ

熟した熱帯果物のアロマが蜂蜜、キャラメル、全粒小麦の香りと混じり合っている。口に含むと粘着性があるがピリッとして独特の風味があり、結晶質。乾燥させたアプリコットかアプリコットの砂糖漬けの感じ。非常にエレガント。完璧なTBA。

2009 Oberhäuser Brücke Eiswein
オーバーホイザー・ブリュッケ・アイスヴァイン

はっきりとした果実の香り。非常に純粋で素晴らしい凝縮感。グレープフルーツとタフィーのアロマ。口に含むと非常に高貴で、濃密で複雑。ピリッとして独特の風味がありながら熟してエレガントな酸味によって完璧なバランスがとれている。

2008 Oberhäuser Brücke Eiswein ★
オーバーホイザー・ブリュッケ・アイスヴァイン

(2009年9月に試飲。アルコール度7%、残糖260g/ℓ、総酸12.5g/ℓ、180°Oe) このワイン用の葡萄は12月30日に摘果された。水晶のように透明でスパイシーな香りに、魅惑的な黄色い核芯果とハーブのアロマが伴っている。口に含むと完全に純粋で、ピリッとする。堅固で持続性があり、甘い果実味は、明白だが非常に洗練された酸味によって完璧なバランスを得ている。深みと持続性に優れている——完璧なアイスワイン。デンホフはもう一つ2008ブリュッケ・アイスヴァインを造った。2009年1月に摘果したので、January (1月) と呼ばれている。200°Oeで、ボトリティス菌が高い割合で着いている。12月のものよりさらにリッチだが、まだ完璧なバランスを保っている。

Weingut Dönnhoff
ヴァイングート・デンホフ

栽培面積：30ha　100%白、80%リースリング
平均生産量：150,000本
Bahnhofstrasse 11, 55585 Oberhausen/Nahe
Tel: +49 6755 263
www.dönhoff.com

NAHE
Weingut Emrich-Schönleber
ヴァイングート・エムリッヒ・シェーンレーバー

ほぼ200年前、ドイツのあまりにも有名な詩人ゲーテは、モンツインガーと呼ばれるワインが快適で、がぶ飲みしやすいだけでなく、知らないうちに酔ってしまうと書いている。ワイン愛好家のゲーテが1815年に感じたことは、そのまま現在にもあてはまる。塩気とナーヴァスな酸味のために、ナーエ渓谷上流にあるモンツィンゲンの繊細なワインは、最初は口の中に浮かんでいるかのように思われ、物事にこだわらないドリンカーはその力と凝縮感、深み、構造に気づくまでにちょっと時間がかかる。この地のワインが、最もベーシックなものでさえ、かなり複雑になりうることは、現在にも通用する。「がぶ飲みできる」は、もはやモンツィンガーを表す最適な言葉とは言えないのだ。しかし、このようなワインは、特にハーレンベルクやフリューリングスプレッツヒェンの畑のもので、エムリッヒ・シェーンレーバーのようなトップクラスの生産者の手になるならば、崇敬に値するものになりうる。

エムリッヒ・シェーンレーバー・ワイナリーは、設立からほぼ250年になるが、他の農業はやめてワインに専念することに決めたのは、つい1960年代のことである。ヴェルナー・シェーンレーバーが1970年代に父親から仕事を引き継いだ時、畑はわずか3haだった。ヴェルナーは、リースリングを中心に、モンツィンゲン、ハーレンベルク、フリューリングスプレッツヒェンの一級畑の最上の区画を買いながら、少しずつ畑を広げていった。過去40年間、彼らでなければ十中八九見捨てられていたと思われるような畑を耕作するという困難があったにもかかわらず、最も急峻な斜面の畑を維持管理してきたのは、ヴェルナーと息子のフランクの偉大な功績である。二人はまた、機械化にも高収穫にも向かないために、何十年も放棄されていた多くのトップクラスの畑を復活させてきた。

「品質は拷問から生まれる」ヴェルナー・シェーンレーバーは悲しそうな顔でそう認めている。「我々の努力と出費を埋め合わせることができる唯一の途は、できる限り高品質のワインを造ることでしかなかった」

そして、それこそ、まさに今彼がやっていることである。1994年以来VDPのメンバーであるエムリッヒ・シェーンレーバーは、過去30年間ドイツの最上級のワイン生産者に数えられている。ハーレンベルクとフリューリングスプ

右：勤勉なヴェルナーとフランク・シェーンレーバーは、ナーエに以前の栄光を取り戻すために決定的な役割を果たした。

「品質は拷問から生まれる。我々の努力と出費を埋め合わせることができる唯一の途は、できる限り高品質のワインを造ることでしかなかった」——ヴェルナー・シェーンレーバー

レッツヒェンの名を再び地図（1901年のプロイセンの葡萄畑地図は両方の畑とも一級畑と記している）に載せたのはヴェルナー・シェーンレーバーである。また、ヘルムート・デンホフや、最近参加したティム・フレーリッヒと一緒に、以前は知られていなかったナーエ渓谷を世界で最も高く評価されているリースリング生産地の一つに変えた。2005年フランク・シェーンレーバー（1979年生まれ）はセラーの責任者となったが、父親はまだ畑で働き世界中にワインを提供している。

畑はすべてモンツィンゲンにあり、総面積は17ha。85％がリースリング。ほとんどのワインは辛口に造られるが、ゴージャスなシュペートレーゼ、最も洗練されたアウスレーゼ、濃密なBA、記憶に残るTBAなど偉大なプレディカーツヴァイン（肩書付ワイン）もある。もっともこれらのワインでさえ、ただ甘くはなく、すべてのシェーンレーバーのワインにスパイシーで塩からい性格を与えるミネラルのバックボーンと、偉大な複雑さと持続力によってバランスがとれている。

葡萄は、南から南西向きの急峻な山の中腹の石ころだらけの土壌で栽培されている。圧倒的に異なった種類の粘板岩が多いが、珪岩や石英も見られる。ハーレンベルクのグラン・クリュは青い粘板岩が優位だが、隣のフリューリングスプレッツヒェンのグラン・クリュでは対照的に赤い粘板岩が大部分を占める。両方とも冷涼な風から守られ、ナーエ渓谷から毎日暖かい空気が流れて込んでくるため、極めて特殊で非常に暖かい中気象になっている。

両者の最も暖かい畑は、土壌が極めて痩せているため収穫量が最低で、最も強烈なフレーバーを持った極小の実が採れ、グローセス・ゲヴェクス・ワインが産出される。両方ともリースリングで、印象的な複雑さを持ち、しかもエレガントでフィネスに満ちている。真価を表すには、およそ3年から5年、素晴らしく美味しくなるには5年から10年かかる。両者の畑の中で、それほど秀逸でない場所から出されるリースリングは、クラシックなプレディカーツヴァインとして造られようが、辛口スタイルで造られようが、テロワールを反映した品質になっている。ラベルは、モンツィンガー・ハーレンベルク・リースリング・トロッケン、モンツィンガー・フリューリングスプレッツヒェン・トロッケンになっている（グラン・クリュは、単にハーレンベルクGGとフリューリングスプレッツヒェンGGとして知られている）。

シェーンレーバーの畑仕事は、一年を通じて重労働である。通常、収穫はかなり遅く常に手作業である――リースリングはほとんど11月の最初の2週間ぐらいに摘果する。ピノの場合は10月の終わり。実は完熟し、健康でなければならない。ボトリティス菌は5％まで許容できるが、純粋な貴腐であることが条件。実は破砕されるが、除梗はせず、圧搾前に最長6時間まで果皮浸漬する。ベーシック・ワインも、プレディカーツワインも、ステンレス・スティール・タンクで発酵させる（一部は自然発酵）。グラン・クリュは、伝統的な木製の樽を使う。フランクに言わせると「我々のワインは、木製の樽にした方がバランスも熟成能力も高まると信じているからだ」。最初の澱引きと濾過を2月末に行い、その後4月にボトリングするまで4-6週間タンクか樽に寝かせておく。新たに拡張したセラーは、現代風のステンレス・スティール・タンクと、単一畑のワインとグラン・クリュのために増やした木製の樽が備わり、葡萄の実とモストとそしてワインに出来る限りの世話がやける作業ができることになった。

エムリッヒ・シェーンレーバーのワインは毎年18種類からなり、そのどれもが楽しませてくれる。プレディカーツヴァインは明らかに傑出しているが、ハーレンベルクの、特にがぶ飲みできるシュペートレーゼは私のお気に入りの一つである。決して酔わずに、心が軽くなるワインだ。それから、もちろん、ハーレンベルク・グローセス・ゲヴェクスがある。このワイナリーで何年間も無敵のワインだった。しかし、アー・デ・エル・リースリングA de L Rieslingが登場した。ここには有り余るほどの財宝があると言えば十分だろう。

極上ワイン

2008 Monzinger Halenberg Riesling Spätlese ★ [V]
モンツィンガー・ハーレンベルク・リースリング・シュペートレーゼ

この偉大なワインはある種の政治声明のようなものだ。真のグラン・クリュ畑は、辛口ワインとアウスレーゼだけでなくシュペートレーゼでも、技術と、ドイツのこのクラシックタイプのワインに対する愛情を持って造るならば、自己を表現できることを示している。香りは、ピリッとしているとまでは言わないが、非常にすっきりしてスパイシー。口に含むと純粋で、塩味があり、しっかり組み合わされている。この優れたシュペートレーゼには、ハーレンベルクが当然持つべきミネラル感と優雅さがある。真のグラン・ク

リュ──そう、がぶ飲みができる。

Frühlingsplätzchen GG
フリューリングスプレッツヒェン

　文字通り訳せば「春の小さな場所」という畑の赤い粘板岩の上で栽培されている。樹齢25年の樹から造られるこのデリケートなリースリングは、決してハーレンベルクのようにドラマチックにはならない。香りも味も常に繊細で、みごとなハーブと花と若い桃のアロマを醸し出し、新鮮な柑橘類の匂いもする。口に含むと、純粋で直截的だが、フィネスと喜びに満ちている。バランスがよく、後味は食欲をそそるようなミネラル感がある。
2009年　以前の年のものよりリッチで甘美。2010年晩夏に試飲した時は若すぎていたが、私には少し野心的すぎると思えた。
2008年★　（アルコール度12.5%）「我々のワインにこれ以上のアルコールはいらない」と2008年のワインに大満足のヴェルナー・シェーンレーバーは言う。非常に純粋で新鮮な香り。柑橘類の風味とハーブ。フルボディだが、フィネスに満ちている。非常に的確で直截的で、常にエレガント。大きな潜在能力を持った偉大なワイン。
2004年　このエステートで造られた最初のGGを、2010年に再び試飲。力強くなりすぎることなく、長く尾を引く典型的な後味がある。キャラメルと美味しい果物のアロマは成熟の始まりを示唆するが、構成はまだしっかりしていて、酸味は新鮮。

Halenberg GG
ハーレンベルク

　青い粘板岩の上で栽培される樹齢20年の樹から造られるこのリースリングは、若いうちに熱帯の果実味をよりよく表すが、常に非常にリッチで複雑、しかも上品でエレガント、素晴らしい酸味と塩味に近い豊かなミネラル風味によって支えられている。どんな年であれ、後味はいつも長く尾を引く。
2009年★　（2010年秋に数回試飲）モンスターだ。極めてリッチで力強く、非常に濃密で、深みと持続力がある。野心的だが、今はまだ飲める状態ではない。いつもより甘い（残糖8g/ℓ）。熟成能力はあるが、私の好むクラシックの純粋なハーレンベルクではない。
2008年★　（アルコール度12.5%）非常にすっきりした深みのある香り。微かにハーブの匂いと柑橘類のアロマ。しかし、白亜のような印象。ゴージャスで複雑な口当たりで、塩気があり、非常にエレガントで持続力がある。
2003年　（2009年9月に試飲）辛口で、熱く感じるほど刺激的で、全く非典型的な年。しかし、収穫後6年近いのにハーレンベルクのままだ。非常にすっきりしていて新鮮で、ドライフルーツと柑橘類とラベンダーの香り。ビッグなボディ。非常にリッチでみずみずしく、しかもエレガントで、白亜の粉塵のような舌触り。非常に長い持続力。今真価を発揮し始めたが、2012年からさらに良くなるはず。

2002 Monzinger Halenberg Auslese trocken★
モンツィンガー．ハーレンベルク・アウスレーゼ・トロッケン

　同じ畑の場所から造るGGの先駆的存在。2011年9月に試飲した時、すばらしく強烈で、深みがあり、まだ新鮮だった（色も風味も）。ハーブのアロマ。口に含むと非常に強烈に複雑でありながら、エレガントで多層的。見事なミネラル感のある口当たり、完璧なバランス、そして非常に長く塩味のある後味。記憶に残る。

A de L Riesling
アー・デ・エル・リースリング

　このリースリングは、ハーレンベルク・グラン・クリュの上にあるが、公式にはフリューリングス プレッツヒェンの一部のアウフ・デア・ライ（岩の上）と呼ばれる0.83haの区画から造られる。葡萄樹は1950年代に青い粘板岩土壌に植樹されたが、ここにはかなりの砂利が含まれている。シェーンレーバーは2006年にここを購入、すぐにワインのユニークな個性を発見した。年間生産量400リットルのワインは2008年以来マグナム（または、それ以上のサイズ）にボトリングされ、バート・クロイツナッハで年1回開催されるワイン・オークションに出品される。極端に小さな葡萄の実は、圧倒されるような凝縮感と構造、純粋なミネラル感と驚くべき熟成能力を持ったリースリングを生み出す。
2009年★　極めて純粋で深みがある。最初は上記2つのGGより雄大さも力強さも感じられない。しかし、やがて、もっとすばらしく、複雑になってくる。しかし、角が取れ丸くなるまでにまだ少なくとも5年はかかる。
2008年★　新鮮で、驚くほど正確で純粋、エレガントで本来線が細いようなたちだが、しっかり組み立てられて力強い。アルコール度はわずか12.5%。この早い段階では、私は2009年より好きだが、これからの2、30年でどう変化するか。

Weingut Emrich-Schönleber
ヴァイングート・エムリッヒ・シェーンレーバー

栽培面積：17ha　100%白、85%リースリング、60－65%辛口　平均生産量：120,000本
Soonwaldstrasse 10a, 55569 Monzingen
Tel: +49 6751 27 33
www.emrich-schoenleber.com

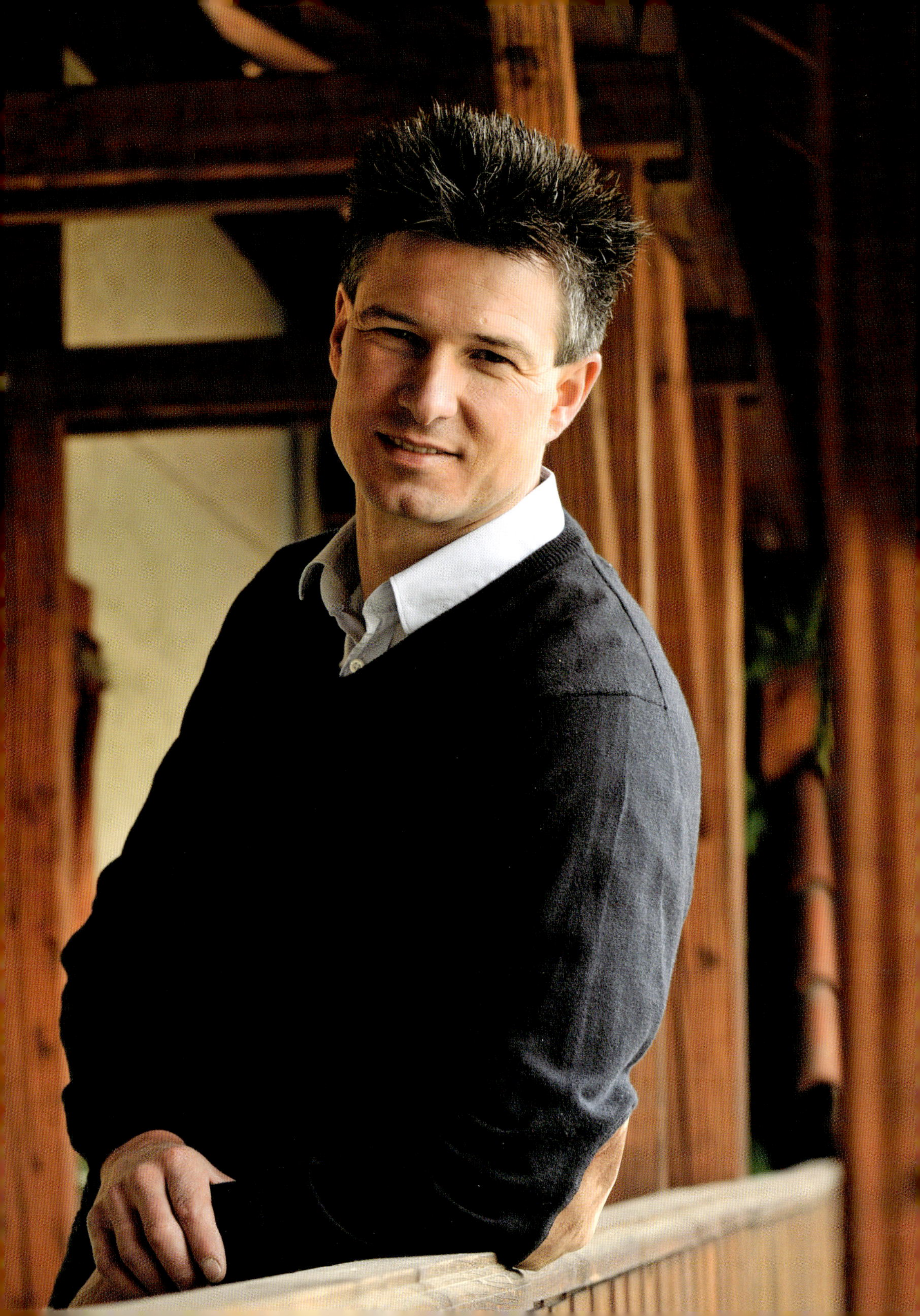

NAHE

Weingut Schäfer-Fröhlich
ヴァイングート・シェーファー・フレーリッヒ

ティム・フレーリッヒは1974年生まれ。1980年代から活躍しているイギリスのエレクトロポップバンド、デペッシュ・モードのファンのように見えるが、ドイツワイン界の若きスーパースターの一人である。上ナーエ峡谷で造られる彼のリースリングは、息を飲むほどの純粋さ、輝かしさ、優美さ、そしてフィネスを持ち、それらがクールで的確な果実味、ミネラル感、偉大な複雑さと結びつき、ドイツの一流中の一流ワインの仲間入りを果たしている。卓越した2010年ものは（同様に卓越していた2009年と偉大な2008年と2007年に続いた）、フレーリッヒの17回目のヴィンテージを象徴し、若年であるにもかかわらず、彼はすでに彼の属するワインギルドの親方的存在であり、ナーエの大御所、ヘルムート・デンホフや、ヴェルナー・シェーンレーバー（ヴァイングート・エムリッヒ・シェーンレーバー）に対する真の挑戦者であることを再び証明している。

フレーリッヒの家族は1800年にボッケナウの村でワイン造りを始めた。ある意味、彼らには他に選択肢がなかった。しかし、フンスリュック山地に沿ったこの土壌は、日中暖かく夜涼しければ、リースリングにとって天国になることがわかり、ティム・フレーリッヒの祖父と後に両親は、彼らの造るボッケナウ・リースリングに対し賞賛を得るようになった。現在、家族は、ボッケナウの最良の土地に畑（フェルゼンエック・グローセ・ラーゲとシュトロームベルク）を所有しているだけでなく、モンツィンゲン（ハーレンベルクとフリューリングスプレッツヒェン、両方ともグローセ・ラーゲ）とシュロスベッケルハイム（クプファーグルーベとフェルゼンベルク、両方ともグローセ・ラーゲ）にも所有。畑の85%はリースリングで、残りはピノ・ブラン（10%）とピノ・グリ（2%）。あとは家族用にピノ・ノワール（3%）。葡萄の平均樹齢はおよそ40年。シュトロームベルクの段々畑に植えられた最古の樹は50年以上になる。

ティム・フレーリッヒは、テロワールの魅力を引き出すワイン造りに全力をあげている。彼が造る純粋で、スパイシーで、エレガントなボッケナウ産は、青い粘板岩と珪岩の土壌に由来する際立った個性を発揮する。リッチだが繊細なモンツィンゲン産は、粘板岩と珪岩と砂利をよく表し、緻密でスパイシーなシュロスベッケルハイム産は火山性斑岩を表している。火打石のようなクプファーグルーベ、ハーブのようなフェルゼンベルク、力強いハーレンベルク、そして2、3年の熟成で繊細さが現れるフリューリングスプレッツヒェンは皆同じように、それぞれのテロワールをユニークに表現している。

醸造という話にとなると、ティムは、テロワール・ワインはできるかぎり純粋であるべきだと信じている。決して培養酵母を使わない。搾汁を調整することもないし（2010年に限りグーツヴァイン（生産所名ワイン）と村名ワインは少し減酸した）、出来上がったワインを清澄することもない。摘果は手作業で遅く行う。ベーシック・ワインでさえ、11月以前に摘むことは滅多にない。グローセス・ゲヴェクスの収穫は通常11月末まで待つ。また果実は念入りに調べ、モスト量がおよそ100-103°Oeに達した、熟して健康な実だけを摘み取る。

ナーエのような冷涼な地区で完璧な収穫を得るためには、年の初めから精力的に畑で働かなければならない。恐るべき仕事量だ。4月か5月、まばらな葉の垣の列を作るために一つおきに若枝を取り去って、若枝の量を半分にする。キャノピーの高さは1.5mまで。太陽の位置により隣の列の葡萄は陰になり、よりすっきりとした果実フレーバーを維持し、地面に近い実は石の多い土壌からの輻射により熟して行くことになる。開花が始まると、実がなる辺りの葉は、採光と通気を良くする。10月、日焼けのリスクが低くなると、実の部分をほぼ完全に日に晒す。ティムは堆肥以外の肥料を絶対に使わない。一列おきに覆土作物、つまり、自然植生か、さまざまな種を植えて若い畑が浸食されないようにする。2007年や2009年のような非常に暖かい年は列の間に藁を敷いて蒸発を防ぐ。

もちろん、ワイナリーにも細かな注意が向けられる。選ばれた実は除梗せずに破砕し、——ヴィンテージ、性格、ワインのスタイルによるが——6-24時間の浸漬のあと静かに圧搾する。澱が沈むと、搾汁は濾過せずにステンレス・スティール・タンクで、16℃から17℃の自然温度で、1ヶ月から3ヶ月間自然発酵させる。ピノだけは樽で発酵させる。グローセス・ゲヴェクス・ワインは5月まで澱と一緒にしておく。甘口ワインは6月か7月までだ。ベーシック・ワインは3月末まで。ワインはすべて1回だけ静かに濾過し、清澄や安定処理をせずにボトリングする。

世界レベルのグローセス・ゲヴェクスが5つと、シュペー

左：才能あるティム・フレーリッヒ。ドイツで最も傑出したワインメーカーの地位を急速に確立した。

209

WEINGUT SCHÄFER-FRÖHLICH

トレーゼからトロッケンベーレンアウスレーゼとアイスワインまで評価の高い一連のプレディカーツヴァインがある。すべて質は傑出している。しかし、私にとって、このワイナリーと最も親しく結びつくのはボッケナウのリースリングである。フェルゼンエックを格付地図に載せたのはティム・フレーリッヒである。彼は近い将来きっと、シュトロームベルクも同様に載せるだろう。

極上ワイン

(2010年9月試飲)

2009 Felseneck GG ★
フェルゼンエック

素晴らしい芳香。熟して凝縮した果実のアロマと、ミネラルばかりでなくハーブの香り。口に含むと、このグラン・クリュは率直で、引き締まって、力強い。しかも、純粋で恍惚とするほどエレガント。後味は非常に塩味が強く、偉大なワイン特有の飛び抜けた持続力がある。

2009 Felseneck Riesling Auslese ★
フェルゼンエック・リースリング・アウスレーゼ

アロマに関しては、スタイルがかなりクールで、非常に洗練された果実の香り。口に含むと躍動感がある。完璧な果実味、塩味、そして素晴らしいバランスの点で非常に精密。このプレディカーツには素晴らしいゴールド・カプセルのヴァージョンもあり、30%の健康な実から造られている。まさに完璧なアウスレーゼ以外の何者でもない。洗練され、ミネラル感がありながら、テロワール・ワインそのもの。

2009 Felseneck Riesling Beerenauslese ★
フェルゼンエック・リースリング・ベーレンアウスレーゼ

スパイシーで非常にすっきりしている。貴腐菌による見事なレーズン化。口に含むと凝縮感があり甘い。この魅惑的で、絹のようで、エレガントなBAは、妖精のように足取りが軽い。素晴らしい――しかし、完璧であり、優雅さとフィネスを、凝縮感とリッチさに見事なバランスで巧みに融合させている一方で、フェルゼンエックの純粋で塩味のある風味が現れてくるのは、口金がゴールドの方だ。

2009 Felseneck Riesling Eiswein
フェルゼンエック・リースリング・アイスヴァイン

2010年1月6日零下16℃の中で摘ми。果汁が245°エクスレまで凝縮されているので、圧搾後、最初の1滴が出て来るまでに1日かかる。印象的なほど甘味に焦点が合わされ、粘着性のある、スパイシー・スイートなアイスワインの濃縮液。

2009 Felseneck TBA Goldkapsel ★
フェルゼンエック・TBA・ゴールトカプセル

ボトリティス菌がついてレーズン化した実を一粒一粒5週間かけて集める。その結果、残糖450g/ℓとアルコール度5.5%の、いつまでも記憶に残るTBAが50リットルできる。いつかバート・クロイツナッハのオークションに出品されるだろう。パッション・フルーツ、オレンジ、キンカン、ショウガの非常に純粋なアロマと風味。完璧なバランスと優雅さ。スパシーで独特の風味があり、果てしなく続く。

Weingut Schäfer-Fröhlich
ヴァイングート・シェーファー・フレーリッヒ

栽培面積：20ha　平均生産量：120,000本
Schulstrasse 6, 55595 Bockenau
Tel: +49 6758 6521
www.weingut-schafer-frohlich.de

NAHE

Schlossgut Diel シュロスグート・ディール

ナーエ渓谷のブルク・ライエンにあるシュロスグート・ディールの物語は200年以上も遡るが、1980年代後半にこのワイナリーを有名にしたのはアーミン・ディールである。現在、経験豊かな弁護士であり、ワイン官職を務め、ワイン評論家も兼務している当主は、娘のカロリーネ・ディールの助けを借りている。カロリーネは2006年から22haの畑と（古参のケラーマイスター、クリストフ・フリードリヒと共に）セラーの責任者になっている。カロリーネはガイゼンハイム大学で栽培と醸造を学び、ロベルト・ヴァイル、ルイナール、ロマネ・コンティ、ピション・ロングヴィル・コンテス・ド・ラランドというような有名なワイナリーで技術を磨いた。カロリーネの知識と、天性の決断力、卓越した味覚により、シュロスグート・ディールのワインは以前にもまして輝かしく、緻密で、エレガントになり、フィネスは驚くべきものがある。

カロリーネの知識と、天性の決断力、
卓越した味覚により、
シュロスグート・ディールのワインは
以前にもまして輝かしく、
緻密で、エレガントになり、
フィネスは驚くべきものがある。

ディールでは、リースリング（全体の65%）が王様だが、他の品種のワイン造りでも競っている。ここのピノ・ノワールとピノ・グリは、スタイルにおいてブルゴーニュ風だが、私の好みから言えばアルコール分が少し多すぎる。しかし、ピノ・ノワール・キュヴェ・カロリーネは優れもので、最近続いた三収穫年もの（2007-2009年）は、非常に純粋でさわやか、特に絹のようなタンニンがすばらしい。他にスパークリング・ワインがあり、キュヴェ・モ・ゼクトは——樽発酵させたピノ・ノワールとシャルドネのブレンド（2004年★）、あるいはピノ・グリとのブレンド（2005年）。ほぼ5年後のデゴルジュマン——印象的な複雑さを持ち、クリーミーでナッツのよう、しかもフルーティでさわやかである。

シュロスグート・ディールの畑はトロルバッハ川の渓谷にある。広く知られていないが、ここはドイツで最も乾燥し最も暖かい地域の一つである。年間平均気温は9.7℃で、夏は暖かいが暑くはない（7月の平均気温は20℃）。長年の平均降水量は534mmと低い。

南向きの3つのグラン・クリュ——ゴールトロッホ、ブルクベルク、ピッターメンヒェン——はドルスハイム村にあり、1901年版の歴史的なプロイセンの地図では、3つともラーゲン・エアスター・クラッセ（一級畑）に格付けされている。部分的に段々畑があり、ほとんど急斜面の畑は、風雨からよく守られているが、手作業かケーブル・ウインチの助けがなければ耕作できない。

隣接する区画でさえ、土壌の組成はかなり異なっていることがあるため、ワインはそれぞれ個性的である。ゴールトロッホ・クリュでは、岩だらけの礫岩を覆う石の多い薄い粘土層が圧倒的だが、そこにディールは5.2haの畑を持つ。グローセス・ゲヴェクスはリッチで力強く、しかも優雅で深みがあり、ピリッとした酸味によってバランスがとれている。同じ独特の酸味とミネラルによる新鮮さは、美味しいリースリング・シュペートレーゼに躍動感を与えている。

ゴールトロッホの西の延長線上はピッターメンヒェンと呼ばれるが、ディールの作付面積はわずか1haのみ。この土地は底土がわずかに異なっていて、灰色の粘板岩と珪岩と砂利が大きな割合を占める。この組み合せは独特の酸味と洗練された構成の、上品で優雅なリースリングの上級品を産出する。アーミン・ディールによれば、ここで産出される肩書付リースリングは、ヨハン・ヨゼフ・プリュムのDr. マンフレート・プリュム氏が大いに賞賛しているそうだが、全くその通りだ。2008年ではピッターメンヒェンGGとピッターメンヒェン・シュペートレーゼ[V]が印象的だった。しかし、ピッターメンヒェン・アウスレーゼ・ゴールド・カプセル★は真に卓越していた。一方で、この2、3年シュロスグート・ディールの最も複雑な辛口リースリングとして、ブルクベルクGGが登場してきた。

問題が多く重労働が続いた2010年9月末にアーミン・ディールと見て回った時、畑は最高のコンディションだった。葉の茂った列は高くまばらで、結実枝（1本の主幹に6-7本）は真っすぐ上に伸び、葡萄の実は通気と日射によりかなり露出している。「ボトリティス菌は、私たちの輝くようなワイン・スタイルには向いていません。ですから、10月には実のなるところはすべて露出させます」カロリーネ・ディールはそう説明する。もちろん、高級なプレディカーツヴァインを造るときは、ボトリティス菌は歓迎される。

ワイン造りの水準は非常に高い。葡萄の実は破砕さ

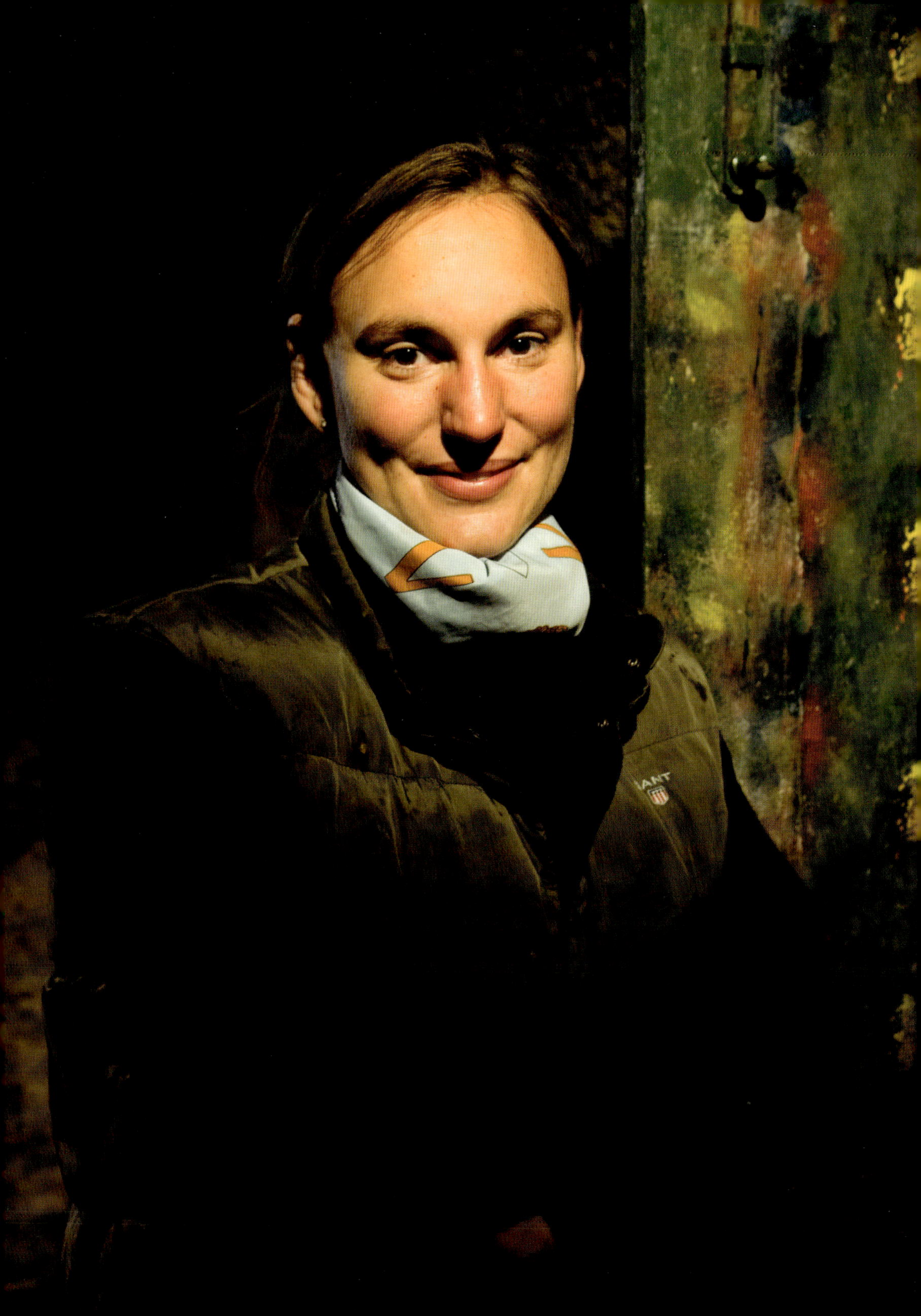

SCHLOSSGUT DIEL

れるが除梗はせず、圧搾前の果皮浸漬は3-24時間続く。一晩澱を鎮めると、果汁は16－17℃で、ステンレス・スティール（ベーシック・ワインとプレディカーツヴァイン）、あるいは、伝統的な木製の大樽（グローセス・ゲヴェクス・ワイン）で発酵させる。上級ワインは自然発酵を始めるが、辛口にするため必要ならば、酵母を添加する。甘口ワインは発酵終了後、直に硫黄処理するが、上級の辛口リースリングは4月か5月まで澱の上に寝かせておき、その後澱引きする。これは6月にボトリングされるが、プレディカーツヴァインが晩冬、そのあとすぐ3月か4月にベーシック・ワインがボトリングされる。

極上ワイン

Burgberg GG
ブルクベルク

単一畑のブルクベルクの記録は、はるか1400年頃にも遡るが、シュロスグート・ディールが所有者となったのは1990年代である。1.8haのうち、ディール家は丁度50％を所有。堅固な岩で周囲をほぼ完全に取り囲まれているため、急峻な山腹は一種の古代円形劇場を形成し、そのために、葡萄（全てリースリング）は極めて暖かい中気象の恩恵を受ける。複雑な土壌（赤い粘板岩と高い比率の珪岩を含む粘土）は、大地と草を感じさせる風味と、ミネラルを思わせる口当たり、強烈で持続性のある後味を伴う、リッチで濃密なリースリングを造る。2010年8月、カロリーネとアーミン・ディールは過去3年間の小垂直テイスティングをさせてくれた。

2007年 非常にリッチで強烈な香りに、熟した液汁に富む果実のアロマが伴う。口に含むと非常におおらかでみずみずしく、しかも純粋で微かに塩味がある。しなやかでクリーミーと言えるほどの口当たりは、特有の繊細な酸味と強烈なミネラル感を持つ長い後味でバランスを得ている。

2008年 非常にはっきりした香り。純粋で、大地を思わせるアロマ。芳香あふれる果実。口に含むと洗練されエレガント。非常に高貴で純粋、しっかり構成され、食欲をそそり、切れ味にはっきりしたミネラル感と非常に洗練された果実のアロマ。クラシック。

2009年 すっきりしてアロマチック。まだ本来の葡萄品種のアロマが支配的。口に含むとみずみずしく、さわやかで、ピリッとする。まろやかで非常にエレガント。激しい酸味と食欲をそそる塩味。長い後味。

左：カロリーネ・ディール。彼女の教育、経験、そして優れた味覚が、それまでの高水準をさらに高める一助となった。

Dorsheimer Goldloch Riesling Spätlese[V]
ドルスハイマー・ゴールトロッホ・リースリング・シュペートレーゼ

ゴールトロッホ・シュペートレーゼは常に非常にフルーティで、スタイルはバロック的と言えるほど。個人的には、フィネスとスパイスがすばらしいピッターメンヒェン・プレディカーツを好むが、このクリュは非常に小さく、入手は厳しく制限されるので、ゴールトロッホは一番良い代替品。

1998年 20－25％ボトリティス菌がついた葡萄から造られた。繊細な蜂蜜とキャラメルのアロマを伴うスパイシーな香り。熟しているが、まだ新鮮で、はっきりした果実味、なめらかな口当たり、生き生きとした酸味を示す。非常にエレガントでバランスがとれている。

2002年★ 非常にすっきりして、新鮮、草の香り。口に含むと水晶のような透明感があり、エレガント。精密な果実を表現。微かな独特の酸味。繊細。

2004年 クールですっきりして、幾分クリーミー、微かに青い。かなり力強い味わいで、構成は良いが少し埃っぽい。飲み頃でないのは明らか。しかし、潜在能力はある。

2007年★ 香りはまだ若いが、非常に強烈な果実のアロマ。口に含むとみずみずしく官能的なだけでなく、ピリッとして塩味があり、際立った酸味によってバランスがとれている。

2008年★ 繊細な香りに蜂蜜とレーズンのすばらしいアロマ。驚嘆するほど水晶のような透明感がある。妖精のように口の中で躍動する。さわやかな酸のおかげでピリッとして、すごく食欲をそそる。

2009年★ 石粉のような香り。非常にすっきりしてクールで、抑制された果実香を伴う。濃密で滑らかなで、しかも繊細な味わい。非常にジューシーだが、爽やかで、ほとんど重みが感じられないほど繊細。

Schlossgut Diel
シュロスグート・ディール

栽培面積：22ha　65％リースリング、35％ピノ・ブラン、グリ、ノワール　平均生産量：150,000本
Burg Layen 16, 55452 Rümmelsheim
Tel: +49 672 196 950
www.diel.eu

NAHE

Weingut Tesch ヴァイングート・テッシュ

マルティン・テッシュは稀に見る人物。ドイツのワインメーカーが革新的で、急進的で、しかも成功できることを証明した男だ。1990年代の終わり、微生物学学士であり、マーケティングに関し多彩な才能をもつテッシュは、バート・クロイツナッハ近くのランゲンロンスハイム村周辺の父親の葡萄畑で「チェーンソー殺戮（大量の樹の切り倒し）」をしながらワイン生産者としてのキャリアをスタートさせた。「品種が多すぎる。葡萄樹も多すぎる」彼はそう言って「最重要なものに集中」する作戦を実行に移した。つまりピノ・ブランとピノ・ノワールの古い畑をいくつか残し、リースリング以外の目に入る樹をすべて引き抜いた。これら3つの品種、特にリースリングは、かなり縮小したワインの品揃えの基盤になるとテッシュが信じているテーブルワインのカテゴリーに無くてはならないもの——1723年に設立された伝統的な家族経営ワイナリーの"何でも少しずつ主義"の混乱に置き換わるものだった。

マルティン・テッシュは稀に見る人物。ドイツのワインメーカーが革新的で、急進的で、しかも成功できることを証明した男だ。

その影響は素早くドラマチックだった。2002年、テッシュは40種のワインの代わりにわずか11種のワイン、そのうち7種は辛口のリースリングを提供した。「私にはリースリング・トロッケン以外何もできない」と、当時、勃興しつつあったリースリング・ルネッサンスが本格的な流行へと花開く2、3年前に彼は言った。確かに、彼は、時代精神を定義する一助となった、リースリング・アンプラグドを携えた開拓者の一人であった。数カ所の畑のリースリングから造られる純粋で、しなやかで、柔軟で、正気でないほどの酸味を持つこの極辛口カビネットは、小さな黒いボトルで提供され、あらゆる大陸で（テッシュに言わせれば「北極と南極以外」）グラスに注がれているが——ヴァイングート・テッシュだけでなく現代ドイツ・リースリング全般に対して——非常に多用され誤用されている語句、「アイコン・ワイン（象徴的ワイン）」に値する数少ないワインの一つである。2001年に初めて造られ、波止場のバー、クラブ、ロックフェスティバル、フットボール・スタジアムなど、伝統的にビールや他のアルコール飲料が好まれ、ワインが軽蔑されていたような場所で地歩を固めてきた。

しかし、斬新なパッケージと型破りな人気がなければ、アンプラグドは他のテッシュのワインと同様、スタイルも造り方も非常に伝統的である。これはセクシーと言われるようなワインではない。決して超熟でもフルボディでもない。稀少ワインでも、高級シャンパンのように誰かを感心させるためにバーで注文するドリンクでもない。ただ非常に美味しく飲める。テッシュが言うように「香港の人でも飲む。飲まれるために造られた飲み物であって、ステータス・シンボルではない」

テッシュのワインはすべて——リースリングであろうとなかろうと、栽培されるのが黄土であろうと、あるいはローム、粘土、石灰岩、火山土であろうと——常に辛口で、純粋で、率直で、そのヴィンテージを妥協なく反映している。アルコール度が11.5－12.5％のためリッチでフルボディというより中庸、ロマンチックというよりリアリスティックである。ボトリティス菌は、避けられない年（2006年や2010年）を除いて、発生させないように努めている。酸度は高めだが、エキス分によって、また非常に稀だが（2010年のように）残糖によってバランスがとれている。樹齢は高めで、有機に近い栽培法をとり、収量は低く抑え、摘果は手作業で精選する。ワイン造りは人目を引くほどのものはない。葡萄の実は破砕前に除梗し（する年としない年がある）、2、3時間の果皮浸漬の後（実が熟していればいるほど、浸漬時間は短い）、静かに圧搾する。果汁の滓が沈むと、自身が培養した酵母菌を使い、スティール・タンクの中で、15－19℃の自然温度で発酵させる。4－6週間後、初めてワインを澱引きする（しかし、まだ硫黄処理はしない）。さらに6－8週間、微細な澱の上に寝かせた後、二度目の澱引きをするが、しないこともある。それから、清澄し（ベントナイトで）、フィルターにかけボトリングする。2002年以降、全てのワインはステルヴァン（スクリューキャップ）を使用。

極上ワイン

Riesling Unplugged
リースリング・アンプラグド

このワインは「ブランド」である。ヴァイングート・テッシュの

上：先見者マルティン・テッシュ。革新と伝統を追い求めている。型破りのアンプラグド・ワインでさえも。

真髄であり、金のなる木である。もっともマルティン・テッシュは年間どのくらいボトリングしているか明かさない。2001年の最初のヴィンテージに出した3000本の倍数にはなっているはず。テッシュの説明によると、アンプラグドは"酵母を加えたり、ショイレーベやトラミナーのようなアロマチックな品種、あるいはアイスワインの添加などによって飾り立てたり、洗練させようとしたりしていない"裸の"ワイン。当然、好むと好まざるにかかわらず、純粋なリースリング・トロッケン辛口である。残糖は非常に低く（1.5 − 2.5g/ℓ）、酸度は7.5g/ℓほど。2011年7月に行われた最初の10年の垂直テイスティングでは、このリースリングは4-5年で最良の状態になる。最良中の最良年は――例えば**2004年**（極めて辛口だが、バランスがとれている。クラシック）、**2007年**（非常にエレガントでバランスが良い）、**2008年**（非常に純粋）、**2009年**（2008年よりリッチ）――7年か8年の熟成に耐える。

Riesling Remigiusberg
リースリング・レミギウスベルグ
　5つの単一畑から造られた最も洗練され最も複雑なリースリング。風化した火山土から造られるこの無比のワインは、繊細なハーブの香りと非常に洗練された果実香を伴う卓越したスパイシーな香りを放つ。口に含むと、精緻で、ほとんどソフトで、しかも、洗練されて、エレガントで、持続力がある。この非常に表現豊かだが、繊細なリースリングは5、6年で飲み頃になるが、10年以上熟成に耐える。最良の年は**1999年、2001年、2004年、2007年、2008年、2009年**。

Weingut Tesch
ヴァイングート・テッシュ
栽培面積：15haプラス5haの借地
平均生産量：150,000本
Naheweinstrasse 99, 55450 Langenlonsheim
Tel: +49 670 493 040
www.weingut-tesch.de

14｜優れた生産者とそのワイン

モーゼル Mosel

　世界で最も古いが、最も活気があり、軽快かつ精緻、アロマチックで、繊細で魅力的な味覚のダンサーというべきワインがお迎えする当地へようこそ。もしドイツワインのことを何も知らないなら、最初に飲んでみるべきワインは、モーゼルとザールとルーヴァーだ。ほとんどがリースリングで――そうでなかったとしたら、まあ忘れてもいい――神秘的な緑の川とその支流に沿った急峻な岩だらけの斜面で栽培されている。川は、1,500万年前の火山の爆発により形成された絵のように美しい渓谷を蛇行。ただし、個性的で多彩なデヴォン紀の粘板岩土壌の基礎は、その遥か以前の4億1,100万年前に出来上がっている。

　この地域の"近代"史は、およそ2000年前、3万の喉が渇いたローマ人がアルプスを越え北に進んできた時に始まる。やがてドイツの国になるところには、まだワインが持ち込まれていなかったので、賢いローマ人は、トリーアに近い前人未到の荒野を開墾し、切り立った岸壁に南向きの段々畑を作り、葡萄の木を植えた。収穫し、発酵させたものは――軽く新鮮だと伝えられる――彼らの渇きを見事に和らげたので、葡萄栽培は途切れなく現在まで続いてきた。（一本の支柱にハート形に枝を絡ませるローマ人の整枝のやり方や、実の破砕の仕方は現在でもまだ行われている――畑でも、見学の価値があるミュージアムでも）。帝国が崩壊し、ローマ人はやがてローマに帰って行ったが、その子孫は今日でもモーゼルのリースリングを高く評価している。もっとも、クラシックなモーゼル・リースリングの魅惑的な軽さとフィネスを愛さないワイン愛好家がどこにいるだろうか？　ローマ人が武力で成し遂げられなかったこと、世界の制覇を、モーゼル・リースリングはその魅力で成し遂げたのだ。

　モーゼル川沿いの葡萄栽培は、フランスから、雄大なライン川と合流するコブレンツまで延びている（地図参照。141頁）。ワイン生産地・モーゼルの（以前はもっと正しくモーゼル・ザール・ルーヴァーと呼ばれていた）葡萄栽培総面積は8,871ha。その半分以上が有名な急斜面にある。収穫の約91％が白品種で9％が赤。リースリングが圧倒的に多く60％を占める。エルプリング（6.2％）はミュラー・トゥルガウ（13.6％）より、少なくとも2つの理由

右：モーゼル川の湾曲部にあるベルンカステル村と、その上の急斜面にある有名なドクトールの畑。

216

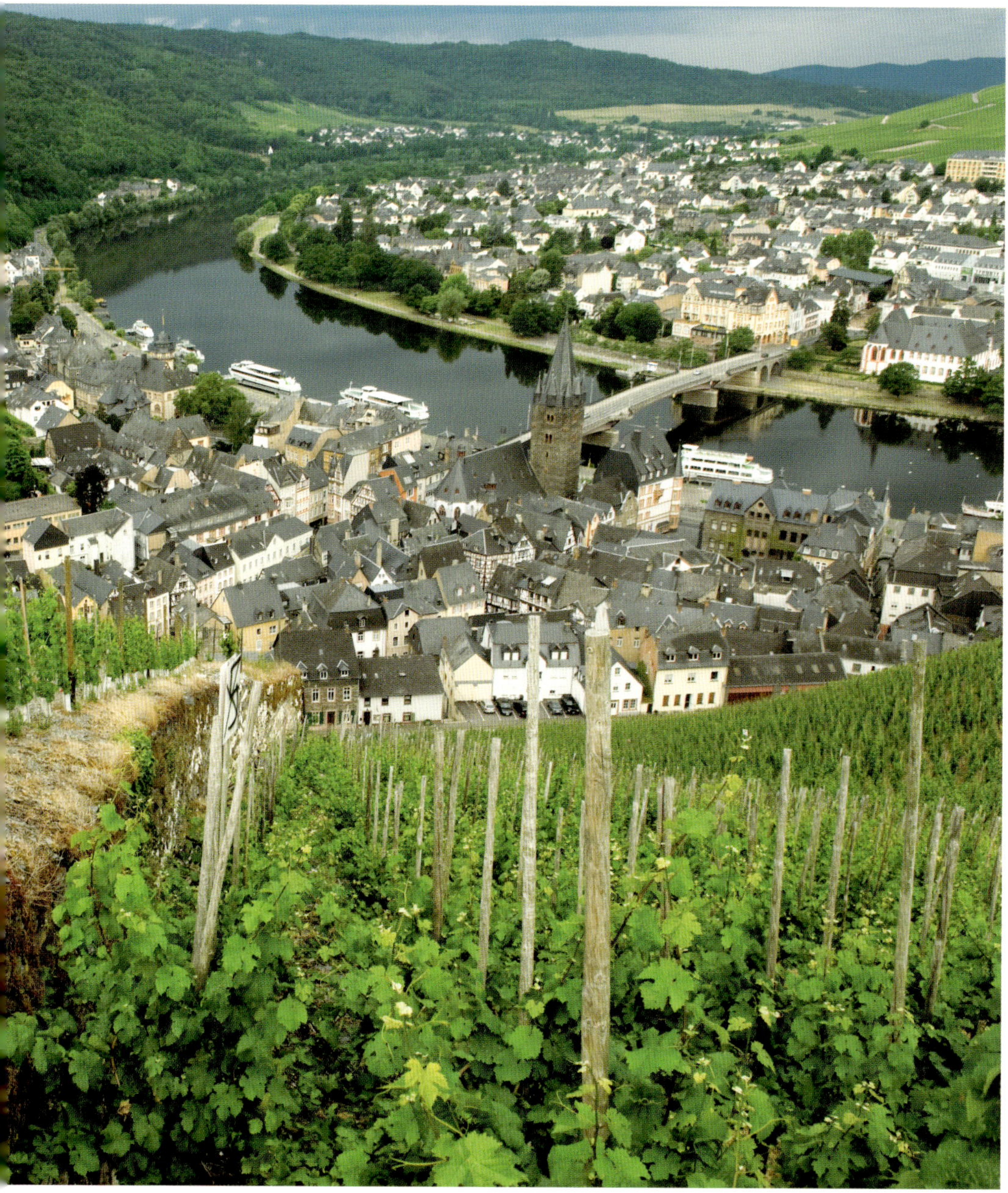

で面白い。つまり、ローマ人はエルブリングの方をその控えめの魅力と軽さの故に愛したこと、そして未だにエルブリングはモーゼル上流地区のスターであることだ。

全長250kmの川が曲がるたびに葡萄畑が現れるモーゼルは、ヨーロッパ最大のリースリング産出地である。最近まで、葡萄が栽培されていないのは、太陽をほとんど拝めないような、あるいは、急峻すぎる斜面だけだった。しかし、この20年ほどは広く作付けされていない場所が出てきて、そのペースも上がり、栽培者や監視者が心の叫び（クリス・デュ・クール）をあげるようになった。理想に燃えた自虐的な若い生産者の何人かが――例えば、トラーベン・トラールバッハのダーニエル・フォレンヴァイダー――そうでもしなければ失われてしまったと思われる急斜面の古い畑を救済しょうとしているが、消費者は、モーゼルの急斜面における葡萄栽培のコストを埋め合わせるために高い金額を支払う覚悟をしなければならない。そうでなければ生き残れないだろう。

斜度115%（100%は45°）の斜面は、ほとんどの大胆な栽培者にとって逡巡するほど急峻ではない。それは、段々畑になっているモーゼル下流のヴィニンガー・ウーレンWinninger Uhlenが目眩のするほどの傾斜であることからもわかる。1950年以来、他の果物の方がよく育つ平坦な谷底に、ワイン用葡萄も植えられるようになった。南に広がるフンスリュック山脈と北に広がるアイフェル山脈からの冷気に脅かされるため、ほとんどの畑は斜面の上の木々によって守られている。最も急峻な斜面の渓谷が最高の保護を与えてくれる。気温はかなり冷涼だが、葡萄樹は、石の多い土壌と段々畑だけでなく勾配の恩恵も受けている。これらは日中の熱を蓄え、夜間に放出する。

モーゼル・ワインの繊細なスタイルにとって気候は決定的な役割を果たす。この地域はヨーロッパ葡萄栽培の北限にあって、温和な気候帯に属する。風は南と西から吹き、大西洋気候で、涼しい夏と比較的暖かい冬という特徴がある。年間の気候パターンが変化するため、日照時間や降雨量は年ごとに明らかに異なる可能性があり、それはワインにはっきり反映される。年間平均気温はモーゼル上流地域の9.1℃からコーブレンツの10.5℃にまで及ぶ。これはかなりの相違ではあるが、降雨量の差に比べればほとんど問題にならない。トリーアで800mm、コーブレンツで670mm。しかし、ザールの平均年間降水量は900mmに及ぶ。もしここの斜面がこれほど急峻でなく、粘板岩土壌がこれほど排水能力に優れていなければ、葡萄栽培は不可能だろう。しかし、良い年だと、おそらく世界で最もすばらしいリースリングをここのカンツェム（アルテンベルクを試飲すること）、ヴィルティンゲン（シャルツホーフベルガー）、そしてゼリッヒ（シュロス・ザールシュタイナー）で見つけることができる。

モーゼル、ザール、そしてルーヴァーの渓谷では、秋と冬はしばしば霧が出る。霜のリスクは、冷気団が山腹を降りて来るため、常に秋と早春にある。他方、断崖での葡萄栽培には、世界で最も良質の甘口ワインに数えられるアイスワイン（特にザール）、BA、あるいはTBAのような、本当に目を見張るような逸品を誕生させる可能性がある。

日射の強度は、モーゼルのような北の葡萄栽培地域では決定的な要素である。強度は向きと斜度によって変化するから、川沿いに蛇行する急斜面は畑ごとに違いをもたらす。そのため、単一畑はモーゼル・ワインの性格にとって極めて重要であり、小さければ小さいほど、畑は個性的になる。有名なベルンカステラー・ドクトールは3haをわずかに上回るだけで、そのリースリングは間違えようがなくユニーク。奇妙に聞こえるかもしれないが、クレメンス・ブッシュ、レーヴェンシュタイン（両者ともモーゼル）、ペーター・ラウアー（ザール）のような何軒かの一流生産者は、中気象と特定の土壌（あるいは粘板岩の色）に従って自分の単一畑をいくつかの小さな区画に分けている。中には0.5ha以下のものも。しかし、試飲してみれば、彼らがなぜそうしているのかよくわかる。もっとも、マーケティングに関してはあまり意味がないだろう。ところで、モナリザの絵は何枚存在するか？　一枚。数百本の液体の傑作はそれよりずっと多いから、世界的な芸術家の絵の金額よりはるかに安く入手できるというものだ。

金額の話のついでに言っておくと、モーゼル・ワインは、単一畑のシュペートレーゼでさえ、極めて安いものがある。手を出さないで欲しい。おそらく、以前は果樹園であった谷床のものだ。モーゼル・ワインなら、どうかそれに見合う金額を払ってほしい。YouTubeで"Mosel Vineyard"、"Loosen jamiegoode"、または"WinningerUhlen"を検索してみれば、一流生産者のニック・ヴァイスの語ったことが容易に理解できるだろう。「モーゼルは、安いワインで長期にわたり成功することができない地域です。選択肢は2つしかありません。重労

THE FINEST PRODUCERS AND THEIR WINES

働の葡萄栽培に投資して、世界中のワイン愛好家が喜んで金を払ってくれるような偉大なワインを造るか、山羊に丘陵の草をはんでもらうか」。私は後者のようなシナリオを見たくもないし、あなたがたも、かつて最高だった（今はそうでない）オックフェナー・ボックシュタイン・カビネットやヴェーレナー・ゾンネンウーア・シュペートレーゼを口に運びたくはないだろう。

　土壌もまたワインの性格を決定する。モーゼルは、圧倒的に風化の進んだデヴォン紀の粘板岩である。（カリウムやマグネシウムのような）ミネラルと（窒素、燐のような）有機物成分に富み、植物に栄養を与え、ワインに強烈なミネラル風味の特徴──"果物をはるかに越えたもの"──を与える。急斜面のために表土が極めて薄いのはよくあることで、そのため、葡萄の根は片岩を貫く。モーゼルでは未だに接ぎ木されていない樹齢60-100年以上の樹が数多くある。フィロキセラが粘板岩土壌を征服することがなかったからだ。これらの粘板岩は、黒、青、灰色、緑、茶、または赤で、それぞれの色が土壌とワインの性格の微かな相違を示している。

　長い成熟期は無数の異なったテロワールと結びつき、リースリングに最高の条件を与えている。そのため、他の品種は、白であれ赤であれ、ここでは重要度がずっと低い。だからといって、モーゼル・ワインが皆同じというわけではない。それどころか、モーゼル・リースリングのスタイルと風味は多種多様。精緻な辛口から、ボトリティス菌のついた葡萄から造る味わい深い甘口とアイスワインまで、可能でないものはない。ここで自分の好みを見つけようとすると、あまりにも多くのスタイルがあるため、全く夢中になってしまうかもしれない。それに、ヴィンテージが異なれば、最上のワインでさえ──品質ではなくスタイルの点で──年ごとに大きく変わることを意味する。シャルツホーフベルガーでさえ、ある年はフルでリッチ、次の年は細身で洗練されているということがありうる。両方とも魅力的で、両方ともここのワイン文化にとって不可欠である。これらのワインを、20年、30年、あるいは40年後、完全に熟成した時に飲んでみれば、その違いもまた賛美することになるだろう。ドイツには「リースリングはリースリングだなんて一口に言ってすむものではない」という言い方があるが、モーゼルほどこれが当てはまるところはない。試しに飲んでみるほかない。

上：モーゼルの一流生産者のひとつ、J.J.プリュム家にあるデヴォン紀の粘板岩は、この地の特徴の一つ。

MOSEL

Weingut Markus Molitor
ヴァイングート・マルクス・モリトーア

「信じられない！」「まさに狂気！」「彼は完全に狂っている」「見事！」。ヴェーレナー・クロスターガルテンで開催されるマルクス・モリトーアの試飲販売会を出るときはいつも、参加者がこの表現できないものをいろいろ競って表現しようしているのを耳にする。モリトーアが毎年見せる最新年度の何十もの個別の――本当に個性ある――ワインを表現する言葉を見つけるのはとても困難なことである。しかし、彼はさらに、1988年に遡る10余の古いリースリング・アウスレーゼも見せる。前者はほとんどが、ほぼ完璧な品質の手づくりワインの将来性を示唆しているだけ（この言葉を大雑把に使っているが）だが、後者は驚嘆するほど新鮮で、完全な熟成にはほど遠い状態。モリトーアはもっと古いヴィンテージも見せたいと思っているが、家の仕事を引き継いだのは つい1984年のことである。

当時、彼は若干20歳であったが、野心と洞察力に満ちていた。「私の目的は最初から、モーゼルに以前の栄光を取り戻し、個々の畑の独自性と、異なった選別と、長年にわたるヴィンテージの性格をはっきり反映する個性豊かなワインを造ることだった」

モリトーアは4haの畑から始めたが、今では40haを所有、モーゼル最大の家族経営ワイン生産者に数えられる。所有する畑は、ブラウネベルクとトラーベン・トラールバッハの間の18カ所にあり、大部分はモーゼル中流域で最良の最も急峻な場所に位置している。ブラウネベルガー・クロスターガルテン、ベルンカステラー・ライ、グラーハー・ヒンメルライヒとドムプロプスト、ヴェーレナー・ゾンネンウーア、それに続くユルツィガー・ヴュルツガルテンとエアデナー・トレプヒェンなどがそれに当たる。2012年からは、ザールの2つの最上の地、オックフェナー・ボックシュタインとザールブルガー・ラウシュに畑を借りている。

畑の多様性、粘板岩のタイプ、微気候だけでなく、辛口（白のカプセル）、中辛口（グリーン）、甘口（ゴールド）の数種のプレディカーツヴァインの生産のおかげで、マルクス・モリトーアのワインは、あらゆる種類のモーゼル・ワインを代表している。毎年、少なくとも50種のワインを選別、ボトリングしている。ボトリティス菌がたくさんついた年は、さらに多い。2010年には、ツェルティンガー・ゾン

左：貴重な葡萄樹に囲まれた妥協を知らないマルクス・モリトーア。接ぎ木していない古木の割合は高い。

221

ネンウーアだけで10種のTBAが選ばれ、さらに他の畑から数種選ばれた。一人の生産者が毎年50種、60種のワインを提供するのは気違い沙汰に思えるかもしれない。しかし、一度試飲してみれば、一つ一つがモリトーアの承認の判が押されていること、そしてどのワインもボトリングの価値があることに気づくはずである——最高級の格付ワインを別にしても、それぞれのワインに数千ものボトルがあることを考えれば、よけいにボトリングの価値はあると言えよう。

モリトーアの膨大なワインの卓越した品質は、多くの要素に支えられている。まず、ワイン原料の質がある。モリトーアは樹齢100年もの樹を含む接ぎ木していない樹ばかりでなく、その古木からのマサル・セレクション（新しい樹を増やす際の選択肢の一つ。自分の畑の樹の中から優れた枝を選び、その枝を接ぎ木しながら増やしていく方法）も高い割合で持っている。次に、畑とセラーでの有名な妥協のない献身的働きがある。そこには、有機農法、多くの手作業、厳しい選別があり、さらには酵素や添加剤、清澄剤、培養酵母を使わない伝統的なワイン造りがある。彼はワインの真正性や複雑さや長命を損なう可能性のあるものは、一切排除する。スタイルとヴィンテージによって最高2日間果皮浸漬させた後、バスケット・プレス型の圧搾機で圧搾したリースリングの大部分は、1,000 − 3,000リットルの伝統的なオーク樽で発酵熟成させる（最良のものは1年以上）。

モリトーアは、驚かされるが、畑の熟練者を50人も雇い、夏の間の樹冠管理と、2ヶ月間の収穫をしてもらう。過剰に思えるかもしれないが、一粒の実さえ、少なくとも2度の選別を受けるか、厳格なチーフの許可を得ない限り、バスケット・プレスに送られることはない。もちろん、葡萄の選別となると、モリトーアは狂信的だ。辛口ワインについては、葡萄にほんのわずかでもボトリティス菌が着いていれば、健康な実に感染しないように、畑の段階で健康な葡萄と別々にされる。リッチで生理的に熟した葡萄を求めているため、マルクスと彼のチームは、ヴィンテージや、区画、植樹密度などに従って、収穫を低く10 − 55hl/haに抑えている。摘果は、特に辛口のシュペートレーゼとアウスレーゼの場合、非常に遅く行う。より濃いエキスと、より熟して強すぎない酸度と、フェノールの熟成を確保し、ワインに骨格を与えるためだ。区画ごとに数回摘果を行い、成熟度別に注意深く分類する。

例えば、甘口のシュペートレーゼは、残糖とのバランスをとるため高い酸度を確保する目的でシュペートレーゼ・トロッケンよりかなり早く摘果する。対照的に、トロッケンは甘口よりも成熟さと強烈さと骨格を必要とするため、およそ3週間遅く、最も古い樹から摘果する。

モリトーアでクラシックのアウスレーゼを造るには、葡萄は、理想的にはクリーミーな口当たりのために50%のレーズン化した実と、バランスを取る新鮮さのために50%の健康な実でなければならない。1971年以前のワイン法に従って、彼は3種のアウスレーゼを産出している。3つ星のアウスレーゼ、特に辛口は、非常に稀少。なぜなら、100%健康でありながら完璧な生理的成熟を達成していることが要求されるからだ。しかし、甘口と中辛口の3つ星アウスレーゼ・ワインは、両方ともボトリティス菌が許容されるので、定期的に産出される。

モリトーアでBA、とくにTBAを造ることは、ロールスロイスを製造するようなものだ。最も熟練した摘果人のグループが他の摘果人に先立って房からレーズンを一粒ずつ摘み取る。このレーズンはセラーのテーブルの上で3回まで選別される。こうして誕生した最高級のTBAは、世界の最優秀ワインに数えられ、オークションにかけられるため、最高額のワインとなり得る。

あまりにも多くの一流ワイン（大部分は驚くほど魅力的な価格）を出し、彼が導くところならどこへでも彼に従うつもりの顧客がいるため、モリトーアは、もっと主流のブランド（多くのグローセス・ゲヴェクスを含む）と同じように、毎年一定のワインを生産する義務はない。ヴィンテージだけがどのワインを造るかを決定する。モリトーアは20年以上、少なくとも4つのヴィンテージをリストアップしたカタログを作っているが、もし特別のものを探しているなら、彼が喜んで助けてくれる。新しいヴィンテージを秋に紹介すると、前年のものは40%だけ売る。多くのトップクラスのワインは2、3年後に初めて市場に出し、最上質のワインはオークションのために取っておく。オークションではエゴン・ミュラー・シャルツホーフやJJプリュムと同じ品質と価格で勝負する。

モリトーアのワインは卓越している。深みがあり、リッチで、構造に優れているが、新鮮さ、優美さ、あるいは人を鼓舞する能力に欠けることはない。しかし、一つアドバイスを。必ず最新のヴィンテージを買うこと。しかし、常に成熟したワインの真価も評価すること。

MOSEL

極上ワイン

2007 Graacher Himmelreich*** Pinot Noir ★
グラーハー・ヒンメルライヒ　ピノ・ノワール

意外に思うかもしれないが、モーゼルにもピノ・ノワールの伝統がある。このワインはグラーハの極めて急峻な斜面の中央部から造られ、ドイツで最上級のワインの一つである。モリトーアは1988年に最初のピノを植樹し、2、3年後にシャンボールとシャンベルタンから持ってきたマサル・セレクションの苗木を追加した。洗練された果実フレーバー、赤いカシス、全麦パン(ボトリティス菌なし!)。甘く、調和が取れ、極めて繊細。口に含むと熟していて、強烈で、フル。かなりジャムのように感じるが、並外れた深みと凝縮感と力を備える。口当たりは絹のようで、非常にエレガント。酸味も同様。後味はスモーキーで、熟したタンニンがまだ少し刺すような感じで、この非常に説得力のあるグラン・クリュにしっかりした構造を与えている。

2009 Zeltinger Sonnenuhr Kabinett Fuder 6 [V]
ツェルティンガー・ゾンネンウーア・カビネット・フーダー 6

複雑さ、軽さ、新鮮さ、飲みやすさの点で、ドイツで最も印象的なワインの一つ。アルコール度数11.5%の辛口カビネットだが、ヒンメルライヒより標高の高い畑に植えられた最古の接ぎ木していない樹から造られるので、糖度は中庸。熟した強烈な果実香に、スパイシーな粘板岩のアロマを伴う。味わいは、熟したアプリコット、桃、精密で、新鮮な酸味。塩味のある粘板岩の味。

2001 Zeltinger Sonnenuhr Auslese*** trocken ★
ツェルティンガー・ゾンネンウーア・アウスレーゼ　トロッケン

バタール・モンラッシェのように装ったリースリングだが、その真髄はあきらかにツェルティンガー・ゾンネンウーア。ここの畑のほとんどは80年余に達し、数個の区画は段々畑になっている。土壌は石だらけで、痩せていて、青いデヴォン紀の粘板岩が圧倒的に多い。収穫はばかばかしいほど低く(10-20hl/ha)、その結果、複雑さと成熟さが、驚嘆するほどの優雅さとフィネスに調和する印象的なリースリングが誕生する。2001年は辛口。それより新しいヴィンテージは5gほど残糖が多い。そのため熟成能力はさらに高まる。すばらしい凝縮感と深みに、発酵と熟成に用いられた小さなオーク樽によって生じた繊細なアロマが伴う。(現在これと同等のワインでトースティングはかなり少なくなっている)。非常にすっきりして、新鮮で、純粋。口に含むと力強く超濃密。熟した桃。息をのむほどの持続力に生き生きとした塩味のあるミネラル感が伴う。まだ赤ん坊だが、巨人でもある。畏敬の念。

1993 Zeltinger Sonnenuhr Auslese*** ★
ツェルティンガー・ゾンネンウーア・アウスレーゼ

色はゴールドでグリーンに反射。完熟した果実の濃密なフレーバー。非常にすっきりして高貴。蜂蜜とレーズンとアプリコットとマルメロのアロマがある。口に含むと凝縮感がありピリッとする。構成は堅固で、甘いのは最初だけ、直ぐに突き通すようなミネラル感と胸がわくわくするような複雑感が際立ち、やがて印象的なほど持続性のある塩味となる。活気があり、食欲をそそる。すばらしい。

1998 Zeltinger Sonnenuhr Auslese** (auction) ★
ツェルティンガー・ゾンネンウーア・アウスレーゼ(オークション)

モリトーアは、このワインを3つ星が取れるほど改善しなければならないと考えているが、私はこのワインに欠けているものは何もないと思う。このゴールデン・イエローのワインは、モーゼルの伝説的なアイスワイン・ヴィンテージの一つ、1998年から造られた完璧なアウスレーゼである。アロマと酸味の両方を強化する霜が降りた後、レーズンは一粒ずつ摘み取られた。非常に純粋で優雅。最上のレーズンとアプリコットのピリッとしたアロマ。口に含むと至福のフィネスと繊細さ。極めて良質の、エレガントな酸味と塩味のあるミネラルが、この軽く高貴で、しかも強烈で持続性のあるワインのバランスを見事に保っている。繊細なキャラメル風味の後味。

2009 Brauneberger Mandelgraben Eiswein
ブラウネベルガー・マンデルグラーベン・アイスヴァイン

イエロー・グリーン。石と熱帯果実のアロマ(パイナップル、桃)。精密で、水晶のような風味。高貴な口当たり、蜂蜜のフレーバーを伴う、キンカン、苦いオレンジ——しかし、粘板岩の風味が常に存在する。ピリッとする。偉大なワイン。

*は良質のアウスレーゼ、**は上級のアウスレーゼ、***は最上級のアウスレーゼワインを意味する。この星印は糖度(多ければ多いほど良い)ではなく、フィネスfiness(良質であればあるほど良い)に対応する。

Weingut Markus Molitor
ヴァイングート・マルクス・モリトーア

栽培面積：40ha　年間生産量：200,000-300,000本
Haus Klosterberg, 54470 Bernkastel-Wehlen
Tel: +49 6352 954 000
www.markusmolitor.com

MOSEL

Weingut Egon Müller-Scharzhof
ヴァイングート・エゴン・ミュラー・シャルツホーフ

10年ぐらい前に初めてここを訪れたとき、私は、全てが芝居がかっている、つまり、現実味がないという奇妙な感覚に襲われた。しかし、年月を経た今、ここに偽物はないと理解するようになった。そう、これは"現実の生活"。ただ、ここの現実の生活は他の現実の生活とは異なっているのだ。

　シャルツホーフはヴィルティンゲン村の外側に位置する。オーバーエメルに向かって車を走らせると、左側に世界的に有名な急斜面のシャルツホーフベルクが現れる。そこの、丘陵の麓の道路から引っ込んだところに、舞台の装飾のように誇り高い淡い黄色のバロック様式のマナーハウスが建っている。ロープを引くと昔のベルのような音がして、2、3分後に（約束をしていれば）、ドアが開いてエゴン・ミュラー4世が親しげに出迎え、玄関ホールの窓際にある楕円形の大理石のテーブルに案内してくれる（やっと神聖な玄関ホールの中に入ったのに威嚇的な出口のような感じがするが）。テーブルには直近のヴィンテージのシャルツホーフベルガーのワインがすべて一壜ずつ円を描くように並べられている。もちろんすべてリースリングで、それぞれ脇にINAOの小さなテイスティング・グラスが置いてある。さあ、舞台に立つのはあなただ。その間、エゴン・ミュラーはホールの陰に引っ込み、黙って退屈している観客を演じる。あなたは目の前に並んだ、胸が高鳴る魅力的なワインのテイスティングを始める。まず愛すべきシャルツホーフ農園のリースリングに始まり、小妖精のようないくつかのカビネット、美味しいシュペートレーゼ、洗練されたアウスレーゼと進んで、最後に、ごく少量のためほとんどカーボイ（かご入り大型ガラス瓶）の中で発酵させたTBAやアイスワインのような非常に高貴な稀少ワインを試飲する。言葉では到底言い尽くせないようなワインを表現するために適切な言葉を探すので、私にはこういうワインを試飲するときは、普通少なくとも1時間かかる。これら貴族的なワインは、あまりにも繊細で、軽く、透明感があり、洗練され、精緻であり、同時に信じられないほど強烈で、凝縮感があり、人の心を捉えるので、テイスティングの間、喋る人は誰もいない──吐き出す人もほとんどいない──それにはもっともな理由が二つある。

右：エゴン・ミュラーと40人の収穫人の一人。健康な実とボトリティス菌のついた実を別々のバケツに入れる。

エゴン・ミュラー・シャルツホーフは、
ドイツ最高のリースリングワイン生産者として、
広く知られている。この高貴なワインは、繊細で軽やか、
きれいで洗練され、優美であると同時に、信じられないほどの強さがある。

WEINGUT EGON MÜLLER-SCHARZHOF

　第一に、エゴン・ミュラー・シャルツホーフは、品質とスタイルで、ドイツ最高のリースリング生産者とみなされている。1979年、エゴン・ミュラーの曾々祖父ジャン・ジャック・コッホがフランス共和国から購入。シャルツホーフは現在4代目、1959年生まれのエゴン・ミュラー4世が運営している。1991年から責任者となっているが、先祖と違って、幸運にも4分の1世紀の大部分、悪い年に出会うことはなかった。1988年以前の年を——現在とはまるで違った時代のように思える年々——振り返って、彼は言う。「昔は、葡萄を完熟させるという問題があった。気候の変動で、今では充分な糖度を達成するのにほとんど問題がない。だから、フレーバーと酸味の成熟に集中できる」。彼は同じことをカンツェムのル・ガレでも行っている。これはシャルツホーフの小さなセカンド・ワイナリーで、ヴィルティンゲンに有名な単一畑ブラウネ・クップがある。ここでとれるリースリングもシャルツホーフで醸造される。

　アポロよりもディオニュソスのように振る舞うもう一つの理由は、シャルツホーフベルクで造られるミュラーのリースリングが稀少かつ高額であることだ。家族は全部で16haを所有、そのうち8haは有名なグラン・クリュの中にある。ここの葡萄樹はほとんどが古木で、およそ3haは接ぎ木していない。シャルツホーフベルクの植樹密度は、平均でヘクタール当たり6,000-10,000本である。

　ミュラーは一連のプレディカーツ・ワインを出すが、多様なカビネット、シュペートレーゼ、アウスレーゼは品質ではなくスタイルで異なっている。これらのワインは異なった区画や樽（1,000リットル・フーダー）から造られるため、風味にさまざまなニュアンスが生まれ、ミュラーは全てのワインに、相応するフーダーナンバーをつけている。シャルツホーフの最も良質、つまり最も焦点がしぼられ洗練されたリースリングは、ゴールトカプセルとして年1回開かれるトリーアのワイン・オークションでのみ販売される。通常、ミュラーのシャルツホーフベルガーは最高値を達成する。残念ながら、ゴールトカプセルでないアウスレーゼでさえ1瓶200ユーロ近くもする。

　28haのシャルツホーフベルク自体、おそらくドイツで最高の評価を受けている畑だが、なぜそうなのか、説明された理由はちょっと凡庸だ。「耕す、耕す、耕す」と、エゴン・ミュラー3世は何年か前に若いガイゼンハイムの学生たちに説明している。しかし、現在エゴン・ミュラー4世は「テロワールは、今後それほど我々を遠くへひっぱってくれることはない。重要なのは、さまざまな要素の結びつきだ。この丘陵には何か特別なものがある」スフィンクスのように微笑みながら、そう説明した。

　シャルツホーフベルクの丘陵は、純粋な粘板岩からなる南向きの急斜面を持ち、ドイツで最も冷涼なワイン生産地区の一つにある。そこからは、アルテンベルク（カンツェム）やゴッテスフース（ヴィルティンゲン）のような川岸の有名な畑よりも冷涼な脇谷に位置しているためザール川は見えない。シャルツホーフベルクの石の多い土壌は水はけがよく、直ぐに暖まる。ここでリースリングはゆっくりと遅く成熟し、土壌と太陽と冷涼な夜が差し出す全てのミネラル、アロマ、フレーバーを吸収する。ボトリティス菌がついたときは（「我々には避けられない」）、葡萄はアウスレーゼ、BA、そしてTBAで人を魅了しうる凝縮性を獲得する。

　遅い時期の収穫はミュラーにとって決定的に重要である。彼は10月末また11月に入って、40人ほどの収穫人と一緒に畑に入る。健康な実とボトリティス菌のついた実を別々のバスケットに摘み取って入れる。彼の説明によると「これで1日1000リットルの通常のワインと500リットルのボトリティス・ワインができる」。

　ワインはすべて（TBAを除く）伝統的なフーダーで発酵と熟成を行う。発酵は約10℃で始まり、1月前に止めることは滅多にない。ボトリングは、酸化を避け繊細さとフィネスを保存するためにかなり早い（3月）。

　「我々のワインはボトリング後1-3年で美味しく飲める。それから本当のクラシックとして再登場するまでおよそ10年間は閉じている」とミュラーは説明。一旦その段階に達すると、ワインはその伝説的なスタイルを長年維持する。その時カビネットとシュペートレーゼは常に、より辛口で食事に合わせると完璧になる。「若いリースリングの方が好きならば、シャルツホーフを買う必要はない。このワインは時間をかけてこそ金額に見合う価値を発揮するのだから」と彼は忠告している。

　シャルツホーフベルガーがクラシックの趣きを表すのはアウスレーゼ——ミュラーが常に追い求めているワイン——である。「若いうちはチーズ以外の料理に合わせるのは難しい。でも、40年か50年待って下さい、成熟したアウスレーゼの恩恵を受けない料理はほとんどないでしょう。イノシシでも合いますよ。イノシシにブルゴーニュ

絶対に合わないですね」。まあ、いいでしょう。私はその頃は85歳か95歳になっている。あなたは？

極上ワイン

　ここの最上のワインはオークションにかけられるので、稀少なBA、TBA、アイスワインはほとんどの我々の手には届かない。カビネットは少なくとも10-15年、シュペートレーゼは20年保存しなければならない。無敵のフィネスと透明性を持ったシャルツホーフの、見事なしかも購入可能なワインの代表は、**シャルツホーフ・リースリング#1**。10年後にはもっと印象的なワインになるとまでは言わないが、若くしかも美味しいワインとして大変なお値打ちもの。

Scharzhofberger Kabinett
シャルツホーフベルガー・カビネット

　フィネスと洗練さと精密さにおいて、エゴン・ミュラーのシャルツホーフベルガー・カビネットは、特にボトリティス菌がついていない場合、世界中のどのワインにも引けを取らない。ほのかなアロマと味わいはユニークで、かすかなフレーバーがこんなにもフルで持続性があって心を満たしてくれることに、私はいつも驚嘆する。特に **2004年★** のような例年より涼しい年では、ワインは小妖精のように軽く、蜃気楼のようにおぼろに現れ、その骨格はリースリングの新緑の葉脈のように繊細に造られている。もっとよく熟した年では、オークションにかけられた **2009年（#16）** が印象的に示しているように、カビネットは反発する要素が調和している完璧な例だ。ジューシーなこくや抑制の利いた力、良い持続力が、軽み、純粋さ、フィネスと一対になっている——崇高。シャルツホーフベルガー・カビネットの飲み頃がいつか、数字で示すのは難しい。私は通常収穫から12-20年後の不老期間を好む。しかし、30年を経たワインを——例えば、美味しい1976年の年代物——試飲してみたが、成熟していながら、新鮮さと、強烈さと、持続力を維持していた。ミュラーにとって、カビネットよりアジア料理と合うワインはない。

Scharzhofberger Auslese
シャルツホーフベルガー・アウスレーゼ

　この60年間の傑作をいくつ挙げよう。官能的で、濃密、非常にエレガントでピリッとする **2009年（#10）★** は、十分に高貴でバランスがとれ、ゴールド・カプセルでもよかったほどだが、**(#21)★** は、それ以上にすばらしかったため、ゴールドを着せられ、オークションで570ユーロの値をつけた。クールで貴族的なシャルツホーフベルガー。濃密で粘着性のある口当たりと非常に高貴な蜂蜜のような甘味があり、それがピリッとしたミネラルの風味によって引き立てられ、塩味に近く、驚くほどドライな切れ味が印象的な余韻を持っている。**1971年（#16）★** は、現在、通常の経験の範囲を超える経験をさせてくれるワイン。完熟ワインの複雑さとフィネスと、若いワインの凝縮感と新鮮さが結合している。非常にバランスがいい。いまだに陽気で持続力がある。甘味はしだいに消えつつあるが、今まさに絶頂期の卓越したワイン。**1959年（#73）★** 長い年月を経ているにもかかわらず未だに新鮮。今飲んでもとびきり上等。強烈なブーケ。見事な果実香と、粘板岩と胡椒のスモーキーな香り。緑茶、ドライ・アプリコット、ライム。口に含むと官能的。濃密でスパイシー。わずかにボトリティス菌の苦み。これは残糖が失われて行くともっとはっきりする。カモミールと緑茶のエレガントな後味。

2003 Scharzhofberger Trockenbeerenauslese (auction) ★
シャルツホーフベルガー・トロッケンベーレンアウスレーゼ（オークション）

　アルコール度6％以下の伝説的なTBA。透明感のあるオレンジ色が驚くべき凝縮性を示唆。ドライ・アプリコット、マンゴー、蜂蜜、ワックス、花など、あの世的な果実の純粋さを伴う、素晴らしく、極めて強烈な香り。これこそシャルツホーフTBAの真髄。濃密で、厚みがあり、蜂蜜のように甘いが、果実が純粋に表現され、輝かしく熟した酸味が魔法のように溶け込んでいる。実際、この忘れられない不滅のワインにはフィネスがある。

1996 Scharzhofberger Eiswein #2
シャルツホーフベルガー・アイスヴァイン

　見事に凝縮された、精密な香り。ドライ・オレンジとアプリコット。かすかに蜂蜜とキャラメルも。口に含むと豊かな甘味と高貴な凝縮感。これも、非常にすっきりして、正確で、独特のしびれるような酸味がとけ込んでいる。

Weingut Egon Müller-Scharzhof
ヴァイングート・エゴン・ミュラー・シャルツホーフ

　栽培面積：16ha　年間生産量：80,000本
　最良の畑：シャルツホーフベルガー
　54459 Wiltingen　www.scharzhof.de

MOSEL

Reichsgraf von Kesselstatt
ライヒスグラーフ・フォン・ケッセルシュタット

660年に及ぶ歴史を持つこのライヒスグラーフ・フォン・ケッセルシュタットは、モーゼルの中でも最も伝統的なワイナリーであり、またモーゼル、ザール・ルーバーの中で非常に重要な区画を所有しており、モーゼルのほかのどこのワイナリーとも比較できないようなグラン・クリュを所有している。もしもたった一日でモーゼル ザール・ルーバーを知りたいと思うなら、ルーヴァーのモアシャイトにあるシュロス・マリーエンライへ行くべきだ。

現オーナーのライヒスグラーフファミリーはあなたを歓迎してくれないかもしれないが、彼らよりもアネグレート・レー・ガルトナーや彼女の夫のゲルハルト・ガルトナーが歓待してくれるだろう。1978年にはレー・ガルトナーの父親のギュンター・レーがワイナリーを購入し、10年後の1989年にはレー・ガルトナーはゴー・ミヨーのワインメーカー・オブ・ザ・イヤーに輝いた。彼女が引退するにはまだ間があるものの、ライヒスグラーフは既に一生分の賞を獲得している。モーゼル地方で最も重要なワイナリーを30年以上に渡り管理してきた彼女は、持続可能な革新や開発、マーケティング戦略の実践を決して辞めることはなかった。彼女の最も重要な決断のひとつに、多岐にわたるブドウ畑を36ha（89エーカー）にまで減らしたことがある。そのうちの12ha（30エーカー）はエアステ・ラーゲ(間もなくグローセ・ラーゲになる)で、最も急な斜面に位置している。最も良く知られている畑としては、モーゼルではヨゼフスヘーファー Josephshöfer（グラーハの単一畑）、ベルンカステラー・ドクトール（0.06ha,0.15エーカーの畑で印象的なマグナムボトルのグローセス・ゲヴェクスを産する。）、ブラウネベルガー・ユッファー・ゾンネンウーア（2010年のものすごいGG）、ピースポーター・ゴールトトレプヒェン(2010年の素晴らしいGG)、そしてヴェーレナー・ゾンネンウーア。ザールでは、シャルツホーフベルガー、ヴィルティンガー・ゴッテスフース、そしてヴィルティンガー・ブラウンフェルス。ルーバーではカーゼラー・ニースヒェンなどがある。

レー・ガルトナーは、繊細で軽やかだが、力強くて複雑、というクラッシックなモーゼルスタイルのワインを造っている。それはかならずしも中辛口や自然な甘口である必要

右:ダイナミックなアネグレート・レー・ガルトナーは、ほかに例を見ないほど様々に幅広いグラン・クリュを所有している。

660年に及ぶ歴史を持つこのライヒスグラーフ・フォン・ケッセルシュタットは、モーゼルの中でも最も伝統的なワイナリーであり、またモーゼル、ザール・ルーバーの中で非常に重要な区画を所有しており、モーゼルのほかのどこのワイナリーとも比較できないようなグラン・クリュを所有している。

はない。彼女は、気候の変動により最高級の辛口のワインも造られることを主張したので、ケッセルシュタットはモーゼルのグローセス・ゲヴェクス生産（2010年ヴィンテージは2種だけが瓶詰された）の先駆者的な役割を担っている。これらのワインは辛口だがアルコール度数はさほど高くない（11.5 – 12.5%）。「私たちは糖度とモスト量を気にしないことにしました。これは言うほどには簡単なことではありません。しかし私たちのワインに最も重要なのは、エレガントさとミネラル感を保ち、それぞれの畑の個性を現すことなのです。」と彼女は言う。

この哲学は栽培家のクリスチャン・シュタインメッツが管理する畑において、真っ先に実践されている。殆どの葡萄樹は今日では針金のフレームで仕立てられており、収量はグローセス・ゲヴェクスで50hl/ha、軽いカビネットでは60から65hl/ha以下に抑えられている。これらのワインはグラン・クリュの畑から産出されているが、エアステまたはグローセ・ラーゲとはラベルに表示されない。これらの用語は上級のプレディカーツでしか使用することを許されていないからである。

ヴォルフガング・メルテスは2005年よりこのワイナリーのセラーマスターを務めている。彼は辛口のリースリングへのシフト（モーゼルにおいては未だに自明なことではない）と、それぞれの畑の質やプロフィールに及ぼすテロワールやマーケティングのアイデアを全面的に受け入れている。エステート・リースリングRK、村名及びグローセス・ゲヴェクスのリースリングは辛口に醸造されなければならない。前者は（許されているにも拘らず）決して補糖されることはない。ヨゼフスヘーファーのGGの約50%、ニースヒェンとシャルツホーフベルガーは30%までが伝統的なオーク樽（2,400ℓ）で醸造、熟成されている。肩書付ワインを含む残りはステンレスタンクで醸造される。GGのワインは8月まで、他のワインは5月まで、澱とともに寝かされる。

カビネットのワインは常に中辛口だが、甘すぎない。アルコール度は8から11%で、残糖は畑によるが、20から40g/ℓだ。残糖60g – 80g/ℓでアルコール度が約8%の貴腐化していないシュペートレーゼは数年前に比べて今日ではより辛口になっており、さらに辛口になっていくと良いと思われる。世界的な上級のプレディカーツは、今さら語るまでもない。

極上ワイン

2012年1月 テイスティング

Josephshöfer
ヨゼフスヘーファー

レイ・ガルトナーによるとグラーハにあるこの畑は1400年前に遡る。グラン・クリュの区画は3.8haで、標高180mまで斜度60%の急斜面上にある。風化したデヴォン紀粘板岩で覆われた土壌のためリッチで力強くミネラル感の豊富な熟成に値するワイン。

2010 GG

洗練されて、しっかりした果実の香り。しなやかで上品な舌触り。グラン・クリュから来る偉大なる精緻さと優雅さ。絹のなめらかさと新鮮さのバランスがあり、長い塩味の余韻。

1999 Auslese (Gold capsule Jubilee Edition) ★
アウスレーゼ（ゴールト・カプセル ジュビリー・エディション）

濃い黄色。上品でリッチで熟しているが香りは未成熟。ハーブのフレーヴァーがテロワールをよく表している。味わいはスリリング、生き生きとしていてピュア、そして複雑。非常にエレガントで塩味の余韻が長い。正に印象的なテロワールの表れ。他のどんなワインもこの高貴な美しさにはかなわない。今飲んでも素晴らしいが、あと20年から30年は楽しめる。

2002 Kaseler Nies'chen Spätlese ★
カゼラー・ニースヒェン　シュペートレーゼ

ブドウはルーヴァー渓谷の石の多い土壌で育った。高貴なシャルツホーフベルクを除けば、最もミネラリーなワイン。新鮮な色合いで輝き、エレガントで特徴的な香りに甘いハーブやミネラルが感じられる。クリアでドライな口当たり。上品で生き生きとした酸と口中に残る塩味に駆り立てられるような印象。良くまとまっていて、若々しい。心が軽く揺すられるようなワイン。余韻も長く、素晴らしい。

2009 Scharzhofberger GG
シャルツホーフベルガー

このヴィンテージは、この生産者が所有する6.5haの神話的な畑が偉大な辛口リースリングも産することを証明している。上品で高貴、とても華やかな香り。味わいは優雅で、しっかり、酸味は洗練されている。何層にも重なった果実味が感じられ、塩味も含めバランスが良く、美味しい。

Reichsgraf von Kesselstatt
ライヒスグラーフ・フォン・ケッセルシュタット

栽培面積：36ha
平均生産量：180,000 – 220,000本
住所：Schloss Marienlay, D-54317 Morscheid
Tel: +49 6500 91690　www.kesselstatt.com

MOSEL

Weingut Dr. Loosen
ヴァイングート・Dr. ローゼン

6つのグラン・クリュの畑に、一種類だけの葡萄品種、リースリング。それ以外に何があろうか。そして2つのスタイル、辛口の高品質ワインと甘口の肩書付ワイン。

ドイツ人には珍しくエルンスト・ローゼンは物事を単純化する。だからワインもそれ自身だけで考える。ドイツで最も知られているモーゼルのワイン生産者であり、世界中を飛びまわる、ドイツの高級ワインを代表する顔でもある彼は、エアデン(プレラート、トレップヒェン)、ユルツィヒ(ヴュルツガルテン)、ヴェーレン(ゾンネンウーア)、グラーハ(ヒンメルライヒ)そしてベルンカステル(ライ)にある壮観な斜面や岩山、所々が階段状になった葡萄畑を耕している。殆どの葡萄樹は接ぎ木をしておらず、風化した様々な色の粘板岩状土壌に60年から100年も前から根を下ろしている。葡萄は殆ど有機農法で栽培されており、収量は抑えている。この畑は既に1868年にはエアステ・ラーゲに分類されており、そして今日、グローセス・ゲヴェスクのワインと、肩書付ワインの傑出した品質のものを産出している。

ローゼンは、「しっかりとした、凝縮感のあるワイン、そして飲んで美味しく、その原産地をはっきりと表すことのできるワイン」を作りたいと言う。彼が誇りに思うその原産地とは、絵のように美しいベルンカステルとエアデンの間にあり、ローマ人が征服し、岩の斜面を開墾して葡萄が植えられた場所で、ひとつひとつの畑の間隔が数キロしか離れずに隣り合っている。それらの畑が狭いところに集中して存在しているにも拘らず、個々の土壌は全く違った様相を呈している。

そのエリアは甘口の肩書付ワインの産地としてよく知られており、ローゼンの輸出用のワインは彼の非常に美味なカビネットとシュペートレーゼ、そしてアウスレーゼにほぼ限られており、Dr. ローゼンの辛口ワインの輸出量は僅か2%である。プファルツのヴァッヘンハイムにあるJL Wolfの畑において10年以上もの辛口リースリングの経験があるにも拘らずである。彼は2008年ヴィンテージ以来1000ℓと3000ℓの新しい大樽を導入したり、グローセス・ゲヴェスクのワインを一年間シュール・リーにするなど、辛口モーゼルワインの品質向上に、多くのエネルギーを注いでいる。

「辛口のワインは甘口ワインに比べてそれぞれのテロワールをはっきりと反映する。何故なら最初に来る果実

上：Weingut Dr. Loosen、エルンスト・ローゼンの本社。しかし当のエルンストはもっぱら世界中を飛び回っている。

味や甘みが本当の個性を凌駕してしまうことがないからだ。」とローゼンは信じている。また彼はアルコール度が12.5%以上では偉大な白ワインを造ることは「非常に困難だ」とも言っている。「モーゼルのワインは低いアルコール度数でも独自のクラッシックなスタイル、しっかりとしたフレーバーとスリリングなミネラルのワインを造ることができる。」そして「このユニークなポテンシャルを生かすことこそが我々の責務である。」と付け加えている。この理由により、ローゼンはクラシックなカビネットスタイルを救うことに打ち込んでおり、それはモーゼルの典型としての認識に他ならない。「カビネットはクリアで軽く、フレッシュでミネラル感があり、舌の上で優雅に踊るような、わくわくするワインでなくてはならない。」

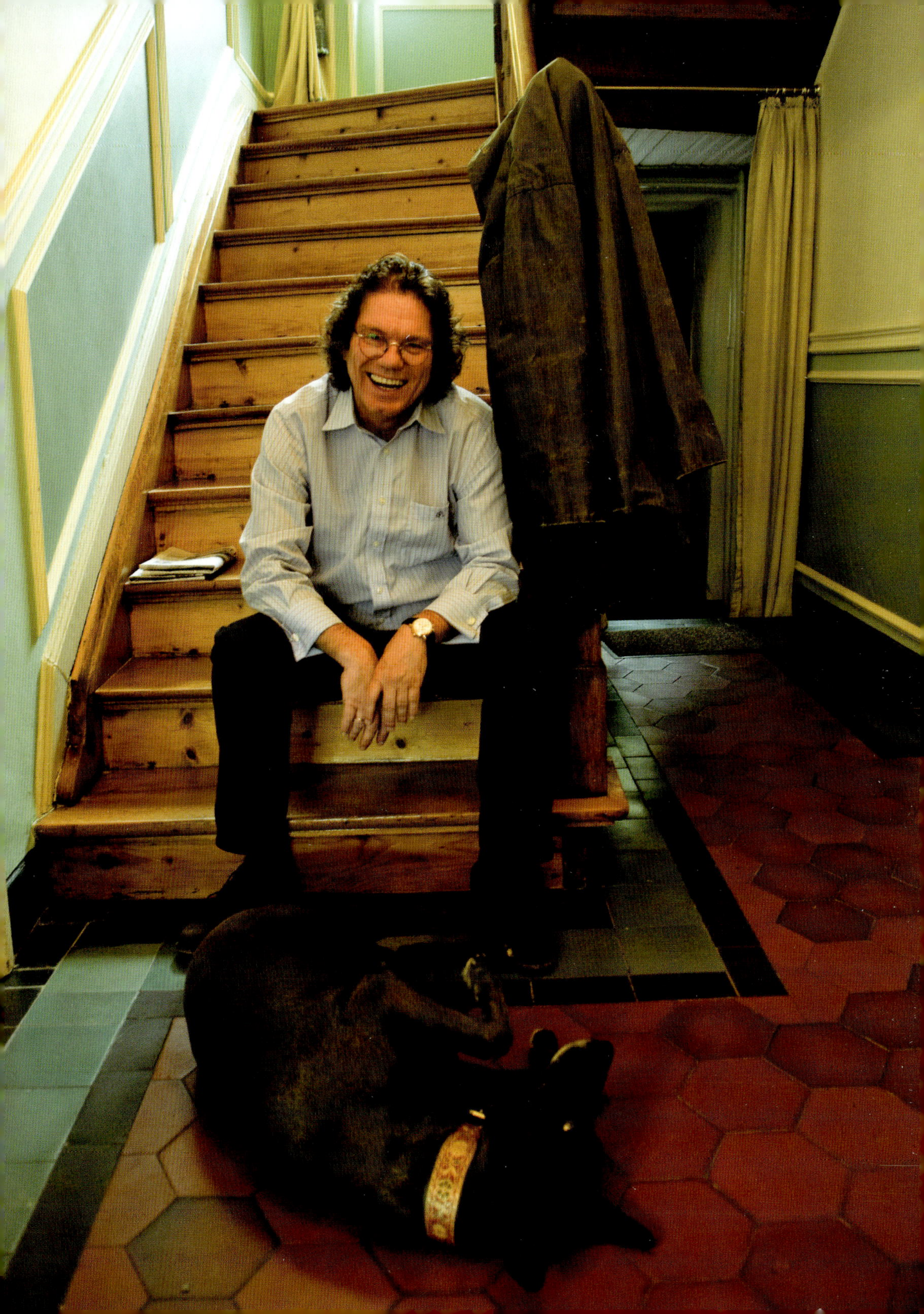

ローゼンによると、今日オーセンティックなカビネットを造るには、さらなる人海戦術が必要で、アウスレーゼやベーレンアウスレーゼなどの上級プレディカーツを造るよりも高くつくという。「我々は、最も正しい葡萄、100%健康な実で、モスト量81から82°Oe以下の、引き締まった酸をもつもの、を選ぶために細心の注意を払わなくてはならない。」ローゼンはさらに言う「おかしなもんだよ、昔は高いモスト量の葡萄を選んだものだったけど、今じゃ気候も変わったし、カビネットのために葡萄を選んでるんだからね。」

「辛口のワインは甘口ワインに比べてそれぞれのテロワールをはっきりと反映する。何故なら最初に来る果実味や甘みが本当の個性を凌駕してしまうことがないからだ。」——エルンスト・ローゼン

ローゼンはワインの飲みやすさは、最も重要な財産だと考えている。そして葡萄の開花から収穫までの間が100日をあまり超えないのが正しい期間だと思っている。「葡萄は熟しすぎ、しばしば貴腐化する。だから、待つ理由なんてないのさ。」と彼は語っている。

極上ワイン

Erdener Treppchen　エアデナー・トレップヒェン
　その昔、このワイナリーの斜面にある葡萄畑の脇に労働者達のための石段が造られた。鉄分を含んだ赤い粘板岩土壌は、中部モーゼルにおいて最も望まれている、堅牢でミネラル分の多いワインを生み出した。ワインは、カビネットでさえも、ボトルの中で数年間寝かせると、その可能性を見せ始める。

2010 Riesling Kabinett [V]　リースリング カビネット
　私はこのような気軽な持ち味のワインの時代はとっくに過ぎ去ったと思っていた。このカビネットは文句なしに美味しい。春の花の香り。土の香り、活気にあふれ、非常にフルーティー。味わいはしっかり、バランスが良く、爽やかな余韻へと盛り上がっていく。この軽く、ミネラリーで元気のよいカビネットはほぼ完ぺきと言える。

Erdener Prälat　エアデナー・プレラート
　この1.5haの完全な南向きの畑は赤い粘板岩土壌で、斜度55－60％。気温上昇をもたらす川と、保温効果の高い崖に囲まれたこの畑では、葡萄は毎年並外れた成熟度を示す。ここで生まれるワインは高貴で濃く豊か。凝縮していて、多面的な表情を持つワイン。

2009 Riesling Alte Reben GG
　リースリング アルテ・レーベン
　複雑で濃い香り。深く、しっかりとした（トロピカルな）果実味と花、そして繊細な土の香り。ただただ素晴らしい。味わいは豊かで調和が取れており、且つ複雑。長く刺激的な余韻、力強く、しかし繊細でとても印象的な表情。クリーミーな食感とアルコール分（13%）、残糖、ミネラルと酸、これらのバランスが非常に良い。2016年まで待ってから飲みたい。

2009 Riesling Auslese (Long Gold Capsule) ★
　リースリング アウスレーゼ（ロング ゴールド カプセル）
　高貴な果実味。豊かでたっぷりの凝縮した味わい。活気がありクリーミーだが、フレッシュで刺激的でもある。いつまでも残る塩味は、この類い稀な、そして高価なアウスレーゼを飲み続けたい気持ちにさせる。数十年は寝かしておきたい。

Wehlener Sonnenuhr　ヴェーレナー・ゾンネンウーア
　ドイツで最も有名で、優秀な葡萄畑のひとつ。ここのリースリングは優雅で洗練。ゾンネンウーアは岩の多い切り立った傾斜地で南向き。表土はないに等しいが、青い粘板岩土壌があり、これがワインに繊細な酸味を与え、ジューシーで熟れた、まだ繊細でない果実味とのバランスを取っている。ローゼンは典型的なゾンネンウーアのワインを「高貴でチャーミングな踊るような味わい」と評している。2011年の耕地整理で、彼の186の異なる区画は、幸い10にまとめられた。

2010 Riesling Spätlese ★
　リースリング シュペートレーゼ
　この香りは、長く名声を維持するように運命づけられていた。クリアで生き生きとした果実味。夏の温かい粘板岩から気化した蒸気の、雨の雫のよう。喉が渇いている時に飲みたくなるが、飲めばさらに渇きを覚える。純粋でミネラル感がありスパイシー。モーゼルを代表するリースリングだ。アルコール度数は7.5％。今でも、そして永遠に飲めるワイン。

Weingut Dr. Loosen
ヴァイングート　Dr. ローゼン
栽培面積：16haまたは22ha
平均生産量：190,000本
St. Johannishof 1, 544700 Bernkastel
Tel: +49 6531 3426　www.drloosen.de

左：陽気で犬好きのエルンスト・ローゼンは、モーゼルのクラッシックなカビネットのスタイルを維持することに心血を注いでいる。

MOSEL

Weingut Joh. Jos. Prüm
ヴァイングート・ヨハン・ヨゼフ・プリュム

ヨハン・ヨゼフ・プリュムのリースリングを飲むということは、心と身体で青春を謳歌するようなものだ。独特の花のようなワインはベルンカステル、グラーハ、ヴェーレン、そしてツェルティンゲンの最上級の畑から産み出される。これは軽さと繊細さ、優雅さのユニークなコンビネーションと、デリケートで甘く刺激的な100年近くに渡って培われてきたモーゼルの典型的なスタイルを踏襲している。どんな気分の時であろうと、一杯のプリュムのワインを手にすれば世界はより居心地のよい場所になる。この優雅でチャーミングなワインはまっすぐに心に響いてくる。1本目はすぐさまボトルを飲み干したい気分にさせるが、2本目は反対に、もっとゆっくり飲もうと決意させるワイン。つまるところ、私がテイスティングをしたこの世界でも有数のワイナリーの数々のワインについてのメモは次のように要約することができる。

JJプリュムのワインは、冷静に批評を下す専門家を快楽主義の美食家へと変えてしまうワインだと言える。モーゼル川岸のヴェーレンにあるこのワイナリーに招かれて、意見を交換することになったとする。あなたはいつしかそれがワインテイスティングではなく、ただ単にワインを飲んでいるのだということに気づくだろう。それぞれのボトルについてヴィンテージなどの情報は一切告げられず、次のボトルが開けられる前にワインは飲み干してしまわなくてはならない。そして気さくなDr. マンフレッド・プリュムに彼のワインについての哲学を尋ねたら、多分彼が優しく微笑んで目をキラキラさせながら「悦びを与えるために」とグラスを掲げるのを見ることができるだろう。

このワイナリーは、長い歴史を持つ元のワイナリー（現SA Prüm）から分割されて1911年より存在している。そして3世代以上に渡って、純粋さと上品さと永遠の活力の独特の融合要因となる未知なるものを開拓、発展させてきた。1969年よりワイナリーの指揮を執ってきたオーナーのDr. マンフレッド・プリュムは、2003年より4世代目となる娘のDr. カタリーナ・プリュムとともにワイン造りをしており、そのワインのスタイルは変わらずに踏襲されている。多数の畑を含む家族の資産の中でも、グラーハ・ヒンメルライヒ（8.5ha）と、そして特にヴェーレナー・ゾンネンウーア（7.5ha）が量的にも質的にも、そしてスタイルとしても最も重要である。ヒンメルライヒが とてもクリアで繊細な踊るようなリースリングを産するのに対して、華やかなヴェーレナー・ゾンネンウーアは官能的で優雅で複雑、ワイナリーを象徴するようなワインを生み出す。長年太陽に晒された灰青色の粘板岩土壌のでこぼこの斜面は南と南西向きで、主に接ぎ木をしない葡萄樹が占めていて、未だに棒仕立てのまま深く根付いている。栽培は殆どが有機農法で、バランスのよい健康的な葡萄樹を育てている。収穫量は多すぎず、少なすぎず、を保っているとカタリーナは語っている。彼女は果実の香りをより良く引き出すために成熟期間を長く取る方法を好んでいる。収穫は常に遅く、愛すべきクリアですっきりとした味わいのカビネット用の葡萄から始まる。カタリーナは常々、個々のプレディカーツは、その品質の等級ではなく、ワインのスタイルの違いで定義づけるべきだと主張し

ヨハン・ヨゼフ・プリュムのリースリングを飲むことは
心と身体で青春を謳歌するようなものだ。
ヴェーレンやグラーハの最上畑からの、花のような独特なワインは、
軽やかさ、フィネス、エレガンス、そして活力を融合している。

上：Dr. マンフレッド・プリュムと彼の娘のDr. カタリーナ・プリュム。彼らのワイナリーは伝説的なワインを長きに渡り造っている。

ている。全てのワインは完璧な残糖にあり、どれもフレッシュで生き生きとし、アルコール度は低い。料理との相性はスタンダードなアウスレーゼでも、とても良い。ゴールドカプセル（GK）の最高のアウスレーゼや、または長いゴールドカプセル（LGK）のアウスレーゼは濃く豊かで凝縮しており、デザートやチーズと好相性。これらのワインがここの素晴らしい名声を築き、今でもトリーアの毎年のオークションでは非常な高値がついている。BAとTBAは完全に納得の行くものが出来る年にしか造らない。誰にとっても高い値段だが、裕福なコレクターにとってはその限りではなく、会場にはいつもその味わいを記憶に留めようとする人たちがいる。

過去において、JJプリュムのワインは若い時には閉じており、良い味わいではなかったこともあって、専門家でさえも、その潜在力を評価することは難しかった。その原因は主に自然発酵と関連した還元的な醸造法にある（長らく誤解されていた、過度の二酸化硫黄の添加によるものではない）。しかし、過去10年間に異常な温暖化のため葡萄が完熟する年が続いた結果、以前より濃厚でみずみずしい、すぐに飲める親しみやすいワインが出来るよう

WEINGUT JOH JOS PRÜM

になった。とは言っても、プリュムは若いうちに飲むワインとして造られていない。信じがたいほどの寿命は、新鮮さと飲みやすさのためではなく、熟成への幾多のステージを通り過ぎるためであることを意味している。これらのワインには、甘みと果実味を減らし、ミネラル感やスパイシーさと辛口度を増すことにより生まれた特徴がある。カビネットでさえも収穫から5年後くらいが飲みごろだが、20年を経てもまだ美味しく飲める。シュペートレーゼになると、30年は軽く持つし、ゴールドカプセルのアウスレーゼにいたっては、30年から40年経ってからも魅力的だ。BA、TBAは50年以上も熟成し、比類のない濃厚さと豊かさ、そして繊細さと活力のコンビネーションを生み出す。「若いワインか成熟したワインか、どちらを楽しむにしても、私たちのワインはデキャンティングをすると魅力を享受できます。」とカタリーナは語る。「15分、3、4時間、あるいは丸一日。ワインとそのヴィンテージによりますが、ワインは著しく向上します。大切なのは、カラフェを常に冷たくしておくこと。」

極上ワイン

(テイスティング　2010年9月と2012年1月)

2007 Wehlener Sonnenuhr Riesling Kabinett ★
ヴェーレナー・ゾンネンウーア　リースリング　カビネット

　淡い黄色。完熟したリースリングの繊細なブーケ。フレッシュで、かすかに粘板岩のニュアンスがある。アタックは挑発的だが同時に繊細でもある。豊かで繊細な果物の完熟度。豊潤だが細やかでもあり活発。塩味も。軽やかでほどほどの甘み。純粋な葡萄の風味と調和の取れた素晴らしいきめ細かさ。

2004 Wehlener Sonnenuhr Spätlese
ヴェーレナー・ゾンネンウーア シュペートレーゼ

　冷涼で、低い評価のヴィンテージ。明るい白金色。とても緻密で新鮮、エレガントな香り。繊細な果実、幾分か粘板岩、そしてハーブのようなアロマ。アタックはきびきびとしていて、軽く、透明感があり、楽しくなる味わい。わくわくするようなミネラル。ほど良い甘さは、やや硬く、スパイシーで塩味のあるこのワインに果実味とジューシーさを与えている。とても優雅で純粋。素直で飲み口も余韻の長さも良い。まだ熟成途中。

2009 Wehlener Sonnenuhr Spätlese (auction) ★
ヴェーレナー・ゾンネンウーア　シュペートレーゼ (オークション)

　クリアで繊細な花の香りのブーケ。硬く、まだ痩せているがはっきりとした骨格と官能的な豊かさもある。優雅でデリケート。果実味が際立っている。

1995 Wehlener Sonnenuhr Riesling Auslese
ヴェーレナー・ゾンネンウーア　リースリング　アウスレーゼ

　黄金色。ジューシーでデリケート、味わいには活気がある。スパイシーでミネラル感もあり、甘さは中程度。快活で軽快、魅力的で生き生きとしている。塩味と果実味が口中で良く持続する。数時間デキャンタすること。

2009 Wehlener Sonnenuhr Riesling Auslese (auction) ★
ヴェーレナー・ゾンネンウーア リースリング　アウスレーゼ (オークション)

　最上の果物のアロマと緻密で上品な粘板岩の香り。味わいは煌めいている。繊細な甘みは、完全に塩味やミネラル、そしてデリケートな独特の風味に溶け込んでいる。完璧なバランスと優雅さ。JJプリュムのゾンネンウーアの最高レベルの典型。

2003 Wehlener Sonnenuhr Riesling Auslese GK ★
ヴェーレナー・ゾンネンウーア　リースリング　アウスレーゼ

　カモミールとミントのアロマ。とても濃厚で甘くて優美。この芳香が味わいにも広がる様は、静かな川が川床に流れ込むようだ。このまま10年はそれが続く。

1994 Wehlener Sonnenuhr Riesling Beerenauslese (auction) ★
ヴェーレナー・ゾンネンウーア リースリング　ベーレンアウスレーゼ (オークション)

　素晴らしく、高貴なBAで、説明し難いデリカシーと繊細さを持つ。非常にクリアで緻密な香りと味わい。驚くほどに生き生き。

Weingut Joh Jos Prüm
ヴァイングート・ヨハン・ヨゼフ・プリュム

栽培面積：20ha
平均生産量：180,000本
最上畑：ヴェーレン・ゾンネンウーア
Uferallee 19, 54470 Bernkastel-Wehlen
Tel: +49 6531 3091

MOSEL

Weingut Van Volxem
ヴァイングート・ファン・フォルクセム

軽やかで、香り高く、調和がとれて健康的な…ローマン・ニーヴォトニッツァンスキはザールワインをユニークなものにする個性の強調を決して諦めない。「我々には世界で最も優れたリースリングを造る伝統と義務があるのだ。そしてそれは辛口であってはならない。」とニーヴォトニッツァンスキは言っている。

ドイツのビットブルガー・ブルワリーの創設者の偉大な孫であるニーヴォトニッツァンスキは、かなりのワイン狂だ。彼の兄のジャンがブルワリーの製造責任者になった時、ローマンのビジョンは、1世紀も前に非常に賞賛され、ボルドーの一級銘柄ワインよりも高値で取引されていたザールのリースリングを復活させることであった。「そのワインは甘口でも辛口でもなく、その中間であったが、どちらかと言えば辛口に近かった。」とニーヴォトニッツァンスキは言う。

*ニーヴォトニッツァンスキのビジョンは、
1世紀も前に非常に賞賛され、
ボルドーの一級銘柄ワインよりも
高値で取引されていたザールの
リースリングを復活させることであった。*

「彼らの好むワインの個性は分析的なデータではなく、原産地やヴィンテージで定義づけられた。際立った酸味とミネラルのあるザールのリースリングは糖分を残すことによりバランスを良くし、我々のユニークなテロワールに口当たりの良さを与えたのだ。」

ザールの華々しい過去の時代にどの畑が偉大だと考えられたのかを理解するために、ニーヴォトニッツァンスキは19世紀のプロシアの課税葡萄畑図を参照した。そこには20世紀には忘れ去られたいくつもの偉大な畑がハイライトされていた。ニーヴォトニッツァンスキの家族が2000年にヴァイングート・ファン・フォルクセムを購入して復興した際に、ローマンは過去に有名であった畑を「集め」始めた。それらは全て粘板岩土壌の険しい斜面にあった。最終的に彼がザールのグラン・クリュに対する自分のビジョンに気づく前に、彼はこの畑の復興に多額の費用と大いなる情熱を持って取り組んだ。

10年間のうちに、彼は葡萄が植えられていた区画を42haにまで広げたが、そこには良く知られていたグラン・クリュ、カンツェムのアルテンベルクや、シャルツホーフベルガー、フォルツそしてヴィルティンケンのゴッテスフースやヴァーヴェルンのゴールドベルクなどがある。後者は14haの畑でニーヴォトニッツァンスキが幾つかの栽培者よりその全てを買い上げたものだ。彼は3haのリースリングの古木の畑を残し、そこには手をつけなかったが、残りは全て引き抜いた、何故ならそこには彼が言うところの（いかにも彼らしい無遠慮な言い方であるところの）「糞葡萄」であるドルンフェルダーやミュラー・トゥルガウ、ケルナーなどが植えられていたからである。「その畑は規則性がなく、ガラクタの寄せ集めだった。だからゴミはすべて撤去しなければならなかったのさ。それからブルドーザーがいくつかの区画の集め方を含め畑を再編成して、我々が買った無数の堆肥道路のような場所で、新しい植栽に向けて畑を再整備したんだ。」そのほかの畑の多くの区画はとても古く、フィロキセラ以前の接ぎ木をしていない葡萄樹には樹齢130年のものもあった、とニーヴォトニッツァンスキは言う。15万本の美味なるザールのエステート・リースリングは、少なくとも樹齢30年の葡萄からのワインだが、アルテ・レーベンは樹齢50年かそれ以上のものを指している。

畑では45人が有機栽培の葡萄樹の手入れをしている。彼は全てのワインを極めて伝統的な方法で造っており、一切添加物を使用しないので、ニーヴォトニッツァンスキは健康的な完熟一歩手前の金色の葡萄の実で、モスト量は最大の100°Oeを目標としている。という訳で彼はクローンを再植したのではなく、ザールとモーゼル渓谷の古木からマサル・セレクションで選んだ苗木を植えたのである。生来収量が減っている葡萄樹は房の付き方が密でなく、果粒は豆のように小さい。収穫時期はいつもとても遅く（10月、11月）、厳しく選別される。

ワイナリーでは、葡萄は選果台の上で再選別される。私が最後にこのワイナリーを訪れた時は、何人もの作業員たちが葡萄を一粒ずつ調べ、プレディカーツのために選んでいた。何時間かの果皮浸漬の後に、果汁を空圧式のプレス機、または巨大なハイテクのバスケットプレスかのいずれかで圧搾し、これを落ち着かせた後にステンレスタンクまたは120から2400ℓのオーク樽で土地の（自然）酵母で発酵させていた。オーク樽は、このファミリーが持っている5,000haのアイフェルの森から伐採されたものだ。ニーヴォトニッツァンスキの目指すところは真正

のザールのワイン造りだから、一切添加物は使用しない。発酵は数か月間続き、その後また澱とともにニーヴォトニッツァンスキと彼の才気あるケラーマイスター、ドミニク・フェルクが澱引きをすると決めるまで寝かされる。樽発酵のグラン・クリュは、通常（清澄なしに）ボトリングする前に売り切れてしまうことが多い。エステートワインはリリースされるとすぐに売り切れる。

　ファン・フォルクセムのリースリングは、味わいがほかのワイン、例えば、ずば抜けて高品質なことで知られるエゴン・ミュラーなどとは全く違う。黄桃やアプリコット、パッションフルーツやパパイヤなどの黄色く熟した果実を思わせるブーケがワインの中に感じられるが、それは殆どが粘板岩土壌とそれぞれの畑の個性に由来するものである。肩書付ワインは滅多にない珍しいものだが、とても美しい。デリケートでスパイシーさと塩味があり、とても濃く、非常にしっかりとしている。グラン・クリュのワインは完熟しており、濃くてクリーミーだ。若い時は純粋でキリっと小気味よく、ミネラル感がある。思うほどには甘くないが、アルコール度は10から12度で、残糖は9から14g/ℓなので、辛口すぎる訳でもない。もしも幸運にもこのワイナリーのワインを手に入れることが出来たなら、少なくとも5、6年は寝かせてからこのワインの高いレベルの典型と複雑さ、そして飲む喜びを味わって欲しい。

極上ワイン

2010 Altenberg Alte Reben ★
アルテンベルク アルテ・レーベン

　香りは濃く、複雑。そこにクリアだが大地を感じさせる花のようなアロマがある。味わいは豊かでみずみずしい。しかし骨格はしっかりとしていて複雑さもある。生き生きとしてエレガント。刺激的なキリっとした、わくわくするようなミネラルのせいで実際よりもさらに辛口に感じる。いつしか、とても美味しいテーブルワインとして飲めるようになるだろう。

2010 Gottesfuss Alte Reben ★
ゴッテスフース アルテ・レーベン

　1880年に植えられた古木からのもの。香りは非常に凝縮している。これぞリースリング。完熟しているが緻密さも。花とスパイスの香り。味わいはみずみずしく、しっかりとしている。濃く、キリッとしていて堅さもあるが、同時に繊細な優雅さもある。余韻は驚くべき塩味のため非常に長い。

2010 Goldberg
ゴールドベルク

　微妙だがしっかりとしている。スパイシーで熟した黄金色のリースリングが、酵母のベールを纏っている。豊かでジューシーな味わい。とても力強く、甘い。よくまとまっており、余韻は長くキリッとしている。

2004 Scharzhofberger P
シャルツホーフベルガー

（2010年6月にテイスティング）このワインはペルゲンツクノッ

MOSEL

プという区画からのもの。はっきりとした、熟している深い香り。土、花、ハーブや粘板岩の香りが、オレンジや、煮た桃のような果物の香りとうまく調和している。味わいは高貴で、見事にバランスの取れたクリーミーな食感。ただしそこには微妙な繊細さや優美さもあり、フィニッシュにはいつまでも続くような塩味も感じられる。とても複雑で、その可能性はまだ見え始めたばかり。

上：ローマン・ニーヴォトニッツァンスキが、彼がその栄光を取り戻そうとしている、古いザールの地図を手にしているところ。

Weingut Van Volxem
ヴァイングート・ファン・フォルクセム
　栽培面積：42ha　　平均生産量：220,000本
　Dehenstrasse 2
　54459 Wiltingen
　Tel: +49 650 116 510　　www.vanvolxem.de

MOSEL

Weigut Clemens Busch
ヴァイングート・クレメンス・ブッシュ

ガゼルのように軽快な足取りで、クレメンス・ブッシュは石の多い段々畑の間を飛び歩いた。彼は棒仕立てで密植した葡萄畑のテロワール、彼のインスピレーションの源であり、家族の生活の基盤でもあるピュンダリッヒャー・マリーエンブルク、モーゼルで最も特権的な地位を持つ畑を私に見せたかったのだ。

この葡萄畑は全部で13haあり、そのうちの10haの畑をクレメンスと妻のリタ、そして息子のフローリアンが管理している。畑は灰色の粘板岩土壌で、ピュンダリッヒ川を挟んで丘陵全体に広がっている。奇妙なことだが、1971年以来、モーゼル川右岸の村の周辺の平地には、粘板岩土壌は全くない。もともとのマリーエンブルクの畑は南から南東向きで50-70％（100％は45°）の急な傾斜地で石も多く、いくつもの区画に分かれており、その多くは段々畑になっている。

これらの畑を耕すには、栽培家たちに多くの努力が求められる。非常に小さい段々畑を構築するには、血と汗と涙なしでは成し得ない。負担を軽減する機械はマリーエンブルクでは使うことができない。経済面で言うと、ここにおける耕作は僅かな利益しか生み出さないことになりがちだ。そしてブッシュ家はビオディナミ農法に固執することでさらに費用が嵩む結果となっている。

特に気候がライン渓谷に比べて安定していないモーゼルにおいては葡萄のエコ栽培には、従来型の農法に比べ、栽培家の更なる注意が必要となる。平均的なヴィンテージにおいては、クレメンス・ブッシュは彼の畑を7日から10日間ごとに（雨の多い年は更に）駆け上り、バイオロジカルな薬剤、例えばハーブティーなどを噴霧してカビ系の病気などから葡萄を守っている。

「私達は時々自問するんです。こんなに大変な思いをしてまでこれをやる意味があるのかと。」とクレメンスは言う。しかし彼は有機農法を推し進めることが唯一自分達のスタイルと高品質を維持する方法だと信じている。そしてそれによって、ワインは真正さと、それぞれの原産地の本来の姿、そして自然のままの葡萄の風味を体現することが出来るのだ。

クレメンスの考える「真正」とは、彼がマリーエンブルクを1971年以前のように幾つものテロワール、小さなアインツェルラーゲで構成された畑、に分割した事実に映し出されている。「個々の畑の呼称は確かに正当化された。」とクレメンスは言う。彼は今日のマリーエンブルクでは異なる地区からのワインは味わいが全く違うことを何年もかかって発見した。「これは、灰色や赤や青と言った粘板岩のタイプの違いだけによるものではありません。その要因も確かに大きいのですが、溝や葡萄畑の壁、傾斜度の違いや方角などに影響を受ける特定の微小気候も要因となっています。」

マリーエンブルクにおけるこれらの違いに焦点を当てると、5haはVDPによってグローセ・ラーゲに格付けされており、それぞれの区画の葡萄は別々に摘まれ、醸造され瓶詰される。そして（以下のような）古い区画の呼称に相応しいワインにだけに、その呼称ラベルが貼られる。

- Fahrlay ファールライ：青い粘板岩で覆われている。この畑からはミネラル感がありスパイシーな凝縮したリースリングが得られる。
- Falkenlay ファルケンライ：マリーエンブルクの隠れ場所のような極上部分。葡萄樹は灰色の粘板岩土壌に深く根を下ろし、濃厚だが繊細なミネラルの辛口または中辛口のリースリング、そして非常によいアウスレーゼかそれ以上のものを産み出す。
- Raffes ラッフェス：ファルケンライの段々畑の中でも最も古い見事な区画。ここからのワインは堅く引き締まって密度が濃く、複雑なものになる。
- Rothenpfad ローテンプファート：1.1haの区画で数年前に植え替えらたが、とても古い葡萄樹もまだかなりの数が残っている。赤い頁岩土壌が極めてスパイシーさとデリケートさをGGと、軽いエステート・ワイン、リースリング・フォム・ローテン・シーファー（赤色粘板岩のリースリング）にも与えている。
- Marienburg マリーエンブルク：元々のマリーエンブルクのエアステ・ラーゲ（もうすぐグローセ・ラーゲと名前が変わる）は灰色の粘板岩に覆われており、そこから最も古い葡萄樹からのGGや、そのセカンド・ワイン、リースリング・フォム・グラウエン・シーファー（灰色粘板岩のリースリング）のような力強く複雑なリースリングが生み出される。

この魅力的なファミリーが生産しているのは、主にフルボディの辛口から中辛口のリースリングであり、グラン・クリュで11月中旬までに収穫された、深み、濃さ、凝縮感、複雑な（容赦ない）ミネラル感などでその個性が際立つものに特に焦点を当てている。甘口と高貴な甘口の肩書付ワイン、カビネットからTBAまでも含まれている。アウス

上：クレメンス・ブッシュと妻のリタ、息子のフロリアン。彼らの行う有機農法によって、ワインに複雑なテロワールがよく現れている。

レーゼとさらに上級のプレディカーツは、間違いなく世界レベルで、より上級の高貴で精妙なものは、それぞれ違う小さな畑から来ている。当然それらはとても稀なものなので、価格も高く、特に愛らしい、しっかりとした、驚くほど上品なゴールト・カプセルのワインはそうだ。全てのワインは数か月の間伝統的な1000ℓの樽、フーダーの中で自然に発酵させられる。そのワインは清澄なしで瓶詰され、収穫後の9月にリリースされる。

極上ワイン

Marienburg Felsterrasse
マリーエンブルク・フェルステラッセ

　最も魅惑的なワイン、ドイツの中でも最も優れた辛口から中辛口のリースリングを生み出す畑のひとつ。非常に稀少。小さく、ワイルドな段々畑の区画の非常に古い葡萄樹（少なくとも樹齢75年でその殆どが接ぎ木をしていない）は、鉄分の多い、しかしほかのマリーエンブルクのエリアよりも風化の少ない、明るい灰色の粘板岩土壌に根を下ろしている。行き着くのが困難な場所で、ましてや耕すのは大変だ。ここのリースリングは常に味わい深く、凝縮しているだけでなく、しっかりとしており、ミネラル感があり、非常に優雅で、2010年のような偉大なヴィンテージにおいては、楽しくなるような陽気なワインだ。チャーミングな未発酵の糖分によりとても良くバランスが取れているこのワインは今飲んでも素晴らしいが瓶熟させることで、さらに複雑さを増すだろう。2009年は濃厚でジューシー、しかしとても純粋で、緻密で、

溶けた岩の塩味を感じる。そしてその気になれば、より精妙さを優雅さを感じ取ることができる。

Marienburg Raffes
マリーエンブルク・ラッフェス

　この非常に複雑なリースリングは、その全ての可能性を引き出すには数年が、そして若い時にはデカンタの中では時間（少なくとも1日は）が必要だ。極めて稀少で、比較的高価。2010年は、フレッシュでピリッとした風味とハーブのアロマがある。味わいはクリアでみずみずしく優雅な味わい。またスパイシーで凝縮感があり、骨格がしっかりとしている。フェルステラッセよりも辛口で鋭さがあり、ラッフェスよりもアルコール度が低いのに（ラッフェスのアルコール度14％に対して13.5％）力強い。計り知れない熟成の可能性を秘めた、偉大なワイン。2008年は2009年に比べて明らかにクールでグリーンでスパイシーな香り。しかしワインそのものは濃くて複雑、塩気を含んだ風味がありとても繊細。塩味は2009年ほどは強くない。エレガントで洗練されたワインで、長く続くミネラル感が印象的。素晴らしい。

Weingut Clemens Busch
ヴァイングート・クレメンス・ブッシュ

栽培面積：13ha　平均生産量：80,000本
最上畑：Pünderich Marienburg
Kirchstrasse 37, 56862 Pünderich
Tel: +49 654 222 180
www.clemens-busch.de

MOSEL

Weingut Forstmeister Geltz-Zilliken
ヴァイングート・フォルストマイスター・ゲルツ・ツィリケン

ハンノという呼び名で知られるハンス・ヨアヒム・ツィリケンは、11haの畑で様々な個性のザールのリースリングを造っている。ひとつの例外オックフェナー・ボックシュタインを除いて、全てのワインはトップクラスのザールブルガー・ラウシュの畑から来ており、ドイツワインの中でも最上級クラスだ。辛口、中辛口、甘口の全てが造られているグーツヴァインとザールブルガーの村名ワインに続くのは、ラウシュのグローセス・ゲヴェスクとその双子的存在のやや辛口のディアバスだ。そしてその上にワイナリーの最高峰、ツィリケンの甘口と貴腐の肩書付ワインがあるが、そのシュペートレーゼとアウスレーゼは特に、比類なきものだ。

「私たちの目指すものは、最高級のレベルの上品さと軽やかさを持ったリースリングを造ることです。」と語るのは、ガイゼンハイムで学び、2007年から父親の仕事に加わっているドロテー・ツィリケン。ツィリケンのワインの果実味や甘みは驚くほど凝縮しており、殆ど重さを感じさせず、余韻はいつもフレッシュである。

私にとってツィリケンのワインはミステリアスなオーラに包まれており、それが明快にこのワインを定義づけている。ラウシュのワインにその理由の一部がある。南から南西向きの良く守られた急こう配の畑はザールブルク村の北に位置することからザール川の影響を受けている。そこあるツィリケンの10haの畑の個性は主にユニークなその土壌、ほど良く風化した灰色のデヴォン紀粘板岩と、ディアバスとして知られる緑色の火山性土壌が、かなりの量を占めていることをから来ている。ハンノとドロシーは、このディアバスがここのワインをほかのどのザールのワインとも違うものにしていると思っている。ドロシーは「ディアバスはラウシュのワインに独特のエレガントさと上品さ、そして特筆すべき酸味を与えています。」と語っている。

実際、その酸味は、とても力強いがはっきりとしたデリカシーがあり、ツィリケンのワインに間違いなく刺激的な個性を与えている。そしてさらに微妙に感じられるユニークな趣きは、暗い湿った森から来る冷涼な香りの印象である。心理学はワインテイスティングにおいて常に何らかの役割を果たしているが、私はこのワインに独特の森のニュアンスを感じるのは、ワイナリーの名前、（フォルストマイスターの意味は森の管理人）に由来するのではないかとよく思っていた。しかし10年前にハンノが地下3階にある彼のセラーに連れて行ってくれた時、私は瞬時に揮発性の香りを感じた。その時にラウシュの畑だけでなく、そこを極めて慎重に耕すことが、ハンノ・ツィリケンのワインを研ぎ澄ませているのだと実感した。その暗く湿ったセラー（気温は常に摂氏15度、湿度100%）に漂っている空気、ワインを（ほぼ自然に）発酵させ、熟成させるための夥しい数のドイツ特有の黒っぽいフーダーという樽や、古いヴィンテージのワインが入っているボトルの列などから醸し出される神秘的な雰囲気が、またワインのスタイルを定義づけるのに一役買っているのだ。

豊かだが緻密で、上品でエレガントなツィリケンのワインは若い時でも非常に魅力的だが、私はジューシーなシュペートレーゼの10年から15年経ったもの、もしくはアウスレーゼで15年から20年経ち、さらに凝縮して洗練されたものの方を好む。「熟成することにより甘さは柔らかくなり、スモーキーな香りが出て、ミネラル感が増す。甘みと酸味は互いに溶け合い、同質的に一体化し、そしてそこから新しい要素が現れてくる。ボディと、発展したアロマ、甘み、酸から引き出されたバランスが生き続ける限り、最終的にワインの味わいは殆ど辛口に近くなる。」とハンノは説明する。

1990年台初めやそれよりも以前の熟成した複数のヴィンテージをテイスティングした時に、私は最近のヴィンテージには何かが欠けていると感じた。最近の若いワインは濃厚で、丸くまとまる傾向があり、楽しめるものはである。瓶内熟成の年数にもよるだろうが、私の見解では1990年から2008年の間のラウシュの統合と場所の移動はワインにとって必ずしも良い結果を生んでいないのかもしれない。ツィリケンでは7haの畑の葡萄樹を植え替えている。しかしまだ3haには樹齢50から100年の古い葡萄樹が植わっている。新しく植えられたものは、棒仕立てから、垣根仕立てになっている。気候の変動も含め、彼らのワインはスタイルのシフトを余儀なくされるだろう。ワインはより濃く、トロピカルな印象になる代わりに、冷涼なフレッシュ感、絹のような滑らかさや、微妙な空気感などは減少するだろう。

上：ハンス・ヨアヒム・ツィリケンと彼の娘、ドロテー。ザールの最高の畑のひとつから輝かしい、上品なワインを造っている。

極上ワイン

（テイスティング 2012年2月）

　ツィリケンのリースリングはいつも輝かしく、繊細な酸味と長く続く塩の風味が、飛び抜けた余韻の長さと豊富な風味、幾層にも重なる味わいを保証してくれる。

2010 Saarbuger Raush Spätlese ★
　　　　ザールブルガー・ラウシュ シュペートレーゼ

　明るい輝きのある色味。これは心奪われるような若いアウスレーゼのようなシュペートレーゼだ。とてもクリアで痛快、香りはクールで、パイナップルのようなトロピカルフルーツや可愛いレーズンのようなはっきりとしたアロマもある。味わいは非常にクリアで濃い。素晴らしく繊細な酸味と長く続く塩味がその味わいをリードしている。がっしりとしていて豊かだが、軽さもありそのバランスが素晴らしい。これは病みつきになる経験だ。

1997 Saarburger Raush Spätlese ★
　　　　ザールブルガー・ラウシュ・シュペートレーゼ

　緑がかった淡く輝く白金色。デキャンティングすると、よく熟したリースリングのアロマとツィリケンのセラー特有の微妙な空気感のアロマ、そしてキャラメルのようなニュアンスのリースリング。味わいは優美で甘く、しかし2010年のものよりも辛口。とても繊細だが、スパイスとしっかりとしたタンニン、上品でキリっとした酸味が、高貴なフルーツの果肉に完全に溶け込んでいる。魅惑的なスパイシーさを持ち、食事に完璧なワイン。

2010 Saarburger Raush Auslese
　　　　ザールブルガー・ラウシュ・アウスレーゼ

　濃くてしっかり、トロピカルフルーツの香り。みずみずしく、ミネラリーで、凝縮した果実の食感。スリリングなアウスレーゼ。

2010 Saarburger Raush Auslese GK ★
　　　　ザールブルガー・ラウシュ・アウスレーゼ

　クリアでピュア。刺激的で繊細な香り。上品で、舌の上で踊るよう。凝縮感がある濃い甘さにも拘らずなめらか。刺激的で塩味が漂うような余韻。素晴らしく食欲をそそる。偉大なワイン。

2003 Saarburger Raush Trockenbeerenauslese (auction) ★
　　　　サールブルガー・ラウシュ・トロッケンベーレンアウスレーゼ（オークション）

　高貴で上品なTBA。フレッシュなトロピカルフルーツのアロマ。非常に甘く濃いがエレガント。同時に刺激的で陽気なニュアンス。まだ何十年も寝かせるべきポテンシャルを持つ。忘れがたいワイン。

Weingut Forstmeister Gelt-Zilliken
ヴァイングート・フォルストマイスター・ゲルト・ツィリケン

栽培面積：11ha　平均生産量：60,000－70,000本
最上畑：ザールブルク・ラウシュ
Hecking Strasse 20, 54439 Saarburg
Tel: +49 6581 2456　　www.zilliken-vdp.de

243

MOSEL

Weingut Fritz Haag
ヴァイングート・フリッツ・ハーク

かつてヴィルヘルム・ハークは、「偉大なリースリングの個性を形成するのは何か」ということについて見解を尋ねられたことがある。彼の茶目っ気はあるが気の利いた答えは、彼とそのワインをよく表している。「リースリングはね、」と彼は言う。「お風呂みたいに飛び込みたくなるやつが最高さ」。ハークは、50年近い歳月をかけて、世界でも有数のリースリングを生むヴァイングート・フリッツ・ハークを築き上げて来た。ブラウネベルクにあるグラン・クリュのユッファーやユッファー・ゾンネンウアーから生まれる彼のチャーミングなワインは、比類なき清らかさと上品さ、繊細さと優雅さを持ち、しかも永遠の若さも兼ね備えている。ハークは表向きには2005年に引退し、下の息子オリバーに全権を委ねたが（上の息子トーマスは近くの村でシュロス・リーザーというワイナリーを運営している）、有難いことに彼は今でもこの家族経営のワイナリーの一部を担っている。しかしハークの存在は、決して息子のオリバーの邪魔になっていない。オリバーは「生ける伝説」を担う役割を臆せず、情熱を持って取り組んでいる。そして、グローバル市場のニーズや、気候の変動、また彼の新発見や好みなどから生じる様々な変化に対して、明快な思考と見事な感性で立ち向かっている。

ヴィルヘルムからオリバーにバトンタッチをしたことで、フリッツ・ハークのワインは、かつてウィーンのクラシック音楽がハイドンとモーツァルトからベートーベンとシューベルトに進化したように変化している。同じ家族のものでありながら、そのワインは現代風になり、より熟した、豊かで肉感的な、丸く、濃く、力強く、複雑なものになった。「ブラウネベルクで辛口リースリングを造るのは、10年前だったらまず不可能だった。」とヴィルヘルムは（やや誇張気味に）言う。それが今日では、このワイナリーで生産されるワインの60%から70%が辛口ワインだ。

それは気候の変動や、樹冠管理による近代的な葡萄栽培、長いハングタイム（樹に果実が着いている期間）、大人数の収穫チームが2度、3度に分けて収穫することによる選別の向上など、様々な要因が組み合わさった結果によるものだ。現在では殆どの葡萄樹は垣根式に仕立てられ、昇降機が使えるので、労働者と機械の両方が畑に入ることができて収穫が以前より簡単になっている。それ以上に重要なことは、葡萄の葉と実のバランスが改善されたことだとオリバーは言う。

このワイナリーのワインのラインナップは完璧で、一般的なリースリングからグローセス・ゲヴェクス、そして全てのプレディカートまでが揃っている。ゴールドカプセルのエネルギーに溢れたワインは、トリーアのその年のオークションで最高値を呼んだが、それは、地球上で最もミステリアスで美しいワインだった。

あなたの幸運はそれで終わるわけではない。完熟感と風味、そして純粋感の組み合わせは、格付けされたクリュのユッファー（この家族が6.5haを所有）とユッファー・ゾンネンウアー（3ha）の葡萄から造ったものならカビネットやシュペートレーゼでも見ることが出来る。後者の10.5haの部分は、31.5haあるユッファーの岩の多い中心部にあり、息の切れるような丘の傾斜は80%である。深くよく風化していたり、あるいは浅くて粘板岩石だらけの土壌、また窪地の降下斜面が特有の微小気象を生み出している。それがよく熟成し風味にあふれ、ミネラルが骨格になっているワインの要因となっている。隣接するユッファーの土壌はわずかに重く、そのためにワインはゾンネンウアーに比べてやや繊細さや、細やかさに欠け、多面的なワインになる。だが、それでもまだ素晴らしい品質ではある。

極上ワイン

Brauneberger Kabinett [V]
ブラウネベルガー カビネット

これは私がフリッツ・ハークのワインのなかで最も好きなもののひとつで、私がこのワインについて考えようとする前にいつもグラスが空になってしまっている。完熟した葡萄は二つのクリュ（ユッファーとユッファー・ゾンネンウアー）のものだが、糖分が完全にアルコール分に変化する前に発酵を止めてしまうから、軽くてフレッシュでデリケートなミディアムドライのワインになっていて、刺激的な粘板岩感と強烈な果実味、きびきびとした独特の風味を持ち合わせている。

Brauneberg Juffer Sonnenuhr GG
ブラウネベルク・ユッファー・ゾンネンウアー

グローセス・ゲヴェクスで、非常に豊かで濃く、力強い辛口。2010年ヴィンテージは、それがプファルツのようなワインとはものが違うということを示すのに、もう20年を要する。2009年は輝かしく、花々しく、しっかりとしており、はっきりとしたリースリングの風味と透明感と魅惑的な清らかさとが一体となっている。非常に持続性があり、熟成への大いなる可能性を秘めている。

上：ヴィルヘルム・ハークと下の息子のオリバー。オリバーはこの辛口ワインで有名な家族経営のワイナリーのワインを受け継いでいる。

Brauneberg Juffer Sonnenuhr Spätlese
ブラウネベルク ユッファー・ゾンネンウーア シュペートレーゼ

　常によく熟して、みずみずしく、しっかりとした、肉感的、官能的なワインで、粘板岩やスパイスの刺激、そして独特の風味を持つ。とても繊細で深みがあり、飲むのをやめられない魅力がある。オリバーは2012年の1月、よく熟成したいくつかのヴィンテージを注いでくれた。2004年はスマートですっきりしており、豊かな果実味とデリケートなミネラルと酸がある。わずかにキャラメルの香りもあり、甘さと明瞭な酸味が永遠の若さや青春を表現している。2003年は20年から30年経ってもよさそうだが、1999年★は、今まさに飲むべき時が来ている。とても清らかで粘板岩と花の香りが味わいを活性化している。このワインはよく出来た現代的な後継者たちよりも甘さが少ないが、エレガントな上品さと刺激的なミネラル感が、驚くほど繊細で美味。今すぐにでも、20年後に飲んでもよい。

Brauneberg Juffer Sonnenuhr Auslese
ブラウネベルク ユッファー・ゾンネンウーア アウスレーゼ

　このワインが尋常でないのは、完熟したリースリングがもたらす濃くしっかりと凝縮した新鮮な果実味と、軽いデリケートさが結びついたスタイルを持ち続けていることである。

　これが本当にアルコールを含んだ飲み物なのか。白いカプセルを冠したアウスレーゼは、若い時には飲むのが罪だと感じさせるほど美味しいが、30年から40年経ってからの方が価値がある。ゴールトカプセルにいたっては、芸術品のような、優れたワイン造りの、努力の賜物とも言うべき美味を感じる。手摘みの最高級貴腐葡萄のワインは、豊かで濃く、しかし果実味は新鮮で、信じられないほど繊細。粘板岩の風味と低いアルコール度に感謝。もしゴールトカプセルが長かったら、それは最も繊細かつ凝縮したアウスレーゼの可能性がある。非常に稀少で極めて高価だが、贅沢をするだけの価値はある。2009年のゴールトカプセルはみずみずしく繊細、クールな粘板岩の刺激がある。2009年のロング・ゴールドカプセル★は、他に類を見ないほど高貴でエレガント、完璧にバランスが取れており、繊細なレーズンの香りや風味によって個性が彩られている。永遠のワインだ。

Weingut Fritz Haag
ヴァイングート・フリッツ・ハーク

栽培面積：16.5ha　平均生産量：125,000本
最上畑：ブラウネベルク・ユッファー、ユッファー・ゾンネンウーア
Dusemmonder Srtrasse 44 54472 Brauneberg
Tel: +49 6534 1347
www.weingut-fritz.haag.de

245

MOSEL

Weingut Heymann-Löwenstein
ヴァイングート・ハイマン-レーヴェンシュタイン

ハイマン-レーヴェンシュタインはドイツでも最も物議をかもすワイナリーのひとつだ。「テラッセンモーゼル」と呼ばれるモーゼル川の下流地域で造られる彼のリースリングの最上級の品質について議論の余地はない。熱狂者達は濃く豊かで、どちらかと言うと中辛口のスタイルだと論じている。そしてワインだけでなく、ラインハルト・レーヴェンシュタイン自身についても議論が分かれるところだ。彼は、テロワールと言う考えについて論理的かつ専門家的厳格さで語るが、これはドイツでは珍しい。彼は「テロワール」についての才気に富んだ深い学識のある本を著しただけではない。テロワールとかオーセンティックなワインのような複雑かつ文化的な問題について、それを等閉視できないという厳しい態度をとってきたことでも知られている。それに相応して彼のワインの殆どは濃く凝縮していて複雑、そして多くを要求する。それらは大量消費のために設計されたワインではない。しかし、知的、又は感情的にそのワインを支持し、飲んでいたいと思うものにとっては魅力あるものである。実際にレーヴェンシュタインのアウスレーゼや上級のプレディカーツは世界レベルのものである。

ヴィニンゲンとその近傍でレーヴェンシュタインと妻のコーネリアはモーゼルで最も眺めが良く最も切り立った斜面（15ha）でリースリングを栽培している。傾斜が115度に達したところに、「空中庭園」と呼ばれる、積み重なり合ったような無数の小さな段々畑が出現する。ヴィニンガー・ウーレンはおそらく最も複雑な畑で、そのため最も魅力的なワインを生み出す。長さ1.65kmに伸び、14haのうちの5.5haの南西から南東向きの巨大な円形劇場のような畑を所有している。葡萄は丘の頂上にある森のお蔭で秋の冷たい風からしっかりと守られている。頑丈な壁のような地勢の葡萄畑（21kmに渡る）は、石のように硬い表土と結びついて浸食を防ぐだけでなく、太陽の熱を蓄積し、それを土壌と葡萄に反映する役割を担っている。早い発芽時期と長い成育期間により、葡萄の生理学上の成熟は常に保証されている。その結果ワインは常に非常によく熟し、とても濃く豊かで力強く、ごくまれに辛口になる。年間600mmの降雨量は、「葡萄が必要とするものと、我々が目指すテロワールを表現しているワインとが、ちょうど良く歩み寄れるようにしてくれる。」とレーヴェンシュタインは言う。葡萄栽培家として彼は葡萄樹の根を深く張らせることを目指しているが、そうすることによって葡萄樹は粘板岩土壌においても肥料や灌漑の必要なしに生きていくことができる。このことは、彼がテロワールを理解する上で、不可欠な要素だと考えている。

レーヴェンシュタインの畑の土壌は、4億年前の海底での、夥しい量の堆積物で、それがライン丘陵を形成し、現在に至っているのだが彼はそこをワインが歌う場所にしようと決心した。微小気候はウーレンにおいてはあまり様々な変化をもたらさないが、堆積物は非常に多様で、7種類もの異なる粘板岩で形成されている。レーヴェンシュタインは畑にする前の場所を粘板岩の構成によって3つの区画に分割した。従って彼はウーレンの3つのクリュ（異なる畑）、ロート・ライ、ラウバッハ、ブラウフッサー・ライからワインを造っている。もしもそこにレットゲン、シュトルツェンベルク、そしてキルヒベルクを加えたら、それはもう、さながらグラン・クリュの7重奏だ。どのワインも「リースリング」という同じ楽器を奏でてはいるが、しかしその音色はそれぞれ全く違うものなのだ。

全てのワインは黄金色で、密度の濃い葡萄から、ほぼ同じ方法で造られている。モスト量はしばしば100°Oeを超え、2010年には120°Oeまで上昇した。収穫量は低く抑えられており（50%の葡萄樹は接ぎ木をしていないので、実は生来それほど多く着けない）、葡萄は手摘みされ（殆どが10月から11月の6週間に）、軽く破砕した後に12−20時間マセレーションする。それからモストを慎重にプレスし、濾過し、殆どの場合大樽（2000−3000ℓ）でゆっくりと、通常は次の春まで発酵させる。ここ何年かワインは（貴腐ワイン以外）マロラクティック発酵をさせるようにしている。しかし非常に酸の多かった2010年はわざと行わなかったが、結果的にそれぞれの美味なる差異にレーヴェンシュタインは大いに喜んだのである。若いワインは少なくとも7月まで澱とともに寝かせるが、ロート・ライは通常1年以上は発酵の時間を要する。全てのワインは清澄せずに瓶詰され、収穫から一年後には市場に出される。しかしここでもロート・ライは例外で収穫後2年経ってから販売される。

ロート・ライは特に貴腐葡萄に適していて、高貴な肩書付ワインに最適のテロワールと言える。ミディアム・ドライやミディアムのグラン・ヴァンのような甘味を含むワインは、いずれも貴腐葡萄を多く含んでいるが、しかしわくわくするようなミネラル感によって個性が与えられている。そしてアウスレーゼは、ただ甘いだけではなく、特有の高

上：ラインハルト・レーヴェンシュタインと彼の妻コーネリア。二人はモーゼルの最上の畑のいくつかで、刺激的で挑戦的なワインを造っている。

貴なというべき塩味と驚くべき繊細さと優雅さを見せている。また、川近くの低い場所の段々畑の非常に暖かい微小気候は、熟しすぎた健康な葡萄の実をしなびさせ、貴腐菌のつかない干し葡萄を造る。実際のところゴールドカプセルのアウスレーゼやTBAのようなプレディカーツはしばしば10月の初めに収穫される。

塩味のあるラウバッハはグレーの粘板岩土壌で、カルシウムの含有量が並外れて多い。それがワインにスモーキーさとナッツの香りを与え、シルキーなフルボディにしている。2009年アウスレーゼ ロング・ゴールドカプセル★には、純粋な貴腐葡萄のアロマがあり、凝縮しているがエレガントで高貴な香り。ねっとりした口当りでレーズンの味わいが融合している。甘さと刺激的な酸との完璧なバランス、エレガントで偉大。ブラウフュッサー・ライ Braufüsser Layは、シルト、粘土、青灰色粘板岩土壌。そこから生まれるのは塩味と透明感があり、ミネラル感の際立つ、クールでピリッとした印象の刺激的なリースリング。

極上ワイン

　もしもあなたが、モーゼル下流域の段々畑のワインから官能的な着想を得たいと思ったら、シーファーテラッセン Schieferterrasenと、フォム・ブラウエン・シーファー [V] vom blauen Schiefer [V] が良いだろう。どちらも花のような芳香、ピュアで刺激的でそこそこ軽く、誘われるような味わい。もしも繊細でソフィスティケートされたテロワールのワインで、その官能的な果実味が飲んで楽しめるものを探しているとしたら、ファンキーなレトゲン Röttgenが正にそれだ。もしも知的で神秘的なラベルのワインがお好みなら、ウーレンのトリオがあなた向けのチョイスだ。冷涼でピュアで高貴、非常に複雑なロート・ライは、赤やグレー、黒の粘板岩土壌で赤鉄鉱と珪岩を多く含んでいる。妙味のある2004年★はとてもエレガントでしっかりとしており、表情豊かなワインで、繊細さも保たれている。将来が楽しみだ。2010年のアウスレーゼゴールド・カプセルは、愛らしく、純粋で緻密。上品なレーズンのアロマに、クールでクリアな粘板岩の風味。濃く、豊かで甘い味わいは非常にみずみずしくバランスが取れており、繊細でエレガント。上品で美味なる秘薬のごとし。丸みを帯びているというよりはややコンパクトにまとまった、深みと

Weingut Heymann-Löwenstein
ヴァイングート・ハイマン・レーヴェンシュタイン
栽培面積：15ha　平均生産量：100,000本
最上畑：ヴィニンゲン・ウーレン、レットゲン
Bahnhof Strasse 10
Tel: + 49 2606 1919
www.heymann-löwenstein.de

247

MOSEL

Weingut Schloss Lieser / Thomas Haag
ヴァイングート・シュロス・リーザー／トーマス・ハーク

ヴィルヘルム・ハーク（ヴァイングート・フリッツ・ハーク）の息子であるトーマス・ハークは、謙虚な人好きのする人物だが、ワイン生産者としてはスターだ。過去20年以上モーゼルの最も優秀なワイン生産者として、シュロス・リーザーをコツコツと再建してきた。1992年にマネージャーとしてスタートした時、このワイナリー（1094年創業）は荒れ放題だった。5年後にワイナリーを買取り、その後ヴァイングート・シュロス・リーザーは、再び最も繊細かつ優雅で整ったリースリングの源泉となった。

現在は13haの斜面と急斜面でリースリングを栽培。グラーハのヒンメルライヒ、リーザーのシュロスベルクの区画はエステート・ワインを産出するが、リーザーのニーダーベルク・ハルデン、そしてブラウネベルクのユッファーとゾンネンウーア（以上の三つはグラン・クリュ）は、三つのグローセス・ゲヴェクスを始め、甘口及び高貴な肩書付甘口ワインを産出する。

トーマスはクリアで緻密、
エレガントさと上品さを合わせ持つ、
繊細な造りのワインを生み出している。
同時に、原産地の印象を
感動的にワインに映し出している。

トーマスはどの品質のレベルであろうと、非常にクリアで緻密で、繊細な造りの上品なワインを生み出している。同時にこれらのワインは、原産地の印象を感動的に映し出している。2010年のワインは、2009、2008、2007、2006年と同じように、非常に良質。殆ど全ての葡萄は針金垣根式に仕立てられ、畑の管理はより簡単に効率的になった。早期かつ、厳しく行う剪定が収量を抑え、それぞれの葡萄は最も適切な時期に収穫される。葡萄は軽く破砕され、圧搾される。オフドライ（非辛口）になるワインは自然発酵させるが、辛口ワインの場合は酵母を加える。発酵はステンレスタンクで行うが、ステンレススティールが酸を程よく残すのに適していると考えている。

「これは、今日我々が得ている高いモスト量のレベルとバランスを取り、ワインを活かすために重要なのだ。」と彼は言う。活かすため？　彼は確かにこの目的を果たすのに成功している。彼のワインはいつでもバランスが良く明るく、極度の興奮と緊張感に満ちている。

ヴィルヘルム・ハークは、辛口のモーゼル・リースリングを造ることに熱心でなかったが、彼の二人の息子は辛口のワインへと向かっている。シュロス・リーザーでは生産量の30から35％が、ドイツで需要が多いトロッケンである。輸出用のファインヘルプ（ミディアム）・エステート・カビネットは20％、残りはファインフルフティッヒ（甘口）か、エーデルズュース（高貴な甘口）である。

極上ワイン

Lieser Niderberg Helden
リーザー・ニーダーベルク・ヘルデン

リーザー村東隣にある畑でモーゼル川に面している。南向きの25haの畑は斜度80％の傾斜地。程良く風化した青色粘板岩土壌。保水性がよいので、深く濃く、そして優雅さと気品を持ったリースリングが収穫される。グローセス・ゲヴェクスは、ユッファー・ゾンネンウーアよりもワインが開花するには少し時間を要するが、元気の良い甘口のワインはいつも印象的。耕地整理が1960年代末に終わっているから葡萄の樹齢は高い。隣りのブラウネベルクで耕地整理が行われたのはそれより20年も後である。

2010 Auslese (long gold cap)
アウスレーゼ（ロング・ゴールド・キャップ）

クリアで、濃く、還元香がある。透明で、華奢で、軽く舌の上で踊るような味わい。殆ど重さを感じさせないバランス感。非常にエレガントで上品、なおかつ活発さもある。

1995 Auslese (gold cap)
アウスレーゼ（ゴールド・キャップ）

デリケートで優雅なアウスレーゼは、ここのスタイルの象徴。クリアで上品な香り、わずかにハーブのアロマを感じる。味わいは羽のように軽やかで、華奢な繊細さ。優雅でバランスが取れている。

2006 Beerenauslese
ベーレンアウスレーゼ

ほんのりとスパイシーな香りと繊細なレーズンとのコンビネーション。味わいは蜂蜜のような甘さとデリケートでエレガント、高貴な口当たり。そしてフレッシュなオレンジの風味も。なめらかで、美しくバランスが取れている。

Brauneberger Juffer & Juffer Sonnenuhr
ブラウネベルガー・ユッファー＆ユッファー・ゾンネンウーア

ニーダーベルク・ヘルデンから分割された小村リーザーの傍にある。ユッファーはほぼ32haから成り、中央部分にある10.5ha

のユッファー・ゾンネンウーアを取り囲んでいる。畑の向きや斜度、土壌などはニーダーベルク・ヘルデンと同様だが、ワインはかなり違う。ユッファー・ゾンネンウーアのワインは、その軽い土壌が特徴的で、微妙な繊細さ、上品さと多面性がある。

2009 Brauneberger Juffer Kabinett [V]
　　　ブラウネベルカー　ユッファー・カビネット

　ワインの香りには、素晴らしい精妙なスパイシーさ。エレガントで塩味があり、ベルベットの口当り。飛び切りのカビネット。2010年は軽くてデリケートで甘くみずみずしい。しかし、上品でスパイシー。フィニッシュには長いミネラル感。

2009 Brauneberger Juffer Sonnenuhr Spätlese (auction) ★
　　　ブラウネベルカー ユッファー・ゾンネンウーア シュペートレーゼ (オークション)

　トーマス・ハークのスタイルの、そしてプレディカートのシュペートレーゼ全体のスタイルの象徴。典型的なエレガンスと繊細さ、香りは澄んですっきり。そして、しっかりとして、生き生きとした塩味やスパイスの刺激。余韻はとても長い。完璧にバランスの取れた、美味で非常に官能的なワイン。

2009 Brauneberger Juffer Sonnenuhr Auslese (long glod cap)
　　　ブラウネベルガー ユッファー・ゾンネンウーア アウスレーゼ(ロング・ゴールドカプセル)

　高貴で非常にエレガントでありながら力強い。どうして非常に凝縮したアウスレーゼが、このように透明感や清潔感、クールでエレガント、純粋で土の臭いや塩味、そしてスパイシーさを感じるワインになるのか。つまり、信じられないほど美しいワイン。

右：トーマス・ハーク。彼は実家のワイナリーを離れ、シュロス・リーザーをモーゼル・リースリングの特別な源流とすべく、再建に取り組んでいる。

Weingut Schloss Lieser / Thomas Haag
ヴァイングート・シュロス・リーザー／トーマス・ハーク
　栽培面積：13ha　　平均生産量：100,000本
　最上畑：ブラウネベルク・ユッファー、ユッファー・ゾンネンウーア
　Lieser Niederberg Helden Am Markt 1
　54470 Lieser
　Tel: + 49 6531 6431
　www.weingut-schloss-lieser.de

MOSEL

Weingut Sankt Urbans-Hof
ヴァイングート・ザンクト・ウアバンスホーフ

ニック・ヴァイス（現オーナー）の祖父のニコラウスが、ライヴェン村近くの小さな丘の上にこのワイナリーを建てたのは1947年。ニックの父で、ドイツで重要な葡萄栽培家のヘルマンはワイナリーの手綱を取り、最高級のザールの畑を買い増しながら、拡大を続けてきた。モーゼルのほかのトップクラスのワイナリーと比較するとザンクト・ウアバンスホーフの歴史は割合に短いが、評判は高くなるだろう。

モーゼル川の中流域とザール川にある33haの葡萄畑で、この家族は幅広い品揃えの驚くほど軽やかで繊細なリースリングを造っている。それは、ほかに類を見ないエレガンスさとフィネスと程よい刺激を兼ね備えている。まさにクラッシックなスタイルのモーゼルのリースリング。ワインは、あなたにグラスを次々と干させようとするが、有難いことにアルコール度が低く値段も高くない。ただし、オークションで落札されたアウスレーゼやBA、TBAに夢中にならないとしたならの話だ。

ニックのリースリングは還元的になりがちで、若い時には自然発酵から来る独特のアロマがある。この事からこのワインはJ.J.プリュムの美味しいカビネットやシュペートレーゼやアウスレーゼとは違うということがわかるだろうが、より洗練され、刺激的でスパイシーだ。実際にここのスタイルは、純粋で透明感と洗練さがあるシャルツホーフと、心を奪うような魅力を持ち、飲みやすいプリュムとの中間にある。ニックがワイナリーを引き継いだ1997年から今日まで、一貫してわくわくするような、本当に無敵なワインなのだ。

畑は、このワイナリーの高品質ワインが造られる土台となっている。セラー（ルドルフ・ホフマンが運営）の仕事は、葡萄栽培の仕事（ヘルマン・ヨストックの指導）の最後にほんの少し手を加えるだけのことだ。しかしそれがワインに命を与えている。ニックのヴィジョンは「ワインの味わいに葡萄畑本来の個性を反映させることができるのは、土壌と微小気候、葡萄品種、管理（世話）、そして人智の特別な組み合わせによるものだ。」である。

このファミリーの所有畑は現在6つの単一畑を含んでいる。このうちの3つは、ザールにあるヴィルティンガー・シュランゲングラーベン、ショーデナー・ザール・マリーエンベルグ、そしてオックフェン（ライヴェンから40kmも離れている）にあるVDPグローセ・ラーゲ、ボックシュタインだ。そのほかの3つはモーゼルにあり、メーリンガー・バッテンベルクと、ライヴェンにあるグローセ・ラーゲ　ラウレンティウスライ、そして世界的に有名なピースポートのゴールトトレプヒェンだ。これらの畑のリースリングの遺伝子はとても古いものだ。「だから我々はその葡萄樹が枯死した時しか植え替えをしないのです。」とニックは説明する。「我々のいくつかの畑の接木をしていない葡萄樹は樹齢80年以上になります。」

セラーでは、ニックと彼のチームはミニマリスト（最小主義者）になる。それぞれの葡萄畑の個性を残すために、酵素や人工的な清澄剤、その他の化学物質の使用を含む近代的な手法を拒否し、伝統的な職人技や自然な方法を支持している。涼しいセラーではゆっくりと行われる発酵が、新鮮さや果実味、アロマティックな風味が生まれるのに、最上のコンディションを提供している。そこでは1000ℓのモーゼルの大樽がステンレスタンクと並行して使われている。

ワインスタイルのラインナップは全範囲に渡っている。クヴァリテーツヴァインからカビネット、アウスレーゼ、そしてBA、TBA（これは葡萄が純粋に貴腐化した時に加わる）まで。国内市場向けの辛口と中辛口を除けば、殆どが甘口か貴腐ワインのプレディカーツヴァイン。「特別なワインというのは特別な個性を持っています。」とニックは説明する。「モーゼルワインのデリケートな甘い果実味は、シャンパーニュの泡と同じくらい典型的です。」

彼の最も重要な市場とは、辛口ワインにこだわらない海外市場、またはヨーロッパ内の市場である。ニックは「残糖とキリッとした酸、そしてミネラル感のトリオが、調和のとれたジューシーでフルーティーなワインのセンセーションを巻き起こすのだ。」と言っている。

極上ワイン

Ockfener Bockstein
オックフェナー・ボックシュタイン

南西向きで斜度50%のこのザール川岸の谷にある畑は、ハンスリュックから吹き降りてくる冷たい風の影響を受けているため、高い糖度というよりは、アロマティックな、フレッシュでフローラルな芳香の葡萄となり、きりりとしたカビネットや個性的なシュペートレーゼには完璧だ。砂利の多い灰色の土壌はワインにしっかりとしたスモーキーさを与えている。

ニック・ヴァイス。彼のテロワール主義によるリースリングのワインには飛び抜けたエレガントさと上品さ、そして程よい刺激がある。

2010 Kabinett [V]　カビネット
このワインにはフレッシュなライムとグレープフルーツのアロマがあり、芯がしっかりとしている。味わいは刺激的できりっとしていて、フルーティー。丸みを帯びており軽やかで上品で完璧にバランスが取れている。余韻はピンクグレープフルーツ。陽気で食欲をそそる、将来有望なワインだ。

2009 Spätlese ★　シュペートレーゼ
花の香りが漂よう。小気味よく軽やか、重さを感じさせない。陽気でジューシー、塩味との完璧なバランス。余韻の長い、非常に気をそそるワイン。無条件に美味しい。

Leiwener Laurentiuslay
ライヴェナー・ローレンティウスライ
南と南西向きの日当たりの良い畑で、黒い風化粘板岩土壌が昼間の余剰な熱を吸収し、涼しい夜間にはそれを放出する。保水性も良い。葡萄は早期に熟し、糖度が高くなればなるほど、さらに豊かでフルボディなワインになる。

2010 Spätlese　シュペートレーゼ
花とミネラルの香り。食感はジューシーでクリーミー。とてもしっかりとしていて濃く、まるでトロッケン。スパイシーさと持続するミネラル感により長い余韻と今後の可能性が感じられる。

2010 Auslese　アウスレーゼ
微妙な、しかし凝縮した、将来を感じさせる香り。パイナップル、ライム、ハーブなども。味わいも凝縮しており、みずみずしさとスパイシーな刺激。繊細さと塩味も持続するミネラル感、果実味もあり、美味。緻密でバランスが取れており余韻も長い。

Piesporter Goldtröpfchen
ピースポーター ゴールトトレプヒェン
ニックの古い畑には自根の葡萄樹があり、それらは樹齢80年を超えている。風化粘板岩土壌は保水力があり、大きな粘板岩の崖が太陽熱を吸収し、夜間に放射する。ここのワインは全て自然の甘みとパッションフルーツとグレープフルーツのアロマを持ち、30年以上も新鮮さを保てる。

2009 Auslese ★　アウスレーゼ
とても繊細で優雅な香り、花と粘板岩の香り。エレガントで繊細で美しくバランスの取れた味わい。上品さと軽やかさへの賛美の歌が聞こえる。余韻は長く、複雑。

2010 Beernauslese ★
ベーレンアウスレーゼ
高貴で凝縮しており、バランスが取れた香り、最高のリースリング葡萄の香りも。とても濃く、デリケートで緻密な味わい。洗練された酸味。食欲をそそり、余韻は長く、繊細。

Weingut Sankt Urbans-Hof
ヴァイングート・ザンクト・ウアバンスホーフ
栽培面積：33ha
平均生産量：250,000本
最上畑：ライヴェンのラウレンティウスライ
　　　　ピースポート：ゴールトトレプヒェン
　　　　オックフェン：ボックシュタイン

251

MOSEL

Weingut Reinhold Haart
ヴァイングート・ラインホールト・ハールト

ピースポートのカール・テオ・ハールトは静かな情熱家だ。初対面では彼は自分のワインや畑、思想などについて多くを語ろうとはしないが、相手が陳腐な決まり文句や使い古された言い回しを避けて語ろうとすれば、彼はすぐに目を輝かせ心を開いて、語り始める。天然の甘口リースリングへの彼の情熱を分かち合える相手と意見を幸せそうに交わす時、テオは彼の息子のヨハネスよりも若く見えるほどだ。一度打ち解けると、彼は極上のワインを次々と注いでくれる。そして相手は「もう結構です！」と嘘をつかなければならなくなるのだ。

何もハールトを天才と買い被っているのではない。彼は7.5haの伝統的な家族経営のワイナリーを1971年から素晴らしい手腕で運営しており、ドイツでもトップクラスのリースリングの生産者として広く知られている。彼のワインは個性的で、彼の外見よりももっとワイルドで表情豊かだ。（彼の見事なあごひげは別として。）

> ハールトはドイツでもトップクラスのリースリングの生産者として広く知られている。彼のワインは個性的で、彼の外見よりももっとワイルドで表情豊かだ。

実際に彼のカビネットはスパイシーでミネラル感やイースト香があり、とても複雑である。隠れているような糖分は全くないグローセス・ゲヴェクスである。私は個人的にはハールトの磨かれていないスタイルが好きだ。そのワインがボトル詰めから10年、15年かそれ以上寝かせたもので、さらにピースポーターのゴールトトレプヒェンであったなら、その類を見ないフレッシュさはまさに驚きである。

この家族は他にドームヘルやオーリッヒスベルクなどのトップクラスの畑にも区画を持っているが、ゴールトトレプヒェンがハート家の家伝畑で、葡萄栽培の伝統的手法が1337年から記録されており、この家族経営のワイナリーがモーゼルでも最古の私営ワイナリーのひとつであることを疑う余地はない。明るい黄色に塗られた家屋はオーゾニウスウーファー Ausoniusuferの左岸に位置し、そこはモーゼル川からほんの数メートルだ。名高いゴールトトレプヒェンのグラン・クリュはその家の裏側の斜面にある。そこでテオ・ハールトのようなワイン生産者が、どれだけ血と汗と涙を流しながら、風化した粘板岩土壌に深く根を張る葡萄樹に灌漑したかは、神のみぞ知るである。ハールトはその畑の真ん中に4haを所有しているが、そこは南向きで東から西にかけての斜面が冷たい風からは守ってくれるが、太陽からではない。ここは日没まで影の出来ない場所だ。

それが、濃く、みずみずしいしっかりとしたワインを生み出す。良く熟した黄色い果実、塩味とミネラル分やエキゾチックなスパイス、生き生きとした酸がより上級のプレディカーツをも構成し、複雑さが全体的なバランスを取っている。自然な甘みはしつこくはないが、果実の甘美さを増幅しており、ワインに驚くべき長い余韻を与えている。面白いことに、このワインは数年後には以前よりも辛口に感じるようになる。辛口のワイン、特に将来性のあるGGは、その未知の目的地に向かう旅立ちに、少なくとも4,5年はかかるのだ。

極上ワイン

2010 Piesporter Goldtröpfchen Kabinett [V] ★
ピースポーター・ゴールトトレプヒェン カビネット

黄金色の、軽くデリケートな構成で、生来の陽気さがあり、輝く果実のおおらかな豊かさと、上品な繊細さ、そして刺激的なスパイシーさがある。シュペートレーゼは、さらにみずみずしく、しっかりとしている。カビネットもジューシーで官能的で美しく、その気楽なキャラクターを留めている。

2009 Piesporter Goldtröpfchen Auslese
ピースポーター・ゴールトトレプヒェン アウスレーゼ

宙に浮くような優雅さと気品、そして大地を感じさせる粘板岩の香りと印象的な塩味とのバランスが完璧に取れている。

1994 Piesporter Goldtröpfchen Auslese (auction wine) ★
ピースポーター・ゴールトトレプヒェン アウスレーゼ (オークションワイン)

ドライアップルの香り。気品があって成熟していて、とてもデリケートでエレガント。微妙な繊細さとしっかりとした美味しさ。

Weingut Reinhold Haart
ヴァイングート・ラインホールト・ハールト

栽培面積: 7.5ha　平均生産量: 45,000本
Ausoniusufer 18, 54498 Piesport
Tel: +49 6507 2015
www.haart.de

MOSEL

Weingut Peter Lauer
ヴァイングート・ペーター・ラウアー

このアイルの小さくて伝統的なザール・ワインの生産者は、ドイツのクラッシックなリースリングの中では最も良質ものをボトリングしている。純粋で緻密、刺激的で繊細、ミネラル感があり、輪郭がはっきりとしている。けれどもよく熟しているし、コンパクトに凝縮していて、複雑。この地方にありがちな期待に反して、そしてデヴォン紀粘板岩という特徴的なテロワールのために、ワインは辛口に感じるが、分析すると殆どのワインは、残糖10−20g/lの中辛口だ。10−12.5％というほどほどのアルコール度のため、このワインは非常にしっかりとして表情豊かでデリケートである。このテロワールのワインは、高いアルコール度も、法的に辛口であるべき分析データも必要としないことを証明している。「自然は我々のおかしなワイン法などにかまってはいられないのです。そして私たちも我々のワインを定義され味わいの型に無理やり当てはめたくはないのです。」と語るのは、2005年より製造の責任者となっているフロリアン・ラウアーだ。

6つの異なる畑のどれもが90％の勾配だが、そこでラウアーは有機農法の8haの畑でリースリングを栽培している。1971年から、以前の単独畑だった、シャイターベルクScheidterberg、ラウベルクRauberg、ショーンフェルスSchonfels、ゾンネンベルクなどは、有名で広く拡大されたアインツェルラーゲ（単一畑）のアイラー・クップに入ることになった。その一方で、小さい同一地質のザールファイルザーは3つの区分即ち、アイル、ショーデン、そしてヴィルティンゲンに分かれることになった。しかしラウアーのような生産者にとってはアイラー・クップのような大きな畑においては、単一の明確なテロワールはなく、いくつもの違ったテロワールが存在することを意味する。土壌の構成や畑の向き、海抜や斜角度、そして葡萄畑の微気候などと葡萄樹の樹齢と収穫時期との組み合わせの全てが、それぞれのワインの個性に重要な貢献をしているのである。リースリングのそれぞれの生まれた畑の力量を目一杯ワインに反映させるため、収穫や醸造は畑ごとに別々に行う。（0.25−0.5ha位の単位で）これこそワイン造りの原点である。

ラウアーの目的は「先進的なリースリング愛好家のための」エレガントでオーセンティックなザールのワインを造ることにある。それはその安易な魅力で知られるというものではない。早飲みするのはスリリングだが、その純粋さとしっかりとした構造を味わうには忍耐を要する。数時間のデキャンティングで素晴らしさを引き出せるし、冷やし過ぎて提供してはならない。私が以下に記すワインは、−私がここで心を引かれた体験のちょっとしたメモ（抜粋）だが−で、開栓してから5日後くらいに15−16度で供する方がさらに印象的で、それがデザートワインとして私が好む理由でもある。

極上ワイン

2010 Ayler Kupp Unterstenbersch Fass 12
アイラー・クップ・ウンターステンベルシ・ファス

この濃い、ミネラル感のある、わくわくするようなミディアムボディのワインは南向きのアイラー・クップ（ウンターステンベルシ）の下部から生まれたもので、そこの程よく風化した粘板岩土壌がワインに若々しさと複雑さを与えている。純粋でミネラル感のある香り、アロマティックなリースリングの芳香がイーストの薄い層の下に横たわっている。味わいも純粋で、しっかりとしたやや硬さのある辛口だが、同時にとても優雅で緻密な、よく熟れた果実味が芯にある。そこから印象的で躍動的なミネラルと長い果実味へと導かれ、フィニッシュには活発な塩味が長く続く。花のような余韻。辛口のザール・リースリングの最高峰だ。

2010 Scheidt Beerenauslese ★
シャイト ベーレンアウスレーゼ

南東から東向きの、小さな、引き立て役のような明るい粘板岩土壌の畑からにも拘らず、このBA（2010年のセンセーショナルな6つワインのうちの1つ）は、その繊細さと優雅さと、バランスにおいて素晴らしい。驚くような大いなる気品と濃さと緻密さ（干し葡萄のような）がある。味わいには粘性があり、青々とした若々しさもある。純粋でしっかりとしており、刺激的で繊細なミネラルを感じる。上品さと喜びと刺激にあふれ、いきいきとした塩味、クリアで甘く、ネクタリンや桃のような果実味がフィニッシュへと誘う。実に見事なBAだ。

Weingut Peter Lauer
ヴァイングート・ペーター・ラウアー

栽培面積：8ha　平均生産量：35,000本−75,000本（2010年と2011年のそれぞれの数字）
最上畑：アイル、クップ、ザールファイルザー
Trierer Strasse 49, 54441 Ayl
Tel: +49 6581 3031
www.lauer-ayle.de

MOSEL

Maximin Grünhaus / C von Schubert
マキシミン・グリューンハウス／Ｃ・フォン・シューベルト

尊敬すべきマキシミン・グリューンハウスのワイナリーは、ルーヴァー川の左岸の南向きの長い急斜面の裾野にある。Dr. カール・フォン・シューベルトが管理をしていて、彼の家族は5世代に渡ってシュロス・ケラーライを所有してきた。マキシミン・グリューンハウスの歴史は、少なくともトリアーのベネディクト会・聖マキシミン修道院－18世紀後半までワイナリーを運営していた－に葡萄畑が与えられた966年にまで遡ることができるが、もっと古いかもしれない。

マキシミン・グリューンハウスのリースリング－19世紀後半からラベルには有名なユーゲントスティル（アール・ヌーボー）のラベルが使われている－は、常に他に類を見ない透明感や繊細さや上品さを称賛されてきた。しかし気候の変動と近代的な葡萄栽培により、最近のワインは以前より濃くなってきている。

> マキシミン・グリューンハウスの
> リースリングは、常に他に類を見ない
> 透明感や繊細さや上品さを称賛されてきた。
> 最近のワインは
> 以前より濃くなってきている。

今日では辛口のワインが以前より多く造られるようになってきているし、肩書付ワインはより甘くなっている。カビネットは、アルコール度を8－8.5度に保つためモスト量90°Oeで収穫され、残糖は1リットル当たり45－55gである。20年前ならこれはアウスレーゼだったが、今はアウスレーゼが以前のBAのようにもっと濃く甘くなっている。そしてシュペートレーゼはというと、発酵後の残糖が1リットル当たり70gというかなりの甘さで、20年くらい待たないとデザートともに楽しむことはできない。

ここでは、1000年以上に渡って3つの隣接する単独畑、アプツベルク、ヘレンベルクそしてブルーダーベルクが耕されてきた。一番最後の畑が最も小さいが一番好ましく、隣の兄弟畑たちのワインに葡萄を提供してきた。アプツベルクのワインは、大修道院長のテーブルだけに供されたので、ヘレンベルクは修道僧達のために取り置かれた。これは非常にはっきりとした階層分けで、これは全てのスタイルを通じて、今日でも通用している。辛口ワインの中では、中辛口あるいはミディアム・シューペリオールが印象深い。肩書付ワインでは、カビネットとシュペートレーゼがグリューンホイザーのテロワールを最も好ましい形で反映している。

極上ワイン

Maximin-Grünhäuser Herrenberg
マキシミン－グリューンホイザー・ヘレンベルク

この19haの南東向きの「1級畑」は、傾斜が緩やかでアプツベルクよりも温暖だが、地中深くの貯水能力に優れている。葡萄樹は赤いデヴォン紀粘板岩の土壌で生育し、これがボトルを開けるとすぐに飲めるフルボディでみずみずしくフルーティーなワインに貢献している。2006年のシューペリオールはなめらかで、エレガント、そして複雑なワインだ。深く、スパイシーで印象的。長く続くミネラル感が食事の美味しいパートナーとなる。2010年のシュペートレーゼはピークを迎えるのに15年から20年は必要だが、若い時でも十分に魅力的だ。トロピカルフルーツと花と大地の香りが組み合わさり、味わいは丸みを帯びて、軽やかで優しく、繊細な塩味が心地よい。

Maximin-Grünhäuser Abtberg
マキシミン－グリューンホイザー・アプツベルク

14haのグラン・クリュで南東から南西向きの斜面の傾斜は40－70度である。葡萄は青いデヴォン紀粘板岩土壌で育ち、そこから素晴らしくエレガントなリースリングが生まれる。そのデリケートな構成は、繊細な酸と特有の粘板岩から来るスパイシーさに彩られている。食欲をそそる2010年のカビネットは、微妙なハーブ香を帯びた強い香り。味わいは豊かで濃く、みずみずしい。深みがあるが、ボディは軽く、繊細でミネラル感がある。2010年のシュペートレーゼ★は、偉大なアプツベルクだ。粘板岩から来る純粋でクールで高貴な香りは、ややよそよそしい印象を与えるが、味わいは濃く、刺激的で緻密で塩味を感じる。甘みは完全に溶け込んでおり、それがアプツベルクのワインを官能的というよりはむしろ知的なものにしている。2010年アウスレーゼ#37★は、世界レベルだ。非常に控えめで高貴な香りの印象。味わいは美しい緻密さと優雅さに加えてしっかりとした刺激がある。

C von Schubert'sche Gutsverwaltung Grünhaus
Ｃ・フォン・シューベルトシェ・グーツフェルヴァルトゥンク・グリューンハウス

栽培面積：30ha　平均生産量：180,000本
Hauptstrasse 1, 54318 Mertesdorf
Tel: +49 651 5111　www.vonschubert.com

MOSEL

Weingut Willi Schaefer
ヴァイングート・ヴィリー・シェーファー

カルト的（教祖的）ワイン生産者と言われるヴィリー・シェーファーの家族は、1121年からグラーハでワイン用葡萄を栽培しているが、その畑はわずか4haで、年間生産35,000本の彼のワインはすぐに完売してしまう。シェーファーは1971年に父親から家族経営のワイナリーを受け継ぎ、それを2002年からは息子のクリストフとともに運営し、モーゼルで最も魅惑的なワインを生み出している。そのワインは明るく輝き、緻密で凝縮しており、完熟した豊かな果実味と、純粋で軽やかな上品さとが良く組み合わさっているという意味で比類なきものだ。

どのようにしたら、この透明感のあるワインが完璧に近づく要因を知ることができるのか？ シェーファーの答えは彼のワインよりももっとストレートだ。「我々は葡萄にも、果汁にも、そしてワインにも敬意を持って接し、出来る限り優しく穏やかに造ります。」

多くのワインメーカーが同じようなことを言うが、シェーファーのように原則に厳しく忠実な人は少ない。彼は全ての彼のワインを、葡萄畑でもワイナリーにおいても、正確に同じように扱う。唯一認識できる味わいの違いは、畑の違い、そしてワインスタイルの違いによるもので、それを知るには飲み手の側の選別眼が必要である。もしもあなたがモーツァルト好きで、チャーミングな果実味の飲みやすいワインを好むなら、グラーハー・ヒンメルライヒを飲むべきだ。またはベートーベンに傾倒していて、塩味とミネラル感のある、長持ちするワインをしばらく置いた後で飲みたいなら、グラーハー・ドームプロープストがぴったりだ。どちらのワインも青いデヴォン紀粘板岩土壌から来ているが、それぞれ構成要素が異なる。ヒンメルライヒの方が構成が軽く、ドームプロープストは石っぽい。シェーファーにおける畑の個性の表れよりもむしろワインのスタイルに関心があるならシュペートレーゼよりも凝縮感が少なく常に軽い（アルコール分は気にしない）カビネットを選ぶか、アウスレーゼよりも強さのないシュペートレーゼを選んだらいい。もしもあなたがグロセス・ゲヴェクスを好むのなら、ほかを当たるか、さもなければシェーファーにおいてさえも人間の過ちがあるものだと悟ったらいい。

シェーファーの仕事は几帳面で、葡萄畑においてもとても細かいことにまで非常によく注意を払う。「私たちが望んでいるのは健康的でバランスの取れた果実ですから、まず初めに健康的でバランスの取れた葡萄樹を育てなくてはなりません。」とヴィリーは言う。ついでに言えば、葡萄樹は極めて古く、樹齢は60年くらいで60-70%は接ぎ木をしていない。従って収量は比較的低い－だが低すぎるほどではない。さもなければシェーファーの上品さや軽やかさと言った個性が失われてしまいかねない。

シェーファーが最も重要だと考える道具は彼らの舌だ。収穫の何日か前には古い木樽に水を満たし、その水をテイスティングして、良くない味が潜んでいないかチェックさえする。収穫期には葡萄は継続的に味見され、摘むべき最適なタイミングを査定するのを助ける。全房を優しくプレスする間も、プレスを止めるタイミングを見計らうために果汁を味見する。その後、父と息子とで全ての1000ℓの木樽（フーダー）から繰り返し味見を行い、自然発酵を止めるタイミングを決め、澱引きをした後にも再びワインを味見して、正しい熟成期間を見定めている。

その成果は風味のよい抗鬱剤のようで、グラーハのテロワールを驚くほど良く反映している。（それは私が好むベートーベンの方だ。）

極上ワイン

2007 Graacher Domprobst Reisling Spätlese (auction)
グラーハー・ドームプロープスト・リースリング シュペートレーゼ (オークション)
フレッシュでスパイシーで冷涼感のある香り。エレガントで繊細な味わい。完璧にバランスが取れており、優雅で純粋。

2007 Graacher Domprobst Reisling Auslese (auction)
グラーハー・ドームプロープスト・リースリング アウスレーゼ (オークション)
ピリッと刺激のある香り。冷涼かつスパイシーで果実というより石ころだらけの粘板岩の香りが支配的。味わいは官能的で豊かなエレガントさがあるが、同時に繊細な酸味も。後を引く味わいは病みつきになる。危険なワイン。

Weingut Willi Schaefer
ヴァイングート・ヴィリー・シェーファー
栽培面積：4ha　平均生産量：35,000本
最上畑：グラーハ・ドームプロープスト、ヒンメルライヒ
Hauptstrasse 130, 54470 Graach
Tel: +49 6531 8041
No website

MOSEL

Weingut Selbach-Oster
ヴァイングート・ゼルバッハ・オースター

ツェルティンゲンのヨハネス・ゼルバッハのワイナリーは、素晴らしいワインと350年以上の歴史を誇るにも拘らず、ドイツ国内よりもアメリカ合衆国やカナダでドイツ最高のワイン名、ゼルバッハ・オースターとして長きに渡り良く知られて来た。

この家族経営のワイナリーは20haでリースリングを栽培しており、その中にはミッテルモーゼルの最高の畑、ツェルティンゲンのヒンメルライヒとシュロスベルク、ツェルティンゲン及びヴェーレンのゾンネンウーア、グラーハのドームプロープストとヒンメルライヒ、そしてベルンカステルのバートステューベが含まれている。この50%以上が接ぎ木をしていない古い葡萄樹で、そこからは小粒で果実味の凝縮した葡萄が収穫される。

ゼルバッハは、典型的なモダンなモーゼルのスタイルである。石の多いデヴォン紀粘板岩土壌から来るミネラルと、優雅で上品なリースリングの果実から来る透明感のある、きりりとしてエレガントな、アルコール分の低い、しかし、芳香豊かな手作りワインを目指している。

「私たちのワイン造りの哲学は、畑では手をかけて、セラーではあまり手をかけないことです。」とゼルバッハは言う。葡萄は通常2、3列ごとに手摘みし、丁寧に加工される。果汁はだいたいが伝統的な古いオーク樽で発酵させるが、ステンレスタンクも使用する。最近では、殆どのワインは双方からのブレンドになっている。

2007年に2つのわくわくするワインが日の目を見た。彼らが温めていたアイデアはドイツのワイン醸造においてはかなり常識破りのものだった。即ちツェルティンガー・シュロスベルクとゾンネンウーアの中の小区画「シュミット」と「ロートライ」において、どちらも接ぎ木をしていない葡萄樹だが、フランスのグラン・クリュのように非常に遅く（11月中旬から下旬にかけて）1回だけ収穫をすることにした。それによって健康な、熟した、よく熟した、熟しすぎた、貴腐化した葡萄で90-120°Oeのものが一度に摘まれて加工されたわけある。畑とヴィンテージの個性以外は何もない。この二つのワインは非常に珍しく、模索する価値は十分にある。（私はシリーズの3番目を試してみたいと思っている。ツェルティンガー・ヒンメルライヒのアンレヒトAnrechtのものだ。）優美で持続力を持つツェルティンガー・ゾンネンウーアのシュペートレーゼ・トロッケンや、刺激的でみずみずしさが口中に溢れるようなツェルティンガー・ゾンネンウーアのカビネット（2010年★）は逃さず試してみるべきだ。どちらも特徴的なミネラルとスパイシーな個性を持っている。

極上ワイン

Zeltinger Schlossberg Schmitt
ツェルティンガー・シュロスベルク・シュミット

シュミットという小区画はツェルティンゲン・シュロスベルクにあり、ゾンネンウーアのスパイシーで高貴なワインと比較して、より果実味の強い、みずみずしさを提供してくれる。2009年のシュペートレーゼ・トロッケンは、甘口の同等のワインと同じ葡萄から造られているが、素晴らしい味わいのものになった。ゼルバッハはこれだけを別にしておいたので、樽の中で完全に発酵して辛口になり、熟してはいるが、繊細な香り。豊かでみずみずしく、塩味と気品が味わいに現れている。余韻は長い。複雑なワインで、飲みごろはもっと後にやってくる。これ以外のものは2009年リースリング・シュミット★と呼ばれ、これは濃く甘く、アウスレーゼのように刺激的。果実味が口中で弾ける。そして刺激的で繊細なミネラルと長い塩味が後に続く。もしもラッキーにもこれを入手することができたなら、少なくとも15年から20年は待つべきだ。2008年のリースリング・シュミットはとてもデリケートで上品、透明感があり、トロピカルなニュアンスは少ない。果実味よりもスパイシーさが際立つ香り。舌の上で驚くべき精妙さとミネラルを感じる。豊潤さと優雅さの融合。「饒舌な」ワイン。クリアで刺激的な塩味の流れるようなフィニッシュ。

Zeltinger Sonnenuhr Rotaly
ツェルティンガー・ゾンネンバッハ・ロートライ

ロートライはゼルバッハ・オースターの畑の中でも最上の区画。土壌はピュアで浅い青色粘板岩で、やや乾いている。それが冷涼感のある特有のワインとして表れている。2009年★はとてもエレガントで繊細で甘く塩味もあり、みずみずしいとてもチャーミングだがバランスの取れた、可能性を秘めたワイン。2008年★は粘板岩と花の冷涼な香りの印象。味わいは上品でとても甘く、汁気たっぷり。透明感があり刺激的でバランスが取れている。ミネラルが豊かで、ボトル内でも素晴らしく進化するように運命づけられている。

Weingut Selbach-Oster
ヴァイングート・ゼルバッハ・オースター

栽培面積：21ha　平均生産量：130,000本
最上畑：ツェルティンガー・ゾンネンウーア、シュロスベルク、ヴェーレン・ゾンネンウーア、グラーハ・ドームプロープスト
Uferallee 23, 54492 Zeltingen
Tel: +49 6532 2081　　www.selbach-oster.de

MOSEL

Weingut Vollenweider
ヴァイングート・フォレンヴァイダー

スイス人のダニエル・フォレンヴァイダーは語る。「ある意味では、すべてエゴン・ミュラーのせいなんだよ。」と。彼があまりにも1990年にシャルツホーフベルガーのシュペートレーゼに驚かされたので、自分もリースリングを造るようになったのだ。彼は調査技術員の職を辞して葡萄栽培とワイン醸造を学び、自分の情熱に抗いきれず、最終的に彼自身のワイナリーをトラーベン・トラールバッハに持った。6階建てのビルを買って改装し、ヴォルファー・ゴールトグルーベの区画を購入した。最初のヴィンテージは2000年。当初はクラッシックな肩書付ワインに的を絞り、輸出マーケットで早速成功を収めたが、ドイツ国内では長い間あまり知られることはなかった。しかし今日では、彼はドイツのワイン舞台における静かなスーパースターの一人で、彼のワインもその舞台に配置されるようになって来ている。

フォレンヴァイダーは現在4.5haの畑でリースリングを栽培しているが、その殆どが接ぎ木をしていない古いものだ。中心となるのは(3.5ha)ヴォルファー・ゴールトグルーベにある南西向きでとても切り立った労働者泣かせの畑で、かつて一度も耕地整理をされたことがない。ダニエルは「急斜面の畑での葡萄栽培は、モーゼル渓谷の文化的遺産として欠かせない部分だよ。」と言う。自分自身もクラッシックなモーゼルのワインスタイル（アロマティックでクリア、フレッシュでスリム）に捧げている。だから彼は葡萄樹を針金で固定するよりも、伝統的な棒仕立てを好んでいる。棒仕立ての樹皮密度の高い植栽をすれば影が多く出来て葡萄がゆっくりと熟すからだ。フォレンヴァイダーはさらに伝統的な手法をあまり変えないことによって、良く熟れたフルーティーなワインになることも学んだ。彼は生理学的に考えて、熟した葡萄を使いステンレスタンクで自然に発酵させることによって、輝くばかりの良い構成を持つ甘口（貴腐を含む）ワインを、より深い趣のある辛口のワインにさせることを目指している。

フォレンヴァイダーは、非常に良い品揃えになったワイナリー名の、村名の、そして単一畑名のワインを出している。肩書のないクヴァリテーツヴァインは辛口で、カビネットとシュペートレーゼの一群は全て甘口だが、クリアでエレガントで刺激的。ただ、貴腐は入っていない。アウスレーゼ（驚くべき密度と濃さのゴールドカプセルを含む）は、畑で選別した貴腐葡萄を使用していて、稀少なBAとTBAはセラーで慎重に選りすぐった単一の貴腐葡萄から造られている。ほんの数点のワインを選び出すのは困難だが、ここに最近心に留まったものを挙げる。

極上ワイン

Wolfer Goldgrube
ヴォルファー・ゴールトグルーベ

これは最も納得の行くモーゼルの辛口ワイン。特に2010年。私はモーゼルのリースリングで、これより分析的に辛口だったものを思い出せない。残糖が3g/ℓになるまで発酵させ、殆ど酸(10g/ℓ)だけを残した。このヴィンテージでは多くの生産者が高い酸度と高い糖度との板挟みになったが、フォレンヴァイダーのリースリングは自然の意志と技術とがうまく組み合わさり、驚くべき塩味としっかりとした構成の偉大な純粋さとミネラル感が表現されたワインになっている。

The 2010 Beerenauslese ★
ベーレンアウスレーゼ

選び抜かれた高尚な芸術作品とでも言うべき、驚くべき液体のモニュメント。デリカシーとエレガンスの輝かしいバランスで、上品さは殆どシャルツホーフのようだ。これほどまでに繊細で緻密なBAをテイスティングしたことは殆どない。きめの細かな酸味と塩味のある余韻は、残糖300g/ℓというレベルにしてはワインを軽く感じさせる。

Schimbock
シムボック

このワインはモーゼル川からほんの数メートルしか離れていないトラーベンのヴュルツガルテンの一部になる、ややひっこんだところの西向き段々畑のもの。魅惑的で挑発的だ。ここには穏やかさとかモーツァルト的なものは何もなく、まるでトラーベン・トラールバッハでルー・リードがメタリカに出会ったようなものだ。いろいろな食べ物と合わせやすい伝統的なリースリングのような、フェノールの感触を得るために、貴腐菌のない葡萄搾汁を皮ごと24時間－26時間漬けておき、それからバスケットプレスで圧搾し、ステンレスタンクで発酵させる。2008年の中辛口はクリアでエレガント。熟した果実とハーブや花の香り。特徴的な藁の香りもする。味わいには複雑さとみずみずしい刺激が現れており、優雅で、長い塩味のフィニッシュが印象的。

Weingut Vollenweider
ヴァイングート・フォレンヴァイダー

栽培面積：4.5ha　平均生産量：25,000－30,000本
最上畑：ヴォルフ・ゴールトグルーベ
Wolfer Weg 53, 56841 Traben-Trabach
Tel: + 49 6541 81 44 33
www.weingut-vollenweider.de

MOSEL

Weingut von Othegraven
ヴァイングート・フォン・オーテグラーヴェン

　ザールのカンツェムにあるこのワイナリーは、1805年にマキシミリアン・フォン・オーテグラーヴェンによって設立され、その後同家が7世代に渡って所有してきた。約30年前にDr. ハイディ・ケーゲルが最高のワイナリーに改修した。今は彼女の甥の息子でテレビ司会者、ギュンター・ヤウハと彼の妻テアに受け継がれている。彼らはベルリンに住んでおり、醸造学を学んだワインメーカーではなかったが、後にワインに目覚め、考えられる限り最高のケラーマイスター、アンドレアス・バルトを採用した。バルト自身もモーゼル下流域のニーダーフェルで小さなワイナリー、ヴァイングート・ルーベンティウスホーフを経営している。ここでは2004年から働いており、ザール最高の畑のひとつ、アルテンベルクの裾にあるこの美しいワイナリーの全責任を担っている。

　バルトは、とても純粋でスパイシーで、どこかワイルドな感じのあるスタイルのワインを造る。彼は自然酵母を使って発酵をさせるが（半分は木樽、半分はステンレス）、どのワインにも自然に発酵が終わるまで十分に時間を与えている。「発酵やシュール・リーの期間は、長ければ長いほどワインには複雑さが増します。そのプロセスが終わっていないのに急ぐ理由はありません。」と言う。

　ザールには15.5haの畑を所有しているが、その中には二つの一級畑、カンツェムのアルテンベルク、オックフェンのボックシュタインが含まれているが、これらはエアステ・ラーゲ（もうすぐグローセ・ラーゲになる）に格付けされている。ここではリースリング以外のものは何もない。ワインのレンジは辛口ワイン（vO、マックス、アルテンベルクGG、ボックシュタインGG）と従来のプレディカーツ（カビネットからTBAまで）に分けられている。ヤウハの元で、辛口のリースリングの割合は増え続け、全生産量の75%になっている。ドイツ国内の強い需要があるからである。トロッケンのワインは印象的で、特に畑が特徴的。「グローセス・ゲヴェクスは、私にとっては葡萄品種にさよならを言っているのと同じだ。」とバルトは言う。「クリュは品種よりも葡萄畑全体の表現だ。」

　全てが変わらず何年か経つが、みずみずしいカビネット、官能的なシュペートレーゼ、しっかりと焦点を定めたアウスレーゼなど、アルテンベルクのワインは私のお気に入りとなった。

極上ワイン

Kanzem Altenberg
カンツェム・アルテンベルク

　ザール川の右岸にある飛び切りの18.7haの畑で、カンツェム村の北方にあり、海抜は145mから260m。斜度は50-85%で南と南東向き。緑や灰色の粘板岩、その下には赤底統の風化した土壌がある－とても痩せて石が多い。樹齢は新しいもので25年くらいだが、平均は60年ほど。

　テロワールを見事に映し出していて、純粋でミネラルと塩味を感じさせる。全開するのには、何年かが必要。

2009 GG

豊かに熟して凝縮した果実のフレーバーが、クールでミネラル感のあるワインの魂とセット。フルボディでリッチでエレガント。長いシュール・リーによりクリーミーさが際立つ。40%は伝統的なオーク樽で熟成。ミネラルとスパイスのワインだ。

2009 Kabinett
カビネット

非常に透明感があり、スパイシーな香り。軽ろやかで踊るような味わい。優雅で魅力的。塩味があり、食欲をそそる。

2010 Spätlese Alte Reben ★ [V]
シュペートレーゼ アルテ・レーベン

見事な果実味とスパイスの芳香。濃く、気品あふれる。繊細で微妙な刺激があり、みずみずしく、緻密。グレープフルーツの香りと純粋な粘板岩のニュアンス。素晴らしい。

2009 Auslese Alte Reben ★ [V]
アウスレーゼ アルテ・レーベン

非常に優れた、緻密なレーズンのアロマ。アタックは洗練された酸味。気品ある果実味と完璧な貴腐の香り。粘板岩の独特の芳香。とてもデリケートで優雅なバランス。豪華。

Weingut von Othegraven
ヴァイングート・フォン・オーテグラーヴェン
栽培面積：15.5ha　平均生産量：100,000本
最上畑：カンツェム・アルテンベルク、オックフェン・ボックシュタイン
Weinstrasse 1 54441 Kanzem
Tel: + 49 6501 150 042
www.von-othegraven.de

MOSEL

Weingut Geheimrat J Wegeler
ヴァイングート・ゲハイムラート・J・ヴェーゲラー

　この家族経営のワイナリーは、もともとはラインガウのエストリッヒにあって、素晴らしいゲハイムラート・J・リースリングを出すことで知られていたが、モーゼルでも100年以上も葡萄を栽培してきた。ダインハルト商会（当時ユリウス・ヴェーゲラーが所有）が1900年頃にベルンカステラーにあるドクトールの1.2haを1m²あたり100ゴールドマルクという法外な金額で購入した。（このためドクトールはドイツにおいて最高価の畑となった）。このドイツで最も有名な畑の買収劇の後、1901年から1902年にかけてベルンカステル対岸の町クエスにワイナリーとセラーが建造された。今日のヴェーゲラーの畑は全部で14haから成り、その中のモーゼルで最上級畑、ベルンカステラー・バートステューベ、グラーハー・ヒンメルライヒ、そしてヴェーレナー・ゾンネンウーアなどでは特にリースリングだけが栽培されている。これらのワインの殆どはドイツ国内の一流レストランで提供されている。60％以上が辛口だが、中でもベルンカステラー・ドクトールのプレディーカーツは比類なきもので、特に2010年ヴィンテージなどは世界レベルの品質である。

極上ワイン

Bernkasteler Doctor
ベルンカステラー・ドクトール

　町の名所となっているこの急斜面にある3.26haの畑は、ベルンカステルの町から125m−200mほど上がったところにあり、筆頭所有者がヴェーゲラー家。南から南西向きで斜度は65％。風化したデヴォン紀粘板岩土壌に、接ぎ木をしていない樹齢80年にもなるリースリングが植えられていて、これから造られるワインのうち特に甘口や貴腐ワインはドイツ有数の極上もの。過去数年において、ヴェーゲラーはドクトール畑のワイン生産者としてはトップの座にある。ノルベルト・プライト Norbert Breitがステンレスタンクで仕込んでいて、常に濃く、しかしエレガントで良くバランスの取れた、10年から20年は熟成する素晴らしい可能性を持ったワインになっている。美味なる2001年のカビネットはスモーキーでやや暗いトーンのレモンの果実の香り。軽いがしっかりとした強さがありエレガントな味わい。豊かで果実味に溢れるこのワインは現在思春期から青年期の間にあり、−おそらく消えゆく神話の最後の一咲きのようなものだろう。
　2010年のシュペートレーゼ★は濃く、豊かで、たっぷりと甘く、しっかりとしている。官能的で優美なワインで、豊かな甘さと繊細な酸、そして刺激的なミネラルとが見事な相互作用を見せる。これは有名な1937年のDr.ターニッシュ Dr. Thanisch以来で最も優れたドクトールのシュペートレーゼ。衝撃的な2010年のアウスレーゼ★には非常にきめ細かな透明感があり、極上のレーズンとスモーキーさのある凝縮した香りを感じる。濃く、ピリッとした刺激のある味わいは、わくわくするような繊細さと緻密なミネラル感、持続する塩味とともに甘さと凝縮感に富んでいる。極めて優美で素晴らしい可能性。私なら（もしもそれが叶うならば）50年は寝かせておきたい。1959年★これも大変なワインだ。−とてつもなく濃く豊かな、エレガントで美しくバランスの取れた、私が知る限りの最高のアウスレーゼでターニッシュのもの。味わうには今が最高の時。
　2010年のベーレンアウスレーゼ★は華やかでスパイシー、蜂蜜と金柑のような香り。非常に凝縮しておりとても甘いにも拘らず、極めてエレガントで上品な繊細さのある味わい。繊細な酸味に完全に吸収された甘さと持続するミネラル感から来る、光輝く澄んだレーズンの風味と透明感のある感触。完璧な仕上がりに近づいている。
　2010年のトロッケンベーレンアウスレーゼ★は、これ自身で既に完成している。総酸量22.1g/ℓ、残糖360g/ℓで瓶詰されており、（この数値から）Wwe. Dr. ターニッシュの1921年の伝説のトロッケンベーレンアウスレーゼ、モーゼルの歴史上最初に造られたトロッケンベーレンアウスレーゼに非常に近いものだということが（分析的に）分かる。杏の実のような色合いで粘性が豊か。卓越した凝縮感と強い果実（金柑やオレンジ）のアロマ、しっかりとしたスパイシーさと、依然としてドクトールの畑らしい冷涼なニュアンスの気品あるスモーキーさも感じられる。華々しくも衝撃的な刺激と独特の風味と味わい。本質的なミネラルがあり、引き締まった構成。見事な凝縮感のとろりとしたTBAだ。素晴らしすぎて言葉では言い尽くせない、未来の世代のために造られたワインだ。（私が幸運にも2010年9月にテイスティングできた、マホガニー色の1921年のTBAを思い出す。それには非常に高貴で成熟した、麦芽を感じさせるスパイシーなアロマの中に透明感があった。魅惑的な優雅さ、ハーブと砂糖を焦がしたような味わい。濃く、すでに殆ど辛口になっている。そして今なおしっかりとした絶えることがないミネラル感。印象的で忘れがたいのも当然だった−それはドクトールベルクのセラー最後の1本だったのだから。）

Weingüter Geheimrat J Wegeler
ワイングーター・ゲハイムラート・J・ヴェーゲラー

　栽培面積：14ha　平均生産量：110,000本
　最上畑：ベルンカステル・ドクトール　ヴェーレン・ゾンネンウーア
　Martertal 2 54470 Bernkastel-Kues
　Tel: + 49 6531 2493
　www.wegeler.com

アール Ahr

アール渓谷はライン河の支流域で、ドイツで4番目に小さいワイン生産地だ。559haの葡萄畑があり、ケルンの南50km、コブレンツの北50kmに位置する。この渓谷はモーゼルよりも北になるが（旧東独のザクセンとザーレ＝ウンシュトルートだけがここより北にある）ここは赤ワインの生産地で、最も印象的でかつ最も高価なドイツのピノ・ノワールのワインを生み出している。ラインガウのアスマンハウゼン・ヘレンベルクや、モーゼルの一部の区画を除いては、アールはドイツで唯一ピノ・ノワールを粘板岩土壌で栽培している地域と言える。この品種をローマ人が持ち込んだのかは定かではないが、その歴史は9世紀後半にまで遡る。

ピノ・ノワールの栽培面積（345ha）はこの地区の61.7%に当たり、この20年の間に、ブルゴーニュ以外で最も優れたピノ・ノワールを生み出す産地として着実にそのイメージを増幅させてきた。数十年前までは、アールの薄い赤ワインはアール・ブライヒェルト（アールの淡紅）と呼ばれていた。それが今日この原産地が赤ワイン産地として認識されるようになったのは、地元にとってはちょっとした出来事であった。2008年にマイアー・ネーケルの2005年プファルヴィンゲルト・シュペートブルグンダーGGが英国のデキャンター誌のワールド・ワイン・アワードでインターナショナル・ピノ・ノワール トロフィーを受賞したのだ。

ヴァルポルツハイムから西のアルテンアールの間の海抜200－300mの南から南西向き斜面で葡萄が栽培されていて、その多くが何百年にも渡る段々畑になっている。葡萄樹は風化した粘板岩や、硬石岩、そして火山岩などの石の多い土壌から成る痩せた土地で育つが、そこで日中に地中に溜めこまれた熱が夜の間に放射される恩恵を受けている。この夜間の蓄熱放出は、3mもの高さがある黒い石の壁によってさらにその効果を拡大させている。夏場は地面の温度は70度に達する、とヴァイングート・ヤン・シュトッデンのゲルハルト・シュトッデンは言う。そうなると、労働者達はシエスタ、昼寝をしなければならない。アールでもヴァルポルツハイムから東のヘッピンゲンまでの間になると渓谷の幅は広がり、傾斜は緩やかになる。葡萄畑の海抜は100m－200mと低くなり、粘板岩土壌はレス（黄土）とローム土壌で覆われる。これらはワインにさらなる果実味となめらかさを与えている。

アールの気候はほとんど地中海性気候と言ってよく、冬でも穏やかな気候だ。平均日照時間は年間1,500時間で、平均気温は9.5度。アイフェルとアルデネスという二つの山地によって守られた地勢になっているので、年間降雨量はわずか615mmに過ぎない。これが、特に水はけのよい場所においてのボトリティスを非常に稀少なものにしている。これらの条件と、さらに120日から130日という長い生育期間が、赤ワイン、特にピノ・ノワールが優勢であることの要因となっている。

赤ワイン用品種の割合は今日では85.2%になっている。白ワイン用品種は14.8%、代表はリースリングで全体の8%を占めているが、ここの白ワイン自体は地元以外ではさほど重視されていない。赤ワイン用品種ではピノ・ノワールに次いで重要なのが、かつては人気のあったブラウアー・ポルトゥギーザー（38ha）だったが、今ではフリューブルグンダー（ピノ・マドレーヌ、37ha）が追い付いている。これは早熟なピノ・ノワールの突然変異種で、濃く凝縮した果実味の多いワインとなる．最近では土着の品種が熱心に植えられるようになっているが、ピノ・ノワールよりもさらに気難しいものもある。フリューブルグンダーは既に数年前にグローセス・ゲヴェクスのワイン用品種としての認定を受けている。

30年前と比較すると葡萄が熟す時期は2週間から3週間早まっていて、最上の畑からの葡萄のモスト量は105°Oeにも達している。そうしたことから、ヴェルナー・ネーケルはアールにおけるピノ・ノワールについては気候変動や将来への心配はないと思っている。「ブルゴーニュでは、既にここ何年も8月の終わりごろ収穫をしているよ。彼らがほかの葡萄品種に興味を示さない限り、私も同じだね。」

1950年代から1970年代の中盤にかけて、アールの生産者達は白ワインだけでなく、赤ワインについてもその栽培面積を出来る限り増やそうとしてきた。1970年代の後半になって、ようやく赤ワインに注力するようになった。果皮浸漬を最小限しか行わない薄い色のワインばかりではなく、中辛口や甘口も造られて流行になったが、それが最良のクローンを使ったものとは言えなかった。マリアフェルダーとリッターのクローンが主に使われていたが、後者は今では樹齢40年になっていて良い成果を上げている。おそらく最も革新的で影響力のある成功した生産者ヴェルナー・ネーケルは、ブルゴーニュのピノのクローンを1990年代の中期に栽植し、また1980年代中ごろには

上：圧倒されるほどの斜面に聳え立つアールの段々畑。この地域の最上のワインの品質とそして高価な理由を語っている。

初めてバリック（225ℓの木樽）を使用して国際的なスタイルのピノ・ノワールを作り上げた。

　今日、少なくとも6つの最高レベルの生産者がいるが、誌面が許せばこの本でもっと取り上げたいところだ。ハイマースハイムのネレス、アールヴァイラーのJJアデノイアー（彼のヴァルポルツハイマー・ゲールカンマー　シュペートブルグンダー GG は、世界レベルだ。）、デルナウのクロイツベルクとマイヤー・ネーケル、レッヒのヤン・シュトッデン、マイショースのドイツァーホーフ、などがそうだ。しかし私はパイオニアであるマイヤー・ネーケルとその正反対のヤン・シュトッデン、そしてワインの魅力はいまひとつだが、とてもわくわくするような、そして熟成後が楽しみなピノ・ノワールとピノ・マドレーヌを造っているアレキサンダー・ストッデンを取り上げることに決めた。アールのピノは以下の3つの主な理由により、とても高価なものになっている。一つ目は生産量が少ないこと（土地の広さは限られており、それを拡大することは出来ない）、二つ目はケルンやボンなどの富裕な地域からの高い需要があること、それから急斜面で、全てのことを手作業で行うことから極めて労働対価の高いワインとなっていることなどである。

　「もしもあなたのワインに高い値がつかなかったら、ワインをあきらめるしかありません。なぜなら、さもなければあなたがそのワインを買う人になるからです。」とヴェルナー・ネーケルは言う。組合のワインでさえも、高価だ。けれども、あなたはマイショース組合のワインを飲んだとしたら、それに価値があることに気づくだろう。

AHR

Weingut Meyer-Näkel
ヴァイングート・マイヤー・ネーケル

「あれがすごく有利になったんだ。」と1990年代にドイツで重要なピノ・ノワールの生産者となったヴェルナー・ネーケルは言う。彼は正式に葡萄栽培や醸造を学んだことはない。スポーツ学、数学、ITをボンで学んで教師になり、アルザスの辛口のリースリングを好んで飲んでいた。ところが1980年に方針を変える。父親は赤ワインを造っていたが、ヴェルナーはブルゴーニュに傾倒するようになり、アンリ・ジャイエに出会った。ジャイエの人柄とワインは彼を魅了した。10年が経ち、ヴェルナー・ネーケルはアールにおけるジャイエになった。彼のシュペートブルグンダーのグラン・クリュは、ドイツの赤ワインの中で最高品質、最高値だ。

1990年代までに、ヴェルナー・ネーケルはアールにおけるジャイエになった。彼のシュペートブルグンダーのグラン・クリュは、ドイツの赤ワインの中で最高品質であり、最高値だ。

2005年からは、葡萄栽培と醸造法をガイゼンハイムで学んだ二人の娘、マイケとデールテがワイン製造において責任の範囲を拡大している。その間、ヴェルナーは葡萄の世話と、彼の他のプロジェクト、ドゥーロ川流域（ポルトガル）のキンタ・ダ・カルバルホサや、ネイル・エリスとの共同事業であるシュテレンボッシュ（南アフリカ）などを駆けずり回っている。

その後ワインは以前よりフレッシュ感と繊細さ、純粋さを見せるようになり、若いうちでも非常に楽しめるものとなっている。贅沢さをそぎ落とし、オーク樽を生かした新しいスタイルの最初のヴィンテージは2006年だった。その5年後に3つの畑のものをテイスティングしたが、それらは未だに生き生きとしていて、熟成を続けていた。

ワイナリーでは今日17haに葡萄を植えているが、そのうちの80％がピノ・ノワールで10％がフリューブルグンダーだ。「リースリング、ピノ・ブラン、そしてドルンフェルダーは半径30km以内の市場のワインのために使うんだ。」とヴェルナーは説明する。

ピノは最上の畑に植えられており、そのうちの3つはグローセス・ゲヴェクスに認定されている。全てのワインは低温浸漬した後に3,500ℓの木製の大樽で3週間発酵させる。そしてタランソーまたはフランソワ・フレールの樽（控えめのトースト）で熟成させる。クリュ・ワインにおいて新樽比率は50–100％だが、ベーシックなワインには新樽は使用しない。ブラウシーファーは典型的なアールのシュペートブルグンダーだ。新鮮でチェリーのような果実味とデリケートな香りの中には青い粘板岩のニュアンス。若いうちに飲んでも楽しいが、2009年のような特に良いヴィンテージのものは、もう10年くらいは熟成する。シュペートブルグンダーSは、グラン・クリュ（殆どがゾンネンベルク）のBセレクションだが、それでも非常にデリケートで、繊細で上品さを持ったピノである。3つのパワフルなシュペートブルグンダーGGは、素晴らしいが、SRはさらに上を行く。これは非常に稀少で高価な、厳選された種なしのピノ葡萄（無受粉）からのもので、年に一度のバート・クロイツナッハでのオークションに出る。プファルヴィンゲルトのフリューブルグンダーもグローセス・ゲヴェクスとして販売されている。

極上ワイン

2009 Spätburgunder S
シュペートブルグンダー

この極上の「プルミエ・クリュ」は、3つのグラン・クリュ（殆どがゾンネンベルクにある）のB区画からのブレンドだが、素晴らしい。繊細で、花とスモーキーなアロマがあり、完璧に熟した果実味としっかりとした味わいの魅力が、これぞピノ、と感じさせる。味わいはふくよかでベルベットのようなエレガントな食感。スミレや粘板岩のアロマとともにチェリーや甘草が口中に広がり、フィニッシュには心地よい塩味。余韻は長い。優しく魅力的で人を誘惑するワインだ。

2009 Pfarrwingert GG
プファルヴィンゲルト

ネーケルはここのグラン・クリュの中に全部で1.5haになる、6つの区画を有している。南向きの斜面は60度で、樹齢40年の古い葡萄樹（フレンチ・クローンではない）が、粘板岩と粘度砂岩、幾分かのレスとロームの土壌に植わっている。デリケートな花と塩味を感じる香り、完熟した果実味とレッド・チェリー、スローベリー（リンボク）とカシスのニュアンスがあり、新鮮さと気品に満ちている。味わいは濃く、ジューシーでフレッシュ。美しく純粋で繊細、絹のようななめらかさ。粘板岩の影響による上品さ、透明感、そして生命力を感じさせる。

上：アールのパイオニア、ヴェルナー・ネーケル。二人の娘、マイケ（左）とデールテ（右）とともに飛び切りのワインを造り続けている。

2009 Kräuterberg GG ★
　　　　クロイターベルク

　古い粘板岩土壌の段々畑からのもので、時には1段に葡萄樹が25本以下であることも。壁は3m以上の高さがあり、粘板岩土壌と相まって、非常に暖かい微小気候を作り出している。ネーケルはここに0.7haを所有、その50％が1990年代中期に植えたフレンチ・クローンで、残りは樹齢40年のリッター・クローンだ。ワインはよく熟しており、濃い果実とハーブ、東洋のスパイスとスモーキーなアロマ。繊細で絹のようななめらかさの食感とチェリーの味わい。酸味が生き生きとし、タンニンがしっかりしているため、ワインはプファルヴィンゲルトと比較するとやや収斂性がありワイルド。熟成の可能性を秘めている。1997年、1999年と2006年は全てでも美味しい。

2009 Sonnenberg GG
　　　　ゾンネンベルク

　一番暖かい畑で、沢山のレス土壌が粘板岩を覆っている。ネーケルはこの30％の斜面に1.2haを所有。ワインは深く、複雑で肉や煙の香り。他のものと比較すると控えめな印象。カシスと花のアロマと同時に純粋な粘板岩の香りも。味わいは濃く豊かでふくよか、凝縮したすばらしい作品。純粋な果実の芳香が優しく絹のような感触で持続する。贅沢な甘みがあるが、優雅さと上品さがそれによって失われてはいない。

Weingut Meyer-Näkel
ヴァイングート・マイヤー・ネーケル

栽培面積：17ha　平均生産量：100,000〜120,000本
最上畑：デルナウ：プファフヴィンゲルト、ヴァルポルツハイム：クロイターベルク、バート・ノイエンアール：ゾンネンベルク
Freidenstrasse 15, 53507 Dernau
Tel：+ 49 2643 1628　www.meyer-naekel.de

263

AHR

Weingut Jean Stodden
ヴァイングート・ジャン・シュトッデン

ゲルハルト・シュトッデンが1973年にワイン造りを始めた時、経済を学ぶ学生で、ワインについては知識がなかった。しかし葡萄栽培やワイン造りについては、殆ど全てに疑問を持っていた。彼の家族は1578年から葡萄を栽培していたし、祖父のアロイス・シュトッデンは1900年から自分が飲むためにシュペートブルグンダーのワインを造り始めた。ゲルハルトはアールの生産者の中でシュペートブルグンダーを完全な辛口になるまで発酵させた一人である。彼はマロラクティック発酵と、「過剰緑果摘除」も地域へ紹介した。彼の赤ワインは極めて質素で毅然としており、力強さとしっかりとしたタンニンで注目されている。

アレクサンダー・シュトッデンは、
可愛らしいワインや浅薄な飲みやすい
ワインを造ることは好まない。
彼は持続性があり、寿命の長い、
この地方で最も素晴らしいワインのうちの
いくつかを、造っている。

2001年から息子のアレクサンダーが積極的にビジネスに加わり、二人のシュトッデンの力を合わせたファーストヴィンテージは、この地区でテイスティングしたワインの中でも最良のものの一つとなっている。2001年のシュペートブルグンダーとフリューブルグンダーは、VDPのグローセ・ラーゲになっているヘレンベルクのものだ。どちらのワインも10年で素晴らしい進化を遂げたが、未だにとても優雅で若々しい。今飲んでも完璧。

レヒ村にある赤ワイン・ワイナリーシュトッデンは、デルナウ、マイショース、アールヴァイラー、そしてバートノイエンアールに6.5haの葡萄畑を所有している。これらのうち90％の葡萄樹は急斜面にあり、殆どがピノ・ノワール（88％）。それ以外はフリューブルグンダー（7％）と少量のリースリング（5％）をゼクトのために植えている。

アレクサンダーが目指すのは、豊かに濃く凝縮した、フレッシュさと繊細さを持ち合わせたワイン。彼はそのため古い葡萄樹を好む。平均樹齢が35年で、最も古いのは樹齢約80年の接ぎ木をしていない樹だ。1ヘクタール当たり7000本の樹が地中深く根を下ろすようにして新しく植えられた。収量は低く抑えられ、入門レベルのワインでも50hl/haで、グローセス・ゲヴェクスでは30−35hl/ha、冬場の剪定、初夏の房の間引き、必要ならば過剰緑果摘除も行う。人手で行う摘果は遅いが、糖度よりもむしろ味わいをベースに考えて行う。「ピノはバナナのようです。」とアレキサンダーは説明する。「青いものは味がありません、茶色くなって熟しすぎたものは甘すぎてねばねばします。黄色いバナナだけがよく熟した果実味を味わえるのです」。とはいえ、ピノは色づきが目安とはならない。「だから私たちは葡萄を食べるのです。とてもよく熟していて、しかも酸味がある場合、それを収穫します。」飲みやすさとワインの寿命を考えると、糖度が100°Oeではなく、92−97°Oeで収穫するのがよいと考えている。必要な時は補糖をする。また、アルコール度14％はピノ・ノワールには高すぎると思っている。気候の変動を心配していないかと聞いたところ、「もしも暖かくなったら、それは有難いことだ。必要なのはこちらのスケジュールを合わせていくことだ。だから今8月には除葉はしないが、その代わり開花のシーズンに花振るいを避けるために行っている。」

ここはワインを造り出すようになってから（コールドマセレーションと酸化促進醸造方法を含む）、収斂味が少なくなるように造っている。とはいえ、今でも可愛らしいワインや浅薄な飲みやすいワインを造ることは好まない。その代わりに彼は持続性のある、寿命の長いワインを造っている。「私はワインをすぐ飲めるように磨き上げるタイプのワインメーカーではありません。」と彼は躊躇なく認める。「私はどちらかと言えば、ワインウオッチャーです。発酵が終わってワインが樽に入った後は、私は何もしません。ただ何回もテイスティングをするだけです。」

彼は何もしなくなる前に、20％の果汁を「セニエ」してワインに加え、さらに色と骨格を備えるようにしている。全ての赤ワインは樽で熟成される。ベーシックなワインは1,000ℓの樽で、もう少し上のランクのワインはフランスのバリックで、そして新しいグラン・クリュのワインは18か月間熟成させてから、清澄も濾過もなしに瓶詰めする。

この家族は3つのグローセ・ラーゲにいくつかの区画畑を所有している。レッヒのヘレンベルクは部分的に階段状になった南向きの斜度60％の斜面。そこには風化した土壌にピノ・ノワールが植えられている。一番古い樹は20世紀の前期に植えられたもので、接ぎ木されていない。収穫量は25hl/ha以下に抑えられており、良いヴィ

ンテージの時には、葡萄は「アルテ・レーベン・シュペートブルグンダー」のために選別される。これは非常にリッチで重く、凝縮感があると同時に精妙かつエレガントな高価なワインである。樹齢20年－50年の古木のグローセス・ゲヴェクスは、純粋でパワフル、濃くてミネラル感がある。

アールヴァイラー・ローゼンタールは深みがあり、土壌は石は少ないが多様な土質、硬石岩、ローム、レス、粘板岩などから成る。葡萄は、1993年に植えられた最古のヘレンベルクのものでそれをマサル・セレクションしたもの。このグローセス・ゲヴェクスはとても純粋で繊細、フレッシュでしっかりとしている。

ノイエンアール・ゾンネンベルクは川の下流域にあり、渓谷が広くなり、傾斜が緩やか。粘板岩はなく、砂の多いレスやローム土壌になっている。ワインは樹齢30年以上の古木から造られた、このワイナリーで最も魅力的なワインだ。フルボディで濃く、ジューシー。フルーティーでエレガントそしてフレッシュ感もある。

マイショーサー・メンヒベルクは斜面にある段々畑で、殆ど地中海性気候だ。力強いワインで、毎年のバート・クロイツナッハのオークションで販売されている。

でエレガント。酸味は2009年よりも新鮮な印象。魅惑的なワイン。

Herrenberg Spatburgunder GG
ヘレンベルク・シュペートブルグンダー

2009 ★
独特の純粋さ、エレガントな香り。デリケートなハーブと粘板岩のアロマ。完熟果実の凝縮感のある味わい。それが突出してはいない。しっかりとした骨格と程よいきめ細かなタンニン、酸味は繊細。まだ若いが将来有望。

2008
バルサムのアロマ、グラファイト（黒鉛）、そして粘板岩、新鮮な赤いベリーと、熟したてのブラックベリーの香りも。なめらかでフレッシュ、魅惑的で繊細な酸味がしっかりとした果実味とともに味わいを構成している。タンニンはスムーズ、デリケートでうっとりするようなワイン。

2001 ★
「アウスレーゼ・トロッケン ***」とラベルに記されている。これはグローセス・ゲヴェスクの前走者。気品ある香りでしっかりとした甘さ、フレッシュな粘板岩とグラファイト、ライムやレモン、バルサムなどの複雑なアロマ。味わいはピノと粘板岩との完璧なマリアージュ。なめらかで力強く、食欲をそそる収斂味。既に10年経っているが、やっと飲み頃の領域に入った。

極上ワイン

Recher Herrenberg Frühburgunder
レッヒャー・ヘレンベルク・フリューブルグンダー

フリューブルグンダーはピノ・ノワールよりも2，3週間早く熟すので、しっかりとした果実の芳香で満たされるのを待っている間に新鮮さを保つのが難しい。シュトッデンはこの葡萄を90－92°Oeで摘むのを好み、補糖をしてアルコール度を13.2％まで上げている。

2009 ★
純粋さがストレートに香る。さくらんぼや粘板岩、ライムなどのアロマ。フレッシュで生き生きとしているが、繊細さもある。刺激的なフィニッシュ。素晴らしいワイン。

2007
輝かしい香り。心地よいピノのアロマと花と粘板岩のニュアンス。豊かでなめらか、エレガントな味わい。生き生きとして、デリケートな甘さ。調和のとれたフィニッシュ。

2001 ★
クリアーで、濃く、フレッシュなブーケと熟したチェリーや豆のような緻密な香り。とても純粋で活気がある。まだ若くなめらか

Weingut Jean Stodden
ヴァイングート・ジャン・シュトッデン

栽培面積：6.5ha　平均生産量：45,000本
最上畑：レッヒ・ヘレンベルク、アールヴァイラー、ローゼンタール、マイショース・メンヒベルク
Rotweinstrasse 7-9 53506 Rech
Tel: +49 2643 3001
www.stodden.de

掲載生産者一覧

● ザクセンとザーレ＝ウンシュトルート
Schloss Proschwitz / Prinz zur Lippe シュロス・プロシュヴィッツ／プリンツ・ツール・リッペ 38
Weingut Klaus Zimmerling ヴァイングート・クラウス・ツィンマーリンク 41

● フランケン
Weingut Rudolf Fürst ヴァイングート・ルドルフ・フュルスト 48
Weingut Horst Sauer ヴァイングート・ホルスト・ザウアー 54
Zehnthof Luckert ツェーントホーフ・ルッケルト 58
Weingut Weltner ヴァイングート・ヴェルトナー 61
Bürgerspital z. Hl. Geist Würzburg ビュルガーシュピタール・ツーム・ハイリゲン・ガイスト・ヴュルツブルク 64
Juliusspital Würzburg ユリウスシュピタール・ヴュルツブルク 66
Weingut Johann Ruck ヴァイングート・ヨハン・ルック 68
Weingut Rainer Sauer ヴァイングート・ライナー・ザウアー 70
Weingut Schmitt's Kinder ヴァイングート・シュミッツ・キンダー 72
Weingut Hans Wirsching ヴァイングート・ハンス・ヴィルシンク 73

● ヴュルテンベルク
Weingut Dautel ヴァイングート・ダウテル 78
Weingut Beurer ヴァイングート・ボイラー 82
Weingut Wachtstetter ヴァイングート・ヴァハトシュテッター 84

● バーデン
Weingut Bernhard Huber ヴァイングート・ベルンハルト・フーバー 90
Franz Keller / Schwarzer Adler フランツ・ケラー／シュヴァルツァー・アードラー 94
Weingut Dr. Heger ヴァイングート・Dr. ヘーガー 98
Weingut Ziereisen ヴァイングート・ツィーアアイゼン 102
Bercher ベルヒャー 104
Salwey ザルヴァイ 105

● プファルツ
Weingut Friedrich Becker ヴァイングート・フリードリッヒ・ベッカー 110
Weingut A Christmann ヴァイングート・A・クリストマン 114
Weingut Koehler-Ruprecht ヴァイングート・ケーラー・ループレヒト 118
Weingut Ökonomierat Rebholz ヴァイングート・エコノミーラート・レープホルツ 122
Weingut von Winning ヴァイングート・フォン・ヴィニンク 126
Weingut Dr. Bürklin-Wolf ヴァイングート・Dr. ビュルクリン・ヴォルフ 130
Weingut Knipser ヴァイングート・クニプサー 133
Dr. Wehrheim Dr. ヴェーアハイム 136

● ラインヘッセン
Weingut Keller ヴァイングート・ケラー 144
Weingut Wittmann ヴァイングート・ヴィットマン 150
Weingut Wagner-Stempel ヴァイングート・ヴァーグナー・シュテンペル 154
Weingut Kühling-Gillot ヴァイングート・キューリンク・ジロー 157
BattenfeldSpanier バッテンフェルト・シュパーニア 160

● ラインガウ
Weingut August Kesseler ヴァイングート・アウグスト・ケッセラー 168
Weingut Peter Jakob Kühn ヴァイングート・ペーター・ヤーコプ・キューン 172
Weingut Künstler ヴァイングート・キュンストラー 176
Weingut Josef Leitz ヴァイングート・ヨーゼフ・ライツ 180
Weingut Robert Weil ヴァイングート・ロベルト・ヴァイル 184
Weingut Georg Breuer ヴァイングート・ゲオルク・ブロイアー 188
Schloss Johannisberg シュロス・ヨハニスベルク 191
Domänenweingut Schloss Schönborn ドメーネンヴァイングート・シュロス・シェーンボルン 194
Weingut JB Becker ヴァイングート・ヨット・ベー・ベッカー 197

● ナーエ
Weingut Dönnhoff ヴァイングート・デンホフ 200
Weingut Emrich-Schönleber ヴァイングート・エムリッヒ・シェーンレーバー 204
Weingut Schäfer-Fröhlich ヴァイングート・シェーファー・フレーリッヒ 209
Schlossgut Diel シュロスグート・ディール 211
Weingut Tesch ヴァイングート・テッシュ 214

● モーゼル
Weingut Markus Molitor ヴァイングート・マルクス・モリトーア 220
Weingut Egon Müller-Scharzhof ヴァイングート・エゴン・ミュラー・シャルツホーフ 224
Reichsgraf von Kesselstatt ライヒスグラーフ・フォン・ケッセルシュタット 228
Weingut Dr. Loosen ヴァイングート・Dr. ローゼン 231
Weingut Joh. Jos. Prüm ヴァイングート・ヨハン・ヨゼフ・プリュム 234
Weingut Van Volxem ヴァイングート・ファン・フォルクセム 237
Weigut Clemens Busch ヴァイングート・クレメンス・ブッシュ 240
Weingut Forstmeister Geltz-Zilliken ヴァイングート・フォルストマイスター・ゲルツ・ツィリケン 242
Weingut Fritz Haag ヴァイングート・フリッツ・ハーク 244
Weingut Heymann-Löwenstein ヴァイングート・ハイマン-レーヴェンシュタイン 246
Weingut Schloss Lieser / Thomas Haag ヴァイングート・シュロス・リーザー／トーマス・ハーク 248
Weingut Sankt Urbans-Hof ヴァイングート・ザンクト・ウアバンスホーフ 250
Weingut Reinhold Haart ヴァイングート・ラインホルト・ハールト 252
Weingut Peter Lauer ヴァイングート・ペーター・ラウアー 253
Maximin Grünhaus / C von Schubert マキシミン・グリューンハウス／C・フォン・シューベルト 254
Weingut Willi Schaefer ヴァイングート・ヴィリー・シェーファー 255
Weingut Selbach-Oster ヴァイングート・ゼルバッハ・オースター 256
Weingut Vollenweider ヴァイングート・フォレンヴァイダー 257
Weingut von Othegraven ヴァイングート・フォン・オーテグラーヴェン 258
Weingut Geheimrat J Wegeler ヴァイングート・ゲハイムラート・J・ヴェーゲラー 259

● アール
Weingut Meyer-Näkel ヴァイングート・マイヤー・ネーケル 262
Weingut Jean Stodden ヴァイングート・ジャン・シュトッデン 264

用語解説

Abfüllung　アプフュルンク：ボトリング

Alleinbesitz　アラインベズィッツ：単独所有（畑）。特定の持ち主だけが所有している。

Alte Reben　アルテ・レーベン：古い葡萄樹

Amtliche Prüfungsnummer or A.P.-Nummer　アムトリッヒェ・プリュフンクスヌンマー、アー・ペー・ヌンマー：10から12桁の番号で、各ワインについて、それぞれの地区の典型性を備えているか欠陥がないかをテストする公認検査をパスしたワインであることを示す。検査機関、地区、生産者を示す番号のほか、最後の2桁の申請年を表わす数字の前に、生産者が付与したワイン（樽）番号があり、これによりワインを区別することができる。

Anbaugebiet　アンバウゲビート：ワイン法で指定された"ワイン産地"。現在13の上質ワイン産地と26のラントヴァイン（地ワイン）の生産地がある。

Anreicherung　アンライヒェルンク：シャプタリザシオン（補糖）。アルコールレベルを引き上げるために、糖分もしくは濃縮果汁を発酵前に加えること。プレディカーツヴァインでは禁止されている。

Auslese　アウスレーゼ：文字通りの意味は「選びぬいて摘んだ」。（ワイン）法的には、シュペートレーゼの上の等級。アウスレーゼ（辛口も甘口もある）は、未熟なものや傷んだ実を取り除いた完熟した葡萄の房から造られる。（p.23参照）

BA　ベーアー：ベーレンアウスレーゼ（Beerenauslese）の非公式の略語。

Beerenauslese　ベーレンアウスレーゼ：文字通りの意味は「顆粒を選びぬいて摘んだ」。法的にはアウスレーゼの上の等級。過熟した、あるいは貴腐菌のついた葡萄で造られる。

Bereich　ベライヒ：同一ワイン生産地における、類似した生産条件およびワインタイプを有する複数の総合畑を包括する"地域"。現在、41のベライヒが法的に定められている。

Bocksbeutel　ボックスボイテル：文字通りの意味は「山羊の陰嚢」。フランケンとバーデン地方の一部で伝統的に使われているワインボトル。

Botrytis cinerea　ボトリティス・シネレア：貴腐菌、ボトリティス菌ともいう。

Doppelstück　ドッペルシュテュック：2,400ℓの木樽（大樽）

Edelsüss　エーデルズュース：高貴な甘み。

Einzellage (n)　アインツェルラーゲ：法的に登録された「単一畑」。

Eiswein　アイスヴァイン：アイスワイン。果汁が最低限ベーレンアウスレーゼのモスト値をもつもので、樹についたままの状態で凍った葡萄から造られる。葡萄は凍ったままプレスされる。

Erben　エルベン：相続人

Erste Lage (n)　エアステ・ラーゲ：一級畑。VDPに属する生産者の葡萄畑で使用される格付。2011年のヴィンテージまでは、全てのグローセス・ゲヴェクスGrosses Gewächsのワイン、オフドライのエアステ・ラーゲのワイン、そしてプレディカートか否かに関係なくモーゼルのワインは全てエアステ・ラーゲのワインである。2012年にVDPは最上級の葡萄畑をグローセ・ラーゲGrosse Lage（Grosslageとは異なる）という呼称に変更し、エアステ・ラーゲを1ランク下の等級に分類した。

Erstes Gewächs　エアステス・ゲヴェクス：第1級ワイン。1999年よりラインガウ地方でのみ使用される呼称で、以下の基準を満たしたものに与えられる。認定された区画で栽培されたリースリング、またはピノ・ノワールを使用。最大収量は1ha当り50hl。手摘みであること。アルコール含有量はリースリングで12%以上、ピノ・ノワールで13%以上。辛口で残糖はピノ・ノワールで1ℓ当り6g以下、リースリングで13g以下であること。

Erzeugerabfüllung　エアツォイガーアプフュルンク：生産者元詰め。クヴァリテーツヴァインまたはラントヴァインで、葡萄栽培から醸造、瓶詰までの全てを葡萄生産者、またはその協同組合で行ったワインの呼称。ズュースレゼルブも全て各生産者の葡萄からのものでなくてはならない。

Feinherb　ファインヘルプ：文字通りの意味は、「良質（洗練）」または「精妙」な「辛口」。法的には認められているが、明確な定義のない（翻訳し難い）用語。実質的に辛口のワイン（しかし法的にはトロッケンではない）からやや甘口のワインまでの幅広いワインに使われる。多くのワイン生産者が、この用語を、法的に定義されているが消費者に人気のないハルプトロッケン（中辛口）の代わりに使用している。

Flurbereingung　フルーアベライニグンク：葡萄畑の耕地整理。使用効率の改善や、区画内の異なる所有者の畑の統合などを目的とする。通常は地ならし用の土木重機を使って行う。

Fuder　フーダー：主にモーゼル地方で使用されている約1000ℓ入る大樽。

GG　ゲーゲー：Grosses Gewächs（グローセス・ゲヴェクス）の頭文字（とりわけラベルに表示される）。

Goldkapsel　ゴールトカプセル：瓶口を覆う金属やプラスチックの、キャップシールが金色のもの。生産者がより良いワイン、優良なワインと思ったものを示すためのもので、通常プレディカーツヴァインやオークションに出品されるような少量生産のものによく使用される。非常に上質のワインは、lange Goldkapsel（ランゲ・ゴールトカプセル 長いゴールドカプセル）を使ってボトリングされ、オークションにかけられることが多い。GKのイニシャルは、しばしばその栄誉を表すために使われる。例えば「GK アウスレーゼ」のように。

Grosse Lage　グローセ・ラーゲ：VDPの新しい呼称で、最上級の葡萄畑を示す分類。（以前はエアステ・ラーゲと呼ばれていた。）

Grosser Ring　グローサー・リンク：モーゼルの生産者組合の名称。（モーゼルVDPと同一）。

Grosses Gewächs　グローセス・ゲヴェクス：極上格付けワイン。ワインのラベルには頭文字のGGで表記される。公的な呼称ではないが、殆どのVDPメンバーで2001年より使用されている。VDPにより、エアステ・ラーゲ（2012年からはグローセ・ラーゲ）に認定された最上の単一畑からの最上の辛口ワイン。いくつか通常の基準以上の要件が必要とされる。例えばワインはリースリング（フランケンではジルヴァーナー）、ピノ・グリ、シャルドネ、ピノ・ノワール（フリュープルグンダーはアールのみ）、レンベルガー（ヴュルテンベルグのみ）。葡萄は手摘みで、1ha当り50hl以下の収量であること。

Grosslage　グロースラーゲ：総合畑。いくつかの単一畑をまとめた畑の総称。そのためグロースラーゲのひとつであるピースポーター・ミヒェルスベルグなどの名称は、消費者にしばしば特級単一畑と混同され間違えられる。これに反し、ランダースアッカーのエーヴィッヒ・レーベンなどは、かなり良いワインを産出するグロースラーゲであるにも拘らず、今日では、この名称はあまり使われることがない。

Gutsabfüllung　グーツアプフルンク：葡萄栽培と醸造を行うワイン生産者のワインであることを示す。同時に生産者元詰ワインErzeugerabfullung（エアツォイガーアプフュルンク）の認定も必要。このワインは以下の条件に限って瓶詰めがされること。（1）年度会計であること。（2）生産者が醸造家の試験に合格していること。（3）グーツアプフリュンクのワインの葡萄樹が少なくとも収穫年の1月1日から栽培されたものであること。

Gutswein　グーツヴァイン：エステートワイン。一定の地位を持つワイナリーで栽培から醸造、瓶詰まで行ったワイン。たいていは、そのワイナリーの入門

267

用ワイン（例えばグーツリースリング）。Weingutも参照。

Halbstück　ハルプシュテュック：600ℓの木樽。

Halbtrocken　ハルプトロッケン（ミディアム・ドライ）：中辛口ワイン、残糖が18g/ℓ以下、ただし、総酸量を10g/ℓ以上越えない条件を満たす必要。従って総酸度6g/ℓのワインは16g/ℓまでがハルプトロッケンと表示できる。(20p)参照。

Handlese　ハントレーゼ：手による収穫。手摘み。時たまhandgelesen, handverlesen（手摘み、または手選果）という用語がラベルに見られるが公的に認定されたものではない。

Kabinett　カビネット：ドイツワイン法の肩書付上質ワインの中で一番下の等級。アルコール度が低いと考えられがちだが、アルコール度の上限はないものの最低モスト量の規定がある。1971年のワイン法で導入されたカテゴリー。英語のCabinetに由来しており、ワイナリー所有者が高品質と認めたワインとして、ラベル表記も含め、2世紀に渡り使用されてきた。Kabinettとして規定されたため、Cabinetの表記は禁止となった。

Landwein　ラントヴァイン：地理的指定で保護されているワイン。ドイツワイン法の分類の中で、一番下の「ターフェルヴァイン」と「クヴァリテーツヴァインbA」の中間に位置する。現在26のラントヴァインの地域が指定されている。

Lese　レーゼ：収穫

Mineral, Minerality（Mineralisch, Mineralität）　ミネラル、ミネラリティー：この広く使われている用語について一般的に同意された定義はない。本書ではもう1杯飲みたくなるような塩味や石を思わせる味わいを指している。

Monopollage　モノポールラーゲ：単独所有者によって所有されている単一畑。

Mostgewicht　モストゲヴィヒト：モスト量のことで、収穫時の葡萄に含まれる糖分量（潜在アルコール）を示す。

Naturrein, Naturwein　ナトゥーアライン、ナトゥーアヴァイン：1971年までは、補糖していないワインのことをこう呼んでいた。

Oechsle　エクスレ：葡萄果汁の比重を示す単位。この数値から葡萄の糖度を知ることができる。

Ortswein (e)　オルツヴァイン：村ワイン。しばしば原産地をグーツヴァインGutswein、オルツヴァインOrtswein、エアステ・ラーゲErste Lage、グローセ・ラーゲGrosse Lageの4段階に分類しているVDPメンバーで使われる。オルツヴァインはあるひとつの村で栽培された葡萄のワイン。ブルゴーニュとは違って村名の範囲は指定されていない

ので、オルツヴァインはその村に存在する一つ、または複数のアインツェルラーゲ（単一畑）からの葡萄で作られる。

Prädikat　プレディカート：クヴァリテーツヴァイン（上質ワイン）の肩書き。これが付いたワインがプレディカーツヴァイン。（正式にはクヴァリテーツヴァイン・ミット・プレディカートQmP）。ドイツワイン法では最低モスト量によって6段階のプレディカーツがあり、それはカビネット、シュペートレーゼ、アウスレーゼ、ベーレンアウスレーゼ、アイスヴァイン、そして、トロッケンベーレンアウスレーゼである。

QbA　クーベーアー：クヴァリテーツヴァインを現すために一般的に使われている省略名。プレディカートには使われない。

QmP　クーエムペー：クヴァリテーツヴァイン・ミット・プレディカート（肩書付上質ワイン）を現すのに使用する省略形。

Qualitätswein, Qualitätswein bestimmter Anbaugebiete (QbA)　クヴァリテーツヴァイン、クヴァリテーツヴァイン・ベシュティムター・アンバウゲビーテ（クーベーアー）：特産地上質ワイン。品質についての最低限の条件を正式に満たしたもので、ラベルに表記される。

R　エル：正式なものではないが、しばしば"Reserve"の略語として使われている。ドイツでは、法的にはこの言葉の使用は認められていない。

Restsüsse or Restzucker　レストズューセ、レストツッカー：残糖(RS)。

Rotling　ロートリング：淡く、明るい赤色のワイン。赤品種と白品種葡萄とを圧搾前にブレンド、または果汁のブレンドで造る。ワインのブレンドではない。

Schiefer　シーファー：粘板岩。

Schloss　シュロス：城または邸館（フランスのシャトーに相当）。

Selektive Lese　ゼレクティーベ・レーゼ：選果収穫又は選別摘果。

Spätlese　シュペートレーゼ：文字通りの意味は「遅摘み」。法的にはプレディカートで（下から）2番目、カビネットの上の等級。通常遅摘みの完熟葡萄から造られる。(P23参照)

Spiel　シュピール：文字通りの意味は「遊び」だが、酸と糖分、ミネラルとアルコールの微妙な相互作用を説明するときに使われることが多く、ワインの表現の巾と奥行きを意味する。

Steillage or Steillagenwein　シュタイルラーゲ、シュタイルラーゲンヴァイン：斜度が最低30％以上の畑をシュタイルラーゲ（急傾斜畑）といい、そこからのワインをシュタイルラーゲンワインという。斜度100％は傾斜が45°の斜面。

**Stück or Stückfass　シュテュック、シュ

テュックファス**：楕円形の1200ℓの木樽。

Süssreserve　ズューセレゼルブ：未発酵の、または一部だけ発酵した（葡萄）果汁。

TBA　テーベーアー：トロッケンベーレンアウスレーゼの非公式な略語。

Trocken　トロッケン：1ℓ中の残糖が4g/ℓ以下、または総酸量より2g/ℓ以上多くない条件で9g/ℓ以下の辛口ワイン。

Trockenbeerenauslese TBA　トロッケンベーレンアウスレーゼ、テーベーアー：言葉通りの意味は乾燥した実を摘むこと。プレディカートワインの中で最上級のワインで、貴腐、過熟、又は干し葡萄のようにひからびた葡萄から造られる。(P24参照)

VDP　ファウデーペー：Verband Deutscher Prädikatsweingüterドイツ優良ワイン生産者協会。1910年設立。当初はVerband der Naturweinversteigererという名称だったが、1972年にVDPに変わった。現在は200近いワイナリーが会員で、その殆どはドイツで最も優れたワイン生産者たちである。

Versteigerung　フェルシュタイゲルンク：オークション

Vorlese　フォアレーゼ：本格的な収穫の前に行う葡萄の摘み取り。低いレベルのワイン用か、または腐ったり欠陥のある房を取り除くために行う。（ネガティブ・アウスレーゼの場合にもあてはまる。）なお、上級のプレディカートワインのための場合も時にはある。

Weingut　ヴァイングート：言葉通りの意味はワインエステート。自己の畑の葡萄を使用し、自己の醸造所で造ったワインに対してのみ、ラベル上に表示できる。

Weissherbst　ヴァイスヘルプスト：白い収穫の意味。クヴァリテーツヴァイン又はプレディカーツヴァインで、単一品種の赤葡萄を（収穫後）すぐにプレスして作る。良い色を出すために赤ワインを少量ブレンドすることが許されている。普通のロゼワインと違って、色については特に規定がないので、ヴァイスヘルプストは白ワインのようでもあり得る。

Winzer vintners　ヴィンツァー、ヴィントナーズ：葡萄の栽培者だが、自からワイン醸造をする者としない（組合などに委ねる）者がいる。

Wurzelecht　ヴルツェルエヒト：接ぎ木をしていない葡萄樹。

268

日独用語対照表〈五十音順〉

日本語訳　独語

DWI(ドイッチェス・ヴァインインスティトゥート)　DWI (Deutsches Weininstitut)
JJアデノアイアー　J.J.Adeneuer
VDP (ブイ・ディー・ピー、独語読みはファウ・デー・ペー)　VDP (Verband Deutscher Prädikatsweingüter)
アー・デ・エル・リースリング　A de L Riesling
アイスヴァイン　Eiswein
アイヒベルク　Eichberg
アイフェル　Eifel
アインス・ツヴァイ・ドライ・リースリング　Eins Zwei Drei Riesling
アインツェルラーゲ　Einzellage
アウスレーゼ　Auslese
アウフ・デア・ライ　Auf der Lay
アウフリヒト　Aufricht
アコロン　Acolon
アッハカラー・シュロスベルク　Achkarrer Schlossberg
アハカレン　Achkarren
アルテ・レーベン　Alte Reben
アルテンベルク　Altenberg
アルバロンガ　Albalonga
アンドレアス・ライブレ　Andreas Laible
イーリンガー・ヴィンクラーベルク　Ihringer Winklerberg
イェヒティンゲン　Jechtingen
イルベスハイム　Ilbesheim
ウヴェ・ルッツケンドルフ　Uwe Lützkendorf
エアステ・ラーゲ(VDP)　Erste Lage (VDP)
エアステス・ゲヴェクス　Erstes Gewächs
エアデナー・トレプヒェン　Erdener Treppchen
エアバッハ・マルコブルン　Erbach Marcobrunn
エールベルク　Ölberg
エーレンフェルス　Ehrenfels
エステリア　Estheria
エルブリング　Elbling
エンデルレ＆モル　Enderle & Moll
オーバーエメル　Oberemmel
オーバーハウザー・ブリュッケ　Oberhauser Brücke
オーバーハウゼナー・ライステンベルク　Oberhauserner Leinstenberg
オーバーベルゲナー・バスガイゲ　Oberbergener Bassgeige
オーバーベルゲナー・プルファーブック　Oberbergener Pulverbuck
オーバーベルゲン　Oberbergen
オーバーロートヴァル　Oberrotweil
オックフェナー・ボックシュタイン　Ockfener Bockstein
オルツヴァイン　Ortswein
オルテガ　Ortega
オルテナウ　Ortenau
カール・シェーファー　Karl-Schaefer
カール・ハインツ・ヴェーアハイム　Karl-Heinz Wehrheim
カール・プファッフマン　Karl Pfaffman
カイザーシュトゥール　Kaiserstuhl
ガイゼンハイム　Geisenheim
ガイゼンハイム大学、葡萄栽培及び園芸研究所　Forschungsanstalt für Garten- und Weinbau in Geisenheim
カステル　Castell

カビネット　Kabinett
カベルネ・クービン　Cabernet Cubin
カベルネ・ドリオ　Cabernet Dorio
カベルネ・ドルサ　Cabernet Dorsa
カベルネ・ミトス　Cabernet Mitos
カルタ・ワイン・エステート　Charta Wines Estates (Charta Wein Vereinigung)
カンツェム　Kanzem
ギース・デュッペル　Gies-Düppel
キートリッヒ・ザントグループ　Kiedrich Sandgrub
キートリッヒャー・リースリング　Kiedricher Riesling
ギプスコイパー　Gipskeuper
キュヴェ・イクス　Cuveé X
キュヴェ・モ・ゼクト　Cuvée Mo Sekt
キルヒベルク　Kirchberg
グーツヴァイン　Gutswein
グートエーデル　Gutedel
クヴァリテーツヴァイン　Qualitätswein
クヴァリテーツヴァイン・ベシュティムター・アンバウゲビーテ　Qualitätswein bestimmter Anbaugebiete
クヴァリテーツヴァイン・ミット・プレディカート(ク―・エム・ペー)　Qualitätswein mit Prädikat (QmP)
クプファーグルーベ　Kupfergrube
クヴェアバッハ　Querbach
グラーハー・ヒンメルライヒ　Graacher Himmelreich
グラーフ・ナイペルク　Graf Neipperg
グラーフ・フォン・カニッツ　Graf von Kanitz
クライヒガウ　Kraichgau
グラウアー・ブルグンダー　Grauer Burgunder
クラウス・ショイ　Klaus Scheu
クルンプ　Klumpp
グレーフェンベルク　Gräfenberg
クレーメンス・ブッシュ　Clemens Busch
クロイツベルク　Kreuzberg
クロースター・エバーバッハ　Kloster Eberbach
グロースラーゲ　Grosslage
グロース・ラーゲ(VDP)　Grosse Lage (VDP)
グローセス・ゲヴェクス　Grosses Gewächs
クロスターベルク　Klosterberg
ケーニックリッヒャー・ヴァインベルク　Königlicher Weinberg
ケーニッヒシャッフハウゼン　Königschaffhausen
ゲーハー・フォン・ムムシェス・ヴァイングート　GH von Mumm'sches Weingut
ゲザムトクンストヴェルク　Gesamtkunstwerk
ゲヴュルツトラミナー　Gewürztraminer
ケルナー　Kerner
ゲルバー・オルレアンス　Gelber Orleans
ゲルバー・ムスカテラー　Gelber Muskateller
ゲルハルト・アルディンガー　Gerhard Aldinger
ケンツィンゲン　Kenzingen
コイパー　Keuper
ゴールトリースリング　Goldriesling
ゴールトロッホ　Goldloch
ゴッテスフース　Gottesfuss
コンラート・シュレア　Konrad Schlör
ザール　Saar
ザールブルガー・ラウシュ　Saarburger Rausch

サスバッハ　Sasbach
ジーガーレーベ　Siegerrebe
シェリンゲン　Schelingen
シェルター　Shelter
シャルツホーフベルガー　Scharzhofberger
シャルム　Charme
ジャン・バプティスト・ベッカー　Jean Baptiste Becker
シュターツヴァイングート・シュロス・ヴァッカーバルト　Staatsweingut Schloss Wackerbarth
シュタイガーヴァルト　Steigerwald
シュトロームベルク　Stromberg
シュヴァイゲン　Schweigen
シュヴァイゲン・レヒテンバッハ　Schweigen-Rectenbach
シュヴァルツリースリング　Schwarzriesling
シュプライツァー　Spreitzer
シュペートブルグンダー　Spätburgunder
シュペートレーゼ　Spätlese
シュロス・ザールシュタイナー　Schloss Saarsteiner
シュロス・ザーレム　Schloss Salem
シュロス・ノイヴァイアー　Schloss Neuweier
シュロス・フォルラーツ　Schloss Vollrads
シュロス・ラインハルツハウゼン　Schloss Reinhartshausen
シュロスベッケルハイム　Schlossböckelheim
ショイレーベ　Scheurebe
ジルヴァーナー　Silvaner
シングルポール　single pole
スヴェン・ライナー　Sven Leiner
ズース　süss
ゼーンズーフト　Sehnsucht
ゼリッヒ　Serrig
ソーヴェージ　Souvage
ターフェルヴァイン　Tafelwein
タウバーフランケン　Tauberfranken
タランソー　Taransaud
ツェルティンガー・ゾンネンウーア　Zeltinger Sonnenuhr
ツヴァイゲルト　Zweigelt
ティナ・プファフマン　Tina Pfaffmann
ティム・フレーリッヒ　Tim Fröhrich
テオ・ミンゲス　Theo Minges
テュルムヒェン　Türmchen
テラ・モントーサ　Terra Montosa
デルヒェン　Dellchen
ドイツァーホーフ　Deutzerhof
ドイッチャー・ヴァイン　Deutscher Wein
ドゥルバッハー プラウエルライン　Durbacher Plauelrain
トゥルムベルク　Turmberg
ドゥンケルフェルダー　Dunkelfelder
トーマス・ジークリスト　Thomas Siegrist
トーマス・ゼーガー　Thomas Seeger
ドームプロープスト　Domprobst
ドッペルボーゲン　Doppelbogen
ドミナ　Domina
ドメーヌ・アスマンスハウゼン　Domaine Assmannshausen
トラーベン・トラールバッハ　Traben-Trarbach
トラミナー　Traminer
トリーア　Trier
ドルスハイム　Dorsheim
ドルンフェルダー　Dornfelder

トレ・ファン	Très Fin
トロッケン	trocken
トロッケンベーレンアウスレーゼ	Trockenbeerenausulese (TBA)
トロリンガー	Trollinger
ナイペルク伯爵	Graf Neipperg
ニーダーハウゼン	Niederhausen
ネレス	Nelles
粘土性コイパー	Lettenkeuper
ノルハイマー・キルシュヘック	Norheimer Kirschheck
ノルハイム	Norheim
バーディッシェ・ベルクシュトラーセ	Badische Bergstrasse
バート・クロイツナハ	Bad Kreuznach
バート・ミュンスター・アム・シュタイン	Bad Münster am Stein
ハールト	Haardt
ハーレンベルク	Halenberg
ヴァイサー・ブルグンダー	Weisser Burgunder
ヴァイサー・ホイニッシュ	Weisser Heunisch
ヴァイスヘルプスト	Weissherbst
ヴァイングート・オーディンスタール	Weingut Odinstal
ヴァイングート・クナープ	Weingut Knab
ヴァイングート・シューマッハー	Weingut Schuhmacher
ヴァイングート・シュナイダー	Weingut Schneider
ヴァイングート・ツー・ワイマール・プリンツ・ツール・リッペ	Weingut zu Weimar Prinz zur Lippe
ヴァイングート・デア・シュタット・ラール	Weingut der Stadt Lahr
ヴァイングート・ハイトリンガー	Weingut Heitlinger
ヴァイングート・フォン・ヴィニング	Weingut von Winning
ヴァインスベルク	Weinsberg
パウル・グラーフ・フォン・シェーンボルン・ヴィーゼントハイド	Paul Graf von Schönborn-Wiesentheid
バッサーマン・ヨルダン	Bassermann-Jordan
ヴァッセロス	Wasseros
ハッテンハイム・プファッフェンベルク	Hattenheim Pfaffenberg
バッフス	Bacchus
ヴァルケンベルク	Walkenberg
ヴァルケンベルク・シュペートブルグンダー	Walkenberg Spätburgunder
ヴァルフ	Walluf
ヴァルファー・ヴァルケンベルク	Wallufer Walkenberg
ハルプトロッケン	halbtrocken
ハルプボーゲン	Halbbogen
ハンス・ヨーゼフ(ハヨ)・ベッカー	Hans-Josef ("Hajo") Becker
ハンスイエルク・レープホルツ	Hansjörg Rebholz
ハンスペーター・ツィーアアイゼン	Hanspeter Ziereisen
ヴィースバーデン	Wiesbaden
ビショフィンゲン	Bischoffingen
ヴィッセンブール	Wissembourg
ピッターメンヒェン	Pittermännchen
ヴィニンガー・ウーレン	Winninger Uhlen
ヴュルテンベルク・ウンターラント	Württemberg Unterland
ヴィリーシュタイン	Willistein
ビルクヴァイラー	Birkweiler
ヴィルティンゲン	Wiltingen
ヒンターハウス	Hinterhaus
ファーバーレーベ	Faberrebe
ファールライ	Fahrlay
ファインヘルプ	feinherb
ファルケンライ	Falkenlay
ファン	Fin
フェルゼンエック	Felseneck
フェルゼンベルク	Felsenberg
フェルバッハー・レムラー	Fellbacher Lämmler
フォイアーベルク	Feuerberg
フォム・ムシェルカルク	Vom Muschelkalk
フクセルレーベ	Huxelrebe
プファッフェンベルク・ファス	Pfaffenberg Fass
プフェッフィンゲン	Pfeffingen
ブライスガウ	Breisgau
フライブルガー・エーデルアッカー	Freyburger Edelacker
フライラウム	Freiraum
ブラウネ・クップ	Braune Kupp
ブラウネベルガー・クロスターガルテン	Brauneberger Klostergarten
ブラウネベルク	Brauneberg
ブラウフッサー・ライ	Blaufüsser Lay
フラッハボーゲン	Flachbogen
フランクヴァイラー	Frankweiler
フリードリッヒ・ベッカー	Friedrich Becker
フリードリヒ・アウスト	Friedrich Aust
フリック	Flick
フリッツ&マルティン・ヴァスマー	Friz & Martin Wassmer
フリューブルグンダー	Frühburgunder
フリューリングスプレッツヒェン	Frühlingsplätzchen
プリンツ・フォン・ヘッセン	Prinz von Hessen
ブルク・ラーフェンスブルク	Burg Ravensburug
ブルク・ライエン	Burg Layen
ブルクハイム	Burkheim
ブルクベルク	Burgberg
フルダ	Fulda
プレディカーツヴァイン	Prädikatswein
フレデリク・フーリエ	Frédéric Fourrier
フレムリンゲン	Flemlingen
ブロムバッハ	Brombach
フンスリュック	Hunsrück
ブントザントシュタイン	Buntsandstein
フンメル	Hummel
ヴェーゲラー	Wegeler
ペーター・ジーナー	Peter Siener
ペーター・バルト	Peter Barth
ペーター・ラウアー	Peter Lauer
ヴェーレナー・ゾンネンウーア	Wehlener Sonnenuhr
ベーレンアウスレーゼ	Beerenauslese (BA)
ヘックリンゲン	Hecklingen
ベライヒ	Bereich
ベルク・カイザーシュタインフェルス	Berg Kaisersteinfels
ベルク・シュロスベルク	Berg Schlossberg
ベルク・ローゼンエック	Berg Roseneck
ベルクラーゲン	Berglagen
ヘルマン・シュモランツ	Hermann Schmoranz
ヘルマンスヘーレ	Hermanshöhle
ペルレ	Perle
ベルンカステラー・ドクトール	Bernkasteler Doctor
ベルンカステラー・ライ	Bernkasteler Lay
ベルンカステル	Bernkastel
ベルンハルト・パヴィス	Bernhard Pawis
ヘンケンベルク	Henekenberg
ボーデンゼー	Bodensee
ボッケナウ	Bockenau
ホッホハイム	Hochheim
ホッホハイム・ドームデヒャナイ	Hochheim Domdechaney
ボリス・クランツ	Boris Kranz
ホルガー・コッホ	Holger Koch
ポルトゥギーザー	Portugieser
マインドライエック	Maindreieck
マインフィーアエック	Mainviereck
マルクグレフラーラント	Markgräflerland
マルクス・ルンデン	Markus Lunden
マルターディンゲン	Malterdingen
ミッテルハールト	Mittelhaardt
ミュラー・カトワール	Müller-Catoir
ミュラー・トゥルガウ	Müller-Thurgau
ムシェルカルク	Muschelkalk
メーアシュピンネ	Meerspinne
モンツィンガー	Monzinger
ヤーコプ・ドゥイーン	Jacob Dujin
ユルゲン・エルヴァンガー	Jürgen Ellwanger
ユルゲン・ツィプフ	Jürgen Zipf
ユルツィガー・ヴュルツガルテン	Ürziger Würzgarten
ヨッヘン・ボイラー	Jochen Beurer
ヨハニスホーフ	Johannishof
ライステンベルク	Leistenberg
ライナー・シュナイトマン	Rainer Schnaitmann
ライナーとグンターのケッスラー兄弟	Rainer and Gunter Kessler
ライヒスラート・フォン・ブール	Reichsrat von Buhl
ラインの粘板岩山地	Rheinisches Schiefergebirge
ラウエンタール・ノンネンベルク	Rauenthal Nonnenberg
ラウバッハ	Laubach
ラウマースハイム	Laumersheim
ラングヴェルト・フォン・ジメルン	Langwert von Simmern
ラントヴァイン	Landwein
リースラーナー	Rieslaner
リースリング	Riesling
リープリッヒ	lieblich
リューデスハイマー・ベルク	Rüdesheimer Berg
リューデスハイム・ベルク・シュロスベルク	Rhüdesheim Berg Schlossberg
リングス	Rings
ル・ガレ	Le Gallais
ルーヴァー	Ruwer
ルソー	Rousseau
レイゼルハイム	Leiselheim
レーヴェンシュタイン	Löwenstein
レゲント	Regent
レットゲン	Röttgen
レムスタール/シュトゥットガルト	Remstal/Stuttgart
レンベルガー	Lemberger
ローテンプファート	Rothenpfad
ロート・ライ	Roth Lay
ロルヒ	Lorch

参考図書

Hans Peter Alhaus, *Kleines Wörterbuch der Weinsprache* (Munich; 2006)
Stefan Andres, *Die Grossen Weine Deutschlands* (Frankfurt, Berlin, Vienna; 1972)
Friedrich von Bassermann-Jordan, *Geschichte des Weinbaus*, 2 vols; reprint of the 2nd edition, 1921–22 (Landau; 1991)
Wolfgang Behringer, *Kulturgeschichte des Klimas: Von der Eiszeit bis zur Globalen Erwärmung* (Munich; 2007)
David Bird, *Understanding Wine Technology: The Science of Wine Explained* (New Edition, San Francisco; 2005)
Owen Bird, *Rheingold: The German Wine Renaissance* (Bury St Edmunds; 2005)
Dieter Braatz, Ulrich Sautter, Ingo Swoboda, *Weinatlas Deutschland* (Munich; 2007)
Michael Broadbent, *Grosse Weine* (Munich; 2004) (English title: *Vintage Wine*)
Stephen Brook, *The Wines of Germany* (London; 2003)
Daniel Deckers (editor), *Zur Lage des Deutschen Weins: Spitzenlagen und Spitzenweine* (Stuttgart; 2003)
Daniel Deckers, "Zurück in die Zukunft: Eine Kurze Geschichte des Trierer Vereins von Weingutsbesitzern der Mosel, Saar und Ruwer", in *1908-2008: 100 Jahre Grosser Ring Mosel-Saar-Ruwer*, edited by VDP Die Prädikatsweingüter Grosser Ring Mosel-Saar-Ruwer (Trier; undated)
Daniel Deckers, *Im Zeichen des Traubenadlers: Eine Geschichte des deutschen Weins* (Mainz; 2010)
Daniel Deckers, "Von Hoher Hulturhistorischer Bedeutung: Die Älteste Weinlagen-Klassifikation der Welt im Rheingau Entdeckt", in *Fine – das Weinmagazin* 12 (2011), pp.46–48
Deutscher Wein, Statistik 2011/2012 (Deutsches Weininstitut, Mainz; 2011)
Deutscher Weinatlas: Anbaugebiete, Bereiche, Lagen, Rebsorten, Qualitäten, (Deutsches Weininstitut, Mainz; 1993, 1997, 1999)
Horst Dippel, "Hundert Jahre Deutsches Weinrecht: Zur Geschichte eines Sonderwegs", in *Zeitschrift für Neuere Rechtsgeschichte* (1998)
Christina Fischer & Ingo Swoboda, *Riesling: Die Ganze Vielfalt der Edelsten Rebe der Welt*, (München; 2007)
Ulrich Fischer, "Making Sense of Riesling and Terroir", in *Tong* 9 (2011), pp.29–34
Rüdiger Glaser, *Klimageschichte Mitteleuropas: 1000 Jahre Wetter, Klima, Katastrophen* (Darmstadt; 2001)
Fritz Goldschmidt, *Deutschlands Weinbauorte und Weinbergslagen* (Mainz; 1910)
Jamie Goode & Sam Harrop, *Authentic Wine: Toward Natural and Sustainable Winemaking* (Berkeley, Los Angeles, London; 2011)
Gute Gründe für Rheinhessenwein: Steine. Böden. Terroir, edited by Rheinhessenwein eV and Landesamt für Geologie und Bergbau Rheinland-Pfalz (Alzey-Mainz; undated)
Thom Held, *Berührt vom Ort die Welt Erobern* (Zurich; 2006)
Reinhard Heymann-Löwenstein, *Terroir: Weinkultur und Weingenuss in einer Globalen Welt* (Stuttgart; 2007)
Ronald S Jackson, *Wine Science: Principles and Applications* (3rd edition, Burlington, London, San Diego; 2008)
Hugh Johnson, *Der Grosse Johnson: Die Enzyklopädie der Weine, Weinbaugebiete und Weinerzeuger der Welt* (5th edition, Munich; 2004) (*Hugh Johnson's Wine Companion*, 5th edition; 2003)
Hugh Johnson, *Weingeschichte: Von Dionysos bis Rothschild*, (Munich; 2005) (*The Story of Wine*, "new illustrated edition"; 2004)
Hugh Johnson & Stuart Pigott, *Atlas der Deutschen Weine: Lagen, Produzenten, Weinstrassen* (Bern, Stuttgart; 1987)
Hugh Johnson & Jancis Robinson, *Der Weinatlas* (6th edition, Munich; 2007) (*The World Atlas of Wine*, 6th edition; 2007)
Klaus Peter Keller, "My Love for Dry Riesling", in *Tong* 9 (2011), pp.42–44
Reinhard Löwenstein, "Von Öchsle zum Terroir", in *Frankfurter Allgemeine Zeitung*, 7 October 2003
Caro Maurer, "Erste Lage in Germany: A Classification in Course of Development", unpublished dissertation, Institute of Masters of Wine (London; 2011)
Hermann Mengler et al, *Das Buch vom Jungen Alten Silvaner* (Würzburg; 2009)
Frank Patalong, "Klimawandel Lässt Deutsche Weinberge Erröten", in Spiegel Online; 2011
Stuart Pigott, *Die Grossen Deutschen Riesling Weine* (2nd edition, Düsseldorf, Vienna, New York, Moscow; 1995)
Stuart Pigott, "Deutschland und Österreich", in *1900–2000: Das Jahrhundert des Weines, Die Weine des Jahrhunderts*, edited by Stephen Brook (Bern; 2000), pp.128–137 (*A Century of Wine*)
Stuart Pigott, *Die Grossen Weissweine Deutschlands* (Munich, Bern; 2001)
Stuart Pigott, *Weinwunder Deutschland* (Wiesbaden, 2010)
Stuart Pigott (editor), Ursula Heinzelmann, Chandra Kurt, Manfred Lüer & Stephan Reinhardt, *Wein Spricht Deutsch: Weine, Winzer, Weinlandschaften* (Frankfurt; 2007)
Helmut Prössler, *Bernkasteler Doctor: Der "Kurfürstliche" Weinberg* (Koblenz; 1990)
Alexia Putze, *Die Weinklassifikation des Verbandes Deutscher Prädikats- und Qualitätsweingüter eV (VDP) – Pro & Contra*, Diplomarbeit Fachhochschule Wiesbaden Standort Geisenheim, Fachbereich Weinbau und Oenologie, Studiengang Weinbau (Geisenheim; 2010)
Josef H Reichholf, *Eine Kurze Naturgeschichte des Letzten Jahrtausends* (5th edition, Frankfurt; 2007)
Stephan Reinhardt, "Generation Riesling: Der Riesling Wird Modern", in *Welt am Sonntag*, 8 August 2004
Stephan Reinhardt, "King Riesling's Queen: Silvaner" in *The World of Fine Wine* 19 (2008), pp.172–75
Jancis Robinson, *Oxford Companion to Wine*, 3rd edition, www.jancisrobinson.com
David Schildknecht, "Riesling's Global Triumph: A Phyrrhic Victory?", lecture at the International Riesling Symposium, Schloss Reinhartshausen (Rheingau), 11–12 November 2010

Hans Reiner Schulz, "The Future of German Riesling", in *Tong* 9 (2011), pp.37–40
Stephen Skelton, *Viticulture: An Introduction to Commerical Grape Growing for Wine Production* (London; 2009)
Manfred Stock, "Warum Bleibt es beim Wein so Schön? Klimawandel und Wein", in *Der Verschwundene Hering und das Geheimnis des Regenmachens: Umweltforschung in der Leibniz-Gemeinschaft*, edited by Wissenschaftsgemeinschaft Gottfried Wilhelm Leibniz, Bonn, 2003, pp.37-39
Manfred Stock et al, "Weinbau und Klima: Eine Beziehung Wechselseitiger Variabilität", in *Terra Nostra* (Berlin; 2003), pp.422-26
Manfred Stock et al, *Perspektiven der Klimaänderung bis 2050 für den Weinbau in Deutschland (Klima 2050)*, Potsdam Institute for Climate Impact Research (PIK-Report 106/2007)
Terra Palatina: Von den Grund-Lagen des Pfälzer Weins, edited by Detlev Janik/Pfalzwein eV (Annweiler; undated)
Terroir an Mosel, Saar und Ruwer: Klima, Winzer, Boden, edited by Mosel-Saar-Ruwer Wein eV et al (Trier; 2006)
Terroir in Baden: Wurzel Badischer Weinvielfalt, edited by Badischer Wein GmbH (Karlsruhe; undated)
Terry Theise, *Reading Between the Wines* (Berkeley, Los Angeles, London; 2010)
Gerhard Troost, *Die Technologie des Weines* (2nd edition, Stuttgart; 1955)
Hanno & Dorothee Zilliken, "The Magic of Sweetness", in *Tong* 9 (2011), pp.17–21
Zur Lage der Region, Beiträge zur Lagenklassifikation in Deutschland Mittelhaardt/Pfalz, edited by Beate M Hoffmann, Gisela Wintering (Grünstadt; 1998)

著　者：シュテファン・ラインハルト
(Stephan Reinhardt)
ドイツワインに関する記事を10年以上にわたって執筆。『Weinwisser』の編集者であるとともに、『The World of Fine Wine』『Fine』『Süddeutsche Zeitung』の寄稿者でもある。自身のWEBサイト「http://stephanreinhardt.de/」でも情報発信を行っている。

監修者：江戸 西音 (えど さいおん)
1949年東京生まれ。本名、星野和夫。1972年千葉大学工学部卒業。1973年ベルリン工科大学留学。1975年より、ベルリンにてフォトグラファーとしても活動。在独中、ドイツワインに魅せられ、その研究にも勤しむ。1984年、『ドイツワイン全書』刊行。同年、情報のみならず、ワインそのものを紹介する必要性を感じ、株式会社ワイナックス設立。1991年、ポケットブック『ドイツワイン』刊行。以来、ドイツワインを日本に紹介し続け、2003年、ドイツ連邦共和国より国家功労十字勲章受章。

山本 博 (やまもと ひろし)
日本輸入ワイン協会会長、フランス食品振興会主催の世界ソムリエコンクールの日本代表審査委員、弁護士。永年にわたり生産者との親交を深め、豊富な知識をもとに、ワイン関係の著作・翻訳を著すなど日本でのワイン普及に貢献する。主な編著書に『ワインが語るフランスの歴史』（白水社）、監修書に『ワインの事典』『地図で見る図鑑 世界のワイン』『FINE WINE シャンパン』『FINE WINE ボルドー』（いずれもガイアブックス）など多数。

翻訳者：大滝 恭子 (おおたき たかこ)
　　　　大野 尚江 (おおの ひさえ)
　　　　寺尾 佐樹子 (てらお さきこ)
　　　　安田 まり (やすだ まり)

THE FINEST WINES OF
GERMANY
FINE WINE シリーズ　ドイツ

発　行　　2013年8月20日
発行者　　平野 陽三
発行所　　株式会社 ガイアブックス
　　　　　〒169-0074 東京都新宿区北新宿 3-14-8
　　　　　TEL.03(3366)1411
　　　　　FAX.03(3366)3503
　　　　　http://www.gaiajapan.co.jp

Copyright GAIABOOKS INC. JAPAN2013
ISBN978-4-88282-878-5 C0077

落丁本・乱丁本はお取り替えいたします。
本書を許可なく複製することは、かたくお断わりします。

Printed in China

Original title: The Finest Wines Of Germany: A Regional Guide to the Best Producers and Their Wines.

First published in Great Britain 2012 by
Aurum Press Ltd
7 Greenland Street
London NW1 0ND
www.aurumpress.co.uk

Japanese translation copyright © GAIABOOKS INC.

Copyright © 2012 Fine Wine Editions Ltd

Fine Wine Editions
Publisher Sara Morley
General Editor Neil Beckett
Editor David Williams
Subeditor David Tombesi-Walton
Editorial Assistant Nastasia Simon
Maps Tom Coulson,
Encompass Graphics, Hove, UK
Indexer Ann Marangos
Production Nikki Ingram